DESIGN UND KRIEG

Herausgegeben von
Martin Scholz und Friedrich Weltzien

REIMER

Bibliografische Information der Deutschen Nationalbibliothek
Die Deutsche Nationalbibliothek verzeichnet diese Publikation in der Deutschen
Nationalbibliografie; detaillierte bibliografische Daten sind im Internet über
http://dnb.d-nb.de abrufbar.

**HOCHSCHULE
HANNOVER**
UNIVERSITY OF
APPLIED SCIENCES
AND ARTS
*Fakultät III
Medien, Information
und Design*

Gedruckt mit der Unterstützung der Hochschule Hannover, Fakultät III – Medien,
Information und Design.

Layout: Saskia Plankert
Umschlaggestaltung: Saskia Plankert
Umschlagabbildung: Gold grenade ©iStock.com/grandeduc
Lektorat: Annerose Keßler, Saskia Plankert, Friedrich Weltzien
Redaktion: Annerose Keßler, Saskia Plankert

Druck: druckhaus köthen GmbH & Co. KG · Köthen
Papier: Condat matt Périgord, 115 g/m²
Schrift: Myriad Pro, Adobe Garamond Pro

ISBN 978-3-496-01543-7

INHALT

TECHNOLOGIEN DES MARTIALISCHEN

INSZENIERUNG UND WIDERSTAND

MACHT UND VERANTWORTUNG VON GESTALTUNG

Vorwort von Martin Scholz und Friedrich Weltzien

Dieses Buch versteht sich als Impulsgeber, als ein Ideengenerator. Ziel ist es, auf einen Zusammenhang hinzuweisen, der oft verborgen ist und manches Mal mühevoll verborgen wird. Menschen, die im Design, der Gestaltung, in der Kulturproduktion oder den Künsten – kurzum: im Kreativbereich – tätig sind, müssen ihr Verhältnis zur Macht reflektieren. Ganz gleich, ob sich diese Menschen affirmativ auf eine Seite schlagen, indem sie diese über Repräsentation oder Propaganda stützen, oder sich subversiv in eine Ästhetik des Widerstands und der Rebellion begeben, ganz gleich, ob sie dies aus persönlicher Überzeugung oder materiellem Kalkül heraus tun, ganz gleich ob dies sehenden Auges oder in Naivität geschieht – den Kreativen kommt ein nicht unerheblicher Anteil an gesellschaftlichem Einfluss und damit auch an der Verantwortung für den Lauf der Dinge zu. Das war immer schon so. Im großen Wettrüsten, das die Anthropologie die Menschwerdung nennt, besaßen seit je Gemeinschaften einen Vorteil, die den *homo pictor* zu pflegen wussten. Waffentechnologie und Architektur, Nahrungszubereitung und Bekleidungswesen, Mobilität und Kommunikation, Rhetorik und Bildherstellung, Aufschreibesysteme und Inszenierung sowie unzählige weitere kulturelle Praktiken sind machtvolle Instrumente, die auch gewaltsame Auseinandersetzungen nicht nur entscheiden können, sondern zuallererst möglich machen. Die Frage des Zusammenhangs zwischen Design und Krieg erscheint in diesem Licht überfällig.

Das Jahr 2014 diente als Anlass, im Rahmen des Designs und seiner benachbarten Disziplinen diese Frage aufzuwerfen: Der 100. Jahrestag des Beginns des Ersten Weltkriegs fiel mit dem 75. Jahrestag des Beginns des Zweiten Weltkriegs zusammen. Damit gerieten auch wieder Höllenszenarien in den Blick, die nicht zuletzt auf dem Boden deutscher Kreativität wachsen konnten. Propagandafilm und Rundfunk, Volkswagen und Wunderwaffe, Masseninszenierungen und Männer »hart wie Kruppstahl« sind Stichworte, die jene ambivalente – ja: zwielichtige – Rolle, die Gestaltung spielen kann, wie im Licht eines Blitzes hervortreten lässt. Diese Deutlichkeit sollte darauf aufmerksam machen, mit welcher Umsicht sich Deutschland heute, 2015, auf die medialen Innovationen der Zeit einlassen muss. Hier möchten die Herausgeber einen Anstoß geben, der nicht nur Hochschulangehörigen (Lehrenden wie Lernenden) und Design-, Kultur- oder KunstwissenschaftlerInnen gilt, sondern ebenso PraktikerInnen, ManagerInnen und AktivistInnen aller Couleur dient.

Das vorliegende Buch basiert auf der Tagung »Materialschlacht. Design und Krieg«, die am 16. und 17. Oktober 2014 an der Hochschule Hannover in den Räumen der Fakultät III von der Abteilung Design und Medien ausgerichtet wurde. Diese Tagung ist als Auftakt einer Serie von Kolloquien an der Hochschule Hannover gedacht, die in jährlicher Abfolge spezifisch designrelevanten Themen gewidmet sein werden. In diesem Band sind bis auf den Beitrag von Gerald Schröder sämtliche Aufsätze Verschriftlichungen der hier gehaltenen Vorträge. Die Reihenfolge haben die Herausgeber für eine inhaltlich ausgerichtete Struktur des Buches angepasst.

Vier Einheiten umgreifen einzelne Aspekte, die die unterschiedlichen Ansätze miteinander verknüpfen. Es wird bewusst eine Bindung in einzelne Disziplinen vermieden – weder gestalterische noch wissenschaftliche Fachrichtungen sollten abgeteilt werden, denn gerade die Interaktion und Interferenz zwischen den Fächern erscheint den Herausgebern als wichtiges Motiv, um die Verantwortung von Gestaltung sichtbar werden zu lassen. Ebensowenig lag eine historische Einteilung, etwa nach Kriegen sortiert, in unserer Absicht. In diesem Sinne findet sich darüber hinaus auch eine heterogene Mischung von Textsorten. Neben wissenschaftlichen Aufsätzen (die gleichwohl das Hauptgewicht stellen) sind Essays, Berichte und Interviews Teil des Buches. Weniger dem akademischen Habitus, als vielmehr der polyphonen Facettierung von Perspektiven ist dieser Ansatz verpflichtet.

Die erste Einheit widmet sich unter dem Titel »Bilderkriege« unterschiedlichen Problemstellungen der Visualisierung von Krieg. Die Architektin und Designtheoretikerin Carolin Höfler untersucht, wie sehr heute die Kriegsführung selbst bildbasiert ist und neueste Waffentechnologien nicht ohne vielschichtige Formate der Sichtbarmachung auskommen – was wiederum das konkrete Handeln jedes einzelnen Soldaten in entscheidenden Situationen maßgeblich beeinflusst. Linda Hentschel arbeitet in ihrer bildwissenschaftlichen Analyse von Barack Obamas Bildpolitik in dem von der Vorgängerregierung ererbten »War on Terror« heikle – und letztlich unlösbare – Widersprüche heraus, die anhand einer Terminologie der Scham beschreibbar werden. Karen Fromm, fotohistorisch spezialisierte Kunstwissenschaftlerin, zeigt Bilder vom Krieg. Sie stellt die Frage, wie sich militärische Auseinandersetzungen überhaupt ikonografisch einholen lassen, was ohne Inszenierung (respektive Fälschung) gar nicht zu machen sei. Die filmwissenschaftliche Untersuchung von Martin Scholz entwickelt eine Definition des Genres von Kriegsfilmen, die sich am Paradigma der Genauigkeit, gegebenenfalls auch auf Kosten des Authentischen, orientiert. Der erste Block wird abgeschlossen von einem ikonografischen Forschungsansatz, den Eva Klein, Kunsthistorikerin, vorlegt. Sie bespricht ein vor kurzem wiederentdecktes (und wohl der baldigen Zerstörung anheimgegebenes) Zeugnis antifaschistischer Widerstandsästhetik aus Österreich.

Die zweite Einheit heißt »Design in der Verantwortung«. Er versammelt jene Beiträge, die insbesondere die Deutungsmacht einzelner GestalterInnen über gewisse Kriege und Krisen in den Fokus nehmen. Die Designwissenschaftlerin und Industriedesignerin Sabine Foraita macht diese Verbindlichkeit deutlich, indem sie ihre eigene Arbeit mit Studierenden zum Anlass nimmt, Lösungsansätze zu diskutieren. Harald Lemke bietet ein gastrosophisches Panorama auf die Versorgung von Armeeangehörigen einerseits und die von manchen Studien prognostizierten »food wars« andererseits und gelangt darüber zu einem moralphilosophisch fundierten Apell. Gerald Schröder blickt aus der Perspektive der Kunstgeschichte auf die Verwendung militärisch codierter Formen und Materialien am Beispiel Alessandro Mendinis und zeigt, wie machtvoll gerade das Design an Resignifizierungsprozessen beteiligt ist. Die Modedesignerin Martina Glomb stellt anschließend den Begriff der Nachhaltigkeit ins Zentrum ihrer Argumentation. Aus Beispielen aktueller Entwürfe, zum großen Teil studentischer Arbeiten, stellt sie einen Katalog von Kriterien zusammen, die Kleider friedlich machen können. Die Kunsthistorikerin Änne Söll widmet sich ebenfalls dem textilen Sektor, erforscht jedoch die Repräsentation von männlichen Rollenmodellen in deutschen Modemagazinen während des Ersten und Zweiten Weltkriegs, die auf der Kante zwischen soldatischen und zivilen Idealen balancieren.

Einheit Drei folgt dem Begriff des Technologischen: »Technologien des Martialischen«. Der Architekt und Bootsdesigner Michael Adlkofer eröffnet ihn mit einem Essay zur Geschichte der Kriegsschiffahrt. Dabei kann er herausstellen, wie sehr immer wieder – und gerade auch heute – das Design von nichtmilitärischen Schiffen und Yachten von der Marine beeinflusst wird. Jens Wehner, Militärhistoriker, rekonstruiert aus zeitgenössischen Quellen die ästhetische Wirkung und Deutung von Kampfflugzeugen während des Zweiten Weltkriegs. Die Interaktion von technologischer Notwendigkeit und psychologischem Effekt weist auf die Komplexität von Kriegs-Design hin. Die beiden folgenden Autoren schreiben beide vom Standpunkt der Spieltheorie aus. Rolf F. Nohr setzt sich in seiner Abhandlung mit der Entwicklung des Kriegsspiels aus dem Geiste der Aufklärung im 18. Jahrhundert auseinander. Dabei spannt er einen Bogen bis zum Planspiel für die Managerausbildung des 20. Jahrhunderts als Modell eines militärisch-industriellen Komplexes. Darauf folgend widmet sich Stephan Günzel vor allem dem Videospiel und der Evolution von Raumkonstruktion und Navigation im Spannungsfeld von zivilem Entertainment und militärischer Simulation.

Der letzte Textabschnitt ist mit »Inszenierung und Widerstand« überschrieben. Hier wurden Beiträge versammelt, die sich unter dem Kriterium der Performativität vergleichen lassen. Friedrich Weltziens kulturwissenschaftliche Studie von Design-Praktiken, die sich als ziviler Ungehorsam definieren lassen, möchte zeigen, dass es eine Schnittmenge von Gestaltung und politischem Aktivismus gibt, die sich designtheoretisch fruchtbar machen lässt. Der Kunstwissenschaftler Marcel René Marburger macht darauf aufmerksam, dass schon in der Nutzungsweise von Medien eine Ästhetik des Widerstandes auftauchen kann. Dabei zeigt sich, dass Revolutionen nicht notwendigerweise aus neuen technologischen Erfindungen basieren, sondern vielmehr bestimmte Nutzungsweisen von bereits existierenden Medien den spezifischen Unterschied ausmachen können. Die beiden Abschlussbeiträge beschäftigen sich mit theatralen Inszenierungsformen. Der Dramaturg Hans-Jörg Kapp entdeckt am Beispiel des Ersten Weltkrieges eine auffällige Ungleichzeitigkeit zwischen dem faktischen Sound des Krieges und seiner Inszenierung im Musiktheater. Daraus schließt er auf einen schwer überbrückbaren Bruch zwischen der Tatsache Krieg und seiner Repräsentierbarkeit. Den Abschluss des Bandes bildet ein Gespräch, in dessen Verlauf der Szenograph Colin Walker mit Friedrich Weltzien über die Macht der Inszenierung spricht, die Krieg und Theater miteinander verbindet, insbesondere wenn das Schauspiel den Theaterbau verlässt und sich an die Orte militärischer Auseinandersetzung selbst begibt. Mit dieser dialogischen Form des Interviews gerinnt der Anspruch der Vielstimmigkeit wie auch die forschende Praxis einer respektvollen Auseinandersetzung zu einer Form, die für dieses Ideal einsteht. Damit passt das Interview als janushafte Doppelgesichtigkeit bestens auf die rückwärtige Schwelle des Buchs.

In der Zusammenschau stechen einige Aspekte des untersuchten Zusammenhangs besonders deutlich heraus. Immer wieder wird der Einsatz von Drohnen als Charakteristikum und besonders heikle Engführung von Design und Krieg genannt. Die Virtualisierung von realen Tötungsakten berührt sich mit Videospielen der Ego-Shooter ebenso wie mit den manipulativen Bildregimen der Propagandaabteilungen. Die delikate Entscheidung zwischen Zeigen und Unsichtbarmachen wird immer häufiger einer algorithmischen Instanz überlassen – das bedeutet: den Programmierern, Softwareentwicklern und Mediendesignern. Ein anderer Aspekt, der übergreifend auftaucht, sind moralische Standards, die von Designern verlangt werden. Heute im Jahr 2015 drohen neue Kriege, die mit Hilfe von guten Gestaltungsideen vielleicht verhindert werden können: Die Kriege ums Öl, die globale Erwärmung und die annoncierten Kriege ums Wasser, Kulturkämpfe auf Basis religiöser oder weltanschaulicher Konflikte, Verteidigungskriege gegen Migrationsbewegungen, der Kampf gegen Hunger und Epidemien, gegen Berge von Elektroschrott, Atommüll und schwimmende Kunststoffkontinente – all das sind Kämpfe, deren Vorbereitung oder Vermeidung, deren Führung und deren Ausgang, deren Aufarbeitung und Folgenbewältigung alle gestalterischen Kräfte von DesignerInnen jeglicher Profession rund um den Globus herausfordern.

Die Verantwortung, die aus Materialwahl und Produktionsbedingungen, aus Müllvermeidung und biologisch hergestellten Rohstoffen hervorgeht, die mit Nachhaltigkeit und CO_2-Footprint argumentiert und demokratische Grundordnung gegen Überwachungsstaat in Stellung bringt, Meinungs- und Pressefreiheit gegen medientechnische Innovation oder Datenschutz abwiegt – diese Verantwortung lastet nun auch auf den Schultern der DesignerInnen. Muss unter diesem Gewicht nicht alle spielerische Leichtigkeit, alle anarchische Regelübertretung, die in der abendländischen Ästhetik zumindest seit der Renaissance unveräußerliches Privileg der Kreativen ist, in die Knie gehen?

Im Krieg ist jedes Design »social design«: Die Qualität des Designs liegt nicht in der Formgebung, sondern in den Handlungsmöglichkeiten, die es offeriert – es entscheidet womöglich über Leben und Tod des Benutzers. Gutes Design rettet vielleicht Leben, aber damit ermöglicht es überhaupt erst die Option, dieses Leben einem Risiko auszusetzen: Und ist das nicht schlechtes Design? Die Dinge liegen nicht einfach. Das ist ein Glück für alle Menschen, die ihr Leben kreativen Praktiken verschrieben haben. Es ist ein Glück für alle, die Bücher verfassen. Gut, dass Design nicht leicht zu haben ist. Das zwingt uns immer wieder dazu, es neu auszuhandeln.

DANKSAGUNG

Einen Krieg kann man nicht alleine führen, und ein Buch ist immer eine Frucht produktiver Auseinandersetzung. In diesem Sinne sind die Herausgeber vielen Menschen und Institutionen zu Dank verpflichtet, allen voran der Fakultät III – Medien, Information und Design der Hochschule Hannover, stellvertretend durch den Dekan, Prof. Wilfried Köpke, für die Ermöglichung der Tagung und Druckkostenzuschüsse zur Publikation. Unser Dank gilt ferner dem Präsidenten der Hochschule Hannover, Prof. Dr. Josef von Helden, der das Symposium eröffnet hat. Dank gebührt auch dem Dietrich Reimer Verlag Berlin, deren Leiterin Beate Behrens und ihr Team, Anna Felmy und Marie-Christin Selig, das Projekt vom ersten Entwurf an vertrauensvoll und professionell begleitet haben. Allen BeiträgerInnen ist für eine sportlich schnelle und dabei hochqualitative Textbearbeitung nicht genug zu danken. Unverzichtbar waren in allen Phasen der Entstehung die wissenschaftlichen Mitarbeiterinnen Annerose Keßler und Saskia Plankert. Zudem gebührt Saskia Plankert Dank für Layout und Satz des Buches sowie die Umschlaggestaltung. Ohne diese beiden gäbe es das vorliegende Buch nicht.

BILDERKRIEGE

Carolin Höfler – Linda Hentschel – Karen Fromm – Martin Scholz – Eva Klein

»EYES IN THE SKY«

Körper, Raum und Sicht im bildgeführten Krieg

Carolin Höfler

Bilder und Bildgebungsverfahren erfüllen im militärischen Bereich ein breites Spektrum an Aufgaben und erlangen in der zeitgenössischen Kriegstechnologie eine immer größere Bedeutung. Sie werden durch unterschiedliche Apparaturen, Medien und Wiedergabeformen hervorgebracht und reichen von der gezeichneten Schlachtordnung auf einem Flugblatt bis zur automatischen Bildverfolgung mit einer Drohnenkamera. Was sie verbindet, ist, dass mit ihrer Hilfe Einsichten in komplexe, sprachlich schwer erklärbare Sachverhalte gewonnen werden können. Zudem offenbaren die technischen Bildformen ästhetische Eigenschaften, welche die Ergebnisse konstruktiv mitprägen, wodurch sie zum Gegenstand kunst- und designhistorischer Forschungen werden.

Große Aufmerksamkeit fand in den Bild- und Medienwissenschaften bisher die Vorstellung, dass jene Bilder des Krieges, die zu Bestandteilen einer funktionalen und technischen Umgebung geworden sind, weniger ›Abbilder‹ von Zuständen als vielmehr ›Vorbilder‹ für Interventionen sind, da sie Handlungen und Entscheidungen unmittelbar konditionieren.[1] Hingegen blieb die räumliche Dimension des Zusammenhangs zwischen Bildern und Krieg eher unterbelichtet.[2] Die Räume, in denen bewaffnete Konflikte ausgetragen werden, und die zugleich von diesen erzeugt werden, stehen aber in einer engen Beziehung zu den im Krieg eingesetzten bildgebenden Apparaturen und Verfahren. Zum einen sind die bildgebenden Geräte und Techniken in den Räumen des Krieges lokalisiert, zum anderen formen sie bestimmte Raumvorstellungen, die das Führen des Krieges beeinflussen. Foto- und Kartografie, Teleskopie und Thermografie, Licht- und Schallmessverfahren, Radar und Sonar machen bestehende und zukünftige Kriegsräume verschiedener Art und Größe sichtbar. Die so erzeugten Raumbilder provozieren und steuern militärische Handlungen, dienen aber auch der Propagierung von politischen

1   Vgl. Holert, Tom: Bilder im Zeitalter des Drohnenkriegs. Im Interview mit Felix Koltermann, in: *W & F. Wissenschaft und Frieden* 3, 2014, S. 30.
2   Vgl. Nowak, Lars: *Abstract zur Tagung »Medien – Krieg – Raum«*, Friedrich-Alexander-Universität Erlangen-Nürnberg, 2014, http://www.theater-medien.de/forschung/veranstaltungen/tagung-medien-krieg-raum [20.03.2015].

Zielen in der Öffentlichkeit. Zuletzt ist auch das Verhältnis von Betrachter und Bild, von Körper und Blick räumlichen Bedingungen unterworfen, welche die Auffassung und Führung von bewaffneten Konflikten entscheidend mitgestalten.

Der Luftkrieg und der durch ihn etablierte Blick von oben erscheinen als besonders geeignete Formen, das wechselseitige Wirkverhältnis von Bild und Raum und dessen handlungsstiftende Kraft in militärischen Prozessen zu erkunden. Bei der Kriegsführung aus der Luft handelt es sich um ein ebenso historisches wie aktuelles Thema, das mit den gegenwärtigen Diskussionen um Aufklärungs- und Kampfeinsätze von unbemannten Drohnen eine erneute Dringlichkeit angenommen hat.

Der folgende Beitrag widmet sich vor allem den jüngsten Entwicklungen militärisch genutzter Bildgebungsverfahren und den mit ihnen verbundenen Praktiken der Raumwahrnehmung und Raumaneignung. Er möchte den Blick für die spezifischen Qualitäten des aus der Luft definierten und medial vermittelten Kriegsraumes schärfen, um zu zeigen, wie die räumlichen Visualisierungen unmittelbar in Interaktionen eingreifen und zugleich die Vorstellungen vom Krieg entscheidend prägen. Hierzu werden historische und zeitgenössische Luftbilder formal analysiert, ihre Entstehungsbedingungen und Funktionen reflektiert sowie Traditionen und Strategien freigelegt, die den Einsatz und die Interpretation bildgebender Verfahren motivieren und prägen.

DAS FLIEGENDE AUGE

Im Ersten Weltkrieg wurden erstmals systematisch Flugzeuge zur strategischen und taktischen Aufklärung eingesetzt.[3] Die hierbei erzeugten Luftaufnahmen lieferten aktuelle Bilder der Schlachtfelder und offenbarten die räumliche Verteilung und mögliche Bewegung der gegnerischen Truppen. Sie ersetzten konventionelle Landkarten, die angesichts des kriegszerstörten Geländes obsolet geworden waren, und veranschaulichten entfernte Ziele, die bei den kilometerweiten Schussbahnen moderner Kanonen außer Sichtweite lagen.[4] Der Erste Weltkrieg war ein Krieg der Luftbildfotografie. Die Luftaufklärung, so bemerkte Paul Virilio in seiner Studie »Guerre et cinéma«, wurde langsam »zum Wahrnehmungsorgan der Oberkommandos, zur wichtigsten Prothese der Kammerstrategen in den Generalstäben«.[5]

Schon bald entstanden automatisierte Fotoverfahren: Der Optiker Oskar Messter, der ab 1896 das erste Kino in Berlin betrieb, entwickelte den sogenannten »Reihenbildner«, der bei einem Flug in 2500 m Höhe Aufnahmen eines Geländestreifens von 2,4 km Breite und 60 km Länge in einem fortlaufenden Stück erzeugen konnte.[6] Zu

---

3   Vgl. Asendorf, Christoph: Bewegliche Fluchtpunkte. Der Blick von oben und die moderne Raumanschauung, in: Maar, Christa/Burda, Hubert (Hg.): *Iconic Worlds. Neue Bilderwelten und Wissensräume*, Köln 2006, S. 30–31.
4   Vgl. Siegert, Bernhard: Luftwaffe Fotografie. Luftkrieg als Bildverarbeitungssystem 1911–1921, in: *Fotogeschichte. Beiträge zur Geschichte und Ästhetik der Fotografie* 45/46, 1992, S. 44.
5   Virilio, Paul: *Krieg und Kino. Logistik der Wahrnehmung*, Frankfurt am Main 1989, S. 157, vgl. S. 162–163 (franz. Originalausgabe: *Guerre et cinéma I. Logistique de la perception*, Paris 1984, 1991 erweitert).
6   Vgl. Heusterberg, Babette: Oskar Messter – Begründer der deutschen Kino- und Filmindustrie, in: *Das Bundesarchiv*, 15.06.2013, https://www.bundesarchiv.de/oeffentlichkeitsarbeit/bilder_dokumente/00923/index-29.html.de [20.03.2015].

Abbildung 1: Pilot im verglasten Cockpit des Nahaufklärers Focke Wulf 189 A, um 1942/43, Fotografie.

seinen Erfindungen gehörte auch die buchstäbliche Zusammenführung von Fotokamera und Schusswaffe in Gestalt der »Maschinengewehrkamera«, eines Zielübungsgerätes, das im Ersten Weltkrieg in Deutschland bei der Ausbildung von Schützen im Luftkampf genutzt wurde.[7] Die Handgriffe des Abzugs waren identisch mit dem realen Maschinengewehr MG 08, ebenso die Visiereinrichtung. Statt eines Patronengürtels enthielt die Kamera einen Filmstreifen.

In neuartiger Weise war der Zweite Weltkrieg ein Luftkrieg, was bedeutet, dass jeder Ort zum potenziellen Bombenziel werden konnte, sobald er von oben sichtbar wurde.[8] Für die Sichtbarmachung der Orte sorgten Nahaufklärungsflugzeuge wie die Focke Wulf 189 A der deutschen Luftwaffe, die als »fliegendes Auge« bezeichnet wurde.[9] Ihre besondere Konstruktion ermöglichte eine freie Sicht nach allen Seiten. Der Nahaufklärer verfügte über zwei Träger, auf denen die Leitwerke angebracht waren. Der im inneren Flügelteil zwischen den Leitwerksträgern eingebaute Zentralrumpf konnte so großzügig verglast werden. Das »fliegende Auge« verkörperte eine auf Sichtbarkeit setzende Herrschaftsform. Mit ihm wurden Kriegsschauplätze und Kriegsgegner unter die andauernde Kontrolle eines allumfassenden Blicks gestellt.

DER AMALGAMRAUM

Die beständige Kontrolle übernehmen zwei Jahrzehnte später erdumkreisende Satelliten, die einen Blick von oben vermitteln, der mehr erfasst, als das Auge zu erkennen vermag.[10] Seit den frühen 1960er Jahren wird die Erkundung des Unsichtbaren durch hochentwickelte Sensortechnik unter dem Begriff »Remote Sensing« vorangetrieben. Die wenigsten der hierzu eingesetzten Apparaturen sind mit klassischen »Kameraaugen« zu vergleichen,

---

7   Vgl. ebd., https://www.bundesarchiv.de/oeffentlichkeitsarbeit/bilder_dokumente/00923/index-16.html.de [20.03.2015].
8   Vgl. Asendorf (wie Anm. 3), S. 37.
9   Vgl. Kloth, Hans Michael: Fotofund. Das Rätsel des fliegenden Auges, in: *Spiegel Online*, 04.02.2010, http://www.spiegel.de/einestages/fotofund-a-948708.html [20.03.2015].
10   Vgl. Asendorf (wie Anm. 3), S. 43.

wie sie aus der analogen Fotografie bekannt sind. Gleichwohl produzieren sie Bilder: Die durch Sensoren gewonnenen Messdaten werden in Visualisierungen überführt, um von ihren Nutzern gedeutet werden zu können.[11] Solche Bilder, die von Multispektralscannern, Wärmebildkameras oder Radar- und Lasersystemen erzeugt werden, bezeichnete der Soziologe Wolfgang Sachs in seiner Studie »Satellitenblick« von 1992 als »Phantombilder«, da sie »weder ein Abbild noch eine Fotografie ihres Objektfelds […], sondern zu Bildern synthetisierte Messungen« darstellen.[12] Die so gewonnenen Visualisierungen nehmen eine folgenreiche Rolle in den Kontroll- und Entscheidungsprozessen des Militärs ein. Sie bestehen aus Pixeln und Voxeln, die frei transformierbar und weltweit abrufbar sind.[13] Hierdurch verändern sie nicht nur Art und Umfang der Erkenntnis, sondern eröffnen auch einen neuen, globalen Handlungsraum.

Einen Paradigmenwechsel in der Technisierung des Sehens aus der Luft, das als »Blick von oben« nur noch unzureichend beschrieben werden kann, markierte die Einführung des amerikanischen Kampfhubschraubers AH-64D Apache Longbow im Jahr 1986.[14] Seine Flug- und Waffensysteme werden von 14 Hauptcomputern gesteuert, weshalb der Apache auch als »fliegendes Computernetzwerk« bezeichnet wird.[15] Unterschiedliche Gruppen von Geräten produzieren jederzeit ein Bild der eigenen Position im Raum und anderer Objekte in der Umgebung. Alle Radarsysteme zusammen können 128 Ziele orten und zudem die 16 wichtigsten identifizieren. Vorne an der Maschine befinden sich verschiedene Kamerasysteme: eine hochauflösende Zoomkamera für den Tag und ein Infrarot-Sichtgerät mit 5 km Reichweite für die Nacht.

Alle Bilder werden direkt auf die Monitore und Minibildschirme an den Helmen der Zwei-Mann-Besatzung gespielt.[16] Pilot und Bordschütze können auf Touchscreens durch mehrere Hundert Bildschirmseiten blättern, sich Bilder von Bodenreliefs anschauen, durch Infrarotaufnahmen zappen, ihre Kameras bedienen oder Textmeldungen versenden. Zudem laufen im Helmkopfhörer fünf Funkfrequenzen gleichzeitig, die den Piloten mit allen Beteiligten verbinden. So hört er gleichermaßen seinen Bordschützen im Cockpit, seinen Kompaniechef in der Luft, den Kommandostab am Boden sowie die Luftleitzentrale.

Bei einem Einsatz in der Nacht werden die Monitore ausgeschaltet, so dass der Hubschrauber für den Gegner unsichtbar wird. Sämtliche Informationen werden dann in das sogenannte »Monokel« eingespielt, einen etwa vier Zentimeter großen Kleinbildschirm, der am Helm des Piloten befestigt ist und vor dem rechten Auge sitzt. Während der Pilot mit dem rechten Auge ständig Informationen aufnimmt, steuert er mit dem linken Auge

---

11 Vgl. Mittelberger, Felix/Pelz, Sebastian/Rosen, Margit u. a. (Hg.): *Maschinensehen. Feldforschung in den Räumen bildgebender Technologien*, Ausst.-Kat. Karlsruhe, ZKM | Medienmuseum, Leipzig 2013.

12 Sachs, Wolfgang: *Satellitenblick. Die Visualisierung der Erde im Zuge der Weltraumfahrt*, Wissenschaftszentrum Berlin für Sozialforschung, Discussion Paper, FS2 92–501, Berlin 1992, S. 6.

13 Vgl. Franke, Anselm: *Abstract zur Ausstellung »Maschinensehen. Feldforschung in den Räumen bildgebender Technologien«*, Zentrum für Kunst und Medientechnologie Karlsruhe, 2013, http://on1.zkm.de/zkm/stories/storyReader$8257 [20.03.2015].

14 Vgl. Left, Sarah: The Apache Helicopter, in: *The Guardian*, 31.10.2002, http://www.theguardian.com/uk/2002/oct/31/military.sarahleft [20.03.2015].

15 Vgl. Brinkbäumer, Klaus/Buse, Uwe/El Difraoui, Asiem u. a.: Irak-Krieg IV: Der Kampf um Kerbela. To Saddam, with Love, in: *Der Spiegel* 33, 2003, S. 72, http://magazin.spiegel.de/EpubDelivery/spiegel/pdf/28210103 [20.03.2015].

16 Vgl. *A demonstration of cockpit interaction in the AH-64D pilot seat*, Computeranimation, https://www.youtube.com/watch?v=euo566iW6kU [20.03.2015].

*Abbildung 2: Pilot mit »Monokel«
im Cockpit eines Apache-Kampf-
hubschraubers, 2012, Fotografie.*

die Maschine, was eine besondere Koordinationsleistung des Gehirns voraussetzt. Auch Auge und Waffe sind eng aufeinander bezogen: Das Monokel ist elektronisch mit der Schnellfeuerkanone des Hubschraubers verbunden. »Die Kanone bewegt sich automatisch mit meinen Pupillen«, erklärte ein Apache-Pilot in einem Interview, »ich schieße gewissermaßen mit dem Auge.«[17]

Dieser Hubschrauber sieht viel mehr, als ein Mensch mit eigenen Augen wahrnehmen kann. Seine Instrumente übersetzen den umgebenden Raum in so plastische Bilder und interaktive Grafiken, dass ein Fliegen auf Sicht unnötig wird. Zudem empfängt das Apache-Cockpit weitere technische Bilder aus der Luft, etwa von Satelliten und AWACS-Luftaufklärern, und verknüpft sie mit den eigenen Bildern. Bilderzeugung, -analyse und -zusammenführung erfolgen mit hoher Geschwindigkeit, wodurch eine umfassende Überwachung ohne zeitliche Verzögerung ermöglicht wird.

Der »Blick von oben« per Apache ist das Ergebnis hochkomplexer Maschinenprozesse. Er unterscheidet sich grundlegend von der visuellen Erfahrung einer in Zeit und Ort einheitlichen, kohärenten Überschau. Statt eines homogenen Raumes vermittelt er ein heterogenes Mosaik aus Feldern, in denen unterschiedliche Informationen aufeinander treffen, in Beziehung treten und sich gegenseitig verändern. Für diese Raumvorstellung, welche die Welt neu strukturiert und ihr Bild gleichsam vervielfältigt, schlägt der Kunstwissenschaftler Christoph Asendorf den Begriff des »Amalgamraumes« vor.[18] Angereichert mit Informationen über sichtbare und unsichtbare Gefahren, verwandelt das synthetisierende Raumbild die Welt in eine feindliche Umgebung und ständige Kampfzone.

Durch den Einsatz von Drohnen für gezielte Tötungen, Kriegseinsätze und Überwachung wird die Vorstellung des Amalgamraumes neu akzentuiert, was mit dem veränderten Verhältnis von Körper, Krieg und Raum zusammenhängt. Vordergründig unterscheidet sich der Kampfeinsatz für die Drohnenbediener nur wenig von Einsätzen mit herkömmlichen Kampfjets.[19] Es gelten die gleichen militärischen Verhaltensregeln, Kleidervorschriften und fachspezifischen Kommunikationsnormen. Gearbeitet wird in

17 Ivrea, Stanley, zitiert nach Hoelzgen, Joachim: Schwarze Engel der Rache, in: *Der Spiegel* 23, 1999, S. 181, http://magazin.spiegel.de/EpubDelivery/spiegel/pdf/13667547 [20.03.2015].
18 Vgl. Asendorf (wie Anm. 3), S. 43.
19 Vgl. Trogemann, Georg: Der Blick der Drohne, in: Zeller, Ursula/Schmid, Heiko/Moll, Frank-Thorsten (Hg.): *Archäologie der Zukunft*, Friedrichshafen 2014, S. 61.

Abbildung 3: Bodenkontrollstation für die Steuerung einer Reaper-Drohne, Holloman Air Force Base, New Mexico, 2012, Fotografie, siehe Farbtafeln.

Zweierteams, einer steuert die Drohne und schießt die Waffen ab, der andere kontrolliert das Sichtfeld der Kameras und die Sensoren. Der Drohnenlenker wird als »Pilot« bezeichnet, der Sensorbediener als »Copilot«. Beide Piloten tragen einen militärischen Fliegeroverall und kommunizieren per Headset, wobei sie im ständigen Funkkontakt mit ihrer Einsatzzentrale stehen. Bei ihrem Arbeitsplatz handelt es sich um einen klimatisierten Container auf einem Luftstützpunkt, der ähnlich wie ein Cockpit eingerichtet ist. Ergonomische Pilotensitze sowie zahlreiche Monitore, Bedien- und Kontrollelemente erwecken den Eindruck einer hochtechnischen Flugkanzel, auch wenn der Blick durch die Cockpitfenster fehlt, und die Bildschirme zahlreicher und größer sind. Ebenso ähneln die fliegerischen und technischen Abläufe der Drohnenpiloten den Arbeitsvorgängen von modernen Kampffliegern. Zur Überwachung und Luftzielbekämpfung bedienen sie ein multispektrales Zielsystem, das eine hochauflösende Tageslichtkamera mit einem Infrarotsensor, einem Röntgenbildverstärker und einer Laserbeleuchtung kombiniert.[20]

Grundlegend unterscheidet sich hingegen der Arbeitsalltag eines Drohnenpiloten von dem eines Kampffliegers. Während seiner Acht-Stunden-Schicht befindet sich der Soldat in einem Krieg, der Tausende von Kilometern entfernt stattfindet, und nach Feierabend lebt er das Leben eines Zivilisten. Drohnenpiloten bezeichnen sich deshalb selbst als »Gefechtspendler«.[21]

---

20 Vgl. Lindemann, Marc: *Kann Töten erlaubt sein? Ein Soldat auf der Suche nach Antworten*, Berlin 2013, S. 13.
21 Pitzke, Marc: Drohnen-Piloten im Einsatz: Krieg per Knopfdruck, in: *Spiegel Online*, 09.03.2010, http://www.spiegel.de/politik/ausland/drohnen-piloten-im-einsatz-krieg-per-knopfdruck-a-680579.html [01.02.2015].

Im bildgeführten Drohnenkrieg ist der Pilot gleichzeitig mit zwei gegenläufigen räumlichen Kategorien konfrontiert: Körperlich befindet er sich in weiter Entfernung, visuell in großer Nähe zum Gefechtsgebiet. Der Einsatz von Drohnen trennt den Kriegsraum vom Körper und dem unmittelbaren sinnlichen Zugriff des Soldaten, holt diesen aber zugleich optisch nah an das Geschehen heran. Dieser Widerspruch bildet den Ausgangspunkt für eine neue Sicht auf das Spannungsverhältnis von Auge und Betrachter, Bild und Raum. Nicht die Position des Auges oder der Standort des Betrachters bestimmen, was gesehen wird, sondern allein der Blick der Maschine. Diese Verlagerung vom menschlichen zum technischen Auge erlaubt, »zu sehen, ohne gesehen zu werden, [und] in Echtzeit zu töten, ohne körperlich anwesend zu sein«.[22]

DROHNE VERSUS KAMIKAZE

Dass die Drohne nicht nur eine technische Innovation darstellt, sondern auch einen militärischen Paradigmenwechsel fördert, der bedeutsame ethische, rechtliche und politische Implikationen birgt, illustrierte zuletzt der französische Philosoph Grégoire Chamayou in seiner 2013 veröffentlichten »Théorie du drone«.[23] Darin widerspricht Chamayou der gängigen Beschreibung gegenwärtiger militärischer Konflikte: Statt von »asymmetrischen« spricht er von »einseitigen Kriegen«: In den gegenwärtigen unilateralen Konflikten gebe es zwar Tote, aber nur auf einer Seite, während die andere Seite sicher in ihrem »gemütlichen Kokon einer klimatisierten ›sicheren Zone‹« verweile.[24] Dieses neue Verhältnis zwischen Körper und Raum, so betonte auch der Philosoph Byung-Chul Han, verabschiede die tradierten Vorstellungen von Krieg, Schlachtfeld und Kämpfer.[25] In seiner berühmten Abhandlung »Vom Kriege« (1832) definierte der Militärtheoretiker Carl von Clausewitz den Krieg als geordneten, regelgeleiteten Zweikampf gleichberechtigter Gegner.[26] Eine solche Gleichheit zwischen den Gegnern wurde bereits durch den Einsatz bemannter Kampfflugzeuge unterlaufen. Mit der Drohne als Kriegsmittel ist diese Gleichheit hingegen strukturell ausgeschlossen. Aufgrund der räumlichen Trennung zwischen Angreifer und Waffe herrscht totale Ungleichheit. Die Strategien des »targeted killing« und der »signature strikes« verwehren dem Gegner sogar die Möglichkeit, sich zu ergeben oder zu verteidigen, denn es gilt, ihn auf jeden Fall zu vernichten.

Mit Blick auf diese Ungleichheit diagnostiziert Chamayou das Ende des militärischen Heroismus: Mit der Drohne sei es nicht mehr notwendig zu verlangen, dass sich Menschen persönlich körperlichen Gefahren aussetzen, weshalb der Drohnenflieger zum Gegenspieler des Kamikazepiloten werde.[27] Beide Pilotentypen weichen vom paradig-

22 Bräunert, Svea/Meier, Sebastian/Queisner, Moritz: *Abstract zum Workshop »Imaging the Drone's Vision: A Survey of its Aesthetic Qualities«*, Humboldt-Universität zu Berlin 2014, https://www.academia.edu/8935540/ Workshop_Imaging_the_Drone_s_Vision_A_Survey_of_its_Aesthetic_Qualities [20.03.2015].
23 Chamayou, Grégoire: *Ferngesteuerte Gewalt. Eine Theorie der Drohne*, Wien 2014 (franz. Originalausgabe: Théorie du drone, Paris 2013).
24 Ebd., S. 36.
25 Vgl. Han, Byung-Chul: Militärpolitik. Clausewitz im Drohnenkrieg, in: *Die Zeit* 47, 2012, http:// www.zeit.de/2012/47/Drohnenkrieg-Kampfroboter-Terror [20.03.2015].
26 Vgl. Clausewitz, Carl von: *Vom Kriege. Hinterlassenes Werk. Erster Theil*, Berlin 1832, S. 3.
27 Vgl. Chamayou (wie Anm. 23), S. 95–100.

matischen Bild des Kämpfers ab, wenngleich in die entgegengesetzte Richtung. Strebt der Kamikazepilot nach der völligen Selbstaufgabe, zieht der Drohnenpilot die totale Distanz vor. Auf der einen Seite vernichtet sich der Steuermann selbst in einer einzigen Explosion, auf der anderen Seite suspendiert das ferngesteuerte Fluggerät die physische Präsenz des Piloten. Während beim Kamikazeflug der Körper des Piloten vollständig mit seiner Waffe verschmilzt, ist er beim Drohnenflug komplett von ihr getrennt. Beim Kamikazeflug wird der Körper des Piloten zur Waffe, beim Drohnenflug ist die Waffe ohne Körper. Im ersten Fall ist der Tod des handelnden Piloten unvermeidlich, im zweiten radikal ausgeschlossen.

Wie eng Körper und Waffe beim Sturzflug miteinander verschränkt sind, zeigten in den 1930er Jahren vor allem Bilder der italienischen Künstlerbewegung der Futuristen. Bereits einige Jahre vor dem Zweiten Weltkrieg hatte der Fotograf Filippo Masoero (1894–1969) ein Aufnahmeverfahren entwickelt, das sich als »Sturzflugoptik« bezeichnen lässt. Ein Werk, das diese Darstellungsweise anschaulich repräsentiert, ist seine »Veduta Aerea Dinamizzato del Foro Romano« von 1930.[28] Die dynamisierte Ansicht des Forums in Rom vermittelt den Eindruck eines Sturzfluges dadurch, dass der Triumphbogen in der Mitte stillsteht, wohingegen die Randzonen des Bildes in verwischte Bewegungsspuren aufgelöst sind. Indem die Spuren auf das Hauptmotiv in der Mitte zulaufen, gelingt ein Bild von suggestiver Sogwirkung. Der Betrachter nimmt die Position und Blickrichtung des hinabstürzenden Piloten ein. Sein Blick folgt der nahezu vertikalen Bewegung des Flugzeuges, welches das Ziel anvisiert. Während der Sturzflugpilot sein Flugzeug nach dem Bombenabwurf über dem Boden abfängt, lenkt es der Kamikazepilot in das Ziel hinein. Statt durch die Explosion einer abgeworfenen Bombe erfolgt die Zerstörung durch die Explosion des Flugzeugs beim Aufprall. Das Flugzeug wird damit zur Bombe, die sich selbst ins Ziel steuert.

FLYING TORPEDO WITH AN ELECTRIC EYE

Um der Bedrohung durch die Japaner entgegenzuwirken, die bereits in den 1930er Jahren ganze Geschwader von Piloten für Selbstmordattacken ausbildeten, entwickelte das U.S. Militär Prototypen funkgesteuerter Flugzeuge, die als Lufttorpedos eingesetzt werden sollten.[29] Diese ferngesteuerten Apparate waren jedoch ›blind‹. Sie wurden nutzlos, sobald der visuelle Kontakt zu der sie steuernden Basis unterbrochen war. An der Aufhebung der Blindheit der ferngesteuerten Apparate war vor allem der russisch-amerikanische Physiker und Elektroingenieur Vladimir K. Zworykin beteiligt (1889–1982). Zworykin wurde 1929 Direktor des elektronischen Forschungslabors der Radio Corporation of America in Princeton und gehörte mit seiner Erfindung der Kineskop-Röhre zu den Pionieren des modernen Fernsehens. Seine Forschungsarbeiten im Bereich der Übertragung und des Empfangs beim Fernsehen lieferten wesentliche Grundlagen zur Entwicklung seiner Idee der ›sehenden‹ Torpedos.

---

28 Vgl. Bonnevie, Claire (Hg.): *Vues d'en haut*, Ausst.-Kat. Metz, Centre Pompidou, Metz 2013, S. 245, Abb. 198.
29 Vgl. Chamayou (wie Anm. 23), S. 97.

Lange vor dem Angriff auf Pearl Harbor skizzierte Zworykin seine Vorstellung eines ›Flying Torpedo with an Electric Eye‹: »Eine mögliche Methode, um praktisch die gleichen Ergebnisse zu erzielen wie der Selbstmordpilot, besteht darin, den funkgesteuerten Torpedo mit einem elektronischen Auge auszustatten.«[30] Der ›sehende‹ Lufttorpedo sollte dem Steuernden am Boden erlauben, das Ziel von oben in den Blick zu nehmen und so das Projektil per Fernsteuerung zum Einschlagpunkt zu lenken. Im Cockpit des Fluggeräts bliebe das »elektronische Auge« des Piloten, wohingegen sich sein physischer Körper weit davon entfernt, außerhalb der Reichweite der feindlichen Luftabwehr, in einer sicheren Umgebung befände.

Zworykins ›Flying Torpedo‹ gründet wesentlich auf der Annahme einer Zweiteilung von Körper und Raum. Der Körper wird unterteilt in einen lebenden und einen operativen Körper, wobei nur letzterer, vollständig mechanisiert und verzichtbar, mit der Gefahr in Kontakt gerät. Ebenso wird der Raum in ein feindliches Gebiet und einen sicheren Bereich aufgeteilt: Mit dem ›Flying Torpedo‹ greift eine geschützte Macht von einem abgeschirmten Raum aus in eine bedrohliche und gefährliche Umgebung ein.

Der frühe Text von Zworykin ist insofern von Bedeutung, als er den Vorläufer der Drohne als »Anti-Kamikaze« beschreibt. Mit der Erfindung des elektronischen Auges am Fluggerät wird der Pilot vom Tod verschont und von der Pflicht zur leiblichen Opferbereitschaft befreit. Es ist sogar grundsätzlich ausgeschlossen, dass er im Einsatz sein Leben verliert, weshalb er die traditionellen Militärtugenden wie Mut und Heldentum nicht erwerben kann. Daher wird ihm auch keine militärische Auszeichnung zuteil, selbst wenn er Außergewöhnliches leistet: Der amerikanische Verteidigungsminister Chuck Hagel lehnte 2013 die ›Distinguished Warfare Medal‹ ab, die an Drohnenpiloten sowie Cyberwarriors und Computerhacker für besondere Leistungen verliehen werden sollte.[31] Wie die Auszeichnung bleibt dem Drohnenpiloten auch die Anerkennung gesundheitlicher Folgeschäden verwehrt, obwohl sie nach jüngsten Medienberichten unter ähnlichen posttraumatischen Stresssymptomen leiden wie Kampfflieger.[32]

Auch wenn vermutet werden kann, dass die medial geführte Diskussion um die psychischen Probleme von Drohnenpiloten vor allem dazu dient, die ›Armchair Soldiers‹ moralisch zu rehabilitieren, so sensibilisiert sie doch für die Bedeutung der veränderten Visualisierungspraktiken in militärischen Operationen.[33] Zu den neuen Seherfahrungen von Piloten gehört ein medienvermitteltes Nahsehen bei gleichzeitiger Fernabwesenheit des Körpers. Diese bis dahin unbekannte Nahsicht auf mögliche Ziele wird durch den Einsatz hoch-

---

30 Zworykin, Vladimir K.: Flying Torpedo with an Electric Eye (1934), in: Goldsmith, Alfred N./Dyck, Arthur F. Van/Burnap, Robert S. u. a. (Hg.): *Television*. Bd. IV: 1942–1946, Princeton/NJ 1947, S. 360; deutsche Übersetzung: Chamayou (wie Anm. 23), S. 97.

31 Vgl. Anonym: Medals for Drone Warriors Canceled, in: *The New York Times*, 15.04.2013, http://www.nytimes.com/2013/04/16/us/politics/medals-for-drone-warriors-canceled.html?_r=1 [20.03.2015].

32 Vgl. Dao, James: Drone Pilots Are Found to Get Stress Disorders Much as Those in Combat Do, in: *The New York Times*, 22.02.2013, http://www.nytimes.com/2013/02/23/us/drone-pilots-found-to-get-stress-disorders-much-as-those-in-combat-do.html?hp&_r=0 [20.03.2015].

33 Vor allem US-Blockbuster tragen gegenwärtig zur Rehabilitation der Drohnenpiloten in der Öffentlichkeit bei: Rosenthal, Rick (Regie): *Drones*, Thriller Film, USA 2013; McGill, Edwin (Regie): *Drone*, Thriller Film, USA 2013; Niccol, Andrew (Regie): *Good Kill*, Thriller Film, USA 2014; Hood, Gavin (Regie): *Eye in the Sky*, Thriller Film, USA 2015.

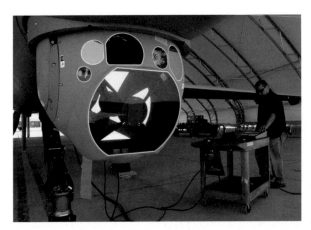

Abbildung 4: Zielerfassungselement einer Drohne vom Typ MQ-9 Reaper, 2007, Fotografie, siehe Farbtafeln.

auflösender Kameras ermöglicht, die im vorderen Rumpfteil der Drohne eingebaut sind. Zudem erlaubt die lange Flugfähigkeit der Drohne eine zeitlich entgrenzte Überwachung des Angriffsziels. Durch Nahsicht und Langzeitbeobachtung gewinnt der Pilot intime Kenntnis von potenziellen Gegnern, bevor der Angriff erfolgt. Bei der anschließenden Schadensfeststellung sieht er detailliert, welche Folgen seine Handlungen haben. Diese optischen Eindrücke nimmt der Pilot ausschließlich über computergenerierte Visualisierungen wahr, die sich ihm unentwegt und in voller Schärfe auf räumlich angeordneten Monitoren präsentieren. Was der Pilot sieht, ist weniger an die Fähigkeiten und Funktionen seiner Augen gebunden als vielmehr an die Eigenschaften der Kamerasysteme, die in sprechender Weise als »eyes in the sky« bezeichnet werden.[34] Im Unterschied zu den menschlichen Augen sehen die Kameraaugen zu jeder Zeit an jedem Ort alles. Sie gewähren nicht nur einen Blick auf das, was an einem entfernten Ort gesehen werden könnte, wenn man sich dort aufhalten würde, sondern machen auch bisher Ungesehenes sichtbar. Dem beständigen und umfassenden Blick der Drohne kann sich nicht nur der Beobachtete, sondern auch der Beobachter kaum entziehen – oder wie es Chamayou in seiner »Théorie du drone« formuliert: »Das mechanische Auge hat kein Lid.«[35] Es schließt sich nicht, es blinzelt nicht, und es wendet sich nicht ab. Es vergisst nicht, was es anschaut, sondern archiviert alles Gesehene und potenziell Geschehene, so dass sich nach Belieben nicht nur im Raum, sondern auch in der Zeit navigieren lässt.

ZWISCHEN ABSTRAKTION UND KONKRETHEIT

Das allgegenwärtige Auge der Drohnenkameras verändert den militärischen Blick von oben und damit das Bild des überschauten Raumes grundlegend. Die Supervision war und ist bis heute ein Modell für den Wunsch nach universaler Überschau, denn sie bietet die »Möglichkeit der Synopse, der Synthese, des öffnenden Blicks auf die großen

---

34 Vgl. Schelske, Andreas: Zehn funktionale Leitideen multimedialer Bildpragmatik, in: *Image. Zeitschrift für interdisziplinäre Bildwissenschaft* 1, 2005, http://www.gib.uni-tuebingen.de/image/ausgaben-3?function=fnArticle&showArticle=36 [20.03.2015].

35 Chamayou (wie Anm. 23), S. 49.

Grubengelände bei Böhlen
südlich Leipzig.
(Teilstück)

Maßstab des Original-Planes 1:10000.
Maßstab der Reproduktion 1:35000.

Aufgenommen im Auftrage der Sächsischen Werke A-G
durch Junkers-Luftverkehr A-G, Luftbild-Zentrale.

Abbildung 5: Werbung der Junkers-Luftbild-Zentrale, 1926.

Zusammenhänge und Wechselwirkungen in der Natur und Kultur«.[36] Eine solche Sicht vermitteln vor allem Luftfotografien aus den 1920er Jahren, wie sie etwa die Junkers-Luftbild-Zentrale in Dessau produzierte. Diese Bilder, in denen Stadt- und Landschafts-formen als reduzierte Strukturen erscheinen, veranschaulichen exemplarisch die Abstrak-tion des Anschauungsraumes, die sich zwangsläufig aus der vertikalen Perspektive und der wachsenden Entfernung zum konkreten Schauplatz ergibt. Aufgrund der Distanz und Aufsicht wirkt der Raum im Bild abgeflacht, dezentriert und entleert.

Schon bei den ersten Luftaufnahmen des französischen Fotografen Félix Nadar aus einem Fesselballon geriet die Verflachung des Raumes zur optischen Sensation.[37] Obwohl der Fotograf 1859 seine Bilder nur aus dreihundert Metern Höhe erstellte und auf diese Weise eher steile Schrägblicke als vertikale Ansichten aufnahm, sollte ihm die wesentliche Begleiterscheinung des Blicks von oben nicht entgehen: »Das ganze gleicht einer Land-karte, denn die Höhenunterschiede sind nicht ersichtlich.«[38]

Dass der ›flache Raum‹ anders wahrgenommen wird als der volumetrische, beob-achtete auch der französische Philosoph Roland Barthes 1964 beim Blick vom Eiffel-turm. In seinem Bilderbuch »La Tour Eiffel« beschrieb er die Raumabstraktion als einen Wechsel von der Erscheinung zur Struktur, die vor allem intellektuell wahrzunehmen sei: »Die Vogelperspektive, die jeder Besucher des Eiffelturms für einige Augenblicke ge-winnt, bietet die Welt zum *Lesen* und nicht nur zum Wahrnehmen dar.«[39] Die vertikale Perspektive ermögliche es, über die unmittelbare Wahrnehmung hinauszugelangen und die Dinge in ihrer Struktur zu sehen, ohne dass diese etwas von ihrer Materialität ver-lieren würden. Der Raum erscheine so als »konkrete Abstraktion«. Der Blick auf die Struktur hat nicht nur eine räumliche, sondern auch eine zeitliche Dimension: Barthes

36 Vgl. Asendorf (wie Anm. 3), S. 45.
37 Vgl. Nadar, Félix: *Vues aériennes du quartier de l'Étoile*, 16 juillet 1868, épreuve sur papier albuminé, 23 x 28,7 cm, Musée d'Orsay, Paris, in: Bonnevie (wie Anm. 28), S. 59, Abb. 36.
38 Nadar, Félix, zitiert nach Asendorf (wie Anm. 3), S. 30.
39 Barthes, Roland/Martin, André: *Der Eiffelturm*, München 1970, S. 43 (franz. Originalausgabe: *La Tour Eiffel*, Paris 1964.

stellt dem topografischen Panorama, das sich von oben eröffnet, das zeitliche Panorama zur Seite: Das Nacheinander der Ereignisse, die Landschaft oder Stadt geformt haben, fällt mit der synchron erlebten Zeit des Überschauens zusammen.[40]

Der strukturstiftende Blick von oben verspricht Klarheit, Übersichtlichkeit und Ordnung in einer als unüberschaubar angenommenen Welt. Zugleich lässt er den Betrachter als denjenigen erscheinen, der die Welt zu synthetisieren und zu beherrschen versteht. Der Blick von oben ist häufig Ausdruck von Macht, Kontrolle und Allmachtsfantasien. Schon den Blick von der Burg über die Landschaft beschrieb der Kunsthistoriker Martin Warnke in seiner Studie »Politische Landschaften« als einen »argwöhnisch wachsamen Spähblick« oder »herrscherlichen Verfügungsblick«.[41] Dieses Doppelmotiv des Überblicks und der Kontrolle prägt bis heute Idee und Erscheinung der Supervision.

Der Blick von oben entqualifiziert die überschauten Landschaften. Mit zunehmender Höhe werden Unterschiede und Einzelheiten ausgelöscht, so dass die Welt unten immer unwirklicher erscheint: »Die irdische Mit- und Umwelt wird gänzlich flach, zu einem Bild, einem Muster abstrahiert, zu etwas in völlig anderem Maßstab und Realitätsgrad.«[42] Mit der Entwirklichung der Welt werden auch die elementarsten Gemeinsamkeiten mit den Bewohnern aufgekündigt. Menschen und Dinge am Boden erscheinen so weit entfernt und so enthoben von einer wahrnehmbaren Gegenständlichkeit, dass ihre Zerstörung leicht fällt, wie es zahlreiche Piloten aus dem Zweiten Weltkrieg bezeugten.

Diese Form der Distanzierung wird durch den Einsatz der Drohne gesteigert und zugleich aufgehoben. Gesteigert, weil die räumliche Verfügbarkeit und Flexibilität von Sensor- und Überwachungstechnologien das Gefechtsfeld in einen distanzierten und entkörperlichten Raum verwandeln, und aufgehoben, weil die Bilder eine Ultra-Nahsicht ohne zeitliche Verzögerung vermitteln. Während traditionelle Bomberpiloten ihr Angriffsziel kurzfristig als abstrakte Struktur in der Ferne wahrnehmen, sieht es der Drohnenflieger langfristig als konkrete Erscheinung aus nächster Nähe. Während der Fernblick das von oben Beobachtete miniaturisiert, monumentalisiert es der Nahblick.

Die dauerhafte Überwachung von potenziellen Zielen aus nächster Nähe dokumentiert beispielhaft der Kurzfilm »Five Thousand Feet is the Best« (2011) des israelischen Videokünstlers Omer Fast. Der Film beruht auf zwei Treffen mit dem Piloten einer Jagddrohne, die in einem Hotel in Las Vegas mitgeschnitten wurden. Der Regisseur verschränkt die Interviewszenen mit Videoaufnahmen einer Drohne, die übergangslos von Nah- zu Fernsicht wechseln. Der Titel des Films bezieht sich auf ein Zitat des Piloten, wonach fünftausend Fuß über dem Boden die beste Flughöhe für eine detailreiche Nahsicht sei. Erst die Sicht auf beiläufige Einzelheiten, so berichtet der Pilot im Film, ermögliche ihm, seine Einsätze als reale und nicht fiktive Ereignisse wahrzunehmen. Erst wenn er in der Lage sei, etwa die Schuhmarke seiner Opfer zu erkennen, habe er das Gefühl, es mit wirklichen Menschen zu tun zu haben, und nicht mit Avataren in einem Kriegsvideospiel. Durch die taktile Nahsicht erfährt der Pilot das Optische als etwas Reales, was ihn zutiefst beunruhigt.

---

40 Vgl. Spies, Werner: Roland Barthes, Der Eiffelturm, in: *Frankfurter Allgemeine Zeitung*, 11.07.1970, S. 7, http://www.gbv.de/dms/faz-rez/700711_FAZ_0131_BuZ7_0001.pdf [20.03.2015].
41 Warnke, Martin: *Politische Landschaft. Zur Kunstgeschichte der Natur*, München/Wien 1992, S. 47.
42 Asendorf (wie Anm. 3), S. 47.

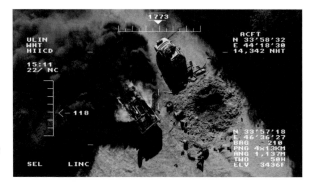

Abbildung 6: Omer Fast, 5000 Feet is the Best, D/USA 2011, Digitaler Film, 30 min, Standfotografie.

WELTLANDSCHAFT

Das Konzept der Überwachung durch Drohnen beruht auf dem Prinzip der Totalisierung des Blicks.[43] Die Drohne scheint der vorläufige Höhepunkt einer Entwicklung zu sein, welche die Vision einer allumfassenden, gottähnlichen Perspektive auf die Welt zu verwirklichen sucht. Ihr synoptischer Blick, der das Nahe mit dem Fernen, das Konkrete mit dem Abstrakten verbindet, setzt die großen historischen Versprechungen der künstlerischen Überschaulandschaften seit dem frühen 16. Jahrhundert fort.[44] Unter dem Eindruck der zeitgenössischen Kartografie schufen vor allem niederländische und deutsche Maler Bildkonstruktionen, die der Kunsthistoriker Ludwig von Baldass als »Weltlandschaften« bezeichnete.[45] Ein Gemälde, das diese Darstellungsform besonders eindrucksvoll präsentiert, ist Albrecht Altdorfers »Alexanderschlacht« von 1529.[46] Es zeigt die Schlacht aus einer supervisionären Perspektive. Während die Maler der Renaissance fest begrenzte, überschaubare und klar geordnete Räume darstellten, gewährt Altdorfer einen Blick in unendliche Weiten und zieht die Perspektive vom nahsichtigen Kampfgetümmel unmerklich in große Höhe. Auf diese Weise verbindet das Bild stufenlos Nahraum und Fernsicht: Der Betrachter blickt zunächst leicht erhöht auf das Kampfgeschehen hinab und gewinnt dann visuell an Höhe, wenn er in die Bildtiefe blickt. Während er im Vordergrund die Schlacht sieht, erkennt er im Mittelgrund das östliche Mittelmeer, die Insel Zypern und das Nildelta sowie im Hintergrund das Rote Meer und einen vom Sonnenuntergang dramatisch beleuchteten Wolkenhimmel. Wo im Vordergrund noch das Zaumzeug der Pferde zu sehen ist, da erscheint im Hintergrund ein Landschaftsraum gewaltigen Ausmaßes. Kampfraum, geografischer Großraum und kosmischer Raum werden so intensiv miteinander verschränkt.

43   Vgl. Chamayou (wie Anm. 23), S. 48-49.
44   Vgl. Asendorf, Christoph: Von der »Weltlandschaft« zur planetarischen Perspektive. Der Blick von oben in der Sukzession neuzeitlicher Raumvorstellungen, in: *kritische berichte* 3, 2009, S. 9–23, http://www. hmkv.de/_pdf/2010_arc_Pressestimmen_kritischeberichte.pdf [20.03.2015].
45   Baldass, Ludwig von: Die niederländische Landschaftsmalerei von Patinir bis Bruegel, in: *Jahrbuch der kunsthistorischen Sammlungen des Allerhöchsten Kaiserhauses*, Bd. 34, Wien 1918, S. 111–157.
46   Altdorfer, Albrecht: *Alexanderschlacht (Schlacht bei Issus)*, 1529, Lindenholz, 158,4 x 120,3 cm, Bayerische Staatsgemäldesammlungen, Alte Pinakothek, München, Inv. Nr. 688, http://www.pinakothek.de/ albrecht-altdorfer/historienzyklus-alexanderschlacht-schlacht-bei-issus [20.03.2015].

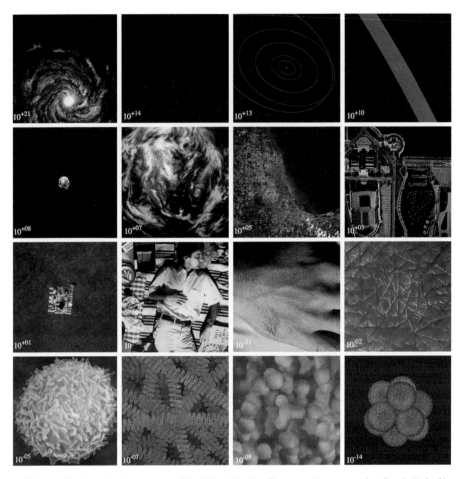

Abbildung 7: Charles und Ray Eames, Powers of Ten, USA, 1977, Kurzfilm, 9 min, Montage aus Filmstills, siehe Farbtafeln.

Der kontinuierliche Wechsel zwischen Nah und Fern, der im 16. Jahrhundert mit einer einzigen Perspektive dargestellt wurde, erfolgt im 20. Jahrhundert mit verschieden fokussierten Einzelbildern, die durch den optischen Zoom einer Kamera verbunden sind. Der zoomende Blick vereint das plastische, konturierende Sehen, das die Dinge isoliert, mit dem flächigen, zusammenschließenden Sehen, das die Dinge in ihrer Gesamtheit zeigt. Separation und Synthese bilden hier keine Gegensätze mehr, sondern gehen ineinander über. Vor allem die Visualisierungen der Erde im Zuge der Weltraumfahrt prägen die Verschränkung von Nah- und Fernsehen und damit die Vorstellung von der freien Skalierbarkeit der Welt.

Das Prinzip der totalen Verkleinerung und Vergrößerung lässt an einen essayistischen Kurzfilm denken, den die Designer Charles und Ray Eames zwischen 1968 und 1977 für den einstigen Büromaschinenhersteller IBM schufen.[47] Der Lehrfilm »Powers of Ten« bietet eine Sicht auf die Erde durch einen Zoom von der Mikro- auf die Ma-

---

47 Vgl. *The Films of Charles & Ray Eames*, DVD Box Set, Vol. 1, USA, 2005.

kroebene und umgekehrt. Mittels Luftaufnahmen und Animationen unternimmt der Betrachter einen virtuellen Flug, der von einem Paar beim Picknick ausgeht und bis in die Tiefen des Weltalls vorstößt. Bei dieser imaginierten Bewegung vergrößern sich die Distanzen mit jeder neuen Einstellung auf das jeweils Zehnfache. Im Weltall angekommen, startet der ›Rückflug‹ mit entsprechenden Verkleinerungsschritten bis ins Körperinnere der zuvor abgebildeten Personen. Aus heutiger Sicht wirkt dieser Film wie »ein Vorspiel zur möglichen Manipulierbarkeit aller räumlichen und zeitlichen Dimensionen im Informationszeitalter«.[48] Wie eine finale Überhöhung der drohnengenerierten Nahsicht muten Eames' Aufsichtsbilder der Personen beim Picknick an, die zuletzt so stark vergrößert sind, dass die Molekularstrukturen ihrer Haut sichtbar werden.

BILDOPERATIONEN IM FRAGMENTIERTEN RAUM

Die Möglichkeit, potenzielle Ziele in die Nähe des Betrachters zu zoomen, verändert den militärischen Blick von oben radikal. Im Mittelpunkt des Sehinteresses steht weniger die kohärente Überschau auf einen größeren Zusammenhang als eine Vielzahl von Blicken auf detaillierte Einzelinformationen. Die Drohne vervielfältigt Perspektiven und Standpunkte, die in höchst heterogenen Darstellungsmodi visualisiert werden. Die meisten Darstellungen sind hybride Bildformen und ergeben sich aus der Kombination von Bild, Text und Zahl sowie grafischen Elementen. Statt zeitlich verzögert, können die Bilder der Drohnenkameras unmittelbar rezipiert werden: Gaben die Luftfotografien im Zweiten Weltkrieg den erfassten Geländeausschnitt jeweils in einer Momentaufnahme wieder (wobei zwischen Bildaufnahme und Bildentwicklung ein zeitlicher Abstand lag), liefern die durch Satelliten übertragenen Visualisierungen der Drohne Informationen in Echtzeit. Anstelle eines zusammenhängenden Raumes, den die statische Übersichtsfotografie geschaffen hat, definieren die dynamischen Nahsichtbilder der Drohne einen diskontinuierlichen Raum. Räumliche Zusammenhänge erscheinen fragmentiert, multipliziert und zeitlich derangiert.

Das Merkmal des Fragmentierten bleibt bei den Visualisierungen nicht auf den Akt der Produktion beschränkt, sondern überträgt sich auf die Wahrnehmung des Produzierten. Die Bildschirme in der Bodenkontrollstation sind über- und nebeneinander angeordnet – hauptsächlich frontal vor dem Körper in der Sichtachse der Piloten – und besetzen damit jene Stelle, an der sich im Flugzeug das überblicksstiftende Cockpitfenster befindet. Den Zusammenhang der angezeigten Visualisierungen, ihre gegenseitige Abhängigkeit und Potenzierung, müssen Pilot und Sensor Operator erst herstellen, wofür ein abstraktes Bildwissen im Umgang mit einer Vielzahl von Bildmodi notwendig ist.

Aber nicht nur die Entstehungs- und Rezeptionsbedingungen der technischen Luftbilder verändern sich, sondern auch ihre Funktionen. Während die Luftfotografie im Zweiten Weltkrieg vor allem zur operative Aufklärung verwendet wurde, hat die Drohnentechnologie Verfahren hervorgebracht, die den Prozess der Bildgebung und Bildführung weit über die Bestimmung und Beurteilung des Beobachteten hinaus ausdehnen. Verfahren der hochauflösenden Videoübertragung in Echtzeit werden mit Erkennungs-

---

48   Asendorf (wie Anm. 3), S. 47.

techniken und Beschusssystemen gekoppelt, so dass nicht nur eine sofortige Totalaufklärung, sondern auch eine unmittelbare Interaktion zwischen Mensch und bewaffneter Flugmaschine ermöglicht wird. Die Echtzeit-Visualisierungsverfahren fungieren als Schnittstellen zwischen Operator und Drohne und greifen damit handlungsanleitend in die Kampfführung ein. Ihre Funktion besteht darin, Handlungen raumunabhängig an entfernten Orten unter echtzeitfähiger Sichtkontrolle auszuführen.[49]

Da bei Drohneneinsätzen kein direkter Blickkontakt mit dem Operationsgebiet hergestellt werden kann, dienen die Visualisierungen als einzige Entscheidungsgrundlage und Handlungsanweisung. Auf diese Weise wird der Unterschied zwischen der unmittelbaren visuellen Erfahrung und der medialen Vermittlung verwischt. Es kann immer weniger zwischen dem, was in der Welt gesehen wird, und dem, was als Welt dargestellt wird, differenziert werden. Die Wahrnehmung, welche die Handlungen steuert, wird in die Apparate verlagert. Die Drohnenbilder bestimmen demnach nicht nur den Rahmen von Handlungsmöglichkeiten, sondern lenken die Handlungen selbst, wodurch militärische Interventionen zu rein medial vermittelten Bildoperationen werden. Besonders markant sind solche Bildoperationen beim Abfeuern einer Drohnenrakete. Die Drohnenpiloten identifizieren auf den Bildern ein mobiles Zielobjekt, aktivieren daraufhin die automatische Kameraverfolgung und markieren das Objekt mit einem Laserstrahl, der die Rakete in ihr Ziel lenkt.[50]

DIE WELT ALS ›KILL BOX‹

Die Fragmentierung des Raumbildes durch die Bildgebungsverfahren der Drohne findet ihre Entsprechung in der militärtechnologischen Zerlegung von Kriegsgebieten in bewegliche Mikrozonen. Mit dem Einsatz der Drohne als Waffe im globalen ›War on Terror‹ haben sich die traditionellen räumlichen und zeitlichen Begrenzungen militärischer Interventionen aufgelöst. Der Drohnenangriff ist theoretisch jederzeit und überall möglich. »Die ganze Welt […] ist ein Schlachtfeld«, oder genauer, »ein Jagdrevier«, konstatiert Chamayou in seiner »Theorie der Drohne«: »[…] der Ort bewaffneter Gewalt [ist] nicht mehr durch die Konturen eines abgrenzbaren Bereichs definiert, sondern durch die bloße Anwesenheit der Feind-Beute, die […] ihre persönliche Kampfzone überallhin mit sich führt.«[51]

Durch die flexiblen Kampfzonen verändert sich das Verhältnis der bewaffneten Gewalt zum feindlichen Raum. Diese Veränderung äußert sich im Wechsel der Militärstrategie von der Eroberung zur Verfolgung: »Es geht weniger darum, ein Gebiet zu *besetzen*, als darum, es *von oben herab zu kontrollieren*, indem man sich die Beherrschung der Lüfte sichert.«[52] Gegen die Abgrenzung von Territorien setzt die Drohne die Entgrenzung des

---

49   Vgl. Schelske, Andreas: Zehn funktionale Leitideen multimedialer Bildpragmatik, in: *Image. Zeitschrift für interdisziplinäre Bildwissenschaft* 1, 2005, http://www.gib.uni-tuebingen.de/image/ausgaben-3?function=fnArticle&showArticle=36 [20.03.2015].

50   Vgl. *UAV Predator/Reaper target destruction GCS (Ground Control Station) Operations*, http://www.dailymotion.com/video/x2ngt70 [20.03.2015].

51   Chamayou (wie Anm. 23), S. 63.

52   Ebd., S. 64.

Luftraumes und führt damit die großen Erzählungen der Luftstreitkräfte fort: Die freie Bewegung in der dritten Dimension, losgelöst von den Unwegsamkeiten des Bodens, gilt als ebenso historische wie aktuelle Verheißung der Kriegsführung aus der Luft.

Der Luftkrieg wurde in den 1940er Jahren von den avantgardistischen Künsten als »großmaßstäbliche Veranschaulichung des in alle Richtungen fluktuierenden ›modernen‹ Raums« propagiert.[53] So reproduzierte etwa der ehemalige Bauhauskünstler László Moholy-Nagy in seinem theoretischen Hauptwerk »vision in motion« (1947) eine Nachtfotografie, die, aus einem britischen Bomber aufgenommen, Lichtspuren von Suchscheinwerfern zeigt.[54] Mit Blick auf die Luftfotografie beschwor Moholy-Nagy veränderliche Relationen statt solide Körper (»Beziehung statt Masse«[55]) und definierte einen Raum, dessen Grenzen flüssig sind, in dem innen und außen sowie oben und unten zu einer Einheit verschmelzen, in dem ein »stetes Fluktuieren« an die Stelle statischer Zusammenhänge getreten ist.[56]

Der Gedanke von der beweglich gewordenen, unteilbaren Welt gehörte zu den wirkungsmächtigsten politischen Vorstellungen der mittleren 1940er Jahre.[57] »One World« war der programmatische Titel eines in Millionenauflage erschienenen Buches von Wendell Willkie, dem ehemaligen republikanischen Gegenkandidaten von Franklin D. Roosevelt.[58] Willkie beschäftigte sich mit der Frage, wie aus der Perspektive der USA eine friedliche Nachkriegswelt unter Nutzung der im Zweiten Weltkrieg aufgebauten Infrastrukturen entstehen könnte. Willkie prägte auch das Motto für eine Propagandaausstellung im New Yorker Museum of Modern Art, in der die neue Ordnung von der unteilbaren Welt veranschaulicht werden sollte. Die Gestaltung der Ausstellung mit dem programmatischen Titel »Airways to Peace« übernahm der ehemalige Bauhauskünstler Herbert Bayer, der wie Moholy-Nagy in die USA emigriert war. Als Bildformeln, die das politisch-zivilisatorische Großprojekt der »one world« zur Anschauung bringen sollten, fungierten vor allem ein betretbarer Hohlglobus und ein am Boden ausgebreitetes Bildfeld mit hoch vergrößerten Luftaufnahmen, die von oben zu betrachten waren.[59] Die Ausstellung setzte damit die optimistische Vision einer zukünftigen Geografie globaler Bezüge in Szene, die nationale Abgrenzungen überwunden zu haben schien.

Diese modernistische Raumvorstellung bildet eine zentrale Voraussetzung für den heutigen Krieg auf Entfernung, der durch ein universelles Eingriffsrecht jenseits geopolitischer Grenzen begründet wird.[60] Ein solches Recht gestattet es, den erklärten Gegner überallhin zu verfolgen, um ein wichtiges öffentliches Interesse zu wahren, selbst wenn hierdurch das Prinzip der territorialen Integrität unterlaufen würde. Die moderne Vision einer Welt des Ausgreifens in jede nur mögliche Richtung des Raumes prägt auch die gegenwärtige Vorstellung vom Gefechtsgebiet. Der Operationsraum wird von zeitgenössischen Militärtechnologen nicht als statischer, abgegrenzter Bereich aufgefasst, sondern als dynamische Struktur von Feldern, denen jeweils spezifische Regeln für das

---

53 Asendorf (wie Anm. 3), S. 39.
54 Vgl. Moholy-Nagy, László: *vision in motion*, Chicago 1947, S. 246, Abb. 335.
55 Moholy-Nagy, László: *von material zu architektur (1929)*, Mainz 1968, S. 202.
56 Ebd., S. 222.
57 Vgl. Asendorf (wie Anm. 44), S. 20.
58 Vgl. Willkie, Wendell: *One World*, New York 1943.
59 Vgl. Staniszewski, Mary Anne: *The Power of Display. A History of Exhibition. Installations at the Museum of Modern Art*, Cambridge/MA, London 2001, S. 209–211.
60 Chamayou (wie Anm. 23), S. 64.

Abbildung 8: Herbert Bayer, Airways to Peace, Museum of Modern Art Installation, New York, 1943, Fotografie.

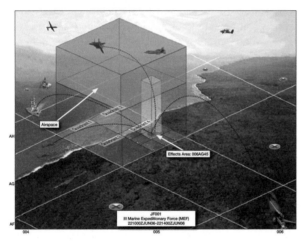

Abbildung 9: Dreidimensionale Darstellung des Kill-Box-Systems der U.S. Air Force, 2008, Computerrendering.

Eingreifen zugeordnet werden.[61] Eine solche Feldstruktur verkörpert das militärgeografische Konzept der ›kill box‹, das in den frühen 1990er Jahren entstand.[62] Die ›kill box‹ lässt sich grafisch als transparenter Kubus von modulierbarer Größe vorstellen, der auf ein orthogonales Rasterfeld gesetzt wird, welches in ein dreidimensionales, globales geodätisches Bezugssystem eingepasst ist. Mit diesem Kubus wird ein Kampffeld definiert, das zeitlich und räumlich in flexibler Weise abgegrenzt werden kann.[63] Der unmittelbare Zweck einer ›kill box‹ ist es, die Luftstreitkräfte zu ermächtigen, temporäre Kampfzonen außerhalb erklärter Kriegsgebiete einzurichten und kurzfristig Angriffe gegen identifizierte Zielobjekte durchzuführen, ohne sich mit der Kommandoebene abstimmen zu müs-

---

61 Vgl. Chamayou (wie Anm. 23), S. 65.

62 Vgl. Air Land Sea Application Center: *Kill Box. Multi-Service Tactics, Techniques and Procedures for Kill Box Employment*, Field Manual 3-09.34, August 2009, S. 11, https://info.publicintelligence.net/fm3_09x34.pdf [20.03.2015].

63 Vgl. MacGregor, James W.: *Bringing the Box into Doctrine: Joint Doctrine and the Kill Box*, School of Advanced Military Studies, United States Army Command and General Staff College Fort Leavenworth, Kansas, 2004, S. 43, http://www.dtic.mil/cgi-bin/GetTRDoc?AD=ADA429320 [20.03.2015].

sen.[64] Jeder Würfel wird zu einer autonomen Operationszone für jene Kampfeinheiten erklärt, in deren Zuständigkeitsbereich er fällt. Mit der ›kill box‹ wird der Schauplatz des bewaffneten Konflikts als globaler, beweglicher Ort neu definiert.

DAS STARREN DER GORGONEN

Die Automatisierung militärischer Interventionen wird gegenwärtig durch neue Aufklärungs- und Überwachungssysteme wie ›ARGUS-IS‹ oder ›Gorgon Stare‹ vorangetrieben, die seit 2010 von der U.S. Air Force erprobt werden.[65] Ausgestattet mit solchen Systemen, wird eine Drohne nicht mehr über eine, sondern über Dutzende hochauflösende Mikrokameras verfügen, die nach allen Seiten wie die Facetten eines Fliegenauges ausgerichtet sind. Aus einer Flughöhe von mehr als 5000 Metern könnten so ganze Städte mit nur einer Drohne überwacht werden. Die Namen, die den neuen Systemen synoptischer Bilderstellung gegeben wurden, offenbaren den programmatischen Anspruch: In der griechischen Mythologie wurde Argos mit den hundert Augen auch »Panoptes«, der »Allsehende«, genannt. Die Bezeichnung »Gorgone Stare« beruht auf dem Blick der Gorgonen, jenen drei geflügelten Schreckgestalten mit Schlangenhaaren, die jeden, der sie anblickt, zu Stein erstarren lassen.

Militärtechnologen preisen die Überwachungssysteme der nächsten Generation, weil diese für den Gegner unsichtbar sind, während sie alles um sich herum der Beobachtung zugänglich machen. Mit den neuen Technologien wachsen aber nicht nur die Kontrollmöglichkeiten, sondern auch die Datenmengen, die den Informationen durch ihre Fülle letztlich ihre Auswertung nehmen. Um der bloßen Ansammlung von Daten entgegenzuwirken, werden immer komplexere Verfahren der automatischen Bildanalyse und visuellen Beurteilung entwickelt.

Auf diese Weise entstehen Bilder, die scheinbar ohne menschlichen Eingriff erzeugt und bewertet werden. Sie verändern die Vorstellungen darüber, wer der Agent der Bildproduktion in Kriegssituationen ist.[66] Vielmehr suggerieren sie, dass die Bildproduktion nur noch bis zu einem gewissen Grad der menschlichen Kontrolle unterliegt. Ebenso schürt das Kill-Box-Konzept den Verdacht, dass auch die militärische Raumproduktion zunehmend ohne Mitwirkung des Menschen erfolgt. Mit den neuen Systemen der automatischen Abgrenzung und Kontrolle von Raum wird der Mensch nicht nur als Akteur, sondern auch als Überwacher und Entscheider militärischer Interventionen zurückgedrängt. In beunruhigender Weise konkretisiert sich hierdurch die Idee der »Vollautonomie«, bei der Computerprogramme über Waffengewalt gegen Menschen entscheiden.

---

64   Vgl. Air Land Sea Application Center (wie Anm. 62), S. 11.
65   ARGUS-IS steht als Abbkürzung für »Autonomous Real-Time Ground Ubiquitous Surveillance Imaging System«. Vgl. Anonym: High-Tech-Überwachung: U.S. Airforce testet neue Superdrohne, in: *Spiegel Online*, 03.01.2011, http://www.spiegel.de/politik/ausland/high-tech-ueberwachung-u-s-airforce-testet-neue-superdrohne-a-737422.html [20.03.2015]; Becker, Markus: Spionagedrohne: US-Armee schickt Superspäher nach Afghanistan, in: *Spiegel Online*, 01.01.2012, http://www.spiegel.de/wissenschaft/technik/spionagedrohne-us-armee-schickt-superspaeher-nach-afghanistan-a-806522.html [20.03.2015].
66   Vgl. Holert (wie Anm. 1), S. 32.

QUELLENVERZEICHNIS

Anonym: High-Tech-Überwachung: U.S. Airforce testet neue Superdrohne, in: *Spiegel Online*, 03.01.2011, http://www.spiegel.de/politik/ausland/high-tech-ueberwachung-u-s-airforce-testet-neue-superdrohne-a-737422.html [20.03.2015].

Anonym: Medals for Drone Warriors Canceled, in: *The New York Times*, 15.04.2013, http://www.nytimes.com/2013/04/16/us/politics/medals-for-drone-warriors-canceled.html?_r=1 [20.03.2015].

Air Land Sea Application Center: *Kill Box. Multi-Service Tactics, Techniques and Procedures for Kill Box Employment*. Field Manual 3-09.34, August 2009, https://info.publicintelligence.net/fm3_09x34.pdf [20.03.2015].

Asendorf, Christoph: Bewegliche Fluchtpunkte. Der Blick von oben und die moderne Raumanschauung, in: Maar, Christa/Burda, Hubert (Hg.): *Iconic Worlds. Neue Bilderwelten und Wissensräume*, Köln 2006, S. 19–49.

Asendorf, Christoph: Von der »Weltlandschaft« zur planetarischen Perspektive. Der Blick von oben in der Sukzession neuzeitlicher Raumvorstellungen, in: *kritische berichte* 3, 2009, S. 9–23, http://www.hmkv.de/_pdf/2010_arc_Pressestimmen_kritischeberichte.pdf [20.03.2015].

Baldass, Ludwig von: Die niederländische Landschaftsmalerei von Patinir bis Bruegel, in: *Jahrbuch der kunsthistorischen Sammlungen des Allerhöchsten Kaiserhauses*, Bd. 34, Wien 1918, S. 111–157.

Barthes, Roland/Martin, André: *Der Eiffelturm*, München 1970 (franz. Originalausgabe: *La Tour Eiffel*, Paris 1964).

Becker, Markus: Spionagedrohne: US-Armee schickt Superspäher nach Afghanistan, in: *Spiegel Online*, 01.01.2012, http://www.spiegel.de/wissenschaft/technik/spionagedrohne-us-armee-schickt-superspaeher-nach-afghanistan-a-806522.html [20.03.2015].

Bonnevie, Claire (Hg.): *Vues d'en haut*, Ausst.-Kat. Metz, Centre Pompidou, Metz 2013.

Bräunert, Svea/Meier, Sebastian/Queisner, Moritz: *Abstract zum Workshop »Imaging the Drone's Vision: A Survey of its Aesthetic Qualities«*, Humboldt-Universität zu Berlin, 2014, https://www.academia.edu/8935540/Workshop_Imaging_the_Drone_s_Vision_A_Survey_of_its_Aesthetic_Qualities [20.03.2015].

Brinkbäumer, Klaus/Buse, Uwe/El Difraoui, Asiem u. a.: Irak-Krieg IV: Der Kampf um Kerbela. To Saddam, with Love, in: *Der Spiegel* 33, 2003, S. 72–85, http://magazin.spiegel.de/EpubDelivery/spiegel/pdf/28210103 [20.03.2015].

Chamayou, Grégoire: *Ferngesteuerte Gewalt. Eine Theorie der Drohne*, Wien 2014 (franz. Originalausgabe: *Théorie du drone*, Paris 2013).

Clausewitz, Carl von: *Vom Kriege. Hinterlassenes Werk. Drei Theile*, Berlin 1832–1834.

Dao, James: Drone Pilots Are Found to Get Stress Disorders Much as Those in Combat Do, in: *The New York Times*, 22.02.2013, http://www.nytimes.com/2013/02/23/us/drone-pilots-found-to-get-stress-disorders-much-as-those-in-combat-do.html?hp&_r=0 [20.03.2015].

Franke, Anselm: *Abstract zur Ausstellung »Maschinensehen. Feldforschung in den Räumen bildgebender Technologien«*, Zentrum für Kunst und Medientechnologie Karlsruhe, 2013, http://on1.zkm.de/zkm/stories/storyReader$8257 [20.03.2015].

Han, Byung-Chul: Militärpolitik. Clausewitz im Drohnenkrieg, in: *Die Zeit* 47, 2012, http://www.zeit.de/2012/47/Drohnenkrieg-Kampfroboter-Terror [20.03.2015].

Heusterberg, Babette: Oskar Messter – Begründer der deutschen Kino- und Filmindustrie, in: *Das Bundesarchiv*, 15.06.2013, https://www.bundesarchiv.de/oeffentlichkeitsarbeit/bilder_dokumente/00923/index-29.html.de [20.03.2015].

Hoelzgen, Joachim: Schwarze Engel der Rache, in: *Der Spiegel* 23, 1999, S. 181, http://magazin.spiegel.de/EpubDelivery/spiegel/pdf/13667547 [20.03.2015].

Holert, Tom: Bilder im Zeitalter des Drohnenkriegs. Im Interview mit Felix Koltermann, in: *W & F. Wissenschaft und Frieden* 3, 2014, S. 30–33.

Kloth, Hans Michael: Fotofund. Das Rätsel des fliegenden Auges, in: *Spiegel Online*, 04.02.2010, http://www.spiegel.de/einestages/fotofund-a-948708.html [20.03.2015].

Left, Sarah: The Apache Helicopter, in: *The Guardian*, 31.10.2002, http://www.theguardian.com/uk/2002/oct/31/military.sarahleft [20.03.2015].

Lindemann, Marc: *Kann Töten erlaubt sein? Ein Soldat auf der Suche nach Antworten*, Berlin 2013.

MacGregor, James W.: *Bringing the Box into Doctrine: Joint Doctrine and the Kill Box*, School of Advanced Military Studies, United States Army Command and General Staff College Fort Leavenworth, Kansas, 2004, http://www.dtic.mil/cgi-bin/GetTRDoc?AD=ADA429320 [20.03.2015].

Mittelberger, Felix/Pelz, Sebastian/Rosen, Margit u. a. (Hg.): *Maschinensehen. Feldforschung in den Räumen bildgebender Technologien*, Ausst.-Kat. Karlsruhe, ZKM | Medienmuseum, Leipzig 2013.

Moholy-Nagy, László: *von material zu architektur (1929)*, Mainz 1968.

Moholy-Nagy, László: *vision in motion*, Chicago 1947.

Nowak, Lars: *Abstract zur Tagung »Medien – Krieg – Raum«*, Friedrich-Alexander-Universität Erlangen-Nürnberg, 2014, http://www.theater-medien.de/forschung/veranstaltungen/tagung-medien-krieg-raum [20.03.2015].

Pitzke, Marc: Drohnen-Piloten im Einsatz: Krieg per Knopfdruck, in: *Spiegel Online*, 09.03.2010, http://www.spiegel.de/politik/ausland/drohnen-piloten-im-einsatz-krieg-per-knopfdruck-a-680579.html [01.02.2015].

Sachs, Wolfgang: *Satellitenblick. Die Visualisierung der Erde im Zuge der Weltraumfahrt*, Wissenschaftszentrum Berlin für Sozialforschung, Discussion Paper, FS2 92-501, Berlin 1992.

Schelske, Andreas: Zehn funktionale Leitideen multimedialer Bildpragmatik, in: *Image. Zeitschrift für interdisziplinäre Bildwissenschaft* 1, 2005, http://www.gib.uni-tuebingen.de/image/ausgaben-3?function=fnArticle&showArticle=36 [20.03.2015].

Siegert, Bernhard: Luftwaffe Fotografie. Luftkrieg als Bildverarbeitungssystem 1911–1921, in: *Fotogeschichte. Beiträge zur Geschichte und Ästhetik der Fotografie* 45/46, 1992, S. 41–54.

Spies, Werner: Roland Barthes. Der Eiffelturm, in: *Frankfurter Allgemeine Zeitung*, 11.07.1970, S. 7, http://www.gbv.de/dms/faz-rez/700711_FAZ_0131_BuZ7_0001.pdf [20.03.2015].

Staniszewski, Mary Anne: *The Power of Display. A History of Exhibition, Installations at the Museum of Modern Art*, Cambridge/MA, London 2001.

Trogemann, Georg: Der Blick der Drohne, in: Zeller, Ursula/Schmid, Heiko/Moll, Frank-Thorsten (Hg.): *Archäologie der Zukunft*, Friedrichshafen 2014, S. 47–71.

Virilio, Paul: *Krieg und Kino. Logistik der Wahrnehmung*, Frankfurt am Main 1989 (franz. Originalausgabe: *Guerre et cinéma I. Logistique de la perception*, Paris 1984, 1991 erweitert).

Warnke, Martin: *Politische Landschaft. Zur Kunstgeschichte der Natur*, München/Wien 1992.

Willkie, Wendell: *One World*, New York 1943.

Zworykin, Vladimir K.: Flying Torpedo with an Electric Eye (1934), in: Goldsmith, Alfred N./Dyck, Arthur F. Van/Burnap, Robert S. u. a. (Hg.): *Television*, Bd. IV: 1942–1946, Princeton/NJ 1947, S. 359–368, http://www.americanradiohistory.com/Archive-RCA-Review/RCA-Television-IV.pdf [20.03.2015].

ABBILDUNGSVERZEICHNIS

Abbildung 1: Archiv des Hamburger Instituts für Sozialforschung.

Abbildung 2: Fotografie: John Stillwell, WPA Pool/Getty Images.

Abbildung 3: Fotografie: Michael Shoemaker, http://www.holloman.af.mil/news/story.asp?id=123321812 [20.03.2015].

Abbildung 4: Fotografie: Ethan Miller/Getty Images.

Abbildung 5: Archiv Bernd Junkers, Dessau-Roßlau.

Abbildung 6: Standfotografie: Yon Thomas, gb agency Paris/Arratia Beer Berlin, http://2.bp.blogspot.com/-iJ3QS5c6G20/TyRpOW1aVql/AAAAAAAABDk/mq1R3GmmE-w/s1600/A023_C009_1201CN_02120.jpg [20.03.2015].

Abbildung 7: Charles and Ray Eames: *Powers of Ten. A Flipbook*. Based on the film by Charles und Ray Eames, Basingstoke 1999, o. S.

Abbildung 8: Fotografie: Gottscho-Schleisner, Inc. (Ausschnitt), © VG Bild-Kunst, Bonn 2015: Herbert Bayer, http://cdn.loc.gov/master/pnp/gsc/5a09000/5a09600/5a09616u.tif [20.03.2015].

Abbildung 9: James E. Mullin: The JFA: Redefining the Kill Box, in: *Fires*, March/April 2008, S. 39, auf: http://sill-www.army.mil/firesbulletin/2008/Mar_Apr_2008/Mar_Apr_2008_pages_38_41.pdf [20.03.2015].

»JUSTICE HAS BEEN DONE.«[1]

Oder: Wer hat Angst vor Scham?

LINDA HENTSCHEL

Dieses Mal sollte alles anders sein. Keine Fotos seines Todes würden die Öffentlichkeit erreichen. Er würde auch nicht verhaftet, nicht im Blitzlichtgewitter der Presse einer erkennungsdienstlichen Expertise unterworfen werden, nicht in einem monatelangen Gerichtsspektakel auf seine unausweichliche Hinrichtung warten müssen. Keine Aufnahmen peinlicher Untersuchungen oder martialischer Verstümmelungen sollten den Tod besiegeln und die Wiedererlangung von Ruhe und Sicherheit feiern, keine Bilder würden demonstrativ so genannte Gerechtigkeit verkünden. Diesmal gab es einen bilderlosen Toten. Nicht visuelle Trophäen verkündeten das Ende jenes berüchtigten »Massenmörders«, der seinerseits nie die Medienöffentlichkeit gescheut und mit seinen Auftritten immer wieder für westliche Empörung gesorgt hatte, sondern die Macht des Wortes: »We got him.«.[2]

Es entstand ein visuelles Off. Ein politischer Sieg zeigte sich in der Geste des Nicht-Zeigens. Das war weniger paradox als konsequent, denn berücksichtigt man den Kontext, in dem diese ambivalenten Sichtbarkeitsverhältnisse zum Einsatz kamen, so offenbaren sich nicht zufällig Parallelen zu konventionellen Techniken der Kriegsführung: Tarnung, Deckung, Camouflage, Versteck, Hinterhalt produzieren ein Designnetzwerk des

---

1   Barack Obama in seiner Fernsehansprache am Abend des 2. Mai 2011, in der er die Tötung Osama Bin Ladens durch ein US-amerikanisches Sonderkommando verkündete.
Dieser Text ist ein leicht ergänzter Wiederabdruck meines gleichnamigen Beitrages in der Aufsatzsammlung: *Heterotopien. Perspektiven der intermedialen Ästhetik*, hrsg. von Elia-Bohrer, Nadja/Schellow, Constanze/Schimmel, Nina u. a., Bielefeld 2013, S. 351–369. Ich danke Nadja Elia-Bohrer für die freundliche Genehmigung des Wiederabdrucks. Auf diesem Text basierte mein Tagungsvortrag »›That's not who we are‹ – Das Nicht-Zeigen, die visuelle Gewalt und das ästhetische Regime der Scham«.
2   Darnstädt, Thomas: Ende eines Massenmörders, in: *Der Spiegel* 19, 7. Mai 2011, S. 77–91.
Allerdings widerspricht eine Seebestattung den Beisetzungsregeln des Islam. Dies wurde als Verhöhnung wahrgenommen und erregte massive muslimische Kritik an der respektlosen, westlichen Arroganz, vgl. Gerlach, Julia: Fatwa gegen Seebestattung, in: *Berliner Zeitung* 103, 4. Mai 2011, S. 2.

Abbildung 1: Pete Souza, Barack Obama im Situation Room, Weißes Haus, 1. Mai 2011.

Blickentzugs, das, je länger im Einsatz, umso größere Überlegenheit und Dominanz verspricht. Sichtbarkeitsverhältnisse sind medial gestaltete Machtverhältnisse. Was läge demnach näher als ein politisches Ausschlachten visueller Ver/Deckungen?[3]

Der Tote, dessen Tod sich um die visuelle Kriegsführung des Blickentzuges repräsentiert, ist Osama Bin Laden. Der Verantwortliche dieser neuen Politik der visuellen Deckung heißt Barack Obama. Statt des Toten oder des Tötens stellt er sich dar: als Chefstratege, der die Operation »Geronimo«[4] bis ins kleinste Detail plant oder in klassischer Denkerpose im Profil, hoch konzentriert in etwas außerhalb des Bildausschnittes vertieft (Abbildung 1).

Auch in jenem historischen Moment, der die Dekade nach den Anschlägen des 11. September phantasmatisch zu Ende bringen sollte, bleibt der Präsident seinem Medienimage des »No-drama-Obama« treu. Seit seinem Wahlsieg 2008 legte er großen Wert auf eine ruhige, besonnene, tiefgründige Aura, die ihn nicht nur von seinem hitzigen Vorgänger unterscheiden, sondern auch – vielleicht vor allem – vom rassistischen Stereotyp des »Angry Black Man« distanzieren sollte.[5] Und schließlich galt es, die Waage zu halten zwischen Obamas Image als Friedensnobelpreisträger und seinen Rollenanteilen als Oberbefehlshaber der US-Armee. Der Bilderexplosion von 9/11 antwortete also zunächst die visuelle Stille des 5/1.

---

3   Diese Technik des visuellen Entzugs habe ich ausführlich untersucht in meinem aktuellen Buchprojekt *Bilder als Regierungstechnologien. Krieg, Terror und Visualität seit 9/11* (erscheint 2015).
4   Die Mission ist nach dem aufständischen Anführer der Apachen Chiricahua Gokhlayeh, kurz Geronimo (1829–1909), benannt. Dieser hatte sich jahrelang einer Festnahme entziehen können. Interessanterweise soll der Großvater des ehemaligen Präsidenten George W. Bush, Prescott Bush, als Mitglied der konservativen Studentenverbindung Skull and Bones in Yale den Schädel Gokhlayehs aus dessen Grab gestohlen und in deren private Knochensammlung integriert haben; vgl. Wittmann, Martin: »Operation Geronimo«, in: *Süddeutsche Zeitung* 105, 7. Mai 2011, S. 12.
5   Zur »Identity Performance« des »Obama-Calm« als Gegenbild zum rassistischen Stereotyp des »Angry Black Man« siehe weiterführend Dietze, Gabriele: *Weiße Frauen in Bewegung. Genealogien und Konkurrenzen von Race- und Genderpolitiken*, Bielefeld 2013, S. 425–426.

Abbildung 2: Pete Souza,
Nebenraum des Situation Room,
Weißes Haus, 1. Mai 2011, siehe
Farbtafeln.

Eine weitere Fotografie dieses Ereignisses zeigt Hillary Rodham Clinton. Umgeben von ihren männlichen Kollegen, richtet auch sie mit ernstem Blick und vorgehaltener Hand ihre Aufmerksamkeit auf ein Jenseits des Bildes (Abbildung 2). Sichtlich bewegt von dem, was sie sieht, uns aber verborgen bleibt, ist Clinton die Figur, in der die Frage kulminiert: Was wird uns nicht zu sehen gegeben?[6]

Diese und weitere Aufnahmen entstanden am Nachmittag des 1. Mai 2011 in einem kleinen Nebenraum des Situation Room, jenem Hochsicherheitsmedienraum des Weißen Hauses, in dem Obama mit seinen engsten Sicherheitsberaterinnen und -beratern die Überwältigung Bin Ladens, keineswegs aber den Moment seiner Erschießung per Videoübertragung live mitverfolgt haben soll. Die Anspannung davor und die Entspannung danach wurden – einem Fotoroman ähnlich – von dem offiziellen Fotografen der US-Regierung, Pete Souza, festgehalten und von ihm im Auftrag des Weißen Hauses auf der Internetplattform »flickr« veröffentlicht.[7] Die größte mediale Aufmerksamkeit erreichte jedoch die Fotografie mit Hillary Clinton, die in der Folge wie eine visuelle Synopsis der Tötung zirkulieren sollte. Insbesondere ihre Geste, die Hand vor den Mund zu halten, wurde als Betroffenheit interpretiert, von ihr selbst jedoch als allergisches Niesen erklärt.

Das Blickregime der Demokraten vermied eine triumphierende, mit der Vorgängerregierung assoziierte Herrschaftsattitüde, gleichwohl es um einen – ethisch unmöglichen – Triumph ging: den Triumph, durch Töten menschlich zu handeln: »So sollte sein Tod von allen begrüßt werden,« verkündet Obama am Abend der Erschießung in seiner TV-Rede an die Nation, »die an Frieden und Menschenwürde glaub[en]«[8]. In seinem ersten Fernsehinterview am 4. Mai 2011 gefragt, warum die US-Regierung kein Foto des toten Bin Laden als Beweis veröffentliche, betonte Obama zunächst Gründe die Sicherheit betreffend: Man wolle sicherstellen, dass eine Zirkulation dieser sehr grausamen Fotografien nicht als Anstiftung zu weiterer Gewalt verstanden würden und auch nicht, so ergänzt

---

6   Mit dieser Frage setzt sich ebenfalls der aus sozialwissenschaftlicher Perspektive gestaltete Sammelband *Hillarys Hand. Zur politischen Ikonographie der Gegenwart*, hrsg. von Kauppert, Michael/Leser, Irene, Bielefeld 2014 auseinander.

7   Das Weiße Haus veröffentlichte Aufnahmen des Fotografen Pete Souza auf der Internetplattform flickr. Vgl. http://www.businessinsider.com/photos-obama-april-schedule-2011-5?op=1 [10.08.2011].

8   Osama Bin Laden killed: Barack Obama's speech in full, http://www.telegraph.co.uk/news/worldnews/barackobama/8487354/Osama-bin-Laden-killed-Barack-Obamas-speech-in-full.html# [07.01.2013], Übersetzung L. H.

er, »as a propaganda tool. You know, that's not who we are. You know, we don't trott out this stuff as trophies.«[9] Doch sollte sich gerade im visuellen Entzug von Gewalt eine neue Bildermacht zeigen.

Was uns das Foto aus dem Situation Room wissen machen will, scheint dies: dass die US-Regierung nicht nur sich selbst nicht gefährden, sondern auch ihre politische Gegnerschaft nicht medial durch die Verbreitung von Postmortem-Bildern beleidigen möchte, indem sie sich als eine schamvolle Regierung in Szene setzt, die das Sterben der von ihnen Getöteten selbst nicht betrachtet. Die Aufgabe dieses Regierungsbildes ist es, die Politik des Nicht-alles-gesehen-habens – schließlich war die Videoübertragung zeitweise zusammengebrochen – und des Nicht-alles-zeigen-müssens – schließlich hatten der Präsident und seine Crew die grausam zugerichtete Leiche Bin Ladens auf den Fotografien identifiziert – zu repräsentieren. Aber erfüllt diese Bilderpolitik des Nicht-Zeigens tatsächlich jenen »Respekt« dem Toten gegenüber, den das Weiße Haus verlauten ließ?[10]

VISUELLES OFF

Kein Leichenbild eines Arabers, kein Herrscherbild eines Schwarzen, sondern das Betroffenheitsbild einer weißen Frau – was in diesem Blickregime umgangen wird, was sein leeres Zentrum im Off der Darstellung markiert, ist das Bild des »Angry Nonwhite Man«, das die weiße US-visuelle Kultur in ihren Suprematiephantasmen über Jahrhunderte zutiefst prägte.

Die Tradition des visuellen Entzugs und der Verlagerung des Bildzentrums ins Off reicht weit in die westliche Repräsentationskultur hinein. Offensichtlich konnte sie sich als Machttechnik auf dem Feld des Sehens bewähren. Es scheint, als sei die Darstellung des visuell Abwesenden zu einer Art moderner Herrschaftszeremonie geworden. Denn nicht allein das Sichtbare ordnet das Bild und gibt ihm Sinn, sondern die Inszenierungsstrategie der Suspense, der Spannungssteigerung und -dehnung, in der etwas nicht zu sehen gegeben wird, das gleichwohl die sehen können, die wir betrachten. Somit werden die Betrachterinnen und Betrachter durch ein Ausweichmanöver, ein visuelles Geheimnis in die Diegese hineingenommen und mit ihr verwoben. Auch auf der Fotografie des Situation Rooms schauen wir in die Augen, die die toten Augen Bin Ladens gesehen haben. Indirekte Sichtbarkeiten regieren den Bildraum.

Gewiss nicht das erste, doch eines der bekanntesten Suspense-Bilder ist »Las Meninas«, 1656 von Diego Velázquez gemalt (Abbildung 3). Kunstgeschichte, Philosophie, moderne Malerei und Installationskunst umkreisen seit dieser Zeit immer wieder die Frage: Was ist auf dem Gemälde zu sehen, dessen Leinwandrücken wir sehen?

---

9   Am 4. Mai 2011 erklärte sich Barack Obama in dem CBS-Interview *60 minutes* mit Steve Kroft, vgl. http://www.cbsnews.com/8301-503544_162-20059739-503544.html [31.01.2012].

10   In der Pressekonferenz am 4. Mai 2011 betonte Pressesprecher Jay Carney mehrfach das Anliegen der US-Regierung, den Toten nach Maßstäben des respektvollen Umgangs mit islamischen Werten behandelt zu haben, vgl. http://www.whitehouse.gov/photos-and-video/video/2011/05/04/press-briefing [08.01.2013].

Abbildung 3: Diego Velázquez, Las
Meninas, 1656/57.

Michel Foucault beschrieb in seinen Überlegungen zur »Ordnung der Dinge« die Herstellung visueller Unzugänglichkeiten, durch die das Gemälde der »Las Meninas« zu schillern beginnt.[11] Seiner These zufolge ordnete Velázquez den Bildaufbau, seine Lichtverhältnisse, Blickachsen und Narrationslinien um ein außerhalb der Darstellung situiertes Zentrum, das in dem Maße Macht und Herrschaft repräsentiert, in dem es der Repräsentation selbst entzogen bleibt, weil es sich nur indirekt zu sehen gibt. Foucaults Antwort auf die Frage, was die Vorderseite des uns abgewandten Bildes im Bild zeige, lautete: das spanische Königspaar Philipp IV. und Marianna. Der Spiegel im Hintergrund des Gemäldes mache das Paar als schummrige Reflexion anwesend, aber nur, um es als das Außen der Repräsentation, als ihr Maßstab und ihre essenzielle Leere gebieterisch zu bewahren: »das notwendige Verschwinden dessen, was sie [die Darstellung] begründet«.[12]

Auch der Film- und Fototheoretiker Christian Metz verwies auf die Strategie des visuellen Entzugs als einer medialen Machttechnik.[13] Unzählige Psychodramen leben davon, dass den Zuschauerinnen und Zuschauern erst am Ende offenbart wird, was die Protagonistinnen und Protagonisten bereits zu Beginn zu Tode erschreckte. Diese Ausweichmanöver des indirekten Zu-sehen-Gebens schaffen eine Spannung, schreibt Metz, in der die Betrachtenden, angefeuert durch ihren Wunsch, mehr zu sehen, unzugängliche

---

11   Foucault, Michel: Die Hoffräulein, in: Ders.: *Die Ordnung der Dinge*, Frankfurt am Main 1974, S. 31–45.

12   Ebd., S. 45.

13   Metz, Christian: Foto, Fetisch, in: Wolf, Herta (Hg.): *Diskurse der Fotografie. Fotokritik am Ende des fotografischen Zeitalters*, Frankfurt am Main 2003, S. 215–225.

Sichtbarkeiten genießen.[14] In jener Mischung aus Angst und Lust gepaart mit Neugierde deponieren sie ihren Blick an ebendiesen Barrieren, richten sich in der Blickfalle ein und starten von hier aus ihren Identifikationsreigen mit den Protagonistinnen und Protagonisten. Es sind demnach zuallererst die nicht zu vereinbarenden Sichtbarkeitsräume auf der und auf die Leinwand, die ein imaginäres Band zwischen Dargestellten und Betrachtenden weben. »Der Betrachter weiß nichts über das Off der Bilder […], und dennoch kann er nicht verhindern, sich ein Off vorzustellen, es zu halluzinieren und von *der Form dieser Leere* zu träumen [...]«.[15] Das Off der Darstellung rahmt das Feld des Visuellen und dessen Machteffekte.

Wie nun ging das Weiße Haus mit diesem Verweis ins Leere, ins Off des Todes und des Tötens um? Sie machte ihn zu ihrem Credo und wollte in der Herstellung visueller Unzugänglichkeiten eine Geste des Humanen, keineswegs aber eine Machtdemonstration repräsentiert sehen. Das Image Obamas steht nicht für Souveränitätswahn, sondern Besonnenheit, nicht für Hass, sondern Respekt, nicht für Überlegenheit, sondern Differenz, nicht für Betrachtungen des Leidens Anderer[16], sondern? Es braucht keine ausgewiesenen Kenntnisse der Psychoanalyse, um zu erkennen, dass der Wille zur Macht, welcher überhaupt erst die Grundlagen für die gezielte Exekution Osama Bin Ladens lieferte, sich nie im Nichts auflösen kann, sondern in andere Bilder wandert und, einer Heimsuchung gleich, das Feld des Visuellen von anderswo aufrollt.

Osama Bin Ladens Tod suchte sich medial andere Wege. Berichte, Rekonstruktionen oder so genannte Dokumentationen der Operation »Geronimo« hatten Hochkonjunktur in TV und Internet.[17] In all diesen Filmen ist eine Verschiebung zu beobachten: Der Frage nach drastischen Darstellungen der letzten Minuten im Leben des Osama Bin Laden antwortet eine Fokussierung auf die Lebensgefahr, in die sich die Elitetruppe der Navy Seals begeben hatte. So war schließlich aus der Todesfrage von 2011 die Überlebensfrage von 2012 geworden. Zum ersten Todestag Bin Ladens tauschte die Maiausgabe des »TIME Magazine« das durchgestrichene (Medusen)Haupt von Bin Laden gegen schwarze Militärhubschrauber aus, deren lädierte Propeller den Titel »THE LAST DAYS OF OSAMA BIN LADEN« gestalterisch in Bruchstücke zerlegen (Abbildung 4 und 5).

Es ist schwer, darin nicht eine Anspielung an Ridley Scotts Kriegsepos »Black Hawk Down« (2001) zu sehen, das die Militärinvasion in Somalia von 1993 aufgreift und zeigt, wie nach einem Hubschrauberabsturz in Mogadischu US-Soldaten gelyncht und ihre toten Körper durch die Straßen gezerrt wurden. Dieser Helikopterunfall in der somalischen Hauptstadt war bereits die phantasmatische Wiederkehr jener anderen Bruchlandung »Eagle Claw«, die 13 Jahre zurücklag. 1980 hatte die Regierung Jimmy Carters versucht, über 50 US-Bürgerinnen und -Bürger aus der Geiselhaft in Teheran zu befreien. Wegen eines Sandsturmes stürzte einer der dafür vorgesehenen Hubschrauber ab (Abbildung 6).

---

14   Zum Begriff des Zu-sehen-Gebens (le donner-à-voir) vgl. Lacan, Jacques: Vom Blick als Objekt klein a, in: Ders.: *Die vier Grundbegriffe der Psychoanalyse. Das Seminar, Buch XI*, Weinheim/Berlin 1987, S. 71–126.

15   Metz (wie Anm. 14.), S. 222–223.

16   Mit der Großschreibung des/der »Anderen« folge ich der Schreibweise von Emmanuel Levinas und Jean-Paul Sartre.

17   CBS erhielten für »The Presidents Story: Killing Bin Laden« ein Exklusivinterview mit Barack Obama im Weißen Haus, ABC News produzierten die Doku-Fiction »The Kill Shot. The Story behind Bin Laden's Death« (2011), die BBC erstellte in Zusammenarbeit mit dem Weißen Haus und dem Sender VOX »Die Jagd nach Bin Laden. Im Fadenkreuz der Geheimdienste« (2012), die bekannte Hollywood-Regisseurin Kathryn Bigelow brachte im Dezember 2012 ihren Film »Zero Dark Thirty« in die Kinos, ebenfalls in Absprache mit der US-Regierung.

Abbildung 4: Titelseite des Time Magazine, 20. Mai 2011.

Abbildung 5: Titelseite des Time Magazine, 7. Mai 2012 , siehe Farbtafeln.

Abbildung 6: Operation Eagle Claw, Teheran, Iran, 24. April 1980.

Anhänger des damaligen Ayatollah Khomeini schleppten die Leichen mehrerer US-Soldaten durch die Stadt, das iranische Staatsfernsehen übertrug, Jimmy Carter wurde nicht wiedergewählt.

In der BBC-Produktion »Die Jagd nach Bin Laden« von 2012 bezieht sich Obama auf diese gescheiterte Operation und betont, ein wesentlicher Erfolg der Mission habe nicht nur in der Tötung des Terroristen, sondern im Überleben aller Navy Seals gelegen.[18] Zur visuellen Unterstützung dieser Aussage montiert der Film im Schuss-Gegenschuss-Verfahren Sequenzen der Absturzsimulation mit der Fotografie aus dem Situation Room. Die Narration bekommt somit eine geschickte Wendung: Nicht der Moment der Tötung ergreift Hillary Clinton, sondern die Gefährdung der eigenen Soldaten. Ein Jahr danach sollte nicht mehr die Erzählung einer gewaltsamen Tötung, sondern die einer geglückten Rettung im Zentrum stehen. Aus dem moralisch begründeten Nicht-Zeigen des Leichenbildes war der Triumph geworden, verhindert zu haben, dass Terroristen triumphalistisch Bilder toter US-Seals zeigen. Und wir als Bildbetrachtende blicken nicht auf ein potenzielles Snuff-Publikum, sondern auf eine patriotische Gemeinschaft. War das der Wert des Versuches?

Im Weiteren möchte ich überlegen, ob die offiziellen Regierungsbilder aus dem Situation Room weniger von der Scham, das Leiden Anderer zu betrachten, erzählen, als vielmehr vom Ausweichen vor der Scham, die eigene Verwundbarkeit anzuerkennen: Bleibt die Bilderpolitik der visuellen Suspense vielleicht doch mehr, als wir zunächst glauben möchten, mit dem gewaltsamen Zeigen der Bush-Ära verbunden?[19] Nimmt sie vielleicht nur einen anderen Ausweg aus einem Souveränitätsengpass und bleibt dem Willen nach Autonomie und Kontrolle aber treu?

Im Folgenden zeige ich, dass es ethisch gesehen nicht genügt, in der Allegorie der Betroffenheit Schuld anzuerkennen, dass ich den Anderen gewaltsam unterworfen habe und dafür politische Verantwortung zu übernehmen. Ethisch relevant ist vielmehr, inwiefern ich mein Ausgeliefert-sein an Andere anerkenne, der Andere mich somit zu seinem Objekt macht und mir meine Unterworfenheit an das Sein vor Augen führt. Den Anderen nicht beschämen zu wollen, ist etwas anderes als selbst mit Scham erfüllt zu sein. Deshalb möchte ich im Weiteren überlegen, inwieweit eine Ethik der Scham eine visuelle Widerstandstechnik und einen Ausweg aus diesem gnadenlosen, autoritären, selbstimmunisierenden Kreislauf darstellen kann, das die Bush-Regierung perfekt verkörperte und die Obama-Regierung in Teilen wiederholt. Mit Bezug auf Emmanuel Levinas und Jean Paul Sartre werde ich für eine Betrachterscham plädieren.

18   Vgl. *Inside the Situation Room*, Rockcenter by Brian Williams, NBC News, http://video.msnbc.msn.com/ rock-center/47272339#47272339 [05.01.2013].

19   Zur US-amerikanischen Bilderpolitik während der Präsidentschaft von George W. Bush vgl. Hentschel, Linda: »Gewaltbilder und Schlagephantasien oder: Die Rebellion der Betrachtermelancholie«, in: Bee, Julia/Görling, Reinhold (Hg.): *Folterbilder und -narrationen*, Göttingen 2013, S. 115–125.

BETRACHTERSCHAM

Emmanuel Levinas eröffnet seinen Essay über den »Ausweg aus dem Sein« (1935) mit dem Widerspruch, der die Idee des Seins in der westlichen Kultur »zwischen der menschlichen Freiheit und der Unerbittlichkeit des Seins, das diese [die Freiheit] verletzt,«[20] einspannt. Die traditionelle Philosophie habe den Ausweg gewählt, das Subjekt nicht sich selbst, sondern der Welt entgegenzustellen:

> »Die Einfachheit [Ganzheit, L. H.] des Subjekts steht jenseits der Auseinandersetzungen, die das Subjekt mit sich selbst entzweien und die, im Menschen selbst, das Ich gegen das Nicht-Ich stellen. Diese Auseinandersetzungen vermögen es nicht, die Einheit des Ich zu brechen. Vielmehr ist dieses Ich, von allem gereinigt, was in ihm nicht eigentlich menschlich ist, dem Frieden mit sich selbst geweiht, vollendet sich, schließt sich und gründet sich nur auf sich selbst.«[21]

Allen Hindernissen zur imaginierten Vollendung werde, so Levinas weiter, heroisch begegnet. Offenbar hielt auch die Politik der Obama-Regierung fest an diesem Souveränitätsideal eines mit sich selbst identischen und komplettierten, nur durch äußere Widrigkeiten von innerem Frieden, Freiheit und Menschlichkeit sich entzweienden Subjekts. Sie hätte weiterlesen sollen:

> »Diese Konzeption eines sich selbst genügenden Ich ist eines der wesentlichen Kennzeichen des bürgerlichen Geistes [...]. Der Bourgeois gesteht sich keine innere Zerrissenheit ein und würde sich eines solchen Mangels an Selbstvertrauen schämen. [...] Über den Antagonismus, der ihn der Welt entgegensetzt, will er den Mantel des ›inneren Friedens‹ breiten. Sein Mangel an Skrupeln ist der beschämende Ausdruck seines ruhigen Gewissens.«[22]

Levinas zufolge ist es nicht primär der Würgegriff der äußeren konkreten Realität, der das bürgerliche Subjekt leiden macht. Es ist vielmehr die Konfrontation mit der existenziellen Last des Seins, mit seinem Dasein als einem In-die-Welt-geworfen-sein, jenem »Il y a«, das dem Seienden vorgängig und an das das Seiende ohne die Möglichkeit eines freien Willens gekettet ist: Niemand wurde gefragt, ob er/sie geboren werden möchte. Das Sein verhält sich dem und der Zu-Seienden gegenüber in einer unerträglichen Gleichgültigkeit. Deren größter Affront ist das Endlich-sein.

Die Scham, so Levinas weiter, sei just der Moment, in dem das Subjekt auf sein Ausgeliefert-sein an dieses anonyme »Il y a« zurückgefaltet würde und mit Unwohlsein auf die eigene Nacktheit und sein Endlich-sein reagiere. Damit ist aber keineswegs eine gesellschaftlich-moralische Schamhaftigkeit gemeint, sondern die existenzielle Erfahrung des Subjekts mit dem Sein, die Begegnung mit der Potenzialität des Seins, des kommenden Seins und somit auch der Unmöglichkeit, dem Kommenden zu entkommen.

---

20   Levinas, Emmanuel: *Ausweg aus dem Sein*, Hamburg 2005, S. 3.
21   Ebd.
22   Ebd., S. 5.

Es ist also gerade nicht ein äußerer Anderer, der mich beschämt, sondern mein »Mantel des inneren Friedens«[23], wie Levinas sagt, welcher nichts weiter verdecke als die Skrupel vor der inneren Zerrissenheit, in meiner Existenz nie autonom und souverän sein zu können. Gebunden an ein wesenloses »Il y a«, an die Geworfenheit des Seienden ins Sein, ein Sein, das man weder ablegen noch sich aneignen kann, existiert für Levinas Identität nur als eine dramatische Form: »Dem Bedürfnis nach Evasion erscheint das Sein nicht nur als Hindernis, [...] sondern als Gefängnis, dem es zu entkommen gilt«.[24] Keine der etablierten Kulturtechniken liefere einen wirklichen Ausweg aus diesem Drama: weder die phantastischen Räume der Künste noch die Wissensakkumulationen der Wissenschaften oder die ökonomischen Prämissen der Politik – nicht, solange sie an einem Zufluchtsort für das von äußeren Zwängen und Hindernissen befreite Subjekt arbeiten und »das Sein an sich nicht in Frage stellen«[25]. Die Evasion hingegen gehe andere Wege:

> »Im Gegensatz dazu stellt die Evasion gerade diesen vorgeblichen Frieden mit sich selbst in Frage, da sie ja danach strebt, die Verkettungen des Ich mit sich selbst zu durchbrechen. Sie flieht das Sein selbst, das Selbst-Sein und nicht das Begrenzt-Sein. Das Ich flieht sich in der Evasion nicht, weil es der Unendlichkeit dessen, was es nicht ist oder was es niemals werden kann, entgegengesetzt ist, sondern weil es überhaupt ist oder wird.«[26]

In der Levinasschen Ethik ist Scham eine Begegnung mit dem Gekettet-sein an das Leben als fundamentaler Lebensbedingung. Sie ist somit keine eigentlich moralische, sondern eine existenzielle Erfahrung. Mit ganzer Wucht, betont Levinas, offenbare sich hier der Moment, dass die Existenz die/den Existierenden unendlich und uneinholbar überschreite.[27] In der Scham ist das anonyme Sein zu Gast im Leben des Subjekts – ungefragt, unangemeldet kommt es auf mich zu, macht mich geradezu zum Objekt der Begegnung. Deshalb dominiert im Augenblick der Scham das Gefühl des Entdeckt-worden-seins, nicht des Entdeckens. Und gleichzeitig kündigt sich mit der Scham ein Aufbegehren gegen das anonyme, wesenlose Sein und seine gnadenlose Inbesitznahme des Subjekts an, findet ein Aufstand gegen die Ohnmächtigkeit des Gekettet-seins statt. Der Moment der Scham kann deshalb kein friedlicher Ort sein.

Jean Paul Sartre beschrieb das Entgegenkommen der Scham in seiner berühmten Voyeur-Szene als ein visuelles Ereignis. In »Das Sein und das Nichts«, 1943 während der deutschen Besatzung verfasst, schildert er die Selbstvergessenheit eines Mannes (er selbst), der durch ein Schlüsselloch schaut, um einen Blick auf die hinter der Tür imaginierte Szene zu erhaschen. Er verschmilzt ganz mit dieser Handlung und ist dabei, »[s]ich in

---

23 Ebd.
24 Ebd., S. 15. Wenig später wird auch Jacques Lacan in seinem Aufsatz über das Spiegelstadium (1936) diesen Gedanken formulieren (vgl. Lacan, Jacques: Das Spiegelstadium als Bildner der Ichfunktion – wie sie uns in der psychoanalytischen Erfahrung erscheint, in: Ders., *Schriften I*, Weinheim/Berlin 1996, S. 61–70.). 1935 geschrieben, lesen sich Levinas Überlegungen zum Leiden am Sein (retrospektiv) auch als politische Reflexion über das Judesein im Nationalsozialismus und die Shoa.
25 Levinas (wie Anm. 20), S. 11.
26 Levinas (wie Anm. 20), S. 17.
27 »Die Unerbittlichkeit des Seins kann gar nicht anders als selbst der Ebene, auf der der Wille Hindernissen begegnen kann oder eine Tyrannei erleidet, zutiefst fremd zu sein. Denn sie ist das Kennzeichen der Existenz des Existierenden«, Levinas (wie Anm. 20), S. 57.

der Welt zu verlieren, [s]ich durch die Dinge aufsaugen zu lassen wie die Tinte durch ein Löschblatt«[28], als er ein Geräusch vernimmt und erstarrt. Plötzlich sieht er sich gesehen und ertappt.

Das ist das Interessante an Sartres Beschreibung des beschämten Beobachters: Die Person erlangt ein Bewusstsein von der Situation, insofern sie sich als ein Objekt für Andere wahrnimmt:

> »[I]ch sehe *mich*, weil *man* mich sieht. […] Das bedeutet, dass ich mit einem Schlag Bewusstsein von mir habe, insofern ich mir entgehe […], insofern ich meinen Grund außerhalb von mir habe. Ich bin für mich nur als reine Verweisung auf Andere«[29].

Sartre lässt mit Kalkül offen, ob da wirklich ein Anderer gewesen ist, oder ob er sich selbst auf dem Feld eines imaginierten Anderen angeblickt und ertappt fühlte, wie es später Jacques Lacan herausstellen wird.[30]

Sowohl Sartre als auch Levinas betonen jedoch, dass paradoxerweise genau dieser Moment der Dissoziation oder der Schizophrenie – und keineswegs der des »inneren Friedens« – der Funke sei, der mich meinem Dasein am nächsten bringe,

> »insofern es mich grundsätzlich flieht und mir nie angehören wird. Und dennoch *bin* ich es, ich weise es nicht zurück wie ein fremdes Bild, sondern es ist mir gegenwärtig wie ein Ich, das ich *bin*, ohne es zu *erkennen*, denn in der Scham […] entdecke ich es; die Scham oder der Stolz enthüllen mir den Blick des Anderen und mich selbst am Ziel diese Blicks, sie lassen mich die Situation eines Erblickten *erleben*, nicht *erkennen*. Die Scham aber ist […] Scham über *sich*, sie ist *Anerkennung* dessen, dass ich wirklich das Objekt *bin*, das der Andere anblickt und beurteilt«[31].

Scham entfaltet demnach ein komplexes Selbstverhältnis: Sie individualisiert, weil sie das Subjekt seiner Existenz an sich zuführt, und sie sozialisiert, weil sie ihm damit zeigt, dass es an sich nicht existiert, sondern seine Grenzen nur außerhalb von sich erfahren kann. Sie bereitet einen Weg aus der Ontologie und eine Hinwendung zur Bezüglichkeit des Seins, zum Für- und Mit-sein. Weder kann ich mich meinem Gekettet-sein länger entziehen, noch ihm etwas hinzufügen. Hier ist die Flucht zu Ende; hier ist, wie eingangs erwähnt, kein friedlicher, aber auch kein passiver, sondern ein antagonistischer Ort, an dem das Subjekt selbst in den unlösbaren Konflikt zwischen dem Willen nach Freiheit und der Unerbittlichkeit der Existenz eingespannt ist, in das Sein hineingeworfen zu sein. Und deshalb beginnt hier Verantwortung, eine ethisch soziale Verantwortung für die Existenz des Existierenden, aller Existierenden, die in der Scham nicht genichtet, sondern aufgerichtet wird. Die Niederlegung des Ichs ist somit keineswegs seine Niederlage, sondern sein Anfang.

---

28 Sartre, Jean-Paul: *Das Sein und das Nichts. Versuch einer phänomenologischen Ontologie*, Reinbek 1993, S. 468.
29 Ebd., S. 470.
30 »Dieser Blick, dem ich begegne – das ließe sich am Text von Sartre selbst zeigen – ist zwar nicht gesehener Blick, aber doch Blick, den ich auf dem Feld des Anderen imaginiere«, Lacan (wie Anm. 14), S. 90.
31 Sartre (wie Anm. 28), S. 471.

Sartre und Levinas plädieren für ein Subjekt der Scham als Widerstandsfigur gegen eine Politik, die im Namen des homologen, freien, souveränen, sich vervollständigenden Ichs geführt und »Zivilisation« genannt wird. In der Scham erkennen sie eine Verweigerung der bourgeoisen Ontologie des Selbst-seins und eine Möglichkeit, »aus sich selbst herauszugehen, das heißt *die radikalste, unwiderruflichste Verkettung zu durchbrechen, nämlich die Tatsache, dass das Ich es selbst ist*«[32]. Hier wird das Subjekt zu dem, »was nicht zu sein ich mich mache«[33].

Der Ausweg, der sich in der Scham ankündigt, entzieht sich dem Mantel des inneren Friedens und flieht dessen Last. Die Sorge um das Sein weicht der Sorge um einen Ausweg aus dem Selbst-sein. Der Ausweg beginne, wenn meine Welt zum Anderen hin abfließe, schreibt Sartre. Es sei ein »Übergehen zum Anderen des Seins«.[34] Das Denken, so Levinas, gehe dann nicht mehr vom Sein aus, sondern es [das Andere des Seins] gehe ihm [dem Denken] entgegen.[35] »It makes me me, while preventing me from knowing who I am«[36], schreibt Joan Copjec. Näher kann ich mir nicht kommen denn als Andere.

Ob sich im allergischen Nasefließen von Hillary Clinton nun ein Ausweg aus dem Sein oder ein Ausweg vor der Scham ankündigte, weiß vielleicht selbst sie nicht. Es ging mir auch nicht um eine Antwort, sondern um eine Frage: An welcher Stelle überschneiden sich die visuelle Kultur der aktuellen, scheinbar demokratischen, nicht-beschämen-wollenden Bildverweigerung und die visuelle Herrschaftstechnik des triumphalistischen Betrachtens der Leiden Anderer?

Mein Verdacht ist, dass beide visuellen Regime den Ort der Scham im Anderen, im politischen ›Feind‹ situieren, der entweder beschämt werden musste, weil er ›uns‹ beschämte oder der, aus demselben Grund, nicht mehr beschämt werden soll. In beiden Bilderpolitiken scheint die westliche Kultur in dem Maße vom inneren Antagonismus der Scham freigehalten, in dem sie ihre Ohnmacht gegenüber dem eigenen Ausgeliefertsein in die gewaltsame Auslieferung des Anderen verschieben. Das Hindernis ist immer der Andere. Scham ist weiterhin in der Affektkultur der Arabischen Welt situiert, ebenso wie Empathie und Mitgefühl im Diskurs um Souzas Fotografie an Weiblichkeit, weiße Weiblichkeit gebunden bleibt. Dieses fotografierte Kollektiv war allenfalls bereit, die politische Verantwortung und damit die legitimierbare Schuld an der Tötung des Topfeindes Osama Bin Ladens zu übernehmen, der zum Zeitpunkt seiner Erschießung als politischer Führer schon lange tot war. Vier Tage nach der Exekution Bin Ladens reiste Präsident Obama zum Ground Zero, um dort einen Kranz niederzulegen und so zu tun, als könne eine Wunde heilen, indem eine andere gerissen worden war.

---

32   Levinas (wie Anm. 20), S. 17.
33   Sartre (wie Anm. 28), S. 529.
34   »Übergehen zum Anderen des Seins, anders als sein. Nicht anderssein, sondern anders als sein. Auch nicht nichtsein«, Levinas, Emmanuel: *Jenseits des Seins oder anders als Sein geschieht*, Freiburg im Breisgau/ München 2011, S. 24.
35   Ebd., S. 46.
36   Copjec, Joan: May '68. The Emotional Month« in: Slavoj Žižek (Hg.): *Lacan. The Silent Partners*, London/New York 2006, S. 90–114, hier S. 102.

S/C/HAM

Kann es also sein, dass gerade eine Fotografie wie die Aufnahme aus dem Situation Room, die einer Bilderpolitik des Triumphes eine visuelle Politik der Scham folgen lassen wollte, auf einer Zurückweisung von Scham beruht?

Die Philosophin und psychoanalytische Theoretikerin Joan Copjec würde vermutlich sagen: Ja, aber nicht ohne Grund! In ihren Ausführungen zur Scham bezieht sie sich ebenfalls auf Emmanuel Levinas sowie auf Jacques Lacan. Sie gibt zu bedenken, dass ein in westlichen Gesellschaften geführter Diskurs um ein Beschämungsverbot nicht selten eine Art Kompensationstechnik und Symptombildung sei, Scham nur in der Zurückweisung und Verneinung zu genießen. Die hartnäckige und bisweilen zwanghafte Beschäftigung mit der Scham des Anderen verweise letztlich auf den massiven Wunsch, der Scham im eigenen Leben auszuweichen, allenfalls Schuld anzuerkennen.[37] Da auch das westliche Subjekt sich nicht einfach vom Affekt der Scham freisprechen kann, bleibt es über das Prinzip der Hemmung mit der Scham – rassistisch und sexistisch auf dem Feld des Anderen phantasiert – verbunden.

Die von Levinas und Sartre beschriebene existenzielle Unmöglichkeit, der Scham zu entkommen, könne zu einem gewissen Grad, so Copjec, in ein moralisches Verbot, zu beschämen, umschlagen. Dies bringt den imaginären Vorteil, ein primäres Gefühl der Unkontrollierbarkeit in eine sekundäre Phantasie der Regulierbarkeit zu wenden und damit, scheinbar, einen Affekt (Angst) in einen Willen (Kontrolle) zu konvertieren, eigentlich aber, ungewollt, einen Zwang zu erzeugen. Das Subjekt verliert dabei am Ende mehr als es gewinnt. Vor allem verliert es die Möglichkeit, Scham als eine ethische Widerstandsfigur gegen das Gekettet-sein an ein ruinöses bürgerliches Autonomieideal zu erfahren, denn: »Shame is not a flight from being, but a flight into being«.[38] Deshalb schrieb Levinas über die Scham als eine Ethik des Für-einander-seins, nannte Sartre sie die »Geburt« des sozialen Ichs.

Joan Copjec führt aus, wie das Unvermögen, Scham als eine existenzielle Lebensmodalität aller Subjekte anzuerkennen, sich in einen humanitären Aufruf, diese oder jene von einer Beschämung zu verschonen oder die Schuld dafür zu übernehmen, umwandelt: »One flees – or attempts to flee – the superego by obeying its commands to enjoy in a productive way«.[39] Dafür sorgt die Strenge des »That's not who we are«-Bildverweigerungs-Kompensationsgenießens; sie wird zu einer »non-remittable obligation«[40]. Dieses Kompensationsgenießen beschreibt Copjec im Unterschied zu »shame« als »sham«.[41] Das englische Wort »sham« bezeichnet ins Deutsche übertragen eine Talmischam, einen

37 Copjec, Joan: The Descent into Shame, in: *Studio Art Magazine* 168, 2007, S. 59–80, http://de.scribd.com/doc/50453453/Copjec-The-Descent-into-Shame [18.11.2012].
38 Copjec (wie Anm. 36), S. 111. Vgl. auch die Formulierung von Kaja Silverman, dass Endlich-sein des Subjekts sei »more a way of inhabiting the world than of leaving it«, Silverman, Kaja: »All Things Shining«, in: Eng, David L./Kazanjian, David (Hg.): *Loss. The Politics of Mourning*, Berkeley 2003, S. 323–342, hier S. 326.
39 Copjec (wie Anm. 36), S. 107. In der Scham hingegen zeige sich ein Wissen um die Vergeblichkeit der Flucht aus dem Gekettet-sein, Scham sei »without any hope of escape«, Copjec (wie Anm. 36), S. 103.
40 Ebd. S. 103.
41 Ebd., S. 109–110; Joan Cojec bezeichnet »sham« auch als »moral anxiety« (moralische Angst nach Sigmund Freud) und »guilt« (Schuld), vgl. Copjec (wie Anm. 36), S. 103.

Schwindel, eine Täuschung. Moralische »sham« ist dort, wo existenzielle Scham nicht sein darf. Dabei ist »sham« zu allererst ein Selbstbetrug, eine Psychotechnik der Machtillusion, noch dort Kontrolle zu haben, wo sie nie hingelangen kann.[42]

Es erscheint nach allem, was gesagt wurde, nicht ohne Grund, dass die Beraterinnen und Betrachter Barack Obamas im Situation Room wirklich die Bilderpolitik ihrer Vorgänger erinnerten und einen Ausweg aus ihr suchten. Sie sind dort auf halbem Weg im Off stecken geblieben – vielleicht auch, weil die Ideale nach einigen Jahren Amtszeit wegen republikanischer Verhinderungstaktiken dem Realitätsprinzip gewichen sein mögen. Ist die Vermarktung der Fotografie aus dem Situation Room eine bilderpolitische Teilkapitulation und somit ein visuelles Gegenmittel, um trotz der gescheiterten Umsetzung der Ideale die Illusion des guten Handelns aufrechterhalten zu können?[43]

Die demokratische Regierung begegnete den Zeichen des Triumphes aus der Vergangenheit mit einem Verbot der Beschämung auf dem Feld des Visuellen. Dies sollte ein mediales rassistisches »High-Tech-Lynching« verhindern. Eines der Probleme aber war, der arabischen Kultur erneut eine besondere Nähe zur Scham zuzuschreiben, diese Nähe geradezu zu erzwingen, um die eigene (visuelle) Politik als Schuldkultur zu reproduzieren und wie eine Tragödie zu inszenieren: Denn was wiegt die Schuld an der Tötung des Tyrannen im Vergleich zur Tapferkeit, mit dieser Tat Schlimmeres verhindert zu haben und sie, in Obamas Worten an die Nation, einzureihen in »our sacrifices to make the world a safer place«[44]?

Im Kompensationsgenießen der »sham«, das mit Scham nicht zu verwechseln ist, war alle Güte dem Gut-sein-wollen zum Opfer gefallen, hatte das Erbe der Bush-Regierung die Kritik an ihr eingeholt und ist der Konservatismus der Vergangenheit zum Anachronismus der Gegenwart geworden. Diese »sham«-Politik ist weniger ein Zeichen tiefgreifender Menschlichkeit – dies allein hätte eine Verhaftung Bin Ladens sein können –, als eine autoritäre Geste im Regime der Sichtbarkeitsverhältnisse. Dem Anderen beim Sterben zuzusehen heißt, sich selbst beim Sterben zuzusehen, zu sehen, wie ein Stück meiner Menschlichkeit zum Tod hin abfließt, ein Tod, den ich nicht nur nicht verhinderte, sondern mit dem ich mein Leben zu retten glaubte. Dafür die Schuld zu übernehmen, ist ethisch gesehen noch nicht einmal der Anfang des Weges: »[T]he gaze under which I feel myself observed in shame is my *own* gaze. Lost in guilt, it is found in shame«.[45]

---

42 »Our feeling of powerlessness, in other words, stems from conceiving ourselves as possessors of power. [...] The real thing – jouissance – can never be dutified, controlled, regimented; rather, it catches us by surprise, like a sudden, uncontrollable blush on the cheek«, Copjec (wie Anm. 36), S. 110.

43 Wendy Brown beobachtet bei der politischen Linken eine stark ausgeprägte melancholische Haltung und fragt mit Walter Benjamins Ausführungen zur »linken Melancholie« nach den Gründen. Brown betont hierbei die vielfältigen Erfahrungen von verlorenen Idealen und Enttäuschungen: »[W]e are without conviction about the Truth of the social order; we are without a rich moral-political vision of the Good to guide and sustain political work. Thus we suffer with the sense of not only a lost movement but also a lost historical moment, not only a lost theoretical and empirical coherence but also a lost way of life and a lost course of pursuit. [...] But in the hollow core of all these losses, perhaps in the place of our political unconscious, is there also an unavowed loss – the promise that Left analysis and Left commitment would supply its adherents a clear and certain path toward the good, the right, and the true?«, Brown, Wendy: Resisting Left Melancholia, in: Eng, David L./Kazanjian, David (Hg.): *Loss. The Politics of Mourning*, Berkeley 2003, S. 458–465, hier S. 460.

44 Siehe Barack Obama TV-Ansprache anlässlich der Tötung Osama Bin Ladens unter: http://www.telegraph.co.uk/news/worldnews/barackobama/8487354/Osama-bin-Laden-killed-Barack-Obamas-speechin-full.html#, [07.01.2013]. Für die deutsche Übersetzung vgl. http://www.spiegel.de/politik/ausland/ obamas-erklaerung-der-gerechtigkeit-ist-genuege-getan-a-760028.html [07.01.2013].

45 Copjec (wie Anm. 37), S. 75

Mit meinen Verweisen auf Levinas, Sartre und Copjec wollte ich über Auswege aus diesem Ausschlachten der S/c/ham-Camouflage mit ihren Blickregimen nachdenken. Weil sich in der Scham ein Widerstand gegen konservative Gerechtigkeitsphantasmen ankündigen kann, war es mein Anliegen, darauf hinzuweisen, dass in einer radikaleren Demokratie und deren visuellen Gestaltungen man sich selbst zu schämen weiß.

QUELLENVERZEICHNIS

Brown, Wendy: Resisting Left Melancholia, in: Eng, David L./Kazanjian, David (Hg.): *Loss. The Politics of Mourning*, Berkeley 2003, S. 458–465.

Copjec, Joan: May '68. The Emotional Month« in: Slavoj Žižek (Hg.): *Lacan. The Silent Partners*, London/New York 2006, S. 90–114.

Copjec, Joan: The Descent into Shame, in: *Studio Art Magazine* 168, 2007, S. 59–80, http:// de.scribd.com/doc/50453453/Copjec-The-Descent-into-Shame [18.11.2012].

Darnstädt, Thomas: Ende eines Massenmörders, in: *Der Spiegel* 19, 7. Mai 2011, S. 77-91.

Dietze, Gabriele: *Weiße Frauen in Bewegung. Genealogien und Konkurrenzen von Race- und Genderpolitiken*, Bielefeld 2013.

Foucault, Michel: Die Hoffräulein, in: Ders., *Die Ordnung der Dinge*, Frankfurt am Main 1974, S. 31–45.

Hentschel, Linda (Hg.): *Bilderpolitik in Zeiten von Krieg und Terror. Medien, Macht und Geschlechterverhältnisse*, Berlin 2008.

Hentschel, Linda: »Gewaltbilder und Schlagephantasien oder: Die Rebellion der Betrachtermelancholie«, in: Julia Bee/Reinhold Görling (Hg.): *Folterbilder und -narrationen*, Göttingen 2013, S. 115–125.

Hentschel, Linda: »Justice has been done.« Oder: Wer hat Angst vor Scham?, in: Elia-Borer, Nadja; Schellow, Constanze; Schimmel, Nina u. a. (Hg.): *Heterotopien. Perspektiven der intermedialen Ästhetik*, Bielefeld 2013, S. 351–371.

Kauppert, Michael/Leser, Irene (Hg.): *Hillarys Hand. Zur politischen Ikonographie der Gegenwart*, Bielefeld 2014.

Lacan, Jacques: Das Spiegelstadium als Bildner der Ichfunktion – wie sie uns in der psychoanalytischen Erfahrung erscheint, in: Ders.: *Schriften I*, Weinheim/Berlin 1996, S. 61–70.

Lacan, Jacques: Vom Blick als Objekt klein a, in: Ders.: *Die vier Grundbegriffe der Psychoanalyse. Das Seminar, Buch XI*, Weinheim/Berlin 1987, S. 71–126.

Levinas, Emmanuel: *Ausweg aus dem Sein*, Hamburg 2005.

Levinas, Emmanuel: *Jenseits des Seins oder anders als Sein geschieht*, Freiburg im Breisgau/ München 2011.

Metz, Christian: Foto, Fetisch, in: Wolf, Herta (Hg.): *Diskurse der Fotografie. Fotokritik am Ende des fotografischen Zeitalters*, Frankfurt am Main 2003, S. 215–225.

Osama Bin Laden killed: Barack Obama's speech in full, http://www.telegraph.co.uk/ news/worldnews/barackobama/8487354/Osama-bin-Laden-killed-Barack-Obamas-speech-in-full.html# [07.01.2013].

Sartre, Jean-Paul: *Das Sein und das Nichts. Versuch einer phänomenologischen Ontologie*, Reinbek 1993.

Silverman, Kaja: »All Things Shining«, in: Eng, David L./Kazanjian, David (Hg.): *Loss. The Politics of Mourning*, Berkeley 2003, S. 323–342.
Wittmann, Martin: »Operation Geronimo«, in: *Süddeutsche Zeitung* 105, 7. Mai 2011, S. 12.

ABBILDUNGSVERZEICHNIS

Abbildung 1: Pete Souza, Barack Obama, Situation Room, 1. Mai 2011, Weißes Haus, http://www.businessinsider.com/photos-obama-april-schedule-2011-5?op=1 [28.04.2013].

Abbildung 2: Pete Souza, Situation Room, 1. Mai 2011, Weißes Haus, http://www.businessinsider.com/photos-obama-april-schedule-2011-5?op=1 [28.04.2013].

Abbildung 3: Diego Velázquez, Las Meninas, 1656/57, Öl auf Leinwand, 318 x 276 cm, Museo del Prado, Madrid, http://commons.wikimedia.org/wiki/File:Las_Meninas,_by_Diego_Vel%C3%A1zquez,_from_Prado_in_Google_Earth.jpg [28.04.2013].

Abbildung 4: Time Magazine, Titelseite von Tim O'Brien, 20. Mai 2011, aus: http://www.bagnewsnotes.com/2011/05/whats-wrong-with-times-bin-ladin-cover/ [28.04.2013].

Abbildung 5: Time Magazine »The Last Days of Osama Bin Laden«, 7. Mai 2012, http://newamerica.net/publications/articles/2012/the_last_days_of_osama_bin_laden_66847 [28.04.2013].

Abbildung 6: Bahram Mohammadifard, Operation Eagle Claw, Teheran, Iran, 24. April 1980, Fars News Agency, http://www.aftabnews.ir/images/docs/000087/n00087463-r-b-007.jpg [08.06.2015].

VOM KRIEGSBERICHTERSTATTER ZUM MEDIENKRIEGER

Bilder vom Krieg zwischen fiktionalisierten Realitäten
und realisierten Fiktionen

KAREN FROMM

»Krieg ist auf Darstellung angewiesen.«[1] Jede Frage nach dem Verhältnis von Krieg und Medien, jede Beschäftigung mit dem Bild vom Krieg ist daher eine, die sich der Entwicklung der Medien samt ihren jeweiligen technischen wie ästhetischen Eigenheiten widmen muss. Blickt man in die Historie, zeigt sich, dass bis heute jeder Krieg neue mediale Techniken und damit auch eigene Visualisierungsstrategien mit sich gebracht hat – von Roger Fentons frühen Bildern vom Krimkrieg, die noch unter enormen technischen Schwierigkeiten entstanden[2], bis zum Phänomen der sogenannten ›Medienkriege‹ der neueren Zeit. Die Suche nach Visualisierungsstrategien erweist sich damit als eine historische Konstante des Redens und Denkens über den Krieg, und unsere kollektive Vorstellung vom Krieg ist vor allem von medialen Bildern geprägt.

Ausgehend von der These dieses Tagungsbandes, dass das Verhältnis von Krieg und Design ein unsichtbares sei, richtet sich meine Reflexion des Krieges auf seine bildliche Dimension und insbesondere auf die Frage, inwiefern sich die Gestalt des Krieges medial formt und in der Berichterstattung sichtbar wird.

---

[1]   Hillgärtner, Jule: *Krieg darstellen*, Berlin 2013, S. 11.
[2]   Roger Fenton (1819–1869) wurde berühmt für seinen Fotobericht von der Belagerung und Einnahme der Festung Sewastopol im Krimkrieg. Dabei entstanden seine Fotografien unter enormen Schwierigkeiten, insbesondere wegen der noch sehr umständlichen fotografischen Technik und des zu der Zeit verbreiteten ›nassen Verfahrens‹. Mit einem Laborwagen bereiste Roger Fenton gemeinsam mit seinem Assistenten Marcus Sparling die Schauplätze des Krieges. Sein fotografisches Equipment bestand unter anderem aus 700 30 x 40 cm großen Glasplatten, die bei dem damals üblichen Verfahren kurz vor der Aufnahme in einer fahrbaren Dunkelkammer mit einer fotochemischen Schicht überzogen wurden. Anschließend musste die nasse Platte sofort belichtet und entwickelt werden. Da die Belichtungszeiten zu der Zeit zwischen drei und 20 Sekunden lagen, mussten Aufnahmen mit Personen nachgestellt oder die Situationen für die Dauer der Aufnahme angehalten werden. Zu Roger Fenton vgl. Gernsheim, Helmut/ Gernsheim, Alice (Hg.): *Roger Fenton, Photographer of the Crimean War. His Photographs and his Letters from Crimea*, London 1954; Keller, Ulrich: *The Ultimate Spectacle. A Visual History of the Crimean War*, Amsterdam 2001.

DIE SUCHE NACH VISUALISIERUNG – DER ERINNERUNGSDISKURS ZUM ERSTEN WELTKRIEG

Als ein Dokument des Zeitgeschehens fängt die Fotografie von Philipp Rubel für »Die Hamburger Woche« vom 9. Juli 1914 den Beginn des Ersten Weltkriegs ein. Angeblich zeigt das Bild den Moment der Festnahme eines der Attentäter kurz nach den tödlichen Schüssen auf den österreichisch-ungarischen Thronfolger. Das Bild scheint aus der Bewegung heraus inmitten des Getümmels entstanden, es hält einen Moment aus einem offenkundig turbulenten Geschehen fest.

Das Attentat in Sarajevo markiert in unserer heutigen Rekonstruktion der historischen Ereignisse den Kriegsbeginn. Zum Zeitpunkt der Veröffentlichung der Fotografie von Philipp Rubel wusste man jedoch noch nicht, dass dieses Ereignis den Ersten Weltkrieg auslösen würde. Daher sucht man auf den Titelblättern vom Juli 1914 – mit dieser Ausnahme – vergeblich nach dem Motiv. Doch im historischen Bildgedächtnis ist dieses Foto wie kein anderes mit dem Ausbruch des Ersten Weltkriegs verbunden worden.

Den eigentlichen Kriegsbeginn dokumentierte für die Zeitgenossen ein ganz anderes Foto, das ein weitaus weniger dramatisches Geschehen zeigt. Es handelt sich um ein Motiv der Gebrüder Haeckel, das einen Soldaten umringt von Zivilisten zeigt, während er die Bekanntgabe der Mobilmachung verliest. Das Bild von Philipp Rubel, das die Verhaftung eines der beiden Hauptattentäter zeigen sollte, wurde später als eine Fehldeutung identifiziert, da auf dem Foto weder der Bombenwerfer Čabrinović noch der Pistolenschütze Princip abgebildet sind. Philipp Rubels Fotografie dokumentiert nur eine der zahlreichen Festnahmen nach dem Attentat.[3] Dennoch fand dieses Foto Eingang in die historischen Darstellungen und Geschichtsbücher und ist bis heute im Internet als zentrales Bild für den Erinnerungsdiskurs zum Beginn des Ersten Weltkriegs zu finden.

Die Langlebigkeit des Bildes verweist auf die Notwendigkeit der Visualisierung von Ereignissen als Beleg, dass diese Ereignisse tatsächlich stattgefunden haben, sowie als Bedingung ihrer Erinnerungswürdigkeit. Nicht zuletzt fungiert im Journalismus grundsätzlich Visualität als ein zentraler Nachrichtenfaktor, der über die Publikations- und damit auch über die Erinnerungswürdigkeit eines Ereignisses bestimmt und so als wesentliches journalistisches Auswahlkriterium fungiert.[4]

Gerade die Teilnahme und Authentizität suggerierende Unmittelbarkeit und Unschärfe des Bildes von Philipp Rubel bieten sich dabei aufgrund seiner Visualisierungsmuster besonders an, da das Bild, viel eher als das Motiv der Gebrüder Haeckel, den späteren Sehgewohnheiten der Rezipienten entspricht.[5] Die bildsprachlich evozierte spontane Bildentstehung, die ein unmittelbares Dabeisein zu vermitteln scheint, deutet

---

3   »Der Abgebildete wurde später als ein gewisser Ferdinand (Ferdo) Behr identifiziert, den die Polizei beschuldigte, dem Attentäter Princip bei dessen Verhaftung zu Hilfe gekommen zu sein.« Hirschfeld, Gerhard: Sarajevo. Das bilderlose Attentat und die Bildfindungen der Massenpresse, in: Paul, Gerhard (Hg.): *Das Jahrhundert der Bilder. 1900 bis 1949*, Göttingen 2008, S. 148–155, hier S. 151.

4   Ein Überblick über die Forschung zur Bedeutung von Nachrichtenfaktoren als journalistischen Auswahlkriterien findet sich in: Grittmann, Elke: *Das politische Bild. Fotojournalismus und Pressefotografie in Theorie und Empirie*, Köln 2007. Ein 2008 realisiertes Forschungsprojekt der Universität Erfurt hat sich mit der Spezifik von Nachrichtenfaktoren im Bildbereich beschäftigt, vgl. Rössler, Patrick; Bomhoff, Jana; Haschke, Josef Ferdinand u. a.: Selection and impact of press photography: An empirical study on the basis of photo news factors, in: *Communications* 36, 2011, S. 415–439.

5   Vgl. Hirschfeld (wie Anm. 3), S. 155.

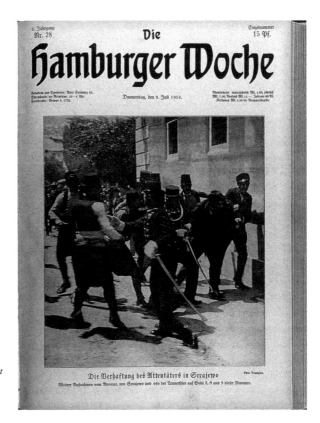

Abbildung 1: Philipp Rubel, Gefangennahme nach dem Attentat auf Erzherzog Franz Ferdinand in Sarajewo, für »Die Hamburger Woche«, Nr. 28, Juli 1914.

nämlich bereits auf das mit Emotionen affizierte journalistische Bild hin, das sich in den 1920er und 1930er Jahren mit den ersten Fotoessays und -reportagen in illustrierten Zeitschriften, vor allem in den USA über das Bildmagazin »Life«, herausbilden wird. In diesem Kontext wird die Glaubwürdigkeit der Berichterstattung durch das ›unmittelbare‹, ›authentische‹ Foto unterstützt. Dabei fungiert Authentizität als Ausdruck des fotografischen Anspruchs, ein Abbild der Wirklichkeit zu liefern, im Sinne einer bildspezifischen Variante der Objektivitätsnorm des Journalismus.

1914 war die Fotografie nur ein Medium neben anderen Medien der Berichterstattung. Gerade in der Tagespresse wurde oftmals der grafischen Illustration von Ereignissen der Vorrang gegeben. Auch beim Attentat in Sarajevo war das der Fall, zumal die Fotografie vom Attentat selbst ohnehin fehlte. Die grafischen Illustrationen, die auf Berichten von Augenzeugen basierten, zeichnen sich vor allem durch zum Teil recht freie Interpretationen des Tatgeschehens aus.

In der Berichterstattung zum Ersten Weltkrieg herrschte also eine Gleichzeitigkeit verschiedener Gattungen und Medien. Sämtliche Bildgattungen hatten Teil an der Konstruktion des öffentlichen Bildes vom Krieg.

DER ERSTE WELTKRIEG ALS ›MEDIENKRIEG‹

Der Erste Weltkrieg war der erste technologische Krieg, der die gesamte Bevölkerung involvierte. Der Krieg wurde zu einem Teil des Alltagslebens, denn durch Massenmobilisierungen war erstmalig auch die Bevölkerung massiv betroffen. Nach dem ersten Kriegsjahr begriffen alle Krieg führenden Staaten die Bedeutung der sogenannten Heimatfront. Für die beteiligten Regierungen stellte sich die Frage, wie man sich die Zustimmung der Bevölkerung sichern konnte. In Folge wurden erstmalig eigene Propagandainstitutionen geschaffen. Im Vergleich hierzu hatte es in den Kriegen des 19. Jahrhunderts nur sporadisch Ansätze einer strategischen Lenkung der Kriegsberichterstattung gegeben.[6]

Obwohl die einzelnen Krieg führenden Staaten relativ unterschiedlich mit der Medialisierung umgingen, Großbritannien beispielsweise zu Kriegsbeginn noch ganz auf die klassische Militär- und Schlachtenmalerei setzte, wurde der Fotografie im Laufe des Krieges bei allen Kriegsparteien eine größere Bedeutung beigemessen. Mit seinem spezifischen Bemühen um die geeignete Form der Visualisierung und Medialisierung führte der Erste Weltkrieg zu einer neuen Ikonografie der Kriegsfotografie, die vor allem auf die technischen Bedingungen dieses Krieges reagierte. Denn optisch hatte die neue Form der Kriegsführung »dem Auge wenig [zu] bieten«[7].

> »Der Krieg wurde nicht mehr vom Feldherrenhügel überblickt und gelenkt, sondern von fernen Zentren weit hinter der Front. All dies hatte erhebliche Auswirkungen auf die Darstellbarkeit des Geschehens.«[8]

Bestimmte Bereiche wie das eigentliche Kampfgeschehen blieben für die Kameras im Prinzip unerreichbar. Diese Situation erforderte die Suche nach spezifischen Visualisierungsstrategien. Besondere Bedeutung für die Fotografie des Ersten Weltkriegs erlangte dabei die Ikonografie des ›Going Over the Top‹. Diese Motivform beschreibt die Perspektive aus dem Schützengraben, die das unmittelbare Kampfgeschehen vermitteln sollte, für die aber oftmals nur Bilder von Übungen aus dem Hinterland verwendet wurden.

Beispielhaft für die Ikonografie des ›Going Over the Top‹[9] füge ich hier Frank Hurleys Fotografie »Der Angriff (The Raid)« von 1917 an. Die berühmte Angriffsszene Hurleys zeigt Soldaten, die sich inmitten von heftigem Artilleriefeuer in breiten Wellen aus ihren Schützengräben erheben und mit gehobenen Bajonetten dem Feind entgegenstürmen. Hurley selbst war begeistert von seiner Fotografie.

---

6 Nichtsdestotrotz kann Ute Daniel bereits für die Presselandschaft im Krimkrieg eine »Eigendynamik« ausmachen, »die weit über die Kriegsberichterstattung, wie sie vorher praktiziert worden war, hinausging«. Vom Krimkrieg. Zum Syrienkonflikt. Kriegsberichterstattung aus Sicht der Historikerin. Ein Interview von Gesche Schiffdecker mit Ute Daniel, in: Bettermann, Erik/Grätz, Ronald (Hg.): *Zwischen den Fronten. Grenzen neutraler Berichterstattung*, Göttingen 2013, S. 39–43, hier S. 40.

7 Schlieffen, Alfred von, zitiert nach Paul, Gerhard: *Bilder des Krieges. Krieg der Bilder. Die Visualisierung des modernen Krieges*, Paderborn 2004, S. 105.

8 Paul (wie Anm. 7), S. 105.

9 Der Begriff des ›Going Over the Top‹ wurde ab dem Sommer 1916 verstärkt verwendet. Die mit seiner Hilfe beschriebene Ikonografie fand gerade im angelsächsischen Raum besondere Verbreitung. »Am 21.10.1916 brachte die ›Illustrated London News‹ die neue Redewendung auf den Punkt: ›Over the Top: The meaning of a Phrase now familiar‹.« Holzer, Anton: Going over the Top. Neue Perspektiven aus dem Schützengraben, in: Paul, Gerhard: *Das Jahrhundert der Bilder. 1900 bis 1949*, Göttingen 2009, S. 196–203, hier S. 201.

Abbildung 2: Frank Hurley, »Der Angriff« (The Raid), 1917.

»Two waves of infantry are leaving the trenches in the thick of a Boche Barrage of shells and shrapnel. A flight of bombing aeroplanes accompanies them. An enemy plane is burning in the foreground. The whole picture is realistic of battle, the atmosphere effects of battle smoke are particularly fine.«[10]

Hurleys Bild wurde im Mai 1918 in den Londoner Grafton Galleries in einer der letzten großen Kriegsfotoausstellungen gezeigt. Solche Ausstellungen stellten damals noch eine durchaus verbreitete Form der Publikation dar, wie es auch das angeblich ›biggest photo of the war‹ des offiziellen kanadischen Kriegsfotografen Ivor Castle beweist.

Über den Präsentationskontext und ihr großes Format wecken die Fotografien von Hurley, Castle und anderen Assoziationen an großformatige Schlachtengemälde und fungieren damit als ein Beispiel für das Verwischen der Gattungsgrenzen in den Visualisierungsstrategien des Ersten Weltkriegs. Darüber hinaus bietet das Bild interessante Anknüpfungspunkte an den Diskurs der neutralen Berichterstattung, den wir heute mit jeglicher Form journalistischer Kriegsberichterstattung verbinden. Denn die Neutralität und Objektivität versprechende Blicknahme gehörte für die Kriegsberichterstatter vor 100 Jahren keinesfalls zu ihrem Selbstverständnis.[11] Hurleys Bild vermittelt zwar den Eindruck, dass unmittelbarer der Krieg kaum gezeigt werden könnte, doch in der Form, die das Bild suggeriert, hat die Schlacht tatsächlich nie stattgefunden. Denn zum einen hat Frank Hurley nicht die wirkliche Schlacht fotografiert, und zum anderen wurde die dramatisch und dicht wirkende Kampfszene aus mehreren Fotos zusammengesetzt. Insgesamt zwölf Teilbilder hat er montiert, und für diese verwendete er vor allem Bilder von Übungen im Hinterland. Auf die Herkunft aus einer Übungsszene verweist auch die fotografische Perspektive von oben auf den Schützengraben, für die der Fotograf in der tatsächlichen Kampfsituation sein Leben riskiert hätte. Bei genauerer Betrachtung enttarnt sich das realistisch und extrem verdichtet wirkende Bild also als eine Fiktion. Während des Krieges und auch danach wurde Hurleys Bild immer wieder reproduziert und ausgestellt.

10   Hurley, Frank: Tagebucheintragung vom 26., 27., 28. Mai 1918, zitiert nach Holzer (wie Anm. 9), S. 198.
11   Vgl. auch Daniel (wie Anm. 6), S. 39.

Abbildung 3: W. I. Castle, 29th Infantry Battalion advancing over ›No Man's Land‹ through the German barbed wire and heavy fire during the battle of Vimy Ridge, France, 1917.

Die Rezeption verband es dabei zunehmend mit einer konkreten Ortschaft, nämlich Zonnebeke, einem Ort in der Nähe der belgischen Stadt Ypern. Die konkrete Verortung stellte das fiktive Kompositbild im Erinnerungsdiskurs in eine Tradition mit dokumentarischen Kriegsfotografien. Fiktionalisierte Realitäten mischten sich so unauflöslich mit einem scheinbaren dokumentarischen Versprechen.

FAKTIZITÄT UND FIKTIONALITÄT

Hurley stand mit seiner Form publikumswirksamer Visualisierungen des Krieges keinesfalls alleine. Die meisten dramatisch wirkenden Kriegsbilder, die seit der zweiten Hälfte des Ersten Weltkriegs an die Öffentlichkeit gelangten, waren Fotografien von Übungen aus dem Hinterland oder gestellte Bilder. In Büchern und auch in der Presse wurden sie später aber weitgehend als dokumentarische Aufnahmen rezipiert. Gerade im Erinnerungsdiskurs scheinen die Grenzen zwischen Faktizität und Fiktionalität zugunsten der Faktizität zu verschwimmen, zumal sich der Anspruch an die Kriegsberichterstattung im Laufe des 20. Jahrhunderts auf die Neutralität der Berichterstattung fokussierte und dieses Ideal auch an die historischen Bilder richtete.

> »Der Kriegserinnerungsdiskurs speist sich zum Teil aus textuellen (also schriftsprachlich codierten) Quellen, zum Teil aus mündlich tradierten Narrativen, zu einem großen Teil aber aus Bildern – journalistischen und künstlerischen.«[12]

Dieses Verwischen der Gattungs- und Genregrenzen und der damit einhergehenden Grenzen zwischen Fakten und Fiktion ist für den Erinnerungsdiskurs des Ersten Weltkriegs charakteristisch. So rekurriert das kulturelle Bildgedächtnis des Ersten Weltkriegs

---

12 Schneider, Ralf: Der Krieg, die Künste und die Medien – Theoretische Überlegungen, in: Jürgens-Kirchhoff, Annegret/Matthias, Agnes (Hg.): *Warshots. Krieg, Kunst & Medien*, Weimar 2006, S. 11–25, hier S. 24.

neben der Ikonografie des ›Going Over the Top‹ vor allem auf Sequenzen aus der Ver-filmung von Erich Maria Remarques Roman »Im Westen nichts Neues«. Wie kein an-deres Medium hat Lewis Milestones Film aus dem Jahr 1930 die kollektive visuelle Er-innerung an den Ersten Weltkrieg geprägt. Da es kaum zeitgenössische Aufnahmen vom Kampfgeschehen gab, wurden Szenen des Films später oft zitiert und bestimmten auf diese Weise massiv die kollektive Erinnerung an den Ersten Weltkrieg.

Die Bilder vom Ersten Weltkrieg machen deutlich, wie fragil die scheinbare Augen-zeugenschaft und Faktizität der Bilder sein können und dass sich die Vorstellung einer Neutralität und Objektivität der Berichterstattung hier als Fiktion entlarvt. Die klare Trennung zwischen Faktizität und Fiktionalität enttarnt sich genauso als Mythos wie die Grenzen zwischen den verschiedenen Mediengattungen.

Und dennoch gilt: »When there are photographs, a war becomes ›real‹.«[13] Susan Sontags Zitat beschreibt, dass Bilder »denen, die keine eigenen Kriegserfahrungen haben, für eine gewisse Zeit etwas von der Wirklichkeit des Krieges vor Augen führen«[14] können. Damit verweist sie auf die Medialisierung der Wirklichkeitserfahrung. Darüber hinaus zeigt der Erinnerungsdiskurs zum Ersten Weltkrieg, dass Bilder vermeintlich Wirklich-keit abbilden, aber immer auch eine eigene Realität erzeugen, denn nicht die Wahrheit der Repräsentation kann erfasst werden, sondern ihre Effekte.

BILDERKRIEGE

Der Krieg und seine Bilder waren von Beginn an miteinander verwoben, davon legt jeder Krieg mit seiner spezifischen Suche nach den geeigneten Visualisierungsstrategien Zeug-nis ab. Zu fragen wäre dennoch, ob und inwiefern sich das Verhältnis von Krieg und Me-dialisierung verändert hat, wenn heute Kriege ›Bilderkriege‹ genannt werden. Denn auch wenn sich im Laufe des 20. Jahrhunderts der Authentizitätsdiskurs fest etabliert hat und sich trotz des Wissens um die Möglichkeiten digitaler Bildmanipulation als überaus lang-lebig erweist, ist der Inszenierungscharakter in der medialen Darstellung zeitgenössischer Kriege mittlerweile zu einem »integralen Bestandteil aller Kriegsstrategien«[15] geworden.

Heute stehen die Bilder der Massenmedien unter dem fortwährenden Anspruch, Authentizität und Glaubwürdigkeit der journalistischen Berichterstattung zu belegen, dass die Ereignisse, von denen sie berichten, genau so stattgefunden haben. Die zahl-reichen aktuellen Manipulationsskandale im Bildjournalismus vermitteln mit Vehe-menz, dass Authentizität nach wie vor als essenzieller Bestandteil des Selbstverständnisses

---

13　Sontag, Susan: *Regarding the Pain of Others*, New York 2003, S. 103. In deutscher Übersetzung lautet der Satz: »Ein Krieg wird ›real‹, wenn es von ihm Fotos gibt.« Sontag, Susan: *Das Leiden anderer betrachten*, Frankfurt am Main 2005, S. 121.

14　Sontag, Susan: *Das Leiden anderer betrachten*, Frankfurt am Main 2005, S. 19.

15　Hillgärtner (wie Anm. 1), S. 11. Hillgärtner geht an dieser Stelle unter anderem auch auf eine interessante Problematisierung der Verwendung des Begriffs ›Bilderkrieg‹ ein.

Abbildung 4: Anja Niedringhaus, A U.S. Marine of the 1st Division carries a mascot for good luck in his backpack as his unit pushed further into the western part of Fallujah, Iraq, 2004, siehe Farbtafeln.

journalistischer Fotografie fungiert.[16] Und dennoch scheinen die Grenzen zwischen Faktizität und Fiktionalität im 21. Jahrhundert zum Teil sogar stärker infrage gestellt, als dies für die Bilder des Ersten Weltkriegs galt.

Die heutige Vermengung von Realitätswahrnehmung und Medialität wird deutlich am Beispiel einer Fotografie der AP-Fotografin Anja Niedringhaus aus dem Irakkrieg. Niedringhaus' Fotografie zeigt einen US-Marine, der in seinem Rucksack als Maskottchen eine Puppe im Kampfanzug trägt. Das Bild macht deutlich, dass die Produktion und Rezeption von Medienprodukten immer durch den Umgang mit anderen Medienprodukten geprägt sind, dass vor den zu produzierenden Bildern schon andere Bilder sind, die sich mit diesen verbinden.

Ein häufig gebrauchter Begriff in diesem Zusammenhang ist der des ›feedback loop‹. Er beschreibt das Phänomen, dass Soldaten im Hinblick auf Bilder agieren: zum einen bezogen auf die Allgegenwart der Kamera, die ihr Agieren zur Pose werden lässt, und zum anderen, indem sie Bilder, die sie vorher gesehen haben, andere Fotografien oder Sequenzen aus Hollywoodfilmen, zu reinszenieren suchen. Niedringhaus' Bild ist ein Hinweis auf die Präsenz solcher Vorbilder. Es zeigt, dass jeder Kriegsberichterstatter Teil dessen ist, wovon er Zeugnis abzulegen sucht.

---

16 Vgl. hierzu auch die Diskussion über den aktuellen World Press Photo Award. Unter anderem: World Press Photo. Auch die Sexszene war gestellt, in: *Spiegel Online*, 5. März 2015, http://www.spiegel.de/kultur/gesellschaft/world-press-photo-zieht-preis-fuer-sex-foto-zurueck-a-1021879.html [08.03.2015]; Donadiomarch, Rachel: World Press Photo Revokes Prize, in: *The New York Times*, 4. März 2015, http://www.nytimes.com/2015/03/05/arts/design/world-press-photo-revokes-prize.html?_r=0 [08.03.2015].

Auch der Fotograf Tim Hetherington, der sich kurz vor seinem Tod viel mit dem Phänomen des ›feedback loop‹ beschäftigt hat, erzählte beispielsweise von jungen Soldaten in Liberia, die sich in der Nacht vor einem Kampf den Film ›Rambo‹ anschauten. So berichtete Sebastian Junger, der US-amerikanische Autor, Journalist und Dokumentarfilmer, mit dem Hetherington zusammen in Afghanistan gearbeitet hat, anlässlich einer Gedenkfeier zum Tode Tim Hetheringtons:

> »You had this idea that young men in combat act in ways that emulate images they've seen – movies, photographs – of other men in other wars, other battles [...]. You had this idea of a feedback loop between the world of images and the world of men [...].«[17]

Auch der Fotograf Adam Ferguson scheint diese These des Verwischens der Grenzen zwischen Faktizität und Fiktionalität zu bestätigen:

> »You find yourself, when in a warzone, taking a lot of dramatic pictures that could be from a movie, whether you mean them to be or not. I deliberately move away from that. I'm there to dispute the feedback loop. Not to enforce it.«[18]

Die angeführten Beispiele verweisen auf die Verschränkung von Realität und Fiktion. Sie machen sichtbar, dass Krieg nicht einfach dokumentiert und als solcher erinnert wird, sondern dass Geschichte bereits im Moment des Geschehens als zukünftige Geschichte imaginiert und inszeniert wird. Aus diesem Blickwinkel verwischen nicht nur die Grenzen zwischen Faktizität und Fiktionalität bezogen auf die Kriegsberichterstattung, auch die Gattungsgrenzen der Bildwelten von Kunst und Dokumentation geraten ins Wanken.

FIKTIONALISIERTE REALITÄTEN – REALISIERTE FIKTIONEN

Die Verwischung der Gattungsgrenzen mag beispielhaft der Vergleich zweier Fotografien des französischen Kriegsbildjournalisten Luc Delahaye und des Magnum-Fotografen Peter van Agtmael mit Jeff Walls Fotoarbeit »Dead Troops Talk« verdeutlichen.

Luc Delahayes Fotografie eines toten Taliban-Kämpfers entstand vor Ort im Kriegsgebiet in Afghanistan 2001. Delahaye selbst betont die Schnelligkeit der Bildentstehung, die erst einmal jeder Nähe zur inszenierten Fotografie widerspricht.

> »In my head I am thinking only of the process. Do I have enough light? Is the distance good? Speed too? This is what allows me to maintain an absence or distance to the event. If I impose myself too much, look for a certain effect, I'd miss the photo.«[19]

17   Seymour, Tom: JIHAD 2.0, in: *British Journal of Photography* 161, 2014, S. 70–73, hier S. 70.
18   Seymour (wie Anm. 17), S. 73.
19   Delahaye, Luc, zitiert nach Sullivan, Bill: *The Real Thing: Photographer Luc Delahaye*, http://www.artnet.com/magazine/features/sullivan/sullivan4-10-03.asp [10.03.2015].

Abbildung 5: Luc Delahaye, Taliban, Afghanistan, 2001, siehe Farbtafeln.

Abbildung 6: Peter van Agtmael, Nuristan, Afghanistan, 2007, siehe Farbtafeln.

Delahayes Fotografie ist Teil einer in Buchform und in Ausstellungen publizierten Serie, in welcher der Fotograf Bilder versammelt, die bei seiner Arbeit in den Kriegsgebieten entstanden sind, die er aber nicht im Auftrag journalistischer Medien angefertigt hat. Dennoch ist Delahayes Fotografie wie eine Pressefotografie vor Ort entstanden und kann daher als nicht inszeniert begriffen werden.

Eine ebenfalls auf den journalistischen Rezeptionskontext gerichtete Fotografie ist die des Magnum-Fotografen Peter van Agtmael. Van Agtmaels Fotografie entstand 2007 in der ostafghanischen Provinz Nuristan und zeigt die Landung eines Helikopters in den Bergen von Aranas.

Van Agtmaels Fotografie zeigt sieben US-amerikanische Soldaten, die offenbar mit ihrem Gepäck gerade inmitten der felsigen Berglandschaft gelandet sind. Die durch den Helikopter verursachte Luftbewegung wirbelt Staub auf und lässt den steinigen und sandigen, graubraun getönten Untergrund fast malerisch wirken. Die vorwiegend auf dem Boden sitzenden oder hockenden Soldaten, die Beschaffenheit des felsigen Untergrunds, die Farbstimmung und der offenkundige Kontext des Kriegsschauplatzes erinnern motivisch und formal-ästhetisch an Delahayes Fotografie und rufen auch Jeff Walls Fotoarbeit ›Dead Troops Talk‹ ins Gedächtnis.

Im Gegensatz zu Delahaye und van Agtmael ist Jeff Walls »Dead Troops Talk« eine für den Kunstkontext konzipierte, inszenierte Fotografie, die Wall mit Darstellern, den Techniken der Maskenbildnerei und am Computer komponierte. Dennoch sind die Parallelen zu van Agtmaels und zu Delahayes Fotografien überraschend.

Abbildung 7: Jeff Wall, Dead Troops
Talk (a vision after an ambush of
a Red Army Patrol near Moqor,
Afghanistan, winter 1986, 1992,
siehe Farbtafeln.

Jeff Walls Fotografie ähnelt auf den ersten Blick der realitätsnahen Darstellung eines blutigen Kriegsgeschehens. Mit dem Sujet des sowjetisch-afghanischen Krieges thematisiert das Bild ein historisches Ereignis, auf das bereits der detaillierte Titel verweist, der an journalistische Bildunterschriften erinnert. Die genaue, realitätsnahe Wiedergabe der Kriegsszenerie suggeriert eine Tatsächlichkeit des Geschehens, ein Vor-Ort-Gewesensein, ein Mittendrin im Kriegsgeschehen, das einen Zugang zum Realen[20] in Aussicht zu stellen scheint. Wall erzeugt einen Realitätseffekt, der sich im Kontext der Pressefotografie als Rhetorik des Authentischen und Dokumentarischen etabliert hat. Auch wenn das extrem große Format, die Schärfe und die kompositorische Verteilung der Gruppen im Bildraum sowie die Präsentation im Leuchtkasten allemal für eine zeitgenössische Kriegsfotografie überraschen mögen.

Auf den zweiten Blick gibt sich die Szenerie in ihrer grotesken Überzeichnung als Inszenierung zu erkennen. Die Unstimmigkeiten und Inkongruenzen der Bilderzählung, durch die die toten Soldaten zu seltsam amüsierten Untoten auferstehen, lassen die Einheit und Form der Darstellung divergieren. Die eindeutige Decodier- und Lesbarkeit des Bildes wird unterlaufen.

Mit seiner Arbeit bezieht sich Wall auf den Fotojournalismus, aber auch auf das Konzept des ›tableau‹ und die Historienmalerei, die er im Medium der Fotografie wiederauferstehen lässt. Er zitiert dabei einen Illusionismus, der auf dokumentarische Vorstellungen anspielt vom Bild als Zeugnis von Geschichte, als Wirklichkeitsimitat und dessen Fetischisierung und diese auch zur Wirkung kommen lässt. Doch das Authentizitätsversprechen bleibt rein rhetorisch, da die visuellen Codes des Dokumentarischen mithilfe inszenierter Realitätsmuster erzeugt werden, und die Fotografie, über jedes Wirklichkeitsversprechen hinaus, Ansatzpunkte vermittelt, mit deren Hilfe die Betrachter die konzipierte Täuschung zu entschlüsseln vermag. Damit ist »Dead Troops Talk« – wie

---

20 Mit dem Begriff des ›Realen‹ beziehe ich mich auf Lacans Verständnis des Realen, der das Reale als etwas Unfassbares, Unsagbares, nicht Kontrollierbares beschreibt. Das Reale unterscheidet sich vom Begriff der Realität, der eher der symbolisch strukturierten Ordnung des Imaginären angehört. Zu Lacans Begriff des Realen vgl. u. a. Evans, Dylan: *Wörterbuch der Lacanschen Psychoanalyse*, Wien 2002; Lacan, Jacques: *Freuds technische Schriften (Das Seminar, Buch I), 1953–1954*, Olten/Freiburg 1978; ders.: *Die vier Grundbegriffe der Psychoanalyse (Das Seminar, Buch XI)*, Berlin 1978, sowie ders.: *Schriften*, 3 Bde., Olten/Freiburg 1973–1980. Ich verwende hier diesen Begriff, da er anders als die Begriffe von Wirklichkeit und Realität zu beschreiben vermag, dass dokumentarische Repräsentation ebenso anwesend wie abwesend macht. So wird das Begehren nach dem Realen in den künstlerischen Arbeiten erfahrbar, aber das Reale selbst bleibt immer abwesend, entzieht sich der Darstellbarkeit.

andere Bilder Walls auch – durch eine Ambivalenz von Inszenierung und Dokumentation charakterisiert.[21] Gerade über die erkennbare Inszenierung macht Walls Fotografie die Verschränkung von Fiktionalität und Faktizität sichtbar, die Pressefotografien in der Regel gerade zu verdecken suchen. Sie thematisiert den Riss zwischen dem Bild und dem Unsichtbaren, der die für Pressefotografien charakteristische Ambivalenz zwischen Entdecken und Verdecken konstituiert, indem die Pressefotografien das, was sie vermeintlich sichtbar machen, gleichzeitig löschen.

›MEDIENKRIEGER‹ – EIN AUSBLICK

Ausgehend von den Bildern des Ersten Weltkrieges und der Idee der Kriegsberichterstattung, mit ihrem Rekurs auf ein Verständnis des Fotografen als Augenzeugen und des Bildes als Zeugnis, ist deutlich geworden, wie stark das Phänomen des Krieges mit seiner Bildlichkeit verwoben ist. Zu fragen bleibt zum Schluss, ob und inwiefern sich die Medialisierung des Krieges gerade aktuell verändert.

Wie untrennbar der Krieg und seine Visualisierung mittlerweile miteinander verwoben sind, wird an Kriegsstrategien deutlich, die Soldaten am Computer in einer nach dem realen Vorbild simulierten Welt für den realen Krieg üben lassen. Wenn Harun Farocki für seine Videoarbeit »Ernste Spiele« im Herbst 2009 auf einem Stützpunkt der Marine in Kalifornien eine Ausbildungssituation filmt, in der Marines am Computer Panzerfahrzeuge und ihr eigenes virtuelles Pendant in einer simulierten Computerlandschaft durch eine exakt nach dem afghanischen Vorbild programmierte Landschaft bewegen und so den Krieg üben, macht er über den Kontext der Kunst sichtbar, dass mediale Bilder nicht nur unsere Vorstellung vom Krieg prägen, sondern wie massiv die Medialisierung Teil der Kriegsführung geworden ist. In dieser Form der Kriegsvorbereitung, die unweigerlich zu einer Distanzierung vom Geschehen führt, potenziert sich der Mechanismus, der die Soldaten schon über den ›feedback loop‹ zwischen die Fronten geraten lässt. In der Ausbildungssituation am Computer werden, mit dem Ziel, das spätere Ereignis zu trainieren, sehr viel konkreter die Bilder des zukünftigen Erlebens vorweggenommen. Im Resultat rekurriert das spätere Erleben dann auf seine antizipierte Darstellung.

Inwiefern sich Kriegsführung und Kriegsberichterstattung visuell annähern, wurde schon im Golfkrieg von 1991 sichtbar, als im Fernsehen erstmals Bilder aus der Perspektive der Geschosse zu sehen waren, die auf ihr Ziel zuflogen.[22] Dass Visualisierungs- und Berichterstattungsstrategien zu Kriegsstrategien werden können, machen aktuell die sogenannten ›Medienkrieger‹ des Islamischen Staates vor, für deren Agieren die immer beschleunigter und viral einsetzbaren Bildmedien ideale Voraussetzungen bieten. Die zunehmende Verquickung von Kriegsführung und Kriegsberichterstattung potenziert sich in ihren Terrorakten, deren Visualisierungen beweisen, dass die Bilder von Terror und

---

21 Wall selbst spricht bezogen auf diese Ambivalenz von »near documentary«. Vgl. Wall, Jeff, zitiert nach Krumpl, Doris/Mittringer, Markus: Simulationen des richtigen Lebens, im Gespräch mit Jeff Wall, in: *Der Standard Spezial, MUMOK Museum für Moderne Kunst, Zeitschrift des Museums für Moderne Kunst*, Wien, März 2003, S. 1.

22 Zur Thematik der Kriegstechnologie als Bildstrategie am Beispiel der amerikanischen Berichterstattung zum Golfkrieg vgl. auch: Frohne, Ursula: Media Wars – Strategische Bilder des Krieges, in: Jürgens-Kirchhoff, Annegret/Matthias, Agnes (Hg.): *Warshots. Krieg, Kunst, Medien*, Weimar 2006, S. 161–186.

Gewalt mittlerweile weit über die Idee der Propaganda hinausgehen und als Waffen eingesetzt werden können. Dabei geben die ›Medienkrieger‹ multimedial selbst das Tempo und die Themen vor, die sie vor und an den traditionellen Medien vorbei öffentlich machen. Die Morde an James Foley und mittlerweile leider vielen anderen belegen, wie komplex und multiperspektivisch die Medienberichterstattung geworden ist. In den Visualisierungsstrategien der ›Medienkrieger‹ erweisen sich die Medien als Teil der Kriegsmaschinerie – das Bild wird zur Waffe.

QUELLENVERZEICHNIS

Anonym: World Press Photo. Auch die Sexszene war gestellt, in: *Spiegel Online*, 5. März 2015, http://www.spiegel.de/kultur/gesellschaft/world-press-photo-zieht-preis-fuer-sex-foto-zurueck-a-1021879.html [08.03.2015].

Delahaye, Luc, zitiert nach Sullivan, Bill: *The Real Thing: Photographer Luc Delahaye*, http://www.artnet.com/magazine/features/sullivan/sullivan4-10-03.asp [10.03.2015].

Donadiomarch, Rachel: World Press Photo Revokes Prize, in: *The New York Times*, 4. März 2015, http://www.nytimes.com/2015/03/05/arts/design/world-press-photo-revokes-prize.html?_r=0 [08.03.2015].

Evans, Dylan: *Wörterbuch der Lacanschen Psychoanalyse*, Wien 2002.

Frohne, Ursula: Media Wars – Strategische Bilder des Krieges, in: Jürgens-Kirchhoff, Annegret/Matthias, Agnes (Hg.): *Warshots. Krieg, Kunst, Medien*, Weimar 2006, S. 161–186.

Gernsheim, Helmut/Gernsheim, Alice (Hg.): *Roger Fenton, Photographer of the Crimean War. His Photographs and his Letters from Crimea*, London 1954.

Grittmann, Elke: *Das politische Bild. Fotojournalismus und Pressefotografie in Theorie und Empirie*, Köln 2007.

Hillgärtner, Jule: *Krieg darstellen*, Berlin 2013.

Hirschfeld, Gerhard: Sarajevo. Das bilderlose Attentat und die Bildfindungen der Massenpresse, in: Paul, Gerhard (Hg.): *Das Jahrhundert der Bilder. 1900 bis 1949*, Göttingen 2008, S. 148–155.

Holzer, Anton: Going over the Top. Neue Perspektiven aus dem Schützengraben, in: Paul, Gerhard: *Das Jahrhundert der Bilder. 1900 bis 1949*, Göttingen 2009, S. 196–203.

Hurley, Frank: Tagebucheintragung vom 26., 27., 28. Mai 1918, zitiert nach Holzer, Anton: Going over the Top. Neue Perspektiven aus dem Schützengraben, in: Paul, Gerhard: *Das Jahrhundert der Bilder. 1900 bis 1949*, Göttingen 2009, S. 196–203.

Keller, Ulrich: *The Ultimate Spectacle. A Visual History of the Crimean War*, Amsterdam 2001.

Lacan, Jacques: *Freuds technische Schriften (Das Seminar, Buch I)*, 1953–1954, Olten/Freiburg 1978.

Lacan, Jacques: *Die vier Grundbegriffe der Psychoanalyse (Das Seminar, Buch XI)*, Berlin 1978.

Lacan, Jacques: *Schriften*, 3 Bde., Olten/Freiburg 1973–1980.

Rössler, Patrick; Bomhoff, Jana; Haschke, Josef Ferdinand u. a.: Selection and impact of press photography: An empirical study on the basis of photo news factors, in: *Communications* 36, 2011, S. 415–439.

Schiffdecker, Gesche: Vom Krimkrieg. Zum Syrienkonflikt. Kriegsberichterstattung aus Sicht der Historikerin. Ein Interview von Gesche Schiffdecker mit Ute Daniel, in: Bettermann, Erik/Grätz, Ronald (Hg.): *Zwischen den Fronten. Grenzen neutraler Berichterstattung*, Göttingen 2013, S. 39–43.

Schlieffen, Alfred von, zitiert nach Paul, Gerhard: *Bilder des Krieges. Krieg der Bilder. Die Visualisierung des modernen Krieges*, Paderborn 2004.

Schneider, Ralf: Der Krieg, die Künste und die Medien – Theoretische Überlegungen, in: Jürgens-Kirchhoff, Annegret/Matthias, Agnes (Hg.): *Warshots. Krieg, Kunst & Medien*, Weimar 2006, S. 11–25.

Seymour, Tom: JIHAD 2.0, in: *British Journal of Photography* 161, 2014, S. 70–73.

Sontag, Susan: *Das Leiden anderer betrachten*, Frankfurt am Main 2005.

Wall, Jeff, zitiert nach Krumpl, Doris/Mittringer, Markus: Simulationen des richtigen Lebens, im Gespräch mit Jeff Wall, in: *Der Standard Spezial, MUMOK Museum für Moderne Kunst, Zeitschrift des Museums für Moderne Kunst*, Wien, März 2003.

ABBILDUNGSVERZEICHNIS

Abbildung 1: Rubel, Philipp: Gefangennahme nach dem Attentat auf Erzherzog Franz Ferdinand in Sarajewo, in: *Die Hamburger Woche*, Nr. 28, Juli 1914, © Philipp Rubel / Agentur Trampus.

Abbildung 2: Hurley, Frank: *Der Angriff (The Raid)*, (An episode after the Battle of Zonnebeke), 1917, © Frank Hurley.

Abbildung 3: Castle, W. I.: *29th Infantry Battalion advancing over ›No Man's Land‹ through the German barbed wire and heavy fire during the battle of Vimy Ridge*, France 1917, © W. I. Castle/Canada. Dept. of National Defence / Library and Archives Canada.

Abbildung 4: Niedringhaus, Anja: *A U.S. Marine of the 1st Division carries a mascot for good luck in his backpack as his unit pushed further into the western part of Fallujah*, Iraq 2004, © Anja Niedringhaus.

Abbildung 5: Delahaye, Luc: *Taliban, Afghanistan* 2001, © Luc Delahaye & Galerie Nathalie Obadia.

Abbildung 6: Agtmael, Peter van: *Nuristan*, Afghanistan 2007, © Magnum Photos / Agentur Focus.

Abbildung 7: Wall, Jeff: *Dead Troops Talk (a vision after an ambush of a Red Army Patrol near Moqor, Afghanistan, winter 1986)* 1992, Transparency in lightbox 229.0 x 417.0 cm, © Jeff Wall / Courtesy of the artist.

GENAUIGKEIT

Visuelle und dramaturgische Nahaufnahmen in Kriegsfilmen

Martin Scholz

Die Kernfrage des Aufsatzes lautet: Was wissen wir über ›den Krieg‹ und woher? Die vereinfachte Antwort lautet, dass wir, die Europäer im Jahr 2015, diese Daten, Bilder und Empfindungen nicht zuletzt durch Kriegsfilme erhalten. Kriegsfilme sind weder Dokumentationen eines Kriegsgeschehens, denn sie stellen eine bewusst erzählte Geschichte dar, die bestimmte Motive – die visuellen, wie die intrinsischen – besitzt und verfolgt, noch zeigen diese Filme einen Krieg in all seinen Facetten, denn sie sind keine Reportage des Leidens, des Sterbens oder der Todesängste. Die Funktion von Kriegsfilmen liegt auch nicht vorrangig in der häufig kolportierten medialen Ersatzfunktion, die da heißt, die Betrachter/innen sublimieren mittels der Bilder ihre eigenen Versagens- und/oder Ohnmachtsgefühle. Natürlich, Kriegsfilme können zu Propaganda oder Machtphantasien verkommen, müssen es aber nicht. Vielmehr fokussieren sie – so zumindest die Grundhaltung dieses Aufsatzes – die Sicht der Zivilisten, insbesondere in einer Epoche des Friedens, auf ein spezifisches kulturelles Phänomen. Kriegsfilme sollten eher als Vergrößerungen jener Verhaltensweisen betrachtet werden, die in der Epoche des jeweiligen Kriegsfilms motiviert liegen. Hierfür sind sie mit ›Nahaufnahmen‹ dieser Verhaltensweisen ausgestattet, die zwar ›genau‹, aber nicht ›authentisch‹ sein müssen.

FILME ÜBER KRIEGE

Filme über Kriege lassen sich recht grob anhand dreier historischer Perspektiven unterscheiden:

Filme vor einem drohenden Krieg
Diese Filme – häufig reine Propaganda – dienen der Vorbereitung der eigenen Gesellschaft auf das zu erwartende Leiden, die Gräuel und die erhoffte Belohnung, beispielsweise in Form einer angeblichen Läuterung von allen ›gesellschaftlichen Irrungen‹. In ihnen wird meist eine moralische Erbauung transportiert, die das jeweilige politisch-wirtschaftliche

System stützt,[1] beispielhaft seien hier genannt: Carl Foelich (Regie): Der Choral von Leuthen, Deutschland 1933; Johannes Meyer (Regie): Fridericus, Deutschland 1936; Sergei Eisenstein (Regie): Alexander Newski, Sowjetunion 1938.

Filme in einem Krieg

Filme, die während eines Krieges entstehen und ihn zugleich zeigen, sind meist pure Propaganda. Sie verklären oft Ereignisse, verbiegen historische Verläufe und schaffen einen (medialen) Raum für Helden und Opfertod.[2] Bekannte Beispiele sind: Alfred Weidenmann (Regie): Junge Adler, Deutschland 1944; Raoul Walsh (Regie): Der Held von Burma, USA 1945; Ray Kellogg/John Wayne (Regie): Die grünen Teufel, USA 1968.

Filme nach einem Krieg

Filme, die eine rückblickende Perspektive auf einen Krieg in unmittelbarer Zeitzeugenschaft ihres Publikums entwickeln, existieren vor allem in zwei Ausprägungen: Jene, in der geografische, nationale und/oder politische Veränderungen kollektiv aufgearbeitet werden, und jene, in denen individuelle Transformationsprozesse geschildert werden. Beide stellen den Versuch dar, neue und an die Gegenwart angepasste Sinnkonstruktion zu liefern, zum einen für ganze Gesellschaften beispielsweise für die Akzeptanz des Macht- und Gebietsverlustes der Bundesrepublik beziehungsweise der DDR nach dem Zweiten Weltkrieg oder die Traumatisierung der USA nach dem verlorenen Vietnamkrieg und zum anderen für die individuelle Bewertung des Erlebten. Kriegsereignisse müssen – von Aggressoren und Opfern – verarbeitet werden, ihnen muss eine Bedeutung zugesprochen werden, sie müssen überhaupt auch erst einmal aus- und ansprechbar werden.[3] Letzteres zeigt sich dann in der (exemplarischen) Einstellungsänderung der Filmfiguren zu ihren ›alten‹ Verhaltensweisen, zu ihrer erlernten Kultur und zu deren Werten.[4] Beispielhaft sind zu nennen: David Lean (Regie): Die Brücke am Kwai, Großbritannien 1957; Bernhard Wicki (Regie): Die Brücke, BRD 1959; John Boorman (Regie): Die Hölle sind wir, USA 1968.

---

1 Vgl. Siegfried Kracauers Hinweis auf die gesellschaftliche Ersatzfunktion (als Ventil und Verhinderung von wahren Revolutionen) filmischer Darbietungen: »Je weiter zurück die Handlung liegt, desto tollkühner werden die Filmleute. Sie wagen es, Revolutionen in historischen Kostümen zum Sieg zu verhelfen, um die modernen vergessen zu machen, und befriedigen gern das theoretische Gerechtigkeitsgefühl durch die Verfilmung längst verschollener Freiheitskämpfe.« Kracauer, Siegfried: Die kleinen Ladenmädchen gehen ins Kino (1927), in: Schöttker, Detlev (Hg.): Von der Stimme zum Internet, Göttingen 1999, S. 72.

2 Mit Siegfried Kracauer muss daran erinnert werden, dass die Filmpropaganda eines politischen Systems auch das passende Publikum benötigt: »In der unendlichen Reihe der Filme kehrt eine begrenzte Zahl typischer Motive immer wieder; sie zeigen an, wie die Gesellschaft sich selber zu sehen wünscht. Der Inbegriff der Filmmotive ist zugleich die Summe der gesellschaftlichen Ideologien, die durch die Deutung dieser Motive entzaubert werden.« Ebd., S. 73–74.

3 Beispiele dieser Aufarbeitungsfunktion sind: Papst, Georg Wilhelm (Regie): Westfront 1918 – Vier von der Infanterie, Deutschland 1930; Milestone, Lewis (Regie): Im Westen nichts Neues, USA 1930; Gitai, Amos (Regie): Am Tag von Kippur, Frankreich/Italien/Israel 2000.

4 Das unbestreitbare Vorhandensein von Kriegsfilmen mit deutlich revisionistischem oder propagandistischem Charakter ändert nichts an der Zuteilung zu dieser dritten Kategorie, da gerade diese Filminhalte eine Reaktion auf einen (verlorenen/ungerechten) Krieg darstellen. Auch sie dienen, wenn auch mit weniger positivistischer Sicht, der Verarbeitung von Kriegserlebnissen.

KRIEGSFILME ALS GENRE

Die Darstellung von kriegerischen Auseinandersetzungen gibt es im Film seit seiner Erfindung 1895, sei es als amerikanischer Bürgerkrieg in »The Birth of a Nation« (1915) von David W. Griffith oder als Komödie, beispielsweise »Shoulder Arms« (1918) von Charles Chaplin. Die kinematografische Geschichte zeigt dann viele weitere Nutzungsformen des Kriegsthemas, beispielsweise das Historiendrama, den Ritterfilm, den Piratenfilm, den Lagerfilm, den Agentenfilm oder die in einen Krieg eingebettete Familiengeschichte, beispielsweise in der Verfilmung von Walter Kempowskis Roman »Tadellöser & Wolff«. Hier wird der Krieg zu einem epochalen, historischen und dramaturgischen Hintergrundereignis, um darin die eigentliche Geschichte einzubetten. Kriege, Schlachten und Kämpfe werden zu Topoi in Filmen, bilden deshalb allerdings noch kein eigenes Genre.

Das Genre Kriegsfilm ist ein Zwitterwesen, was sich deutlich in seiner Verwurzelung und durch die jeweilige Bezugnahme auf historisch abgesicherte Ereignisse zeigt. Während die Kriegsdokumentation oder -reportage dem Aspekt der Authentizität des Gezeigten verpflichtet ist, also keine eigene Story zeigt, sondern über eine historisch geschehene und an der Wirklichkeit orientierte Handlung die Darstellung zusammenbindet – was natürlich auch immer eine Konstruktion darstellt – agieren die typischen Action-Filme, beispielsweise »Rambo III«[5] oder »Die Wildgänse kommen«[6], im freien Feld der Fiction. Hier liefert die Kriegshandlung letztlich eine Begründung für weidlich dargestellte Technik-, Gewalt- und Machophantasien. Für den Kinobesucher ist es egal, wen der Held gerade erschießt, Hauptsache es kracht, und die Explosion sieht hübsch aus, wie beispielsweise in »The Expendables 3«[7] (unter anderem mit Sylvester Stallone, Mel Gibson, Arnold Schwarzenegger, Wesley Snipes und Yet Li). Auch in »Monuments Men«[8] (unter anderem mit George Clooney, Matt Damon und Bill Muray) geht es weniger um den Krieg oder die Kunst, als eher darum, wie die Sieger – erst die Deutschen, dann die Amerikaner – mit erbeuteten Kulturgütern umgehen. Der Film erscheint, gerade in Hinblick auf das Ensemble, eher als eine Variation der (wie Gangsterfilme angelegten) »Ocean's-Eleven«-Reihe. Die Definition des Kriegsfilmgenres changiert zwischen einer weiten und einer engen Auslegung von Krieg und seiner Darstellung.

»Das Kino zwischen 1914 und 1929 kreist ständig um den Krieg und die Kriegsfolgen. Auch schon vorher werden Kriegsgeschichten im Kino erzählt, doch im Ersten Weltkrieg steigt deren Zahl rasant. Die Forschung hat sich hier vor allem auf die propagandistischen Dokumentarfilme und die politischen und wirtschaftlichen Rahmenbedingungen der Produktion konzentriert. Die im Krieg begonnene Entwicklung endet 1918 keineswegs. Ab Mitte der 1920er Jahre widmet sich eine ganze Reihe von Filmen dem Weltkrieg an der Front und an der ›Heimatfront‹ [...].«[9]

---

5   MacDonald, Peter (Regie): *Rambo III*, USA 1988.
6   McLaglen, Andrew (Regie): *Die Wildgänse kommen*, Großbritannien 1978.
7   Hughes, Patrick (Regie): *The Expendables 3*, USA 2014.
8   Clooney, George (Regie): *Monuments Men – Ungewöhnliche Helden*, USA 2014.
9   Stiasny, Philipp: *Das Kino und der Krieg. Deutschland 1914–1929*, München 2009, S. 12–13.

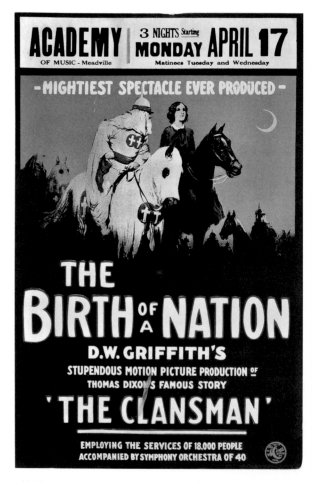

Abbildung 1/2: Plakat »The Birth of a Nation«, 1915; Plakat »Shoulder Arms«, 1918.

Philipp Stiasny entschließt sich zu einer weiten Definition des Kriegsfilms, die genre-übergreifend argumentiert und versucht, Kinofilme der Weimarer Zeit in einen psycho-logisch-kulturellen Zusammenhang mit dem Ersten Weltkrieg zu stellen.[10] Fraglich bleibt damit der Sinn der Genredefinition überhaupt, wenn im Prinzip alle Filmmotive zu al-len Filmgenres führen können – die Psychologie der Filmfiguren und des Publikums ist ein universell nutzbarer Begründungszusammenhang – entsteht hieraus keine relevante Erkenntnis. Denn wenn (in Filmen) alles als Reaktion auf Kriegserfahrungen gedeutet werden kann, und damit eine Form der Bedeutsamkeit zugesprochen erhält, verlieren jegliche Differenzierungen und Kategorien ihren Sinn, dann wird alles zum Krieg.

---

10   »Tatsächlich verhindert ein enges Konzept ›Kriegsfilm‹, die Auseinandersetzung des Kinos mit dem Krieg und seinen Folgen in seiner Komplexität zu erfassen, wie Anton Kaes am Weimarer Kino zeigt. Seine Lesart von Klassikern wie ›Die Nibelungen‹ (1924) und ›Metropolis‹ (1927) zielt auf die Frage, wie sich die Präsenz von Kriegspsychosen und Traumata und die Erinnerung an das massenhafte Sterben in ver-schlüsselter Form in die Filme eingeschrieben hat.« Stiasny (wie Anm. 9), S. 15.

Hingegen bezieht sich eine engere Definition des Kriegsfilmgenres – auch in Abgrenzung zu Reportage, Action, Abenteuer und Technikfilm – auf eine der kollektiven Wirklichkeit entlehnten Reflektion eines kulturellen Ausnahmezustandes.

> »Der Kriegsfilm ist zu verstehen als filmische Reflektion technisierter moderner Kriege seit dem Ersten Weltkrieg. Der Krieg im Kriegsfilm handelt immer von der Moderne und der spezifischen Entwicklung von Nationalstaaten.«[11]

Diese Definition beinhaltet dreierlei Sinnstiftendes für das vorliegende Untersuchungsthema:

1. Der Kriegsfilm behandelt den Krieg als Strukturmerkmal der Moderne. Der Krieg ist also nicht nur zeitlich eingebettet in die Moderne, sondern ein elementarer Teil von ihr.[12] Im Krieg werden wesentliche Aspekte der Moderne wirksam und können dort erkannt werden. Bestimmte technologische, wirtschaftliche und soziale Prinzipien, beispielsweise Standardisierung, Massierung, Wirtschaftlichkeit, Rationalität in der Ausführung, Kombinationsmöglichkeiten der Einzelprodukte und das ›Starsystem‹ für Helden sind die Basis von kriegerischer und filmästhetischer Auseinandersetzung. Kriegskunst und Filmkunst sind kulturell überformte Massenphänomene, die die Moderne – wenn nicht erst erschafft – so doch wesentliche Funktionen in ihr übernommen haben. Beide besitzen, Paul Virilio hat 1984 darauf hingewiesen, zudem Ähnlichkeiten in der Technik und der Wahrnehmung.[13] So unterliegen das Maschinengewehr wie auch die Filmkamera der gleichen (maschinellen) Logik: Das eine feuert Kugeln, die andere schleudert Bilder.[14]

2. Die Definition verweist ferner darauf, dass Kriegsfilme aktuelle und keine historischen Schlachten behandeln. Insofern wäre der Spanisch-Amerikanische Krieg von 1898 der erste denkbare Anlass eines Kriegsfilms. Es existieren tatsächlich filmische Berichte über diese Auseinandersetzung, allerdings fehlt in den noch vorhandenen Filmrollen die konkrete Darstellung von Kampfhandlungen, was auch an der schweren und damit in Kampfsituationen nicht ungefährlichen Kameraausrüstung gelegen haben mag. Kriegsfilme basieren nicht auf Zeitzeugenschaft, sie grenzen sich aber von Historienfilmen, die kriegerische Auseinandersetzungen vor 1895 darstellen, insbesondere dadurch ab, dass der Film immer auch ein Zeugnis sein könnte. Klein, Stiglegger und Traber sprechen davon, dass Kriegsfilme historisch verbürgte Auseinandersetzungen zeigen, »[...] deren Reproduktion zum Zeitpunkt ihres Stattfindens bereits möglich war und praktiziert wurde«.[15] Hier spielt die Möglichkeit des Authentischen eine wesentliche Rolle, da sie zugleich die Grenze zum Action- und Abenteuergenre zieht.

3. Zu den wesentlichen Merkmalen des Genres gehört, neben der intensiven Darstellung des Kampfes, inklusive seiner typischen Merkmale: Sieg und Niederlage, Tote, Verlierer, Verbrechen, Ratlosigkeit und Verzweiflung, vor allem die Dramaturgie, das

---

11 Klein, Thomas/Stiglegger, Marcus/Traber, Bodo: *Filmgenres. Kriegsfilm*, Stuttgart 2006, S. 10.

12 Zum besonderen Abhängigkeitsverhältnis von Bild und Moderne, vgl. Scholz, Martin: »Bild und Moderne«, in: *IMAGE. Journal of Interdisciplinary Image Science: Bild und Moderne*, Heft 18 (7/2013).

13 Vgl. Virilio, Paul: *Krieg und Kino. Logistik der Wahrnehmung*, München 1986.

14 Virilio verstärkt seine intellektuelle Engführung von Wahrnehmung und Krieg einige Jahre später für das Fernsehen: »Die audiovisuelle Landschaft wird zu einer ›Kriegslandschaft‹, und der Bildschirm zu einem quadratischen Horizont, der den Videosalven genauso ausgesetzt ist und durch sie überbelichtet wird, wie das Schlachtfeld den unzähligen Raketeneinschlägen ausgesetzt ist.« Virilio, Paul: Krieg und Fernsehen, in: Grisko, Michael (Hg.): *Texte zur Theorie und Geschichte des Fernsehens*, Stuttgart 2009, S. 231–236, hier S. 233.

15 Klein/Stiglegger/Traber (wie Anm. 11), S. 10.

heißt die Darstellung seiner Phasen, wie etwa die Vorbereitung der Schlacht, ihre Durchführung oder das Schicksal der Verlierer. Die Dramaturgie ist auf einer Metaebene zugleich das Verbindende von Kampf und Filmkunst. Wären da nicht die echten Toten, die Verstümmelten, die wahnsinnig gewordenen Kombattanten und das reale und dauerhafte Leiden, eine Schlacht könnte als ein Schauspiel gesehen werden.

THESE

Der Kriegsfilm stellt nicht nur Tod, Leid und Verlust dar, sondern er erklärt dem Publikum die Beziehung von menschlicher Teilhabe an großen historischen Ereignissen durch eine beständige Verknüpfung von Bekanntem (den zivilen Verhaltensformen) mit dem Unbekannten (der kriegerischen Auseinandersetzung).[16] Das Genre zeigt also nicht nur den jeweiligen Krieg an sich, sondern präsentiert für die Zuschauer zugleich Reaktionsformen in Hinblick auf eine Situation, die kaum jemand im Westeuropa der letzten 70 Jahre aus eigener Anschauung kennt.[17] Dieses geschieht mit Hilfe visuell-auditiver und dramaturgischer Nahaufnahmen, das heißt mittels Fokussierungen. Der Kriegsfilm wird damit zu einem medialen Werkzeug.[18] Das bezieht sich weniger auf eine reine propagandistische Nutzung, sondern eher auf die Vorbild- und Zeigefunktion für den exemplarischen Umgang mit grundlegenden Themen, wie beispielsweise Tod, Angst, Neid, Hass, Humanität, Freundschaft und Langeweile.[19]

›Genauigkeit‹ – die der Schilderung des Kampfes ebenso wie der Langeweile, des Schmerzes, des Hasses, der Technik oder der Natur – ist das wesentliche Konzept von Kriegsfilmen. Auf Genauigkeit basiert jede militärische Handlung, jeder Befehl, jede Ausführung, jede Parade, jedes Zielen und jede Taktik eines Angriffes oder Feldzuges. Eine Gewehrkugel soll genau treffen, die Bombe muss in das richtige Haus fallen und eine Granate soll das feindliche Schiff, aber nicht sein Kielwasser zur Explosion bringen. Die eigentliche militärische Qualifikation liegt in der Koordination von Ort, Zeit, Menschen

---

16   Insbesondere in seiner aktuellsten Vermittlungsform: als TV-Serie. Vgl. Ritzer, Ivo: *Wie das Fernsehen den Krieg gewann. Zur Medienästhetik des Kriegs in der TV-Serie*, Wiesbaden 2015.

17   Der Krieg ist in der westlichen Welt seit 1945 nicht abwesend, hier muss an die vielen Stellvertreterkriege in Afrika, Asien und in der arabischen Welt sowie den Jugoslawien- und den aktuellen Krimkrieg erinnert werden, allerdings dringen diese Auseinandersetzungen als ›mediale‹ Ereignisse in unser Leben ein, es sind keine eigenen Erfahrungen. »Denn daß die Ereignisse – diese selbst, nicht nur Nachrichten über sie – daß Fußballmatches, Gottesdienste, Atomexplosionen uns besuchen; daß der Berg zum Propheten, die Welt zum Menschen, statt er zu ihr kommt, das ist, neben der Herstellung des Masseneremiten und der Verwandlung der Familie in ein Miniaturpublikum, die eigentlich umwälzende Leistung, die Radio und TV gebracht haben.« Anders, Günther: Die Welt als Phantom und Matrize. Philosophische Betrachtungen über Rundfunk und Fernsehen (1956), in: Pias, Claus/Vogl, Joseph/Engell, Lorenz u. a. (Hg.): *Kursbuch Medienkultur. Die maßgeblichen Theorien von Brecht bis Baudrillard*, 6. Auflage, München 2008, S. 213. Sowie: »Wenn sie [die Welt; M. S.] zu uns kommt, aber doch nur als Bild, ist sie halb an- und halb abwesend, also phantomhaft.« Ebd., S. 214.

18   »Sowohl das Kriegsgerät (Flugzeug, Panzer oder Kriegsschiff) als auch sein (Radar-, Video-, ...) Bild sind zu Nebensächlichkeiten geworden, was zählt, ist ihre Darstellung in Echtzeit.« Virilio (wie Anm. 14), S. 236.

19   Klein, Stiglegger und Traber äußern vorsichtig die These, dass sich die menschlichen Gefühle zugleich in der Filmlandschaft wiederfinden würden. Die relativ zahlreichen Anti-Kriegsfilme über den Ersten Weltkrieg hätten in der Fokussierung auf den Grabenkrieg besonders gut die Sinnlosigkeit des Kampfes und seine Einbettung in die Langeweile der Wartenden gezeigt. Die gesehene Landschaft führe im Kino zu einer ›Seelenlandschaft‹. Vgl. Klein/Stiglegger/Traber (wie Anm. 11), S. 11 ff.

und Material: Zu einem vorherbestimmten Zeitpunkt sollen an einem Ort bestimmte Menschen/Maschinen/Drohnen mit Hilfe eines definierten Materials eine bestimmte Wirkung erzielen.[20] Es ist weniger das Töten an sich, das den industrialisierten Krieg in der Moderne auszeichnet, als vielmehr die Organisation des Todes, auch in seinen Auswirkungen auf die am Kampf zunächst unbeteiligten Zivilisten.[21] Das Militär ist, zumindest bis zum Akt des eigentlichen Tötens, die Genauigkeit par excellence und Filme über das Militärische im Krieg sind der Genauigkeit in besonderer Weise verpflichtet.

Im Folgenden werden drei Kriegsfilme vorgestellt und in Hinblick auf die Stützung der oben genannten These befragt. Im Vergleich der zeitlich, darstellerisch und dramaturgisch höchst unterschiedlichen Filme zeigt sich die Gemeinsamkeit des Genres.

DREI BEISPIELE

»Die Schlacht an der Somme«[22]

Im Sommer 1916 stand es schlecht um die Sache der Briten und Franzosen an der Westfront. Keine der bisherigen Schlachten brachte den erhofften Befreiungsschlag in dem seit fast zwei Jahren dauernden Stellungskrieg mit der Deutschen Armee. Zu Kriegsbeginn waren in den britischen Wochenschauen Aufnahmen von Toten noch verboten, beziehungsweise vermieden worden, da der Bevölkerung weder die Ansicht des Kriegsterrors noch die physischen und psychischen Konsequenzen des Grabenkrieges auf die Soldaten zugemutet werden sollte. Die ersten britischen Filmberichterstatter produzierten Kurzfilme über die Royal Navy und das Leben an der Front.[23] Im Herbst 1915 änderte sich diese Einstellung, nun wurde eher der propagandistische Effekt bezüglich einer Stärkung des Durchhaltewillens der britischen Arbeiter und Angehörigen gesehen. Vom 25. Juni bis 10. Juli 1916 filmten zwei Kameramänner, Geoffrey Malins und J. B. McDowell, im Auftrag des britischen Kriegsministeriums in Westfrankreich, an der circa 29 Kilometer langen Somme-Front, die Vorbereitungen der Schlacht sowie die ersten Sturmangriffe auf die deutschen Stellungen. Bereits am 10. August 1916, also fünf Wochen nach den aufgenommenen Ereignissen, wurde der Film in London uraufgeführt. »The Battle of the

---

20 Tom Holert weist auf eine Kernvoraussetzung des Tötens hin: die Wahrnehmung des Feindes. Ohne die – in der Moderne auch immer mediale – Visualisierung des jeweiligen Anderen ist (Kriegs-)Führung nicht möglich. Früher war es das Fernglas, dann der fliegende Aufklärer und gegenwärtig die satellitengestützte Einsatzzentrale. »Im Situation Room bedeutet Regieren vor allem auch: Überwachen und Strafen. Vermeintliche Stützpunkte von Terroristen werden in netzwerkbasierten Militärschlägen, deren Befehlskette letztlich unmittelbar mit dem Gehirn des leibhaftigen Präsidenten verschaltet ist, ausgelöscht. Das Bild der Waffenhandlung wird den Befehlsträgern im Situation Room in Echtzeit zugespielt und handlungsführend ausgewertet. So entsteht das emblematische Bild eines panoptischen globalen Weltinnenraums, dem in The West Wing (in einer bisweilen desperat anmutenden Weise) die Skrupel, Bedenken und Entscheidungszwänge des commander in chief als Verzögerungsmomente beigegeben sind.« Holert, Tom: Regimewechsel. Visual Studies, Politik, Kritik, in: Sachs-Hombach, Klaus (Hg.): *Bildtheorien. Anthropologische und kulturelle Grundlagen des Visualistic Turn*, Frankfurt am Main 2009, S. 333.

21 Vgl. Arendt, Hannah: *Eichmann in Jerusalem. Ein Bericht über die Banalität des Bösen* (1963), München 1986.

22 Malins, Geoffrey H./McDowell, J. B./Urban, Charles (Regie): *The Battle of the Somme*, Großbritannien 1916.

23 Vgl. Loiperdinger, Martina: The Battle of the Somme, in: Klein/Stiglegger/Traber (wie Anm. 11), S. 31.

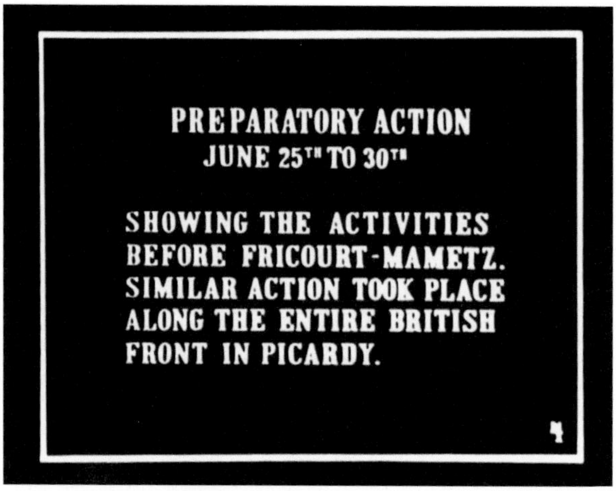

Abbildung 3: Schrifttafeln, in: »The Battle of the Somme«, 1916.

Abbildung 4: Marschierende britische Soldaten auf dem Weg zur Front, in: »The Battle of the Somme«, 1916.

Abbildung 5: Munitionsdepot, in: »The Battle of the Somme«, 1916.

Somme« besteht aus fünf Teilen, dauert 75 Minuten und gilt als erster Kriegsfilm im Sinn der oben genannten Definition mit ihren drei Merkmalen: Moderne im Medium, Zeitgenossenschaft und Kampfdarstellungen. Der Leiter des Archives für Film und Fotografie des Imperial War Museum in London, Roger Smither, schreibt hierzu:

> »Kaum ein Monat war seit den Ereignissen, die im Film gezeigt werden, vergangen, und die Schlacht an der Somme dauerte an. Dem Publikum der Uraufführung war der Film nicht Geschichtsdokument, sondern Frontbericht.«[24]

Das führte zu einer bemerkenswert raschen Verbreitung des Films in England. Innerhalb der ersten sechs Wochen besuchten rund 20 Millionen Zuschauer die Kinovorführungen,[25] und zu der Auffassung des britischen Publikums, dass der Krieg so sei, wie er sich im Film zeigen würde.

> »Die britische Heimatfront wurde erstmals in einem über einstündigen Film mit dem grauenvollen Geschehen in Frankreich konfrontiert. Das Publikum, das in den Medien die karikaturhafte Darstellung glänzender britischer Helden sowie des ›German Hun‹ gewohnt war, honorierte die Ehrlichkeit des gezeigten Grauens. Vor allem Frauen schätzten diesen Kriegsfilm, der sie durch direkte Anschauung in die Lage versetzte, sich von Leid und Entbehrungen ihrer Angehörigen an der Front eine plastische Vorstellung zu bilden, die sie für authentisch halten konnten. Als ehrenhafte Bürgerinnen und Bürger im Kernland des Empire waren ohnehin die meisten Kinobesucher von der ›gerechten Sache‹ des britischen Kriegseintritts überzeugt.«[26]

Martina Loiperdinger unterstreicht damit nicht nur, dass die Zuschauer/innen diesen Film als realitätsnah und dokumentarisch empfanden, sondern verweist auf den konstruktiven Part solcher Filme. Die Brutalität, das Ungeschönte und das Leiden verstärken häufig die Disposition der Zuschauer, das heißt die Überzeugung des Publikums, dass dieser Krieg gerecht und notwendig sei. Gerade weil Leid, Langeweile, Wut, Angst, Dreck, Verwundung und Tod im Film detailliert zu sehen sind, entsteht eine kollektive Zustimmung zu diesem Kampf.

Malins und McDowell zeigen unter Mithilfe von Charles Urban, der in England die Montage der einzelnen Szenen vornahm, in den ersten beiden Teilen die britischen Vorbereitungen zur Schlacht, wie beispielsweise Marschkolonnen, Munitionieren und Kanonaden auf die feindlichen Stellungen, dann im dritten Teil das Vorrücken der Engländer, etwa mit der emblematischen ›over-the-top-Szene‹, im vierten Teil schließlich die ersten Kämpfe, unter anderem mit Verwundeten und Toten, gefangenen Deutschen und den Geländegewinnen. Im letzten und fünften Teil sind fröhliche überlebende englische Soldaten zu erkennen, die sich für die nächsten Angriffe bereit machen. Die Dramaturgie zeigt die chronologische Reihenfolge einer gewonnen Schlacht[27]: von der Vorbereitung

---

24 Begleitheft der DVD »The Battle of the Somme«, herausgegeben vom Imperial War Museum, London, GB, S. 5.
25 Vgl. ebd., S. 6
26 Loiperdinger (wie Anm. 23), S. 34.
27 Dass die Schlacht an der Somme-Front im Sommer und Herbst 1916 kein Erfolg war, wird an den realen Geländegewinnen der Alliierten zum Jahresende 1916 deutlich, sie sind minimal. Der Film selbst klammert dieses Ergebnis, ebenso wie die Auflistung der eigenen und fremden Verluste, aus.

Abbildung 6: Deutsche Gefangene, in: » The Battle of the Somme«, 1916.

A SUNKEN ROAD IN "NO MAN'S LAND" OCCUPIED BY LANCASHIRE FUSILIERS. (20 MINUTES AFTER THIS PICTURE WAS TAKEN, THESE MEN CAME UNDER HEAVY MACHINE GUN FIRE).

32

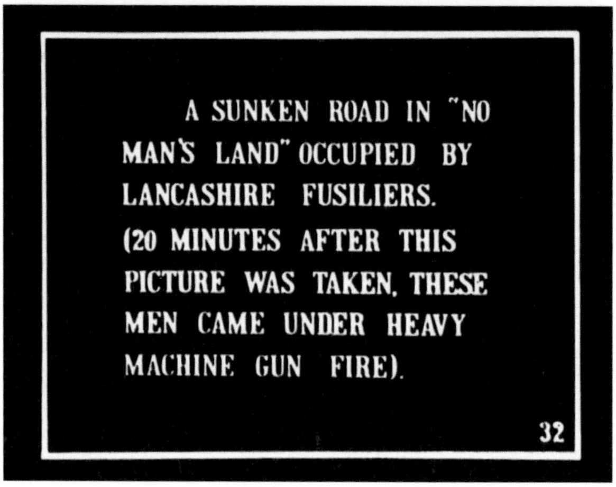

Abbildung 7: Schrifttafel, in: » The Battle of the Somme«, 1916.

und dem Kampf zum Sieg. Bereits an dieser Kurzdarstellung wird deutlich, dass der Fokus des Films nicht auf den Kampfhandlungen liegt, das wäre mit der Kameratechnik des Jahres 1916 auch schwer gewesen, als eher in der Verortung der Schlacht in die gesamte Kriegssituation. Die Logistik der Versorgung, die Munitionierung der Kanonen, die Heranführung der Soldaten und Pferde, die Eröffnungssalven der Geschütze und die Vorbereitungen zum Sturmangriff umfassen deutlich mehr Zeit und Aufwand (auch im Film selbst) als der eigentliche Kampf.

Selbst die feuernden Kanonen werden im Film in hierarchisch aufsteigender Folge – nach Größe der Kalibers – montiert. »The Battle of the Somme« ist keine Dokumentation, nicht nur weil die deutsche Perspektive völlig fehlt, sondern weil die strategischen Auswirkungen, die Motive und die Ergebnisse der Kriegshandlungen unbeachtet bleiben. Zugleich bietet der Film einen recht offenen Blick auf das Leben an der englischen Front mit all seiner Langeweile, dem Trott und den Toten. In den Zwischentiteln des Stummfilms werden die jeweiligen Regimenter, Aufträge und Orte der Kameraaufnahmen genannt, es sind keine Phantasieprodukte, sondern diese Bilder verweisen auf eine

Abbildung 8: Britische Soldaten in einem Hohlweg im Niemandsland, in: »The Battle of the Somme«, 1916.

(vergangene) Realität. Es existiert allerdings zugleich eine Handlung in dem Film (die Organisation einer Schlacht), die sich nicht an der authentischen Abfolge des Gefilmten in der Realität von Juni/Juli 1916 orientiert, sondern die ausschließlich der Dramatisierung dient.

Über alle Szenen hinweg bleibt der Eindruck einer Ordnung. Es gibt in diesem Krieg kein Chaos – allenfalls bei den gefangen genommen Deutschen, deren Kleidung, Gesundheits- und Geisteszustand in einigen Szenen auf Verwirrung schließen lässt –, sondern einzig und allein eine komplexe, weitverzweigte und wohlgeordnete Schlachtaufstellung. Eine gute Schlacht, genau das erzählt das lineare Medium Film hier in besonders eindrucksvoller Weise, basiert auf der Präparation vor dem Angriff, auf der exakten Durchführung des Kampfes und den Handlungen nach einem Sieg, beispielsweise durch organisierte Gefangennahme und professionelle Versorgung der Verletzten. Die chronologische Dramaturgie der realen Schlacht findet ihre mediale Entsprechung in der Filmmontage. Diese Ordnung wird in den fünf Rollen/Filmteilen deutlich: der langsame Aufbau an Vorräten, die Positionierung der Kanonen und Soldaten in den Stellungen, der Kampf und seine erwartbaren Folgen – Tote, Verwundete und Gefangene – sowie die Freude der überlebenden Soldaten zum Schluss.

Der Film enthält eine Kernbotschaft: Es existiert, auch und gerade im Krieg, eine Ordnung. Die Strategie des Films liegt in seiner visuell und dramaturgisch gesetzten Didaktik, dass nicht nur diese Schlacht so verläuft, sondern dass alle britischen Schlachten so verlaufen. Genau dieses zeichnet »The Battle of the Somme« letztlich aus, er entwirft ein realitätsnahes Bild einer annähernd zeitgleich passierenden Situation in einem weltbestimmenden Konflikt, von dem die Angehörigen der Zuschauer betroffen sind. Das Ziel des Films besteht in einer mitfühlenden Zustimmung, die dem zeitgenössischen Publikum durch die scheinbare Authentizität zumindest nahegelegt wird. Diese Konstruktion der (kollektiven) Zustimmung entsteht durch Zwischentitel, die ungeschönten Bilder der Etappe, die Darstellung von Toten, Verletzten und Leid sowie die ungefiltert oder ungetrübt erscheinenden Reaktionen der Männer auf die Kameraaufnahmen an der Front. In Bild 7 wird durch eine Schrifttafel die in Bild 8 erkennbare Soldatengruppe nicht nur benannt, sondern kündigt den Betrachtern zugleich deren baldigen Tod an.

Abbildung 9: Britische Soldaten verlassen den Schützengraben / Over-the-top, in: »The Battle of the Somme«, 1916.

Abbildung 10: Zerstörte Häuser, in: »The Battle of the Somme«, 1916.

Martina Loiperdinger spricht hierbei von einer ›Dramatisierung des Faktischen‹,[28] da die Texttafeln die Betrachter mit einem Vorwissen über die rastenden Soldaten ausstattet, das deren Unbekümmertheit als Unschuld markiert. Mit der Texttafel käme, so Loiperdinger, eine »Aura des Todes« in den ansonsten recht unspektakulären Film.[29]

Der Film versucht, ein strukturiertes und dennoch auf der Realität basierendes Bild der britischen Kriegsanstrengungen zu liefern. Das vermittelte Bild ist geschönt, jedoch ohne plumpe Dramatik, und der überwiegende Teil der Szenen gilt als authentisch. Die

---

28   Loiperdinger (wie Anm. 23), S. 35.
29   Ebd.

relativ bekannte ›over-the-top-Szene‹ wurde hingegen gefälscht,[30] das hat Roger Smither bereits 1993 gezeigt.[31] Aber selbst diese Aufnahmen werden zumindest als Nachstellungen jener Originalszenen gewertet, die bei den Kampfhandlungen aufgenommen wurden.

Ein anderes Beispiel für die Authentizität ist die bereits oben erwähnte Soldatengruppe (Bild 8: Lancashire Fuseliers), die kurze Zeit später getötet wird. Die Dramatik entsteht nicht durch die Aufnahmen selbst, sondern durch die Konstruktion einer den gesamten Film umfassenden Glaubwürdigkeit, in der die Realitäten des Krieges benannt und gezeigt werden. Nicht die Attraktion der einzelnen Aufnahme führt zu einer glaubwürdigen Schilderung des Kriegsgeschehens, sondern die Aneinanderreihung, Verdichtung und dramaturgische Positionierung einzelner Aspekte des Kriegsgeschehens:

>»Eine zunehmende Dramatisierung des Faktischen löste den Zeigegestus des frühen ›Kinos der Attraktionen‹ bereits im Ersten Weltkrieg ab. Montage und Schnitt organisieren und interpretieren das Aufnahmematerial zur Vermittlung vorgegebener Standpunkte. Die ›Erfindung des Dokumentarfilms‹ fand durch die Kriegspropaganda im Ersten Weltkrieg statt (was zeigt, dass der Begriff Dokumentarfilm im historisch ursprünglichen Verständnis keineswegs auf Abbildrealismus beschränkt war).«[32]

»Der Soldat James Ryan«[33]

»Was ich in diesem Film versuchte, war, sich [!] dem Aussehen und dem Klang und sogar dem Geruch des Kampfes, wie er *wirklich* ist, zu entsprechen.«[34] Am D-Day, dem 6. Juni 1944, landeten die Alliierten in der Normandie. Steven Spielbergs Film aus dem Jahr 1998 beschreibt die Rettungsaktion eines verschollenen amerikanischen Fallschirmjägers im Kampfgebiet, direkt im Anschluss an die Invasion. Da bereits drei seiner Brüder während der Auseinandersetzungen getötet worden sind, soll der Soldat James Ryan auf höchsten Befehl hin gefunden und in die USA zurückgeschickt werden. Captain Miller und sieben GIs kämpfen sich daher durch die feindlichen Linien, das Chaos einer andauernden Schlacht und die eigenen Ängste. Sie finden den Vermissten, kämpfen, werden zum größten Teil getötet (auch Captain Miller, der von Tom Hanks gespielt wird) und retten damit James Ryan das Leben.

In zweierlei Hinsicht ist »Der Soldat James Ryan« bemerkenswert: Zum einen nutzt der Film beklemmende Realismuseffekte, beispielsweise während der Darstellung der alliierten Invasion. Es dauert im Film fast 20 Minuten, bis die Soldaten von den Landungsbooten bis zur Dünenkuppe gelangen. Die Kamerafahrt, die mit den typischen Merkmalen einer Handkamera wie etwa Unschärfe, Körnigkeit und Hektik versehen wurde, bewegt sich überwiegend parallel zur Laufrichtung der Soldaten oder in Frontalansicht zu den deutschen Stellungen, nutzt dazu also die Rückansicht der amerikanischen Soldaten. Damit manifestiert die Kamera nicht nur eine amerikanische Perspektive,

---

30 Das Imperial War Museum erklärt die nachgestellte Szene mit einer »enttäuschenden Qualität der Angriffsszenen«, vgl. Begleitheft der DVD »The Battle of the Somme«, herausgegeben vom Imperial War Museum, London, GB, S. 6.

31 Vgl. Smither, Roger: A wonderful idea of the fighting. The question of fakes in ›The Battle of the Somme‹, in: Taylor, Philip M./Kelly, Andrew (Guest Editors): *Historical journal of film, radio and the cinema and television* 13, 1993, Nr. 2.

32 Loiperdinger (wie Anm. 23), S. 36.

33 Spielberg, Steven (Regie): *Der Soldat James Ryan*, USA 1998.

34 Steven Spielberg im Beiheft zum Film »Der Soldat James Ryan« (wie Anm. 33), S. 3.

Abbildung 11: Landungsboot, in: »Der Soldat James Ryan«, 1998.

Abbildung 12: Kampfszene am Strand, in: »Der Soldat James Ryan«, 1998, siehe Farbtafeln.

sondern verweist auf die Urversion aller Verfilmungen des D-Day, den Film »Der längste Tag« aus dem Jahr 1962.[35] Bereits dort wird mehrfach der Lauf der alliierten Soldaten über den Strand bis hin zur Eroberung der ersten Schützengräben auf dem Dünenhaupt in epischer Länge gezeigt.[36] Die gefilmte Zeit repräsentiert die gekämpfte Zeit der dargestellten Figuren oder kommt zumindest sehr nah an diese heran.

Zum anderen verschmilzt in Spielbergs Film die historische Perspektive der Landung der Alliierten mit den Erlebnissen einzelner Soldaten. Die Kamera kauert erst zwischen den amerikanischen Soldaten in den kleinen Landungsfahrzeugen. Die Männern springen aus den Booten ins Wasser, Kugeln treffen sie, dann gleitet die Kamera mit den Soldaten ins Wasser, zeigt sirrende Geschosse und sterbende Männer, kommt wieder an die Oberfläche, fängt eine Kakophonie an visuellen und auditiven Ereignissen und Sekundenblicken ein, fokussiert auf Panzersperren, Explosionen, blutige Beinstümpfe und schreiende Menschen. Die Kamera zeigt einzelne Soldaten vor allem dann, wenn ihre Gesichter oder Gliedmaßen in der nächsten Sekunde zerfetzt werden, jeder ›Blick‹ der Kamera/der Betrachter wird zum Anzeiger des baldigen Todes/der Verstümmelung. Die Zuschauer stürmen, gleichsam von

---

35   Vgl. Annakin, Ken/Wicki, Bernhard/Morton, Andrew/Oswald, Gerd (Regie): *Der längste Tag*, USA 1962.
36   Elisabeth Bronfen weist auf weitere Kriegsfilme hin, wie beispielsweise »With the marines at Tarawa« (1944) und »To the shores of Iwo Jima« (1945), deren visuelle Strategie (Porträts der amerikanischen Soldaten; Kamera nah am Boden; Reinszenierung bekannter Fotografien etc.) von Spielberg aufgegriffen und dramaturgisch sowie tricktechnisch verfeinert wird. Vgl. Bronfen, Elisabeth: *Hollywoods Kriege. Geschichte einer Heimsuchung*, Frankfurt am Main 2012, S. 262 ff.

der Kamera Huckepack genommen, vom blutigen Dreck des Strandes bis auf die Düne. Erst nach 20 Minuten voller Nahaufnahmen und Halbtotalen gewährt Spielberg den Betrachtern einen Überblick auf die gesamte Szenerie des Invasionsstrandes.

Der Zuschauer ›rückt‹ von Anfang an an die Soldaten heran, wird Teil ihrer Gemeinschaft, ihres Leidens, ihres Sterbens und ihrer gnadenlosen Angst. Jan Diestelmeyer schreibt 2006 hierzu: »Destabilisierung, das Zerfetzen von Soldatenleibern und eine audiovisuelle Hektik soll *the nature of war* als Erfahrung stabilisieren.«[37] Erfahrung wird hierbei als subjektives Erleben im Kontext kollektiver Ereignisse (der Schlacht, des Krieges, der Mission etc.) definiert. Spielberg inszeniert das Spektakel im Kino also analog zur realen Kampfsituation, ohne dass es dokumentarisch angelegt wird. Weder die Soldaten noch die Zuschauer wissen, was als nächstes passiert, sie können nur ahnen (der Zuschauer allerdings mit der Chipstüte in der Hand), was als nächstes geschieht.

Spielberg lässt es nicht nur gestalterisch, sondern auch dramaturgisch ›krachen‹, er baut ein ethisches Problem ein: Kann man acht Soldaten opfern, um einen Soldaten zu retten? Spielberg bejaht diese Frage und breitet im Film eine visualisierte Begründung aus.[38] Erst am Ende des Films wird deutlich, dass der zu rettende James Ryan überlebt und auf dem amerikanischen Soldatenfriedhof in der Normandie um Captain Miller trauert. Abgesehen davon, dass die Mitglieder des Rettungstrupps als nervlich belastete und sozial problematische Personen dargestellt werden – schon in der Landungsszene wird Captain Miller mit zitternder Hand gezeigt –, erhalten sie außerhalb ihres Soldatendaseins keine eigene Individualität, nur in eingestreuten Anekdoten wird eine zivile, meist raubeinige Vorgeschichte angedeutet. Die zivile Seite der Persönlichkeit wird den erfahrenen Soldaten, bis auf die kurze Erwähnung von Veränderung der eigenen Psyche nach einer besonders erbitterten Kampfszene, nicht zugestanden. Im Gegenteil, die Handlung führt die Personen von zivil-menschlichen Verhaltensweisen weg und lässt erst im pathetischen Ende das Leiden und Mitfühlen wieder zu. Einzig Corporal Upham, der Schreiber und Dolmetscher der Gruppe, wird mit Skrupeln und Grauen vor dem Krieg beziehungsweise seiner Tötungslogik ausgestattet.

Die ›visualisierte Begründung‹ im Film ist recht einfach: die US Army befiehlt, den Soldaten James Ryan aus einer Kampfsituation herauszuholen, der ist aber verschwunden, muss gesucht werden, und alles, was das verhindert, wird vernichtet. Insofern sind die Hinderungsgründe für die Ausführung des (fiktiven) Befehls geografischer oder materieller Natur, und Spielberg inszeniert das Filmthema vorrangig als ein logistisches, in der materiellen und damit abbildbaren Welt angesiedeltes Problem. Daher erscheint es medienkonform, wenn er visualisiert und nicht argumentiert.[39]

---

37 Distelmeyer, Jan: Der Soldat James Ryan, in: Klein/Stiglegger/Traber (wie Anm. 11), S. 333.

38 Eine ›visualisierte Begründung‹ ist als reine Präsentation des Faktischen anzusehen und nicht mit einer ›visuellen Argumentation‹ zu verwechseln. Letztere zeigt Beziehungen und Begründungen mit Hilfe visueller Darstellungen, basiert hierzu insbesondere auf visuellen Behauptungen und Konklusion; vgl. Scholz, Martin: *Technologische Bilder. Aspekte visueller Argumentation*, Weimar 2000.

39 Neil Postman kommt am Beispiel von Diskussionssendungen im Fernsehen zu dem Schluss, dass »Denken« in einem bildbasierten Medium gar nicht angemessen dargestellt werden kann, er schreibt: »Denken ist keine darstellende Kunst.« Postman, Neil: Das Zeitalter des Showbusiness. In: Pias/Vogl/Engell (wie Anm. 17), S. 229.

Abbildung 13: Kampfszene am Strand, in: »Der Soldat James Ryan«, 1998.

Abbildung 14: Regenszene, in: »Der Soldat James Ryan«, 1998.

Spielbergs Film nutzt gestalterische Effekte für eine ›Konstruktion der Zustimmung‹. Das resultiert aus den oben beschriebenen intensiven und fokussierten Kampfszenen, den kurzen Filmeinstellungen in Close-up, Halbnahe und Halbtotale, seiner visuellen Genauigkeit, beispielsweise den zerfetzten Leibern der Soldaten und der Verwendung einer Handkamera, die einen dokumentarischen Gestus simuliert. Spielberg inszeniert eine auditive und visuelle Überforderung der Zuschauer, die genau dadurch das Chaotische einer Schlacht eindringlich vermittelt. Dieser dramaturgische Trick wird zugleich zu einem der wichtigsten Verfahren, um ›Nähe‹ herzustellen. Den Betrachtern erscheint es, als ob sie – so wie die Soldaten in der historischen Auseinandersetzung – mitten in der Schlacht stünden, und während sie die Sandkörner (und Kugeln, Verwundeten, Toten) exakt sehen können, bleibt ihnen der eigentliche Grund der Auseinandersetzung verborgen.

Die anfängliche Farbeinstellung erinnert an die Schwarzweiß-Ästhetik historischer Wochenschau-Berichte, zeitgenössische Fotografien und Verfilmungen, beispielsweise den Film »Der längste Tag« aus dem Jahr 1962, dessen Drehbuch von Cornelius Ryan nach seiner eigenen Dokumentation der Ereignisse am 6. Juni 1944 geschrieben wurde.[40] Während »Der längste Tag« ohne größere Umstände an die Filmepoche im Zweiten Weltkrieg anknüpfen kann – noch in den 1950er Jahren werden Schwarzweiß-Filme gedreht und in den Kinos der 1960er Jahre gezeigt – muss Spielbergs Gestaltungstrick aus dem Jahr 1998 eher als effekt-basierte Reminiszenz gelten: die Blau-Grau-Tönung der verwackelten und grobkörnigen Bilder während der Landung rufen Erinnerungen an die

---

40   Vgl. Ryan, Cornelius: *The longest Day*, New York 1959.

Abbildung 15: Brückenszene, in:
»Der Soldat James Ryan«, 1998.

Originalaufnahmen aus der Epoche wach,[41] sie appellieren an unsere kollektiven Vorstellungen. In den Nicht-Kampfszenen des Films ändert sich dieses Farbregime, es herrscht hier eher eine farbige Üppigkeit vor, etwa in der Regenszene in Minute 42.08 oder während der friedlich zurückgesetzten Wegstrecken der Gruppe in der westfranzösischen Hügellandschaft. In späteren Filmszenen wird diese kontrastierende Farbgestaltung genutzt, um menschlich-gesittetes Verhalten von soldatisch-enthemmten Handlungen gestalterisch zu trennen, so in Minute 2.27.08, als Captain Miller in einer letzten Anstrengung versucht, die letzte Verteidigungsposition, eine Brücke, die an Bernhard Wickis »Brücke« aus dem Jahr 1959 erinnert, zu sprengen, aber an den Zünder nicht mehr herankommt.

Spielbergs Film »Der Soldat James Ryan« sucht, den Anschein einer historisch verbürgten Wahrheit nutzend, die ›Nähe‹ zu den Soldaten. Spielberg bietet eine subjektive Sichtweise (der persönliche Krieg im großen Weltkrieg) durch die detaillierte Nahraum-Inszenierung von Angst, Schrecken, Verzweiflung und Tod. Die Fokussierung auf die subjektive Wahrnehmung einer kleinen Gruppe von Frontsoldaten beschreibt Jan Distelmeyer: »›So fühlt sich Krieg an‹ behauptet eine akustische und visuelle Subjektive, und genau so, als Mit-Gefühl, wurde der Film verstanden.«[42]

Spielberg versucht daher, die Zuschauer mit Hilfe gestalterischer und dramaturgischer Zuspitzungen an die Soldaten heranzuführen. Hierzu gehört eine zunächst unscheinbare, nebensächliche Szenerie, die ab Minute 28 beginnt und die die Verwaltung des Krieges in der Heimat darstellt. Sekretärinnen schreiben mit Hilfe standardisierter Textvorlagen Kondolenzschreiben an die Familien der gefallenen Soldaten im Akkord. Hier fällt einer Bearbeiterin auf, dass drei der vier Ryan-Brüder gefallen sind, und nun der letzte in der Normandie vermisst wird. Indem sie ihre Vorgesetzten informiert, wird der Plan zur Rettung von Private James Ryan entworfen. Neben der interessanten Verknüpfung von Heimat und Front verbindet Spielberg das Tack-Tack der Schreibmaschinen mit dem Tack-Tack der Maschinengewehre. Diese Nebenhandlung zeigt das Überzeugungssystem einer kriegführenden Gesellschaft, die das Image des Krieges gestaltet und dafür gegebenenfalls auch acht Männer für einen einzigen opfert. Elisabeth Bronfen sieht in diesen Kriegsfilmen, die ein historisches Ereignis nutzen, vor allem eine »Re-Imagination«: das Wiederaufzeigen vergangener Beweggründe in der Gegenwart des Kinofilms.

---

41   Bspw. an Robert Capas Fotoserie ›Omaha Beach (Collevile-sur-Mer) 6. Juni 1944‹, in: Beaumont-Maillet, Laure: *Robert Capa Retrospektive*, Ausst.-Kat. Martin-Gropius-Bau (22.1.–18.5.2005), Berlin 2005, S. 201 ff.
42   Distelmeyer (wie Anm. 37), S. 332.

Bronfen bezeichnet diese Filme, zu denen sie auch Spielbergs Film zählt, als »Heimsuchungen«, die dazu führen, dass Kriege mental andauern und die Vergangenheit refigurieren, beispielsweise als Gesellschaft in einem totalen Krieg.

> »Durch diesen geschickten Trick schreibt der Film die Erinnerungen [die des toten Captain Millers; M. S.] an eine Schlacht einem Überlebenden [in der Person von Private James Ryan; M. S.] zu, der in Wirklichkeit nicht an ihr beteiligt war. Spielberg bedeutet uns damit, dass seine Reinszenierung des D-Day nicht so sehr als Augenzeugenbericht verstanden werden sollte, sondern als Vermögen zu historischer Reimagination: die Fähigkeit eines Überlebenden, in seinen Gedanken eine Erfahrung aufzurufen, die nicht seine eigene ist, weil er in der Lage ist, die Sicht eines Mannes, der tatsächlich dort war, emphatisch anzunehmen.«[43]

Bronfen erkennt diese Methode in erster Linie an der Wirkung der extremen Großaufnahmen, die uns in Gesichter, Materialien, Strapazen und Schlachten hineinziehen. Sie schreibt es also letztlich der (Film-)Oberfläche in ihrer subjektivsten Ausformung – als Bild eines Individuums, das seine subjektiven Erlebnisse mitteilt – zu.

> »Es geht weniger um die Frage, ob das dokumentarische Filmmaterial, auf das sich sein Film bezieht, von der gleichen Schlacht stammt, die er rekonstruiert, sondern darum, dass er, indem er Pathosformeln wiederauferstehen lässt, die in der Kriegsfotografie der damaligen Zeit zum Einsatz kamen, auch die Kriegserfahrungen wieder aktiviert, denen sie eine Form verliehen hat.«[44]

Insofern ist die ›Genauigkeit‹ in Spielbergs ›Der Soldat James Ryan‹ keine filmtechnische Nebensächlichkeit in der Kriegsfilmkategorie, sondern vielmehr eine Voraussetzung ihrer Wirksamkeit. Der Film funktioniert möglicherweise ohne Authentizität (ob die Geschichte so passiert ist, bleibt unklar und letztlich auch unwichtig), nicht aber ohne eine, die historische Realität reimaginierende, detaillierte/genaue Darstellung. Spielbergs Film stützt sich in erster Linie auf die Schilderung kleiner Gegenstände, Oberflächen und menschlicher Situationen. Diese visuelle Genauigkeit suggeriert eine vermeintlich historische Genauigkeit der Ereignisse. Spielbergs (Film-)Geschichte schreibt damit in der Reimagination zugleich (Welt-)Geschichte um.

»Der schmale Grat«[45]

1942 versuchen die Amerikaner die im Pazifik gelegene Insel Guadalcanal den Japanern abzunehmen und stoßen hierbei auf erbitterten Wiederstand. Terrence Malicks »Der schmale Grat«, der nach der Version von Andrew Martin aus dem Jahr 1964 die zweite Verfilmung des Romans von James Jones aus 1962 darstellt, fokussiert auf die Eroberung eines japanischen Bunkers. Diese Stellung beherrscht eine strategisch wichtige Anhöhe, die für das weitere Vorgehen der Amerikaner von Bedeutung zu sein scheint. Eine amerikanische Einheit

---

43   Bronfen (wie Anm. 36), S. 278 ff.
44   Ebd., S. 264.
45   Malick, Terrence (Regie): *Der schmale Grat*, USA 1998.

Abbildung 16: Hügel, in: »Der schmale Grat«, 1998, siehe Farbtafeln.

Abbildung 17: Gefangener japanischer Soldat, in: »Der schmale Grat«, 1998, siehe Farbtafeln.

erobert diesen Stützpunkt und überrennt die dahinterliegenden Lager der japanischen Soldaten, von denen viele während des Angriffs getötet werden. Ganz anders als Steven Spielbergs Interpretation einer militärischen Landung im Zweiten Weltkrieg finden sich in Malicks Film aus dem gleichen Herstellungsjahr 1998 keine typischen Filmhelden. Seine Hauptfiguren agieren allenfalls als Handelnde, aber nie als Repräsentanten einer gerechten Sache, deren Kampf der Rettung der Welt, der Demokratie oder der Freiheit gilt. Malicks Figuren befinden sich in einem undurchsichtigen Geflecht aus Befehlen, Grausamkeiten, ständiger Todesangst, existenziellem Leiden und einer vorübergehend gestörten Natur.

In Hinblick auf die Fragestellung dieses Aufsatzes erscheint Malicks »Der schmale Grat« in zweierlei Hinsicht bemerkenswert: Zum einen zeigt der Film die Soldaten in einer überirdisch schönen Natur, die Hügel (mit ihren feindlichen Stellungen, Heckenschützen und Minenfeldern) sind grasbewachsene Rundungen, deren zarte Grashalme sich beständig im Wind hin und her bewegen. Die Schönheit der Natur kontrastiert die Hässlichkeit des Krieges und des Todes. Der Film beginnt mit der wort- und erklärungslosen Schilderung zweier amerikanischer Deserteure in einem melanesischen Dorf, einem Symbol des Friedens in der Welt. Nach dem Ende der Invasion und am Ende des Films kehrt der Frieden in die Natur wieder zurück. Allerdings hat die Idylle des Anfangs einen Riss erhalten, auch in dem melanesischen Dorf haben sich nun Streit und Tod breitgemacht. Letztlich vermittelt der Film den Eindruck, dass, ähnlich zu einem heftigen Sturm, die militärische Intervention nur eine vorübergehende Störung des Gleichgewichts darstellt, das kurz danach wieder ins Lot gebracht werden wird.

Zum anderen teilen die beiden feindlichen Parteien, Amerikaner und Japaner, das gleiche Schicksal. Auf beiden Seiten findet sich das Böse in den Soldaten, die Malick prinzipiell als Menschen betrachtet und präsentiert. Die feindlichen Kämpfer trennt wenig, da beide Seiten mit gleichen Vorstellungen, Methoden und Befehlen auf die Situation reagieren: mit Gewalt und Verletzung.

»Der Feind – die Japaner – ist nicht per se die Personifizierung des Bösen. Trägt nicht den Stempel des brutalen und gefühllosen Kampfapparats. Vielmehr trennt die Kämpfer der beiden Armeen bloß eine dünne Linie – findet sich doch auf beiden Seiten ein hohes Gewaltpotenzial und dieselbe Verletzbarkeit der Körper. So scheint das Böse jeweils auf der Seite angesiedelt zu sein, die sich gerade strategisch im Vorteil befindet.«[46]

Zur Genauigkeit dieses Kriegsfilms gehört – paradox genug –, dass sich die Filmbetrachter kaum von zufälligen Besuchern in dieser militärischen Sphäre unterscheiden und sich einfinden müssen. Sie müssen genau hinschauen. Der Film selbst bietet kaum Differenzierungen zwischen den Soldaten, ihren Gesichtern oder den Uniformen an, selten fallen Namen, und die Handlung fokussiert sich selten auf einzelne Personen. Malick hat den Filmfiguren wenig offen erkennbare Zeichen für ihre Persönlichkeit mitgegeben, versieht sie hingegen mit individueller Lebensgeschichte und individuellen Handlungsoptionen, die etwa Private Witt am Ende Selbstmord – er rettet damit seine Kameraden vor der Ergreifung durch eine japanische Einheit – begehen lässt.

Der Film nutzt beständig Vor- und Rückblenden in das Leben der Soldaten, es sind ihre Erinnerungen: der Vater bei der Heuernte, die sterbende Mutter, die Küsse und Umarmungen der eigenen Frau. Hier wird in Close-ups oder Halbnah-Einstellungen auf Details fokussiert, die eine Einmaligkeit – eben als Erinnerung – suggerieren. Die visuelle Fülle, in Bildern des Krieges wie der Natur,

»[...] wechseln sich ab mit inneren Monologen einiger Figuren in den Ruhepausen, die die eigentliche Botschaft des Films tragen. Malick knüpft einen polyphonen Stimmenteppich, der sich aus den verschiedenen Perspektiven zusammensetzt, selbst ein toter Japaner bekommt eine innere Stimme verliehen.«[47]

Der Film konstruiert eine Zustimmung zum Gesehenen nicht aus der gleichen politisch-religiös-kulturellen Weltsicht von Betrachtern und Filmfiguren heraus, so wie das »Die Schlacht an der Somme« als patriotische Einstellung beim Kinobesucher voraussetzt oder Steven Spielbergs »Der Soldat James Ryan« in der emphatischen Filmhandlung entstehen lässt. Selbst die beiden fundamentalen ethischen Kategorien Gut und Böse werden von Terrence Malick als untaugliche Fixpunkte ausgehebelt. Vielmehr entsteht die nachvollziehbare, weil genaue Schilderung der subjektiven Sicht der Soldaten, ihr Erleben im Kampf und in den Ruhephasen. Malick liefert eine visuelle und auditive Genauigkeit des Schreckens mit Verletzungen, Schreien, Toten und armseligen Gefangenen, die um ihr Leben fürchten. Malik nutzt insofern den Kontrast aus visuell ansprechenden Bildern der Natur und den grausamen, die hässlichen Seiten des Krieges zeigenden Szenen zur gegenseitigen Verstärkung. Wir sehen sich beständig wiegende Grashalme auf den Hügeln, eine überbordende Vitalität der Wildnis (Pflanzen, Tiere, Flüsse, Meer) im Breitwandformat und die dutzendfachen Schattierungen der Grüntöne in Kontrastierung zu den braun eingefärbten Kampfszenen im zweiten Teil des Films. Auch dieses ist, wie in Spielbergs Film, ein subtiles Farbregime.

---

46   Kronemeyer, Nadja: Der schmale Grat, in: Klein/Stiglegger/Traber (wie Anm. 11), S. 344.
47   Ebd., S. 340.

Abbildung 18: Gardine, in: »Der schmale Grat«, 1998.

Abbildung 19: Urwald, in: »Der schmale Grat«, 1998, siehe Farbtafeln.

»Nach vollendetem Kampfeinsatz, als sich der Nebel lichtet, bleibt nichts als verbrannte Erde zurück. Das saftige Grün ist verschwunden, ausgetauscht gegen ein dreckiges, schlammiges Braun, unter dessen Oberfläche sich der ganze Schrecken des Krieges und seiner Zerstörungskraft offenbart: Langsam wird ein Gesicht freigeweht, dessen Körper in der Erde begraben ist. Der Krieg verkehrt den ›Garten Eden‹ zur ›Hölle‹.«[48]

Der Film verbindet Assoziationen der Soldaten, die aus ihrem zivilen Leben stammen, beispielsweise die flatternde Gardine am Schlafzimmerfenster oder einen Vogelkäfig, mit der Realität im Krieg. Diese visuellen Einsprengsel müssen als Versuch gelten, eine wirklichkeitsnahe Aufzeichnung der Gedanken und Bildwelt der Soldaten zu zeigen. Sie sind nie objektiv, aber wahrnehmungsnah und glaubwürdig: so als schauten wir jemandem IN den Kopf.

DISKUSSION

Zur weiteren Diskussion des Themas sollen drei Aspekte näher untersucht werden und damit die im vorhergehenden Abschnitt dargestellte Analyse der Filmbeispiele unterstützen. In den Zeiten bildbasierter Massenmedien ist Unterhaltung zu einer »Superideologie« geworden, die alles, auch den Kriegsfilm, in seiner Produktion und Rezeption beeinflusst. Dieser erste Aspekt stellt den sozial-medialen Kontext aller audiovisuellen Medien dar und modelliert im Kriegsfilm – paradox genug – aus einem Film über eine historisch abgesicherte Auseinandersetzung eine unterhaltsame Geschichte. Der zweite Aspekt fokussiert noch einmal auf die Relation von Pathos und Genauigkeit. In dieser Verbindung treffen sich historische Tatsachen, die beispielsweise als Fotografien Zeugnisse einer Vergangenheit

---

48   Ebd., S. 339–340.

Abbildung 20: Marschierende Soldaten, in: »Der Soldat James Ryan«, 1998.

sind, und die Gegenwart der Filmbetrachter. Der dritte Aspekt, die Subjektivität der Ka-
meraführung, steht – realisiert in der Ich-Perspektive – für eine emphatische Übertragung
in Kriegsfilmen.

Unterhaltung und Kriegsfilme

Kriegsfilme müssen schöne Bilder herstellen. Neil Postman beschreibt 1985 die medialen
Eigenarten des Fernsehens und hier besonders die des amerikanischen Fernsehens, dessen
Besonderheiten in seiner Bildorientierung, Leichtigkeit und Integration aller Themenbe-
reiche liegt.[49] Aus dem technischen Vorteil, dass das Fernsehen eben das ›Sehen aus der
Ferne‹ ermöglicht, entsteht zugleich eine konsumierende Zuschauerhaltung, die nach Abwechslung und nicht nach Verstehen sucht. Postman macht das an zwei medialen Phäno-
menen des Fernsehens fest, zum einen an der Verschmelzung der unterschiedlichen Formate – Nachrichten, Kommentare, Live-Berichte, Filme, Dokumentationen etc. – zu einer
einzigen Präsentationsform, deren Zweck darin liegt, die Zuschauer zu unterhalten.

> »Aber mir geht es hier nicht darum, daß das Fernsehen unterhaltsam ist, sondern
> darum, daß es die Unterhaltung zum natürlichen Rahmen jeglicher Darstellung von
> Erfahrung gemacht hat. Unser Fernsehapparat sichert uns eine ständige Verbindung
> zur Welt, er tut dies allerdings mit einem durch nichts zu erschütternden Lächeln auf
> dem Gesicht. Problematisch am Fernsehen ist nicht, daß es uns unterhaltsame The-
> men präsentiert, problematisch ist, daß es jedes Thema als Unterhaltung präsentiert.«[50]

Für Postman definiert das Fernsehen, insbesondere in seiner amerikanischen Variante aus
extremer Bildlichkeit und schnellen Schnitten, damit das alltägliche Leben der Zuschauer,
in dem es alles aus der Perspektive der Unterhaltsamkeit definiert. Damit bestimmt das
Fernsehen über die Medienvorbildlichkeit dieses Leitmediums zugleich die außermediale
Wirklichkeit.[51]

---

49   Vgl. Postman (wie Anm. 39).
50   Ebd., S. 226.
51   Vgl. auch Wolfgang Welsch: »Damit wird die Medienlogik zunehmend zur Logik der Wirklichkeit – und
     zwar zunächst jener herausgehobenen Wirklichkeiten, die der Medienpräsentation für würdig befunden
     werden.« Welsch, Wolfgang: Immaterialisierung und Rematerialisierung. Zu den Aufgaben des Design in
     einer Welt der elektronischen Medien, in: Schwab, Tobias/Oehlke, Horst (Hg.): *Virtualität contra Reali-
     tät?* 16. Designwissenschaftliches Kolloquium, Burg Giebichenstein Hochschule für Kunst und Design
     Halle/Saale; 19.10.–21.10. 1995, Halle/Saale 1995, S. 231.

»Das Entertainment ist die Superideologie des gesamten Fernsehdiskurses. Gleichgültig, was gezeigt wird und aus welchem Blickwinkel – die Grundannahme ist stets, daß es zu unserer Unterhaltung und unserem Vergnügen gezeigt wird.«[52]

Postmans Vorwurf an das Fernsehen lautet, dass alles, was ein Kollektiv miteinander zu verhandeln hat, alleinig unter dem Gesichtspunkt der Unterhaltung inszeniert wird, Unterhaltsamkeit also zum wesentlichen Bewertungsmaßstab und zu einer Ideologie wird. Aus unterschiedlichen gesellschaftlichen Diskursen – die nichts anderes als Perspektiven auf die gleiche Gesellschaft darstellen – wird ein einziges ›Schaugeschäft‹.[53] Neben dieser Vereinheitlichung aller Diskurse zu einem (unterhaltsamen) Ereignis stellt die inhaltliche Manipulation für Postman das andere schwerwiegende Problem des Fernsehens dar. Am Beispiel der Fernsehdiskussionssendungen der 1960er und 1970er Jahre beschreibt der Autor das Phänomen, dass nichts so langweilig in einem bildorientierten Medium sei, wie das Nachdenken über – und das Abwägen von – Argumenten.

»Diese Art von Diskurs verlangsamt nicht nur das Tempo der Show, sie erzeugt auch einen Eindruck von Unsicherheit oder ›fehlendem Pfiff‹. Sie zeigt Menschen, *während sie nachdenken* – und das ist im Fernsehen ebenso irritierend und langweilig wie auf einer Bühne in Las Vegas. Denken kommt auf dem Bildschirm nicht gut an, das haben die Programmdirektoren schon vor langer Zeit herausgefunden. Es gibt dabei nicht viel zu sehen. Mit einem Wort, Denken ist keine darstellende Kunst.«[54]

Die Diskussionsrunde im Fernsehen ist letztlich auch nur eine Showeinlage, in der Ruhe, Unsicherheit, Nachdenklichkeit und die wortwörtliche ›Aus-Einander-Setzung‹ nicht gut in Bilder zu fassen sind. Der Auftritt der Beteiligten zwingt letztlich alle dazu, Images (als Repräsentationen von der Richtigkeit und Mächtigkeit der eigenen Argumente) herzustellen.

Bezogen auf das Thema und den Untersuchungsgenstand dieses Aufsatzes gilt Postmans Feststellung auch und gerade für Kriegsfilme. Diese Kategorie thematisiert zwar gesellschaftlich hochsensible Themen wie Vertreibung, Unrecht, Leid und Tod, unterliegt jedoch zugleich dem Zwang der Medienkompatibilität.

Selbst Francis Ford Coppolas Film »Apocalypse Now«[55] über den größenwahnsinnigen Colonel Kurtz, der sich im Zuge des Vietnamkriegs ein Königreich des Schreckens aufbaut oder Stanley Kubricks Beschreibung einer institutionalisierten Verrohung ganzer Männerjahrgänge durch die militärische Ausbildung in den USA[56], die sie zu Killern macht, agieren immer vor dem Hintergrund der Bildlichkeit solcher Themen. Das Nachdenken, das Verkümmern und Leiden sowie die Veränderung in der Filmperson selbst kann der Film nicht zeigen. Insofern sind Kriegsfilme darin gefangen, nur das Ergebnis intellektueller Entscheidungen zeigen zu können, aber nie den Weg dorthin. Sie können Gründe und Sichtweisen bebildern, diese jedoch nicht erläutern. Gerade deshalb gleichen Kriegsfilme ihr intellektuelles Manko durch hohe Genauigkeit in der Darstellung aus, an die Stelle der Argumentation tritt die Visualisierung.

---

52 Postman (wie Anm. 39), S. 226.
53 Ebd., S. 233.
54 Ebd., S. 229.
55 Coppola, Francis Ford (Regie): *Apocalypse Now*, USA 1979.
56 Kubrick, Stanley (Regie): *Full Metal Jacket*, 1987.

Pathos und Genauigkeit

Filme sind besonders geeignet, die Vorstellungen der Zeitgenossen von einem Krieg und von der Rolle des Einzelnen in diesem Konflikt, sei es als Soldat oder als Zivilist, zu vermitteln. Hollywoods Blockbuster erreichen viele Millionen Menschen, auch und gerade wenn es um Kriegsthemen geht. Damit prägen diese Filme das kollektive Gedächtnis von diesen Kriegen, beispielsweise dem Zweiten Weltkrieg, Vietnamkrieg oder dem Krieg in Somalia durch Filme wie »Black Hawk Down«[57]. Kriege stellen jede Gesellschaft und ihren inneren Zusammenhalt auf die Probe, sie sind »Heimsuchungen«, und die Kriegsfilme erzählen davon. In der Gegenwart des Jahres 2015 kennt kaum jemand in Europa den Krieg aus eigener Anschauung, ein Appell an eigene Erinnerungen oder Verwicklung, so wie er in »Die Schlacht an der Somme« gelungen sein wird, funktionieren bei einem breiten westlichen Publikum nicht. Was macht dann die Faszination von Kriegsfilmen, insbesondere wenn sie von Kriegen vor 70 oder 100 Jahren handeln, aus? Die Literaturwissenschaftlerin Elisabeth Bronfen fragt sich in ihrem 2012 erschienenen Buch, wie die Vorstellung vom Krieg im Kino bei Zuschauer/innen entsteht.[58]

Bronfen untersucht, wie die damit verbundene »Simulation der Schlachterfahrung« erzeugt wird,[59] beispielsweise durch Filmtricks, computergenerierte Bilder, die Form der Montage, das Sounddesign und eine atemlose Inszenierung von fiktionalen Bedrohungen. Aber diese Mittel nutzen der Action- oder Abenteuerfilm ebenfalls. Beim Kriegsfilm kommt hinzu, und das grenzt ihn von anderen Genres ab, dass er Verweise auf historische Fotografien oder ältere Spielfilme über das Ereignis wie den D-Day oder die Landung bei Guadalcanal verwendet. Im Kriegsfilm wird der Eindruck des Kampfes ›erzeugt‹, indem die Nachgeborenen ohne eigene Kriegserfahrung in die eigene kollektive Vergangenheit sehen: alte Motive, aber mit neuen Bildern.[60] Über Steven Spielbergs »Der Soldat James Ryan« schreibt Bronfen:

> »Das Paradox kinematographischer Schlachten, das im Zentrum seiner Omaha-Beach-Sequenz liegt, besteht daraus, dass wir von ihr deshalb affektiv so stark in Mark und Bein getroffen werden, weil sie bewusst eine brillante Kunstfertigkeit zu [sic] Schau stellt, die alle Register des Genregedächtnisses, die ihm zur Verfügung stehen, nutzt.«[61]

Der Trick dieses Films (und letztlich aller Kriegsfilme) besteht für die Autorin darin, eine Collage aus fiktionalen und dokumentarischen Schlachten zu verwenden, zu bedienen und weiterzuentwickeln. Diese Filme kombinieren Bildeindrücke, die in den Zuschauern authentische fotografische Beweisstücke wachrufen, beispielsweise die eines Robert Capa, mit Bewegtbildern, die die Spielberg'sche Geschichte erzählen. In den ›Rahmen‹ der authentischen Bilder wird die Filmhandlung eingehängt. Bronfen nutzt zur Erklärung

---

57   Scott, Ridley (Regie): *Black Hawk Down*, USA 2001.
58   Vgl. Bronfen (wie Anm. 36).
59   »Veteranen des D-Day sagten aus, dass der Film starke Emotionen wiedererweckte. Filmkritiker entgegneten, dass es weniger um die Frage nach einem wahrheitsgetreuen Realismus sondern um das Spektakel geht.« Ebd., S. 263.
60   Es geht also nicht um die ›Realitätseffekte‹ in einem Film, sondern vielmehr um die Imagination der Zuschauer – ausgelöst durch ein spezifisches Filmthema UND durch die aktuellen Gestaltungs- und Dramaturgieformen UND durch das individuelle historische Wissen der Zuschauer UND durch die kollektive Behandlung von aktuellen Kriegen – sich an einem historischen Ort und in eine historisch abgesicherten Situation zu befinden.
61   Ebd., S. 266.

Abbildung 21: Kampfszene am Strand, in: »Der Soldat James Ryan«, 1998, siehe Farbtafeln.

dieser Sandwich-Wirkungsweise den Begriff der Warburg'schen Pathosformel. Für Aby Warburg trägt jede Erfahrung von Kunst eine produktive Spannung in sich, die zwischen dem Zustand des Überwältigt-Werdens (von eben jener ästhetischen Erfahrung) und der zeitgleichen Fähigkeit des Betrachters, genau diese Wirkungsweise des Mediums auf ihn selbst zu begreifen, hin und her schwankt.

Im Pathos-Begriff fallen Überwältigung (durch die Inszenierung) und Reflektion (durch unser Wissen) zusammen und mobilisieren unser Mitgefühl. Dann entsteht im Kinosessel der Eindruck der Teilhabe an einem historischen Ereignis. Kriegsfilme zeichnen sich in dieser Lesart also dadurch aus, dass sie sich erstens auf konkrete Kriege beziehen, zweitens die eigene Entstehungsepoche, etwa in Bezug auf Tricktechnik oder kulturelle Perspektiven, thematisieren und drittens immer auch andere Filme zitieren und damit eine ästhetische Klammer aus Gegenwart und Vergangenheit bilden, wie beispielsweise Filme über Pearl Harbor, den D-Day oder den Pazifikkrieg. Diese die Generationen überspringenden »Heimsuchungen« dauern zumindest für Elisabeth Bronfen an, denn das Kino reimaginiert und refiguriert die Vergangenheit.[62] Die Gespenster vergangener Kriege fesseln die Zuschauer und ihre Sicht auf geschichtliche Ereignisse. Damit dringen diese Ereignisse, die auf der Ebene einer breiten Erinnerung in einer ganzen Generation an sich abgeschlossen sind, als Kriege und Konflikte in unsere Gegenwart ein.[63] Kriegsfilme thematisieren und visualisieren Perspektiven auf etwas, was eigentlich schon lange entschieden ist und zeigen gerade in ihrer Kunstfertigkeit, dass die erzählte Geschichte und die darin imaginierten historischen Wahrheiten nur Konstruktionen sind. »Erinnerung hängt nicht von Vergangenheit ab, sondern Vergangenheit gewinnt erst durch die Modalitäten des Erinnerns Identität: Erinnern konstruiert Vergangenheit [...].«[64]

---

62 »Die Erfahrung anderer wird zu unserer eigenen, weil sie in Genre-Codes und visuellen Ikonographien refiguriert wird, mit denen wir vertraut sind, verkörpert durch Stars, mit denen wir uns identifizieren.« Ebd., S. 13.; sowie: »Indem wir dazu aufgefordert werden, ständig die politische Gewalt zu reimaginieren, die Amerika definiert und geformt hat, nehmen wir implizit an der kulturellen Heimsuchung teil.« Ebd., S. 15.

63 Die Konflikte des Ersten und Zweiten Weltkrieges sind streng genommen ›Geschichte‹, da die meisten Augenzeugen bereits tot sind. ›Gedächtnis‹ wäre hingegen eine individuelle Erinnerung an das kriegerische Geschehen, durchsetzt mit eigenen, ausschnitthaften Erlebnissen. »Während das Gedächtnis [...] mittels der Erinnerung Sinn und Identität stiftet, reduziert Geschichte diese Erinnerung zum nüchternen Faktum des Gewesenen, kann also nur Beziehungen und Abfolgen vermitteln.« Landwehr, Achim: *Kulturgeschichte*, Stuttgart 2009, S. 57.

64 Nünning, Ansgar: *Grundbegriffe der Kulturtheorie und Kulturwissenschaften*, Stuttgart 2005, S. 46.

Subjektivität und Genauigkeit

Visuelle Medien bedürfen der Ähnlichkeit von darstellendem Zeichen und dem, worauf jeweils verwiesen wird. Bilder sind per se »wirklichkeitsnahe Zeichen« (Klaus Sachs-Hombach),[65] basieren also auf einer mehr oder minder verbindlichen Vereinbarung zu der Bedeutung der jeweiligen Bildzeichen in einem Kollektiv. Kriegsfilme bedürfen allerdings in besonderer Weise einer subjektiven Perspektive des Erzählten, gerade weil sie durch die Einbettung in den historischen Kontext andernfalls Gefahr liefen, zu distanziert zu wirken und das Erlebnis des Krieges nur unzureichend zu vermitteln. Kriegsfilme sind daher auch auf der darstellerischen Ebene paradox, sie agieren vor dem als abgesichert vorausgesetzten Prospekt der historischen Wahrheit, bedürfen jedoch der subjektivsten aller filmischen Blickwinkel: der Ich-Perspektive.

In seinem bekannten Aufsatz zur Entwicklung der Zentralperspektive in der beginnenden Neuzeit erläutert Erwin Panofsky am Ende die enge Verbindung von Mathematik, Philosophie und Malerei.[66] Für Panofsky kulminieren alle wissenschaftlichen Erfindungen des ausgehenden Mittelalters in der Malerei und hier besonders in der Erfindung der Zentralperspektive. Er spricht – in Abgrenzung zum antiken »Aggregatraum« – bezüglich der zentralperspektivischen Darstellung von einem »Systemraum« und begründet das nicht nur mit der darstellerischen Verbindung von Objekten IM Raum, der umfassenden Raumsphäre, der Entdeckung der gemalten Unendlichkeit und der Systematisierung aller Fluchtachsen,[67] sondern vor allem mit der ›Subjektivierung‹ der prinzipiell objektiven Konstruktion der Zentralperspektive.

> »Denn sie [die Zentralperspektive; M. S.] ist ihrer Natur nach eine zweischneidige Waffe: sie schafft den Körpern Platz, sich plastisch zu entfalten und mimisch zu bewegen – aber sie schafft auch dem Lichte die Möglichkeit, im Raum sich auszubreiten und die Körper malerisch aufzulösen; sie schafft Distanz zwischen dem Menschen und den Dingen [...] – aber sie hebt diese Distanz doch wiederum auf, indem sie die dem Menschen in selbstständigem Dasein gegenüberstehende Ding-Welt gewissermaßen in sein Auge hineinzieht; sie bringt die künstlerische Erscheinung auf feste, ja mathematisch-exakte Regeln, aber sie macht sie auf der anderen Seite vom Menschen, ja vom Individuum abhängig, indem diese Regeln auf die psychophysischen Bedingungen des Seheindrucks Bezug nehmen, und indem Art und Weise, in der sie sich auswirken, durch die frei wählbare Lage eines subjektiven ›Blickpunktes‹ bestimmt werden.«[68]

---

65 »Neben den vielfältigen Bildtypen in der Bildenden Kunst bleiben vor allem alle Arten von Gebrauchsbildern thematisch. Bilder in diesem engen Sinn lassen sich als artifiziell hergestellte oder bearbeitete, flächige und relativ dauerhafte Gegenstände charakterisieren, die in der Regel innerhalb eines kommunikativen Aktes zur Veranschaulichung realer oder auch fiktiver Sachverhalte dienen.« Sachs-Hombach, Klaus: *Das Bild als kommunikatives Medium. Elemente einer allgemeinen Bildwissenschaft*, Köln 2003, S. 74. Zum Begriff der ›Wahrnehmungsnähe‹: ebd., S. 88 ff.

66 Vgl. Panofsky, Erwin: Die Perspektive als ›symbolische Form‹, in: Oberer, Hariolf /Verheyn, Egon: *Aufsätze zu Grundfragen der Kunstwissenschaft*, Berlin 1985, S. 99–126.

67 Vgl. ebd., S. 114 ff.

68 Ebd., S. 123.

Abbildung 22: Soldaten auf Patrouille, in: »Der schmale Grat«, 1998.

Panofsky verweist in seinem Aufsatz auf die »Erweiterung der Ichsphäre« durch den subjektiven Blickwinkel. Letztlich haben Mathematik und Malerei (zu gleichen Teilen) mit der Fluchtachsenkonstruktion nicht nur ein Verfahren zur korrekten Darstellung aller Objekte in der Welt auf einer einzigen Bildebene gefunden, sondern haben zugleich den Betrachter zwangsweise in der Mitte verortet: der Betrachter steht immer am Ausgangspunkt aller Sehstrahlen. Im und durch den Humanismus wird der Betrachter zum diesseitigen Bezugspunkt für die (mathematisch-malerische) Konstruktion aller Bildwelten, an deren anderen Ende die Unendlichkeit liegt.

> »›Hochraum‹, ›Nahraum‹ und ›Schrägraum‹: in diesen drei Darstellungsformen drückt sich die Anschauung aus, daß die Räumlichkeit der künstlerischen Darstellung alle sie spezifizierenden Bestimmungen vom Subjekt aus empfängt, – und dennoch bezeichnen gerade sie, so paradox es klingt, den Augenblick, in dem (philosophisch durch Descartes und perspektiv-theoretisch durch Desargues) der Raum als weltanschauliche Vorstellung endgültig von allen subjektiven Beimischungen gereinigt ist.«[69]

Panofsky zeigt, dass die Objektivierung der Bildkonstruktion zu einer Subjektivierung der Blickrichtungen führt. Denn gerade weil die Konstruktion der Zentralperspektive mathematisch-objektiv wird, ist eine freie Perspektivwahl möglich. Jeder Bildwinkel, jede Körperkonstellation und jede Lichtsituation lässt sich nun berechnen. Und damit wird die Ich-Perspektive, in der Betrachtung der Welt wie auch in der Fokussierung auf kleine Objekte, überhaupt erst möglich. Ohne diese Erfindung – und das meint nicht nur die Vorausetzung der Abbildung der materiellen Welt in Form eines Kameraobjektivs, sondern vor allem die damit verbundene Akzeptanz einer Ich-Perspektive des Betrachters – wären Kriegsfilme als Reimaginationen von Erlebnissen nicht möglich. Im Fall von Terrence Malicks »Der schmale Grat« wird diese visuelle Perspektive durch die inneren Monologe der jeweiligen Filmfiguren verstärkt. Der Bildbetrachter steht am (mentalen und emotionalen) Nullpunkt aller (audiovisuellen) Konstruktionslinien.

---

69   Ebd., S. 125.

FAZIT

Der Kriegsfilm verbindet zweierlei: die Fiktion und die Realität. Er orientiert sich an wesentlichen historischen Kriegshandlungen, wie der Schlacht an der Somme im Jahr 1916, der amerikanischen Invasion auf Guadalcanal 1942 oder der Landung der Alliierten am D-Day 1944 und bindet Einzelgeschichten in den Kriegsverlauf ein. Diese Filme sind, das ist deutlich geworden, ein paradoxes Genre. Sie leben vor allem von der Überschreitung fester Kategorien, und das nicht nur bezüglich ihres erzählten Inhaltes: des Krieges als kulturvernichtende Kraft, sondern vor allem in der Überwindung darstellerischer und dramaturgischer Standards. Weil Kriegsfilme vor dem sozial-historisch-politischen Prospekt eine individuelle Erinnerung der Filmfiguren konstruieren, entsteht die Anteilnahme. Gerade weil das Genre kollektive historische Imaginationen in eine Ich-Perspektive der Filmfiguren drängt, entsteht eine emphatische Relation zum Betrachter.

All dieses bedarf nach Meinung des Autors einer begrifflichen Neudefinition, um die bisherigen Begriffe deutlicher voneinander abzugrenzen, da der Begriff des ›Realismuseffekts‹ als höchst problematisch in diesem Zusammenhang gelten muss: ›Realismus‹ (in der Darstellung) unterstellt eine filmseitige Eigenschaft des (Film-)Zeichens, es unterschlägt die mentale und individuelle Konstruktion des Gemeinten durch die jeweils Wahrnehmenden, ebenso wie die ständige Veränderung der kollektiven Zuweisungen. So müsste der Realismus in einem Kriegsfilm aus dem Ersten Weltkrieg, beispielsweise »Im Westen nichts Neues«, auch im Jahr 2015 den gleichen oder ähnlichen Effekt bei den Besuchern besitzen und auslösen. Das ist aber selten der Fall, allein die verwendete Schwarzweiß-Technik verursacht bei den heutigen Betrachtern vielleicht ein filmhistorisches Interesse, aber keine Simulation der persönlichen Teilhabe an der Schlacht. Genau Letzteres wird hier jedoch als die Wirkungsweise von Kriegsfilmen behauptet.

Letztlich bleiben drei Begriffe, die zumindest mit einer gewissen Berechtigung die hier beschrieben Aspekte und Wirkungsweisen von Kriegsfilmen als ein erzählendes Filmgenre beschreiben können. Sie grenzen sich zugleich gegeneinander ab.

Authentizität: Hierunter sollte eine der historischen Wirklichkeit entsprechende Wiedergabe einer Situation unter Darlegung aller relevanten Sichtweisen verstanden werden.

Exaktheit: Hierunter wäre die Kopie eines Objektes oder einer Situation zu verstehen, die keine oder nur geringe Abweichung vom Original aufweist.

Genauigkeit: Hiermit wird eine an der Wirklichkeit orientierte Darstellung bezeichnet, die ihre historische Verortung integriert und zugleich ihre eigene medial-technische und medial-dramaturgische Realität besitzt, beispielsweise in Form von Tricktechniken, Montageformen, Erzählstrukturen. In einem ›genauen‹ Film entsteht das Bild einer anderen Epoche in der Gestaltungsform der Gegenwart. Der Begriff der Genauigkeit beschreibt – das ist hier hoffentlich in einer Annäherung deutlich geworden – die Gesamtform eines Kriegsfilms. Entscheidend ist das Zusammenwirken eines historisch verbürgten Prospektes, einer detaillierten Schilderung einer Gruppe von Menschen in diesem Konflikt und den audio-visuellen Filmeffekten der Produktionsepoche.

LITERATURVERZEICHNIS

Anders, Günther: Die Welt als Phantom und Matrize. Philosophische Betrachtungen über Rundfunk und Fernsehen (1956), in: Pias, Claus/Vogl, Joseph/Engell, Lorenz u. a. (Hg.): *Kursbuch Medienkultur. Die maßgeblichen Theorien von Brecht bis Baudrillard*, 6. Auflage, München 2008, S. 209–222.

Arendt, Hannah: *Eichmann in Jerusalem. Ein Bericht über die Banalität des Bösen*, München, 1986.

Beaumont-Maillet, Laure: *Robert Capa Retrospektive*, Ausst.-Kat. Martin-Gropius-Bau (22.1.–18.5.2005), Berlin 2005.

Bronfen, Elisabeth: *Hollywoods Kriege. Geschichte einer Heimsuchung*, Frankfurt am Main 2012.

Distelmeyer, Jan: Der Soldat James Ryan, in: Klein, Thomas/Stiglegger, Marcus/Traber, Bodo (Hg.): *Filmgenres. Kriegsfilm*, Stuttgart 2006, S. 331–336.

Holert, Tom: Regimewechsel. Visual Studies, Politik, Kritik, in: Sachs-Hombach, Klaus (Hg.): *Bildtheorien. Anthropologische und kulturelle Grundlagen des Visualistic Turn*, Frankfurt am Main 2009, S. 328–353.

Klein, Thomas/Stiglegger, Marcus/Traber, Bodo: *Filmgenres. Kriegsfilm*, Stuttgart 2006.

Kracauer, Siegfried: Die kleinen Ladenmädchen gehen ins Kino (1927), in: Schöttker, Detlev (Hg.): *Von der Stimme zum Internet*, Göttingen 1999, S. 70–74.

Kronemeyer, Nadja: Der schmale Grat, in: Klein, Thomas/Stiglegger, Marcus/Traber, Bodo (Hg.): *Filmgenres. Kriegsfilm*, Stuttgart 2006, S. 336–345.

Landwehr, Achim: *Kulturgeschichte*, Stuttgart 2009.

Loiperdinger, Martina: The Battle of the Somme, in: Klein, Thomas/Stiglegger, Marcus/Traber, Bodo (Hg.): *Filmgenres. Kriegsfilm*, Stuttgart 2006, S. 31–37.

Nünning, Ansgar: *Grundbegriffe der Kulturtheorie und Kulturwissenschaften*, Stuttgart 2005.

Panofsky, Erwin: Die Perspektive als ›symbolische Form‹, in: Oberer, Hariolf/Verheyn, Egon (Hg.): *Aufsätze zu Grundfragen der Kunstwissenschaft*, Berlin 1985, S. 99–126.

Postman, Neil: Das Zeitalter des Showbusiness, in: Pias, Claus/Vogl, Joseph/Engell, Lorenz u. a. (Hg.): *Kursbuch Medienkultur. Die maßgeblichen Theorien von Brecht bis Baudrillard*, 6. Auflage, München 2008, S. 223–233.

Ritzer, Ivo: *Wie das Fernsehen den Krieg gewann. Zur Medienästhetik des Kriegs in der TV-Serie*, Wiesbaden 2015.

Ryan, Cornelius: *The longest Day*, New York 1959.

Sachs-Hombach, Klaus: *Das Bild als kommunikatives Medium. Elemente einer allgemeinen Bildwissenschaft*, Köln 2003.

Scholz, Martin: *Technologische Bilder. Aspekte visueller Argumentation*, Weimar 2000.

Scholz, Martin: »Bild und Moderne«, in: *IMAGE. Journal of Interdisciplinary Image Science: Bild und Moderne*, Heft 18 (7/2013), S. 3–21, http://www.gib.uni-tuebingen.de/image-2 [05.07.2015].

Smither, Roger: A wonderful idea of the fighting. The question of fakes in ›The Battle of the Somme‹, in: Taylor, Philip M./Kelly, Andrew (Guest Editors): *Historical journal of film, radio and the cinema and television* 13, 1993, Nr. 2.

Stiasny, Philipp: *Das Kino und der Krieg. Deutschland 1914–1929*, München 2009.

Virilio, Paul: *Krieg und Kino. Logistik der Wahrnehmung*, München 1986.

Virilio, Paul: Krieg und Fernsehen, in: Grisko, Michael (Hg.): *Texte zur Theorie und Geschichte des Fernsehens*, Stuttgart 2009, S. 231–236.

Welsch, Wolfgang: Immaterialisierung und Rematerialisierung. Zu den Aufgaben des Design in einer Welt der elektronischen Medien, in: Schwab, Tobias/Oehlke, Horst (Hg.): *Virtualität contra Realität? 16.* Designwissenschaftliches Kolloquium, Burg Giebichenstein Hochschule für Kunst und Design Halle/Saale; 19.10.– 21.10.1995, Halle/Saale 1995.

ABBILDUNGSVERZEICHNIS

Abbildung 17: Gefangener japanischer Soldat, in: Malick, Terrence (Regie): Der schmale Grat, USA 1998, Minute 1.42.30.

Abbildung 18: Gardine, in: Malick, Terrence (Regie): Der schmale Grat, USA 1998, Minute 1.17.48.

Abbildung 19: Urwald, in: Malick, Terrence (Regie): Der schmale Grat, USA 1998, Minute 0.29.45.

Abbildung 20: Marschierende Soldaten, in: Spielberg, Steven (Regie): Der Soldat James Ryan, USA 1998, Minute 0.38.34.

Abbildung 21: Kampfszene am Strand, in: Spielberg, Steven (Regie): Der Soldat James Ryan, USA 1998, Minute 0.07.30.

Abbildung 22: Soldaten auf Patrouille, in: Malick, Terrence (Regie): Der schmale Grat, USA 1998, Minute 0.32.39.

»WENN PEGASUS BEGINNT FEUER ZU SPEIEN!«

Die Visualisierung des Krieges zwischen Propaganda und Widerstand im Vorfeld der Annexion von Österreich durch das nationalsozialistische Deutsche Reich

EVA KLEIN

> »Alle Bemühungen um die Ästhetisierung der Politik gipfeln in einem Punkt. Dieser Punkt ist der Krieg.«[1]
> (Walter Benjamin, 1936)

Die Bestrebungen des autoritären Regimes unter dem diktatorisch regierenden faschistischen Bundeskanzler Engelbert Dollfuß, »das Verständnis für das Vorgehen der Regierung zu wecken« und die »Zustimmung der öffentlichen Meinung für ihre Handlungen zu gewinnen«[2], wird mit der Konstituierung des Österreichischen Heimatdienstes vorerst als Bundeskommissariat für Propaganda und ab Juli 1934 als Bundeskommissariat für Heimatdienst gefestigt. Die Propagandainstitution koordiniert die Bereiche Funk, Film und Schriftwesen sowie die persönliche Aufklärung von Haus zu Haus und die Einflussnahme des Bundeskommissars.[3] Nach faschistischem Vorbild als Einheitspartei mit Monopolstatus versteht sich die seit 1933 bestehende Vaterländische Front »berufen, der Träger des österreichischen Staatsgedankens zu sein.«[4] Dennoch lassen sich die nationalsozialistischen Stimmen im Land nicht gänzlich unterdrücken, deren Bestrebungen einen blutigen Höhepunkt im Juliputsch 1934 finden. Auf den gescheiterten Umsturzversuch

---

1   Dieses Zitat von Walter Benjamin ist seinem Aufsatz »Das Kunstwerk im Zeitalter seiner technischen Reproduzierbarkeit« entnommen, der in einer französischen Übersetzung 1936 erstveröffentlicht ist. Die deutsche Fassung erscheint 1955 erstmals. Benjamin, Walter: *Das Kunstwerk im Zeitalter seiner technischen Reproduzierbarkeit*, Frankfurt am Main 1977, S. 42.

2   Österreichische Gesellschaft für historische Quellenstudien (Hg.): Ministerratsprotokoll vom 31. März 1933, in: Dies.: *Protokolle des Ministerrats der Ersten Republik*, Abteilung 8, Kabinett Dr. Engelbert Dollfuß, Bd. 3, 22. März 1933 bis 14. Juni 1933, Wien 1983, S. 80.

3   Vgl. Bärnthaler, Irmgard: *Die Vaterländische Front. Geschichte und Organisation*, Wien 1971, S. 13; vgl. Tálos, Emmerich: *Das austrofaschistische Herrschaftssystem. Österreich 1933–1938*, Wien 2013.

4   Bundesgesetz vom 1. Mai 1934 BGB1. II Nr. 4/1934, betreffend die »Vaterländische Front«.

Abbildung 1: Plakat »Strafbarkeit von Gerüchten«, 1934.

der Nationalsozialisten reagiert man mit weiteren Verboten und Einschränkungen. Die Kundmachung vom 14. August 1934 zeugt von der Stimmung, welche nur wenige Wochen nach dem Putschversuch in der Steiermark vorherrscht. So nimmt das auf interpersonaler Kommunikation beruhende System aus Gerüchten und subtilen Andeutungen sowie heimlich verbreiteten Nachrichten neben der Bildpropaganda eine wesentliche Rolle in der nationalsozialistischen Meinungsmache ein.[5] Die dieser Kommunikationsstrategie zu Propagandazwecken entgegengerichteten Unterbindungsversuche durch die österreichische Regierung erfahren eine Visualisierung in Form von Textplakaten. Formal betrachtet folgt das Textplakat der Tradition der schnell und kostengünstig herzustellenden Ankündigungen, welche auf eine künstlerische Gestaltung sowie die Darstellung bildhafter Elemente verzichtet. Das briefartig angelegte Plakat trägt die Überschrift »Kundmachung über die Strafbarkeit von Gerüchten, die geeignet sind, die öffentliche Ruhe und Ordnung zu gefährden.« Wie die angesprochene Ordnung aufzufassen ist, ergibt sich im Kontext des Absenders – so handelt es sich um den Sicherheitsdirektor

---

5   Vgl. Bussemer, Thymian: *Propaganda. Konzepte und Theorien*, Wiesbaden 2008, S. 182.

der Steiermark. Im folgenden Beitrag werden am Beispiel von Graz, der Hauptstadt der Steiermark, insbesondere die visuellen Strategien untersucht, mit denen die rivalisierenden Parteien – das austrofaschistische Regime zum einen, die nationalsozialistischen Putschisten zum anderen und schließlich drittens der linke Widerstand – ihre Positionen darzustellen und zu vermitteln versuchen.

Im besagten Plakat wird das Anliegen, das autoritäre Regime und die Vaterländische Front zu stärken als oberstes Gebot impliziert und so richtet sich das Verbot als Drohung an jene, die dieser Einstellung nicht folgen. Des Weiteren wird verkündet:

> »In den letzten Tagen ist im ganzen Lande vollkommene Ruhe eingetreten.
> Trotzdem werden aber fortgesetzt die verschiedensten Gerüchte ausgestreut, die Unruhe in die Bevölkerung tragen. Die Bevölkerung wird dringendst gewarnt, derartige Gerüchte zu verbreiten, da die Verbreiter unnachsichtlich die schärfsten Strafen, und zwar gemäß Art. VIII, Abs. 1, Punkt a, des Einführungsgesetzes vom 21. Juli 1925, BGBl. Nr. 273, in Verbindung mit der Verordnung der Bundesregierung vom 19. Mai 1933, BGBl. 185, bis 2000 S Geldstrafe oder Arrest bis 6 Monate bzw. gegebenenfalls auch beide Strafen nebeneinander zu gewärtigen haben.«

Die Niederschlagung des Juliputsches stellt für die Nationalsozialisten in der Steiermark sowie in ganz Österreich keine fundamentale Erschütterung dar. Auch wenn sich die Attentate eine Zeit lang als rückläufig erweisen, scheint die nationalsozialistische Propaganda zuzunehmen. Auf sämtliche Verbote und Einschränkungen wie jene der Pressefreiheit reagieren die Nationalsozialisten mit verstärkten Aktionen wie der Propaganda im persönlichen Gespräch, unter anderem mit Hausbesuchen. Es wird demonstriert, dass die Partei »Trotz Verbot nicht tot« ist, wie der bekannte NS-Slogan lautet.[6] Hierfür werden in Graz beispielsweise kleine Propagandaheftchen verteilt, die handlich in jeder Hosen- oder Handtasche aufbewahrt werden können.

Im Gegensatz zu den als verboten proklamierten Botschaften der NS-Propagandaheftchen, die man im Verborgenen mit sich trägt, begegnen den Grazer Bürgerinnen und Bürgern jene der Monopolpartei im öffentlichen Raum. Das geklebte Propagandamedium wird vor allem an hochfrequentierten Orten in der Steiermark wie im restlichen austrofaschistischen Staat angebracht, um das Wirkungsspektrum zu maximieren. Dies kann als eine symbolische Besetzung des öffentlichen Raumes verstanden werden, womit eine Verschiebung der politischen Repräsentationen hin zu vermehrt symbolischen und tendenziell verharmlosenden Formen der Gewalt sichtbar wird. Mit dieser Ästhetisierung der Politik geht eine Zunahme an Gewaltbezügen in den ritualisierten Formen symbolischer Kommunikation einher.[7]

Das Werbeplakat aus dem Jahr 1936 für die Vaterländische Front greift in seiner Bildästhetik die etablierte Formsprache der Propaganda auf, welche sich durch die visuellen Gestaltungsmerkmale wie der Reduktion und dem Kontrastreichtum in der Farbgestaltung, der

---

6 Vgl. Bauer, Kurt: *Sozialgeschichtliche Aspekte des nationalsozialistischen Juliputsches 1934*, phil. Diss., Wien 2001, S. 21.
7 Vgl. Thamer, Hans-Ulrich: Repräsentation von Gewalt in Deutschland und in Italien in den 1920er und 1930er Jahren. Zur Ästhetik von Politik, in: Czech, Hans-Jörg/Doll, Nikola (Hg.): *Kunst und Propaganda im Streit der Nationen 1930–1945*, Ausst.-Kat. Deutsches Historisches Museum Berlin, Dresden 2007, S. 28–31.

*Abbildung 2: Propagandaheftchen,
1930er Jahre.*

*Abbildung 3: Plakat »Vaterländische
Front«, 1936, siehe Farbtafeln.*

rückbezüglichen Typografie, der imperativen Wortwahl und der Wahl des Sujets auszeichnet.[8] Letzteres bildet einen stählern anmutenden und heroisierten, fahnenschwingenden, arbeitenden Genossen ab, der mit siegessicherer Miene und festem Griff die Kruckenkreuzflagge hochhält und dem sich – im Hintergrund angedeutet – seine Gefolgschaft, in der die Typen des Schöngeistigen, Intellektuellen und Soldaten hervorgehoben werden, anschließt.[9] Durch die schattenreiche Gestaltung des Protagonisten in Braun-Schwarztönen tritt dieser in seiner farbigen Gestaltung sowie der Position im Plakat zurück und weicht dem eigentlichen dominierenden Bildelement der Flagge. Die Flagge tritt in einem kräftigen Rot und dem komplementärkontrastierten Grün in den Vordergrund. Die steigende Diagonale im Bildaufbau unterstreicht in ihrer Wirkungsweise die mächtige Positionierung. Die Flagge als Symbol einer bestimmten Gruppierung besitzt eine jahrhundertelange Tradition; Vorgänger von Flaggen und Fahnen sind bis in die altägyptische Zeit zurückzuverfolgen. Die Flagge kann in diesem Kontext als machtgeladenes Symbol zur Aufmerksamkeitserregung sowie zur visuellen Übertragung von Informationen gesehen werden. Die Botschaft des verwendeten Sujets lautet: »Folgt mir!« Diese imperative Ebene wird ergänzt mit dem ikonischen Zeichen des Kruckenkreuzes, welches den Verweis auf die zu verfolgende Ideologie darstellt und somit die Botschaft vervollständigt: »Folgt mir – der Vaterländischen Front!«

Der kommunikative Anspruch ergibt sich aus dem Bedürfnis, der sozialen Befindlichkeit und dem Weltbild einer bestimmten sozialen Gruppe durch eine zielgerichtete Ästhetik und Bildsprache Ausdruck zu verleihen.[10] Es wird eine Geschlossenheit, die wiederum eine Abgrenzung impliziert, demonstriert. Diese stärkt einerseits die Identität der Gruppe und übt, gepaart mit der kommunizierten Vitalität und Entschlossenheit, emotionalen Druck aus. Die Propaganda zielt über die Bilder und Bildszenarien vor allem auf das Emotionale ab, wodurch eine Mobilisierung der Gefühle zur Stärkung der Ideologie angestrebt wird.[11]

Jene bewährte Bildgestaltung ist es, die in einem praktizierten Eklektizismus auf kulturell definierte Symbole und Topoi zurückgreift, die als politische Instrumentalisierung zur Anwendung gelangen.[12] Die Gestaltungsmerkmale werden selbst dann nicht modifiziert, wenn es sich um divergierende Ideologien handelt. So wirbt das NS-Plakat der NSKOV (Nationalsozialistische Kriegsopferversorgung) im Jahr 1939 mit ähnlichem Sujet und vergleichbarer Ästhetik für das Frontkämpfertreffen in Graz. Selbst in der Wahlwerbung der Kommunistischen Partei aus dem Jahr 1945 finden ähnliche Gestaltungsmerkmale Anwendung.

---

8   Die Datierung des Plakates bezieht sich auf Aufzeichnungen des Steiermärkischen Landesarchives.

9   Zur Kruckenkreuzflagge: Im Bundesgesetzbuch wurde im Jahr 1936 festgehalten: »Die Flagge des Bundesstaates Österreich besteht aus drei gleichbreiten waagrechten Streifen, von denen der mittlere weiß, der obere und der untere rot ist.« In §2 wird zudem angegeben: »Die Kruckenkreuzflagge ist im Inlande der Staatsflagge gleichzuhalten und kann neben dieser geführt werden. [...] Die Kruckenkreuzflagge besteht aus drei waagrechten Streifen, von denen der mittlere weiß, der obere und der untere rot ist. Der Mittelstreifen hat in zwei Fünftel der Länge eine kreisförmige Erweiterung, in deren Mitte sich ein durchbrochenes rotes Kruckenkreuz befindet. Die Flagge ist an der Fahnenstange mit einem grünen Sparren belegt, dessen äußerer Rand von der Mitte der roten Streifen und dessen innerer Rand von den Teilungslinien ausgeht.«

10   Vgl. Thamer (wie Anm. 7).

11   Vgl. Paul, Gerhard: *Aufstand der Bilder. Die NS-Propaganda vor 1933*, Bonn 1992, S. 54.

12   Zur Tradition der Propagandaästhetik in Österreich vgl. Bennersdorfer, Ernestine: Kampf der Symbole. Zur Genese der nationalsozialistischen Ästhetik, in: Dürhammer, Ilija/Janke, Pia (Hg.): *Die »österreichische« nationalsozialistische Ästhetik*, Wien/Köln/Weimar 2003, S. 67–79.

Abbildung 4: Plakat »Nationalso-
zialistische Kriegsopferversorgung«,
1939.

Dieser Ästhetisierung der Politik steht eine Politisierung der Kunst in Österreich gegenüber. Entgegen der Gestaltung der besprochenen öffentlich proklamierten Propaganda-
plakate impliziert die Kunst im Kontext des Widerstandes, welcher sich gegen sämtliche
autoritäre Systeme – allen voran gegen den aufkommenden Nationalsozialismus in Österreich – richtet, eine politisch subversive Praktik, der ein zumindest teilweise verdecktes
Agieren als Notwendigkeit für die Umsetzung der übergeordneten, kommunistisch aus-
gerichteten Ziele anhaftet.[13]

---

13   In diesem Kontext versteht sich Subversion in der Kunst als Mittel einerseits zur gezielten Konfrontation
      mit als gegeben angesehenen Umständen und tatsächlichen Faktizitäten und andererseits zum Aufzeigen
      von Gegenmodellen der bestehenden Vorstellung der sozialen Ordnung. Zum Begriff der Subversion im
      Kontext der Kunst vgl. Christ, Hans D./Dressler, Iris (Hg.): *Subversive Praktiken. Kunst unter Bedingun-*
      gen politischer Repression, Ostfildern 2010, S. 32–33.
      Zum Widerstand in Österreich vgl. Neugebauer, Wolfgang: Österreich. Gegen den Nationalsozialismus
      1938–1945, in: Ueberschär, Gerd R./Steinkamp, Peter (Hg.): *Handbuch zum Widerstand gegen den Nati-*
      onalsozialismus und Faschismus in Europa 1933/39 bis 1945, Berlin/New York 2011, S. 31–42.

*Abbildung 5: Plakat »Kommunisti-
sche Partei Österreich«, 1945.*

*Abbildung 6: Foto der Villa
Albrecher-Leskoschek, 1937.*

Abbildung 7: Rekonstruiertes Foto des Wandgemäldes »Allegorie der Freunde« von Axl Leskoschek in der Villa Albrecher-Leskoschek, 1937.

Im politisch spannungsgeladenen Jahr 1937 fertigt der Künstler Axl Leskoschek in der in Graz vom Architekten Herbert Eichholzer soeben errichteten Villa Albrecher-Leskoschek das Wandgemälde »Allegorie der Freunde«. Das Wandgemälde platziert der Künstler im Herzstück der Villa – dem Wohn- und Essbereich. Es handelt sich bei der Trägerwand der Seccomalerei um die Trennwand zur Küche, die von einer Durchreiche durchbrochen wird und zugleich die Nordwand des Raumes bildet.[14]

Der Künstler umschließt mit seinem Wandgemälde die quadratische, das Bild unterbrechende Durchreiche und bezieht diese entsprechend mit ein. Mit Axl Leskoscheks Werk findet das Gesamtensemble von Architektur und Raumausstattung der klaren, reduzierten architektonischen Formsprache seine gefühlsgeladene und ausdrucksstarke Komplettierung, die zugleich den zentralen Raum des täglichen Lebens zu beseelen im Stande sein soll, denn so sagt es der Maler in seinen eigenen Worten. »Kunst ist gefühltes Werk, das wieder Gefühl erregen soll.«[15]

Das Wandgemälde zeugt von einer bemerkenswert intensiven Farbgestaltung, die im Gesamtwerk des Künstlers hervortritt. Farblich korreliert dieses unter den bis dato auffindbaren Werken von Axl Leskoschek lediglich mit dem Aquarell des Hotelgartens in Abbazia aus dem Jahr 1933, das sich durch eine kräftige Farbgestaltung in vorwiegend ruhigen, tiefen Blau-Türkis-Tönen auszeichnet, denen lediglich vereinzelt warme, gedämpfte Brauntöne gegenübergestellt sind. Zudem läuft die kräftige Farbgebung nach rechts oben sowie links unten lasierend aus, wodurch sich hellere Bereiche herausbilden, die zu einer ausgewogenen Gesamtkomposition beitragen. Der Malerei kann in den Bereichen der satten Blautöne eine ruhende Tiefe zugeschrieben werden, die zugleich im Gesamtensemble durch den dynamischen und detailreichen Bildaufbau sowie die expressiv-

---

14 Aufgrund durchgeführter Sondierungen und naturwissenschaftlicher Analysen konnte die Malerei eindeutig als Secco-Malerei identifiziert werden, wodurch die bisherige Annahme, dass es sich um ein Fresco handelt, erstmals widerlegt werden kann. Vgl. Befund von DI Dr. Robert Linke, Naturwissenschaftliches Labor des Bundesdenkmalamts vom 4. September 2012 sowie Gutachten von Mag. Herwig Hubmann, Restauricon Denkmalpflege vom 6. November 2012. Vgl. Klein, Eva/Hubmann, Herwig/Linke, Robert: Interdisziplinäre Befundsicherung und Untersuchung in der Denkmalpflege am Beispiel der Villa Albrecher-Leskoschek, in: Klein, Eva/Schiestl, Rosmarie/Stadlober, Margit (Hg.): *Denk!mal Zukunft. Der Umgang mit historischem Kulturgut im Spannungsfeld von Gesellschaft, Forschung und Praxis*, Graz 2012, S. 81–95.

15 Leskoschek, Axl: Politische Kunst und Kunstpolitik, in: *Arbeiterwille*, Graz 29.07.1928, S. 6–7.

Abbildung 8: Foto des Ess- und Arbeitsbereiches in der Villa Albrecher-Leskoschek mit dem Wandgemälde »Allegorie der Freunde« von Axl Leskoschek links im Bild, 1937.

Abbildung 9: Foto des Ess- und Arbeitsbereiches in der Villa Albrecher-Leskoschek mit dem Wandgemälde »Allegorie der Freunde« von Axl Leskoschek rechts im Bild, 1937.

surrealistische Malweise zu einer starken Lebendigkeit und Vielschichtigkeit erwächst.[16] Die Wandmalerei zeugt folglich von einer überdurchschnittlich farbintensiven Gestaltung in Axl Leskoscheks bis dato erhaltenem Œuvre. Neben den erhaltenen Druckgrafiken, Zeichnungen sowie Aquarellen[17] erweist sich die »Allegorie der Freunde« als das bis dato einzig auffindbare, erhaltene Wandgemälde des Künstlers. Es wurde 2012 wiederentdeckt und anschließend kunsthistorischen sowie denkmalpflegerischen Analysen un-

---

16 Die Beschreibung der Farben bezieht sich auf die Zeitzeugenberichte von Mariella Enajat und Traute Steinböck und kann mit den entnommenen Pigmentproben und der durchgeführten Laboranalyse wissenschaftlich untermauert werden. Hierbei konnten als Pigmente grüne Erde, gelber Ocker, Zinkweiß und Schwerspat sichergestellt werden. Vgl. Befund von DI Dr. Robert Linke, Naturwissenschaftliches Labor des Bundesdekmalamts vom 4. September 2012 sowie Gutachten von Mag. Herwig Hubmann, Restauricon Denkmalpflege vom 6. November 2012. Vgl. Klein/Hubmann/Linke (wie Anm. 14).

17 Vgl. *Axl Leskoschek zum 85. Geburtstag. Grafiken, Zeichnungen, Aquarelle.* Ausst.-Kat. Albertina Wien, Wien 1974; *Axl Leskoschek. Aquarelle, Holzschnitte, Pochoirs*, Ausst.-Kat. Neue Galerie, Graz, Graz 1971; Eisenhut, Günter: Axl Leskoschek, in: Eisenhut, Günter/Pochat, Götz: *Meisterwerke der Steirischen Moderne. Malerei und Plastik von 1918–2000*, Graz 2003, S. 126–129; Eisenhut, Günter/Haas, Elisabeth: Axl Leskoschek, in: Eisenhut, Günter/Weibel, Peter (Hg.): *Moderne in Dunkler Zeit*, Graz 2001, S. 258–271.

terzogen.[18] Stilistisch schwingt im Werk der Einfluss des Französischen Surrealismus mit, welcher sich nicht zuletzt auf den Kontakt zu Edgar Jené zurückführen lässt. So strahlen Axl Leskoscheks unwirklich erscheinende Figuren und Fantasiegestalten auf den ersten Blick eine Irrealität und Mystik aus, wie sie aus den Werken Edgar Jenés bekannt ist, der bekennt, »daß der Weg ins Wunderbare durch das offene und zugleich geschlossene Tor des Irrationalen führt«.[19] Axl Leskoscheks Schaffen zeigt sich zudem immer wieder von persönlichen Erlebnissen und Eindrücken geprägt, welche Eingang in seine Werke finden und wodurch sich die Notwendigkeit einer biografischen sowie soziokulturellen, vor allem aber politischen Kontextualisierung in der Analyse seines Wandgemäldes »Allegorie der Freunde« ergibt.

Der akademisch gebildete Künstler verweist in seinem Werk »Allegorie der Freunde« mehrfach in seinen Bildszenen auf den zu den ältesten und einflussreichsten Dichtungen der abendländischen Literatur zählenden Epos der »Odyssee«.[20] Es ist nicht von der Hand zu weisen, dass Homers »Odyssee« im Sinne der Irrfahrt in Bezug auf den Lebenslauf des Künstlers Parallelen aufwirft.

Als einziges Kind der »wohlhabenden, aber reinlichen Leute«[21] Feldmarschallleutnant Josef von Leskoschek und seiner Gemahlin Katharina ist die Karriere von Axl Leskoschek bereits vorbestimmt. Gemäß den großbürgerlichen Konventionen wird er in die Kadettenschule in Marburg an der Drau eingeschrieben, um seinem Vater beruflich nachfolgen zu können. Der Künstler erinnert sich an diese Zeit wie folgt: »Ich war zehn Jahre alt und Zögling in einer Militärschule. Ich war die Freude der Lehrer – wenn sie mich nicht sahen, weil ich im Arrest gesteckt hatte.«[22] 1909 absolviert Axl Leskoschek das deutsche Staatsgymnasium in Olmütz, woraufhin er dem Wunsch seiner Eltern nachkommt und 1917 in den Rechtswissenschaften promoviert.[23] Während des Ersten Weltkrieges ist er als Fliegeroffizier in der österreichisch-ungarischen Armee tätig, wo ihm das wohl prägendste Ereignis seines jungen Lebens widerfährt. Nur knapp und mit immensen Schmerzen verbunden überlebt er den Absturz seiner Maschine, welche unter Beschuss stand. Zutiefst gezeichnet, bricht Axl Leskoschek fortan mit den Konventionen seiner Eltern und wendet sich nunmehr verstärkt den Bildenden Künsten zu. Den Schrecken und das Leid des Krieges verarbeitet er in abstrakten Blättern. Er widmet sich den handwerklichen Techniken der Kunst und entscheidet sich gegen den erlernten Beruf des Juristen.

---

18 Wiederentdeckt wurde das Wandgemälde im Rahmen des Forschungsprojektes zur Villa Albrecher-Leskoschek an der Forschungsstelle Kunstgeschichte Steiermark am Institut für Kunstgeschichte der Karl-Franzens-Universität Graz. Vgl. hierzu den ersten veröffentlichten Bericht, auf dem die folgenden Beschreibungen aufbauen: Klein, Eva: Verborgene Moderne. Das Wandgemälde Allegorie der Freunde von Axl Leskoschek in der Villa Albrecher-Leskoschek von Herbert Eichholzer, in: Klein/Schiestl/Stadlober (wie Anm. 14), S. 61–80.

19 Basil, Otto (Hg.): Die Mitarbeiter dieses Heftes. Der Maler Edgar Jené, in: *Plan* 1, Wien 1938, S. 21.

20 Vgl. Moormann, Eric M./Utterhoeve, Wilfried: *Lexikon der antiken Gestalten mit ihrem Fortleben in Kunst, Dichtung und Musik*, Stuttgart 1995, S. 491–503; Zimmermann, Bernhard (Hg.): *Mythos Odysseus. Texte von Homer bis Günter Kuvert*, Leipzig 2004; Seidensticker, Bernd: Aufbruch zu neuen Ufern. Transformationen der Odysseusgestalt in der literarischen Moderne, in: Seidensticker, Bernd/Vöhle, Martin: *Urgeschichten der Moderne*, Stuttgart/Weimar 2001, S. 249–270; Fuchs, Gotthard (Hg.): *Lange Irrfahrt, große Heimkehr. Odysseus als Archetyp. Zur Aktualität des Mythos*, Frankfurt am Main 1994.

21 Leskoschek, Axl: Eine Biografie, wie ich mir sie vorstelle, in: *Der Abend*, Wien 03.09.1954, S. 5.

22 Leskoschek, Axl: Weihnachtserinnerungen, in: *Arbeiterwille* (Graz) 25.12.1927, S. 4.

23 Vgl. List, Rudolf: *Kunst und Künstler in der Steiermark. Ein Nachschlagewerk*, Ried im Innkreis 1974, S. 504.

Ab 1918 besucht er bei Alfred Schrötter-Kristelli die Landeskunstschule, ab 1919 nahm er zwischenzeitlich bei Fritz Silberbauer Unterricht, der eine private Malschule führte.[24] Die erworbenen künstlerischen Fertigkeiten festigt er ab 1921 an der Graphischen Lehr- und Versuchsanstalt in Wien bei Alfred Cossmann.[25]

Als Mitglied des Schutzbundes zeigt er sich sozialdemokratisch engagiert. Zudem wirkt er bei der Tageszeitung »Arbeiterwille« mit, in der er immer wieder Schriften sei- ner Auffassung der Kunst veröffentlicht, die insgesamt von hohem sozialen Engagement und einer ideologischen Grundhaltung geprägt sind.[26] Als Mitglied des Werkbundes Freiland und Mitbegründer der Grazer Sezession zeigt er sich in einem künstlerisch ge- spaltenen sowie politisch und wirtschaftlich turbulenten Umfeld von einer prinzipiell aufgeschlossenen Kunstauffassung geprägt. Er zeigt sich von vielen Stilen der Avantgarde beeinflusst und greift diese in seinen Werken auf.

> »Er ist oft ein Realist, in dessen Werken expressionistische, realistische, abstrakte und surrealistische Elemente zusammen bestehen und soziale und politische Besorg- nis offenbaren.«[27]

Er bricht nach den Februarkämpfen 1934 mit der Haltung der Sozialdemokraten, und so wendet er sich nunmehr der als illegal proklamierten kommunistischen Gesinnung zu. Der 1925 mit dem Österreichischen Staatspreis für Graphik geehrte Künstler wird bereits in der Zeit ab 1934 mehrmals inhaftiert. 1935 wird Axl Leskoschek wegen des Vorwurfs der illegalen politischen Tätigkeiten verhaftet, vorerst gelingt es ihm jedoch zu entkommen. Unter dem Decknamen Johann Hanke führt er seine Tätigkeiten verdeckt fort, was sich jedoch als überaus heikles Unterfangen erweist. Im März 1935 wird er des Hochverrates und Betruges beschuldigt und in Wien inhaftiert, woraufhin ein Freund zu intervenieren versucht; dennoch bleibt die Anklage des Betruges aufrecht, und so wird er im September 1936 zu drei Monaten Haft verurteilt. Entlassen wird er aber erst im Oktober 1937.[28]

Während seiner Inhaftierung wendet sich Axl Leskoschek einer expressiven sowie surrealistischen Malweise zu, die eine verstärkte rezeptive Ebene vorweist, wodurch eine allegorische Bildsprache zutage tritt. Aufgrund der Komplexität und dem damit einher- gehenden hohen Grad an zu Papier gebrachten Konnotationen ergibt sich eine ver- schlüsselte Bildsprache, welche es dem Künstler erlaubt, Kritik während seiner Haft zum Ausdruck zu bringen, ohne fürchten zu müssen, dass diese als solche verstanden wird. Mit dieser Praktik gelingt es ihm, Kritik am autoritären Regime und dem nahenden Nationalsozialismus zu üben sowie den Schrecken des Militarismus zu Papier zu bringen, wie beispielsweise in seinem Wöllersdorfer Blatt »Der Feldherr« aus dem Jahr 1936. Aus dieser ikonografischen und ästhetischen Grundhaltung heraus entsteht im Folgejahr das Wandgemälde »Allegorie der Freunde« in der Villa Albrecher-Leskoschek, in dem der Künstler seine verschlüsselte, allegorische Formsprache perfektioniert.

---

24 Vgl. Silberbauer, Wolfgang: *Fritz Silberbauer*, Ausst.-Kat., Graz 1983, S. 73.
25 Vgl. List (wie Anm. 23), S. 504.
26 Vgl. Eisenhut, Günter/Leskoschek, Axl: Maler, Grafiker und Illustrator, in: Eisenhut, Günter: *Axl Lesko-schek 1889–1976*, Graz 2012, S. 28–57.
27 Neistein, José M.: *Ein österreichischer Künstler im Exil. Die brasilianischen Jahre des Axl Leskoschek*, 1940/48, Manuskript, Eisenhut-Archiv, Neue Galerie Graz.
28 Vgl. Eisenhut/Leskoschek (wie Anm. 26).

*Abbildung 10: Fotodetail »feuerspei-
ender Pegasus« des Wandgemäldes
»Allegorie der Freunde« von Axl
Leskoschek in der Villa Albrecher-
Leskoschek, 1937.*

Von einer nicht minder komplexen Vielschichtigkeit zeugt zudem der Bildaufbau. Die
Komposition vereint zahlreiche antike sowie mittelalterliche Rezeptionen und vermengt
diese mit zeitgenössischen Themen, welche im Sinne der modernen Kunstauffassung sehr
individuell zur Visualisierung gelangen, da die Intention der zeitgenössischen und (kul-
tur-)politischen Proklamation im Vordergrund steht. Axl Leskoschek greift damit eine
Tradition innerhalb der modernen Kunst in der Steiermark auf, die bereits um 1900 in
der »Grazer Zeitkunst« ihre Anwendung findet.[29] Die einzelnen abgebildeten inselartigen
Elemente des Wandgemäldes fügen sich insgesamt zu einer Landkarte, die von einem
Kompass-Symbol bekrönt wird und eine tiefblaue Farbgestaltung vorweist. Die Inseln
werden von Schiffen und Meerestieren umgeben, welche in ihrer Kontur abermals fan-
tastische Wesen darstellen, die in ihrer Summe zudem als Sternbilder fungieren. Dem
Wandgemälde kann demzufolge neben der Funktion einer Landkarte auch jene einer
Sternenkarte zugeschrieben werden. Dieser Bildpluralismus wird durch einzelne mytho-
logische sowie biblische Visualisierungen verstärkt. Dieser überaus komplexe Bildaufbau
stellt folglich eine vielschichtige Vermengung zahlreicher Bezüge und Bedeutungen dar,
die aufgrund ihrer Anordnung jedoch eine klare, inhaltliche Gliederung erfahren. In der
linken Bildhälfte befindet sich die Hauptfigur des Gemäldes. Diese verkörpert Pegasus,
der jedoch bemerkenswerterweise Feuer speit. Pegasus als feuerspeiendes Wesen ist eine
überaus ungewöhnliche Darstellung,[30] welche sich erst bei näherer Betrachtung der darin

---

29   Vgl. Klein, Eva: Die Grazer Zeitkunst und das Plakat. Gebrauchsgrafik um 1900, in: Danzer, Gudrun/
      Pakesch, Peter (Hg.): *Aufbruch in die Moderne? Paul Schad-Rossa und die Kunst in Graz*, Ausst.-Kat. Neue
      Galerie am Universalmuseum Joanneum, Graz 2014, S. 68–79; vgl. Klein, Eva: Vergessene Steirische
      Moderne. Paul Schad-Rossa und das kreative Milieu um 1900, in: *Historisches Jahrbuch der Stadt Graz*,
      hrsg. v. der Stadt Graz, Bd. 42, Graz 2012, S. 593–616.
30   Vgl. Heinrich, Wilhelm (Hg.): *Ausführliches Lexikon der Griechischen und Römischen Mythologie*, Bd. 1,
      Leipzig 1884–1890, Bd. 3, S. 1727–1752.

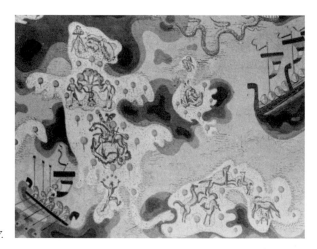

Abbildung 11: Fotodetail »kleiner Bär« des Wandgemäldes »Allegorie der Freunde« von Axl Leskoschek in der Villa Albrecher-Leskoschek, 1937.

eingeschriebenen Inhalte erklärt. So gilt Pegasus als Quelle aller Weisheit, dem in diesem Fall angesichts des Feuers, das aus seinem Leib strömt, eine durchaus zerstörerische und unheilvolle Komponente zukommt. Diese scheinbare Ambivalenz löst sich mit der ikonografischen Analyse der abgebildeten Darstellungen im geflügelten Pferd, da diese Verweise auf Ödipus und das Sphinx-Rätsel mit sich bringen.[31] Ödipus erscheint nach links gedreht im Bild und blickt auf drei Sphingen, die jede für sich ein Rätsel der Menschheitsgeschichte verbergen. Im oberen Bereich verweist die Darstellung hinter der über Ödipus platzierten Sphinx auf den Erzengel Michael mit dem Schwert. Die beiden am Boden liegenden, leblos erscheinenden Körper in der angedeuteten Tracht der Magyaren können als Verweis auf die Schlacht am Lechfeld gedeutet werden. Otto der Große überwältigte die Magyaren im Jahr 955, woraufhin Michael zum Schutzpatron des Heiligen Römischen Reiches erklärt wurde. Die Schlacht stellt ein überaus beliebtes Thema in der Bildenden Kunst dar, wodurch es zu zahlreichen Visualisierungen kommt, die in weiterer Folge zur »Schicksalsschlacht« stilisiert werden. Diese erfährt zudem auch propagandistische Kontextualisierungen.[32]

Links darunter im Flügel des feuerspeienden Pegasus findet sich das nächste grausame Menschenrätsel, auf das Ödipus mit leicht abgewinkeltem Arm deutet: Zwei sitzende und einander zugewandte Personen in indianischer Tracht mit Kopfschmuck halten Fische am Spieß in den Händen. Im Hintergrund sind drei Tipi-Zelte zu erkennen. Die vermeintlich friedlich anmutende Darstellung kann im Kontext als Verweis auf die Kolonialisierungsgeschichte Amerikas verstanden werden.

Darunter befindet sich im hinteren Bereich des geflügelten Pferdes eine dritte und damit letzte Darstellung eines Rätsels der Menschheitsgeschichte. Axl Leskoschek greift hier ein aktuelles Ereignis aus dem Jahr 1935 auf, indem er den italienisch-äthiopischen

---

31 Vgl. Sophokles: König Oidipus, in: Willige, Wilhelm (Hg.): *Sophokles. Tragödien und Fragmente*, München 1966, S. 357–449; Apollodoros: Inachos und seine Nachfahren, Vers 53, in: Baier, Thomas/Brodersen, Kai/Hose, Martin (Hg.): *Götter und Helden der Griechen*, Buch 3, Darmstadt 2004, S. 151; Schwab, Gustav: *Die schönsten Sagen des klassischen Altertums*, Stuttgart 1986, S. 259; Moormann/Utterhoeve (wie Anm. 20), S. 504.

32 Vgl. Springer, Matthias: 955 als Zeitenwende – Otto I. und die Lechfeldschlacht, in: Puhle, Matthias (Hg.): *Otto der Große, Magdeburg und Europa*, Ausst.-Kat. Kulturhistorisches Museum Magdeburg, Bd. 1, Mainz 2001, S. 199–208.

Krieg in seiner Darstellung abbildet. Mit dem Einsatz von Giftgas wurde gegen die Haager Landkriegsordnung verstoßen, wodurch es auf grausame Art und Weise zu Massenvernichtungen kam. Die eingangs befremdend wirkende Visualisierung von Pegasus als feuerspeiendes Wesen erschließt sich nun aufgrund der schreckensgeladenen Inhalte. Sie vereint drei Ereignisse der Menschheitsgeschichte, die – jedes auf seine eigene Weise – zu grausamen Massenvernichtungen führen und so als Rätsel im Wandgemälde stehen bleiben. Zudem können die drei Darstellungen als Anspielung auf das Erste, das Zweite und das Dritte Reich gesehen werden, denen aus kommunistischer Sicht ein apokalyptisches Element anhaftet.[33]

Im Gemälde rechts unter der Darstellung des feuerspeienden Pegasus steuert das bemannte Schiff von Odysseus, der an den Mast gebunden ist, an den Sirenen vorbei, geradewegs auf das inselförmige Element der unheilbringenden Menschenrätsel zu. Neben den genannten Darstellungen befindet sich ein weiteres inselförmiges Element, das als Sternenkonstellation des Kleinen Bären gedeutet werden kann. Diesem kommt eine richtungsweisende Funktion am Himmelszelt zu, und es dient der Navigation.[34]

Welche Richtung hierbei erstrebenswert ist, verdeutlichen wiederum die eingeschriebenen Darstellungen im Inneren der Insel: Im oberen Bereich und somit im Kopf des Bären platziert der Künstler den verlorenen Sohn des Lukasevangeliums. Dieser ist vor seiner Rückkehr, also vor dem heilsamen Wiedergefundenwerden dargestellt. Darunter bildet eine Paradiesszene Adam und Eva neben dem Baum der Erkenntnis ab. Die Schlange windet sich bereits erwartungsvoll um die unheilbringenden Äpfel, während Eva zwar den Arm nach diesen ausstreckt, aber noch keinen Apfel gepflückt hat. Bei der Visualisierung der Paradiesszene handelt es sich demnach um die Szene kurz vor dem Sündenfall und der anschließenden Vertreibung aus dem Paradies. Die beiden Darstellungen können als Entscheidungswege zwischen Gut und Böse interpretiert werden, welche von der darunter folgenden Darstellung des heiligen Georgs, der den Drachen und damit das Böse besiegt, bekräftigt wird. Hier wird eine wünschenswerte Tendenz vorgezeigt, der es zu folgen gilt. Im unteren Bereich schließt die Darstellungsserie mit einem Jongleur, der als Sinnbild einer friedlichen Beendigung eines Konfliktes gesehen werden kann,[35] in diesem Kontext jedoch vielmehr auf eine heikle Balance hinweist, die es zu bewahren gilt. So kann das zirzenische Element im Sinn der Avantgarde als Gegenwelt beziehungsweise demi monde gedeutet werden. Betrachtet man die eingeschriebenen Darstellungen des richtungsweisenden Bären in Summe, so münden diese, anhand seines Schweifes angedeutet, in eine verheißungsvolle und friedliche Tierszene, welche paradiesisch anmutet.

Anhand der kunsthistorischen Analysen der beiden Darstellungen des feuerspeienden Pegasus und des Kleinen Bären zeigt sich bereits die tiefgreifende Bedeutung und Politisierung des Kunstwerkes aus dem Jahr 1937. Als Warnung vor einer politischen Entwicklung, die gleichsam auf ein weiteres Menschenrätsel – dessen Folgen uns heute bekannt sind – zusteuert und gleichzeitig als Darlegung einer Alternative, die als Hoffnungsträger und Ausdruck einer oppositionellen Ideologie fungiert, präsentiert sich das

---

33 Inhaltlich greift Axl Leskoschek mit dieser Darstellung jene Idee auf, die er bereits 1936 in seinem Skizzenblock in Wöllersdorf zu Papier gebracht hat. Gemeint sind hier die drei Ritter.

34 Vgl. Fasching, Gerhard: *Sternbilder und ihre Mythen*, Wien 1993, S. 125–127.

35 So sollen geschickte chinesische Herrscher auf diplomatische Weise Kriege mithilfe ihrer Jonglierkünste friedlich beenden können. »Yiliao of Shinan juggles balls, and the conflict between the two states was ended«. Wugui, As Xu: *Zhuangzi*, Vers 10.

Wandgemälde im Herzen der Villa – einem Zentrum eines resistenten Milieus. Erst im politischen Kontext erschließt sich dessen Bedeutung, da es sich sowohl bei dem Künstler Axl Leskoschek wie auch dem Architekten der Villa Herbert Eichholzer um aktive Widerständler handelt. Sie zählen zu den Aktivistinnen und Aktivisten, die sich in den 1920er und 1930er Jahren den Linken, der Arbeiterbewegung sowie der Kommunistischen Partei zuwenden und Widerstand leisten.[36] Sie wirken beide bei der Zeitschrift »Plan« mit. Lediglich die erste Ausgabe ist bis dato auffindbar und zeugt von der oppositionellen Haltung, welche sich vor allem auch gegen die ästhetischen und stilistischen Einschränkungen in der Kunst richtet, wie der Auszug aus der Vorbemerkung in der Zeitschrift verdeutlicht:

> »Kunst in ihrem Ausgangspunkt ist gestaltetes magisches Erleben. Kunst darf in ihrer Formensprache weder beschränkt werden auf das äußerlich Sichtbare der Naturerscheinung, noch ist sie jemals in irgendeine gebräuchliche ästhetische Nomenklatur zu verwandeln. Wesenhaft an ihr ist einzig und allein die Intensität des Gestaltens aus dem Lebensgefühl einer Zeit und die Gesetzmäßigkeit ihres inneren Aufbaus. Wir in den Plan-Heften kämpfen für die Freiheit und UNANTASTBARKEIT der Kunst, wir sind – dies ohne Einschränkung und unbedingt – für eine freizügige und fortschrittliche Kunst- und Kulturbetrachtung. Den schöpferischen Geist reglementieren, ihn gleichschalten und einexerzieren, heißt ihn töten.«[37]

Die Ideologie richtet sich dezidiert gegen die Auffassung einer »entarteten Kunst«, welche im Rahmen der gleichnamigen Ausstellung 1937 vorerst dem Münchner Publikum als abschreckendes Beispiel präsentiert wurde und dann drei Jahre lang als Wanderausstellung durch Deutschland und Österreich zog.[38] In der Zeitschrift werden auch Ausschnitte aus der Eröffnungsrede von Adolf Hitler anlässlich der Eröffnung des »Hauses der Deutschen Kunst« in München gedruckt, dem bewusst kritische Zitate aus Zeitschriften und Tageszeitungen entgegen gesetzt werden. Allen voran ein Zitat der Einleitung zu den Propyläen von Goethe, in denen es an späterer Stelle heißt:

> »So sehr nun auch die Verfasser untereinander und mit einem großen Teils des Publikums in Harmonie zu stehen wünschen und hoffen, so dürfen sie sich doch nicht verbergen, daß ihnen von verschiedenen Seiten mancher Mißton entgegenklingen wird. Sie haben dies umso mehr zu erwarten, als sie von den herrschenden Meinungen in mehr als einem Punkt abweichen. Weit entfernt, die Denkart irgendeines Dritten meistern oder verändern zu wollen, werden sie ihre eigene Meinung fest

---

36   Neugebauer, Wolfgang: Österreich. Gegen den Nationalsozialismus 1938–1945, in: Ueberschär, Gerd R./Steinkamp, Peter (Hg.): *Handbuch zum Widerstand gegen den Nationalsozialismus und Faschismus in Europa 1933/39 bis 1945*, Berlin/New York 2011, S. 31–42, hier S. 33.

37   Basil, Otto (Hg.): Vorbemerkung, in: *Plan* 1, Wien 1938, S. 1.

38   Barron, Stephanie: 1937. Moderne Kunst und Politik im Vorkriegsdeutschland, in: Dies. (Hg.): *Entartete Kunst. Das Schicksal der Avantgarde im Nazi-Deutschland*, Ausst.-Kat. Los Angeles County Museum of Art/Art Institute Chicago/National Gallery of Art Washington/Altes Museum Berlin, München 1992, S. 9–24, hier S. 9.

aussprechen und, wie es die Umstände geben, einer Fehde ausweichen [...]. Wem um die Sache zu tun ist, der muß Partei zu nehmen wissen, sonst verdient er, nirgends zu wirken.«[39]

Die Zeitschrift wird verboten und alle auffindbaren Materialien sowie die bereits fertiggestellte Folgeausgabe noch in der Druckerei vernichtet.[40] Axl Leskoschek agiert unter Decknamen und flüchtet schließlich nach mehreren Inhaftierungen ins Exil. Auch sein Freund und Kollege Herbert Eichholzer flieht 1938 ins Ausland, agiert unter Decknamen weiter und kehrt 1940 nach Graz zurück, um seine Tätigkeiten fortzusetzten. Am 9. September 1942 wird er wegen Hochverrats zum Tode verurteilt und schließlich am 7. Jänner 1943 hingerichtet. Die zwei genannten Protagonisten der Villa Albrecher-Leskoschek reihen sich in einen Kreis Gleichgesinnter ein. Die Villa wurde als offener Ort verstanden, in dem stets ein reges Treiben herrschte. Im offenen Arbeitsbereich wurden auf den Stufen Lesungen, Theateraufführungen sowie künstlerische Aktionen abgehalten. Es wurde über Kunst, Kultur und Politik philosophiert.[41] So kann die Villa als ein Kristallisationszentrum des Widerstandes um 1937 in Graz gesehen werden.

In diesem Kontext verdeutlicht sich, dass das Wandgemälde »Allegorie der Freunde« über den Begriff der Resistenz hinausgeht und vielmehr als Teil eines komplexen und organisierten politischen Widerstandskonzeptes wahrzunehmen ist.[42] Ikonografische Inhalte und stilistischer Ausdruck korrelieren mit dem politisch-kritischen Verhalten und den Widerstandstätigkeiten. Bezieht man letztendlich die Namensgebung des Gemäldes von Axl Leskoschek »Allegorie der Freunde« entsprechend in diesen Kontext mit ein, so kann dem Gemälde mit dessen brisanten, politischen Botschaften die Bedeutung des verschlüsselten Programmes der Widerstandsgruppe zuerkannt werden, verdeutlichen diese Inhalte doch die Ideologie dieses Freundeskreises.

Mit der Wiederentdeckung des Wandgemäldes sowie den kunsthistorischen Analysen wird ein Gegenpol zur Ästhetisierung der Politik sichtbar. Das subversive Element findet in der Kunst für eine oppositionelle Haltung Anwendung und zeugt letztlich im Verborgenen von einem resistenten Milieu. Mit dieser Wiederentdeckung wird eine neue Form der Politisierung von Kunst im Vorfeld der Annexion sichtbar, welche sich der eingangs beschriebenen Ästhetisierung der Politik gegenüberstellt. Auch Walter Benjamins These »Alle Bemühungen um die Ästhetisierung der Politik gipfeln in einem Punkt. Dieser Punkt ist der Krieg.«[43] findet an späterer Stelle ihre Komplettierung und folgt dieser Polarität: »So steht es um die Ästhetisierung der Politik, welche der Faschismus betreibt. Der Kommunismus antwortet ihm mit der Politisierung der Kunst.«[44]

---

39   Basil, Otto (Hg.): Notizen und Ausschnitte, in: *Plan* 1, Wien 1938, S. 17.
40   Vgl. Zederbauer, Andrea: »*Nimm unsere Hände, o Herbst, und führ' uns ins Schweigen.*« Das Thema »*Entnazifizierung der Literatur am Beispiel der Kulturzeitschriften »Plan« und »Turm«*, Diplomarbeit, Wien 1998, S. 72.
41   Diese Angaben beziehen sich auf Zeitzeugenberichte. Als Herma Albrecher aus der Villa Albrecher-Leskoschek auszog, soll sie sämtliche Dokumente und Erinnerungen vernichtet haben.
42   Bezüglich der Begriffe »Resistenz« und »Widerstand« vgl. Botz, Gerhard: Künstlerische Widerständigkeit. »Resistenz«, partielle Kollaboration und organisierter Widerstand im Nationalsozialismus, in: Dokumentationsarchiv der österreichischen Widerstandes (Hg.): *Themen der Zeitgeschichte und der Gegenwart. Arbeiterbewegung – NS-Herrschaft – Rechtsextremismus. Ein Resümee aus Anlass des 60. Geburtstags von Wolfgang Neugebauer*, Wien 2004, S. 98–119.
43   Benjamin (wie Anm. 1), S. 42.
44   Ebd., S. 44.

QUELLENVERZEICHNIS

Apollodoros: Inachos und seine Nachfahren, in: Baier, Thomas/Brodersen, Kai/Hose, Martin (Hg.): *Götter und Helden der Griechen*, Buch 3, Darmstadt 2004.

Bärnthaler, Irmgard: *Die Vaterländische Front. Geschichte und Organisation*, Wien 1971.

Barron, Stephanie: 1937. Moderne Kunst und Politik im Vorkriegsdeutschland, in: Barron, Stephanie (Hg.): *Entartete Kunst. Das Schicksal der Avantgarde im Nazi-Deutschland*, Ausst.-Kat. Los Angeles County Museum of Art/Art Institute Chicago/National Gallery of Art Washington/Altes Museum Berlin, München 1992, S. 9–24.

Basil, Otto (Hg.): Vorbemerkung, in: *Plan* 1, Wien 1938, S. 1.

Basil, Otto (Hg.): Notizen und Ausschnitte, in: *Plan* 1, Wien 1938, S. 17.

Basil, Otto (Hg.): Die Mitarbeiter dieses Heftes. Der Maler Edgar Jené, in: *Plan* 1, Wien 1938, S. 21.

Bauer, Kurt: *Sozialgeschichtliche Aspekte des nationalsozialistischen Juliputsches 1934*, phil. Diss., Wien 2001.

Benjamin, Walter: *Das Kunstwerk im Zeitalter seiner technischen Reproduzierbarkeit*, Frankfurt am Main 1977.

Bennersdorfer, Ernestine: Kampf der Symbole. Zur Genese der nationalsozialistischen Ästhetik, in: Dürhammer, Ilija/Janke, Pia (Hg.): *Die »österreichische« nationalsozialistische Ästhetik*, Wien/Köln/Weimar 2003, S. 67–79.

Botz, Gerhard: Künstlerische Widerständigkeit. »Resistenz«, partielle Kollaboration und organisierter Widerstand im Nationalsozialismus, in: Dokumentationsarchiv des österreichischen Widerstandes (Hg.): *Themen der Zeitgeschichte und der Gegenwart. Arbeiterbewegung – NS-Herrschaft – Rechtsextremismus. Ein Resümee aus Anlass des 60. Geburtstags von Wolfgang Neugebauer*, Wien 2004, S. 98–119.

Bussemer, Thymian: *Propaganda. Konzepte und Theorien*, Wiesbaden 2008.

Christ, Hans D./Dressler, Iris (Hg.): *Subversive Praktiken. Kunst unter Bedingungen politischer Repression*, Ostfildern 2010.

Eisenhut, Günter/Haas, Elisabeth: Axl Leskoschek, in: Eisenhut, Günter/Weibel, Peter (Hg.): *Moderne in Dunkler Zeit*, Graz 2001, S. 258–271.

Eisenhut, Günter: Axl Leskoschek, in: Eisenhut, Günter/Pochat, Götz: *Meisterwerke der Steirischen Moderne. Malerei und Plastik von 1918–2000*, Graz 2003, S. 126–129.

Eisenhut, Günter/Leskoschek, Axl; Maler, Grafiker und Illustrator, in: Eisenhut, Günter: *Axl Leskoschek 1889–1976*, Graz 2012, S. 28–57.

Fasching, Gerhard: *Sternbilder und ihre Mythen*, Wien 1993.

Fuchs, Gotthard (Hg.): *Lange Irrfahrt, große Heimkehr. Odysseus als Archetyp. Zur Aktualität des Mythos*, Frankfurt am Main 1994.

Heinrich, Wilhelm (Hg.): *Ausführliches Lexikon der Griechischen und Römischen Mythologie*, Leipzig 1884–1890.

Klein, Eva/Hubmann, Herwig/Linke, Robert: Interdisziplinäre Befundsicherung und Untersuchung in der Denkmalpflege am Beispiel der Villa Albrecher-Leskoschek, in: Klein, Eva/Schiestl, Rosmarie/Stadlober, Margit (Hg.), *Denk!mal Zukunft. Der Umgang mit historischem Kulturgut im Spannungsfeld von Gesellschaft, Forschung und Praxis*, Graz 2012, S. 81–95.

Klein, Eva: Vergessene Steirische Moderne. Paul Schad-Rossa und das kreative Milieu um 1900, in: *Historisches Jahrbuch der Stadt Graz*, hrsg. v. der Stadt Graz, Bd. 42, Graz 2012, S. 593–616.

Klein, Eva: Die Grazer Zeitkunst und das Plakat. Gebrauchsgrafik um 1900, in: Danzer, Gudrun/Pakesch, Peter (Hg.): *Aufbruch in die Moderne? Paul Schad-Rossa und die Kunst in Graz*, Ausst.-Kat. Neue Galerie am Universalmuseum Joanneum, Graz 2014, S. 68–79.

Klein, Eva: Das Plakat als Propagandamittel. Die Gestaltung von Massenmedien zur gezielten Meinungsbildung, in: Bouvier, Friedrich/Reisinger, Nikolaus (Hg.): *Historisches Jahrbuch der Stadt Graz*, Bd. 44, Graz 2015, S. 203–210.

Koschatzky, Walther (Hg.): *Axl Leskoschek zum 85. Geburtstag. Grafiken, Zeichnungen, Aquarelle*, Ausst.-Kat. Albertina Wien, Wien 1974.

Leskoschek, Axl: Weihnachtserinnerungen, in: *Arbeiterwille*, Graz 25.12.1927.

Leskoschek, Axl: Politische Kunst und Kunstpolitik, in: *Arbeiterwille*, Graz 29.07.1928, S. 6–7.

Leskoschek, Axl: Eine Biografie, wie ich mir sie vorstelle, in: *Der Abend*, Wien 03.09.1954.

Leskoschek, Axl: *Aquarelle, Holzschnitte, Pochoirs*, Ausst.-Kat. Neue Galerie am Landesmuseum Joanneum Graz, Graz 1971.

List, Rudolf: *Kunst und Künstler in der Steiermark. Ein Nachschlagewerk*, Ried im Innkreis 1974.

Moormann, Eric M.: *Lexikon der antiken Gestalten mit ihrem Fortleben in Kunst, Dichtung und Musik*, Stuttgart 1995.

Neistein, José M.: *Ein österreichischer Künstler im Exil. Die brasilianischen Jahre des Axl Leskoschek,* 1940/48, Manuskript, Eisenhut-Archiv, Neue Galerie Graz.

Neugebauer, Wolfgang: Österreich. Gegen den Nationalsozialismus 1938–1945, in: Ueberschär, Gerd R./Steinkamp, Peter (Hg.): *Handbuch zum Widerstand gegen den Nationalsozialismus und Faschismus in Europa 1933/39 bis 1945*, Berlin/New York 2011, S. 31–42.

Österreichische Gesellschaft für historische Quellenstudien (Hg.): Ministerratsprotokoll vom 31. März 1933, in: Dies.: *Protokolle des Ministerrats der Ersten Republik*, Abteilung 8, Kabinett Dr. Engelbert Dollfuß, Bd. 3, 22. März 1933 bis 14. Juni 1933, Wien 1983, S. 80.

Paul, Gerhard: *Aufstand der Bilder. Die NS-Propaganda vor 1933*, Bonn 1992.

Schwab, Gustav: *Die schönsten Sagen des klassischen Altertums*, Stuttgart 1986.

Seidensticker, Bernd: Aufbruch zu neuen Ufern. Transformationen der Odysseusgestalt in der literarischen Moderne, in: Seidensticker, Bernd/Vöhle, Martin: *Urgeschichten der Moderne*, Stuttgart/Weimar 2001, S. 249–270.

Silberbauer, Wolfgang: *Fritz Silberbauer*, Ausst.-Kat., Graz 1983, S. 73.

Sophokles: König Oidipus, in: Willige, Wilhelm (Hg.): *Sophokles. Tragödien und Fragmente*, München 1966, S. 357–449.

Springer, Matthias: 955 als Zeitenwende – Otto I. und die Lechfeldschlacht, in: Puhle, Matthias (Hg.): *Otto der Große, Magdeburg und Europa*, Ausst.-Kat. Kulturhistorisches Museum Magdeburg, Bd. 1, Mainz 2001, S. 199–208.

Tálos, Emmerich: *Das austrofaschistische Herrschaftssystem. Österreich 1933–1938*, Wien 2013.

Thamer, Hans-Ulrich: Repräsentation von Gewalt in Deutschland und in Italien in den 1920er und 1930er Jahren. Zur Ästhetik von Politik, in: Czech, Hans-Jörg/Doll, Nikola (Hg.): *Kunst und Propaganda im Streit der Nationen 1930–1945*, Ausst.-Kat. Deutsches Historisches Museum Berlin, Dresden 2007, S. 28–31.

Wugui, As Xu: *Zhuangzi*, Vers 10.

Zimmermann, Bernhard (Hg.): *Mythos Odysseus. Texte von Homer bis Günter Kuvert*, Leipzig 2004.

Zederbauer, Andrea: *»Nimm unsere Hände, o Herbst, und führ' uns ins Schweigen.«* Das Thema *»Entnazifizierung der Literatur am Beispiel der Kulturzeitschriften »Plan« und »Turm«*, Diplomarbeit, Wien 1998.

ABBILDUNGSVERZEICHNIS

Abbildung 1: Plakat »Strafbarkeit von Gerüchten«, 1934, Quelle: Steiermärkisches Landesarchiv.

Abbildung 2: Propagandaheftchen, 1930er Jahre, Quelle: Privatbesitz.

Abbildung 3: Plakat »Vaterländische Front«, 1936, Quelle: Steiermärkisches Landesarchiv.

Abbildung 4: Plakat »Nationalsozialistische Kriegsopferversorgung«, 1939, Quelle: Steiermärkisches Landesarchiv.

Abbildung 5: Plakat »Kommunistische Partei Österreich«, 1945, Quelle: Steiermärkisches Landesarchiv.

Abbildung 6: Foto der Villa Albrecher-Leskoschek, 1937, Quelle: Privatbesitz.

Abbildung 7: Rekonstruiertes Foto des Wandgemäldes »Allegorie der Freunde« von Axl Leskoschek in der Villa Albrecher-Leskoschek, 1937, Quelle: Privatbesitz.

Abbildung 8: Foto des Ess- und Arbeitsbereiches in der Villa Albrecher-Leskoschek mit dem Wandgemälde »Allegorie der Freunde« von Axl Leskoschek links im Bild, 1937, Quelle: Privatbesitz.

Abbildung 9: Foto des Ess- und Arbeitsbereiches in der Villa Albrecher-Leskoschek mit dem Wandgemälde »Allegorie der Freunde« von Axl Leskoschek rechts im Bild, 1937, Quelle: Privatbesitz.

Abbildung 10: Fotodetail »feuerspeiender Pegasus« des Wandgemäldes »Allegorie der Freunde« von Axl Leskoschek in der Villa Albrecher-Leskoschek, 1937, Quelle: Privatbesitz.

Abbildung 11: Fotodetail »kleiner Bär« des Wandgemäldes »Allegorie der Freunde« von Axl Leskoschek in der Villa Albrecher-Leskoschek, 1937, Quelle: Privatbesitz.

DESIGN IN DER VERANTWORTUNG

Sabine Foraita – Harald Lemke – Gerald Schröder – Martina Glomb – Änne Söll

UNSCHULDSLAMM DESIGN – ODER WIE VIEL VERANTWORTUNG TRÄGT DAS DESIGN?

Sabine Foraita

Design und Krieg: Zwei Worte, die nicht viel miteinander zu tun haben, oder? Recherchiert man diese beiden Begriffe im Verbund, findet man, bis auf die Ankündigung zu dem Symposium, das die Grundlage dieser Publikation bildet, wenig. Warum auch? Was haben Designerinnen und Designer mit Krieg zu tun? Wir sind doch nur Designer, die gestalten, und haben doch im Grunde gar keine Verantwortung für das, was entwickelt wird, oder doch?

In diesem Beitrag soll zunächst geklärt werden, ob es eine Beziehung zwischen Design und Krieg gibt und vor allem in welchem Verhältnis Design und Krieg zueinanderstehen. Anhand von Beispielen soll des Weiteren die Frage der gesellschaftlichen Verantwortung der Designerinnen und Designer geklärt werden.

DIE BEZIEHUNG ZWISCHEN DESIGN UND KRIEG

Dass wir uns in diesen Tagen der Ereignisse vor 100 Jahren so intensiv widmen, ist sicherlich der Magie der glatten Zahlen zu verdanken, aber auch einer zunehmend präziser gewordenen geschichtlichen Aufarbeitung durch die Generationen und der Erkenntnis gewisser Parallelen der weltgesellschaftlichen Entwicklung zu den Vorkommnissen des Ersten Weltkriegs. Der Erste Weltkrieg, in Frankreich und Großbritannien auch der Große Krieg genannt, stellt den Endpunkt des so genannten langen 19. Jahrhunderts (ca. 1780/89–1914) und den Beginn des kurzen 20. Jahrhunderts (1914–1990) und damit deren gemeinsame Scharnierstelle dar. Brachte das lange 19. Jahrhundert Aufklärung und Industrielle Revolution, so brachte das kurze 20. Jahrhundert die Massenvernichtung.

Der Erste Weltkrieg steht zu Unrecht für die Mechanisierung und Industrialisierung des Tötens in kriegerischen Auseinandersetzungen, denn der amerikanische Sezessionskrieg (1861–65) sowie der Deutsch-Französische Krieg (1870/71) zeichneten technisch Vieles von dem vor, was vierzig Jahre später zur Perfidie getrieben wurde. Das Schlagwort der »Mechanisierung« ruft jedoch tatsächlich Gestaltende auf den Plan, denn all diese mechanischen Artefakte bedürfen einer Gestaltung. Technologische Entwicklungen von Kriegsgerät, und da leistet das Militär wahrhafte Innovationen, müssen anwendbar gemacht werden, welches die Kernkompetenz von Designern und Designerinnen bildet.

Die technologischen Entwicklungen in Bezug auf Kriegsgeräte, die in beinahe jedem Staat vorangetrieben werden, sind aber auch das Ergebnis einer gesellschaftlichen Haltung. Der Erste Weltkrieg steht für eine Paralysierung und Entseelung der sogenannten Ersten Welt, die nicht nur zu der bekannten Folge des Zweiten Weltkriegs führen musste, sondern auch in nahezu jeder Hinsicht die private und gesellschaftliche Lebensführung des Menschen veränderte: Welches Gesellschaftsbild beherrschte das Denken und Handeln, um sich derart instrumentalisieren zu lassen? In welchem äußeren Rahmen und mit welcher inneren Verfasstheit agierten damals Designer oder vielmehr diejenigen Personen, die Berufe und Professionen ausübten, die man heute im weitesten Sinne dem Design zuordnet? Und nicht zuletzt: Was müssen wir aus diesen Vorkommnissen lernen und berücksichtigen, wenn wir von der Verantwortung des Designers sprechen, zumal wir die Arbeitsergebnisse der Gestalter aus dem Zweiten Weltkrieg kennen?

Gerade in Deutschland haben der Erste und der Zweite Weltkrieg dazu beigetragen, dass Deutschland als Staat vieles dafür tut, nicht in kriegerische Auseinandersetzungen zu geraten. Betrachtet man die Vergangenheit sowie die gegenwärtige Situation, so stellt man fest, dass es offensichtlich schon immer gewaltsame und nichtgewaltsame Konflikte auf der Welt gegeben hat. Weiterhin kann man feststellen, dass es über 150 Kriege seit dem Ersten Weltkrieg auf unserer Welt gegeben hat.[1] Für 2013 verzeichnete das Heidelberger Institut für Internationale Konfliktforschung 25 so genannte »limited wars« sowie 20 Kriege. Wie viel Konfliktpotenzial auf der ganzen Welt herrscht, zeigt sehr eindrücklich die Weltkarte des Conflict Barometers 2013.[2] 2012 gab es insgesamt 405 politische Konflikte, 44 davon waren als hochgewaltsam eingestuft, weitere 177 als gewaltsame Krisen, 184 galten als gewaltlos. 2013 (die Zahlen für 2014 liegen noch nicht vor) hat sich die Situation folgendermaßen entwickelt: 414 politische Konflikte auf der Welt, davon 221 gewaltsame Krisen und 45 als hochgewaltsam eingestuft.[3]

Das Heidelberger Institut für Internationale Konfliktforschung definiert einen politischen Konflikt folgendermaßen:

> »According to the revised definition, a political conflict is a positional difference, regarding values relevant to a society – the conflict items – between at least two decisive and directly involved actors, which is being carried using observable and interrelated conflict measures that lie outside established regulatory procedures and threaten core state functions, the international order or hold out the prospect to do so.«[4]

Es geht also um Werte, die eine Gesellschaft als Ganzes betreffen; dabei kann eine Konfliktpartei eine Einzelperson, ein Staat, eine internationale Organisation oder ein nichtstaatlicher Akteur sein. Worum es in einem politischen Konflikt gehen kann, sind so genannte Conflict Items, also

---

1   Vgl. unter anderem auch bei http://www.regis-net.de/krieg/kriegliste-a.html [15.03.2015].
2   Vgl. Heidelberg Institute for International Conflict Research: *Conflict Barometer* 2013, Heidelberg 2014, S. 12.
3   Vgl. ebd., S. 15.
4   Ebd., S. 8.

»material or immaterial goods pursued by conflict actors via conflict measures. Due to the character of conflict measures, conflict items attain relevance for the society as a whole – either for coexistance within a given state or between states.«[5]

Das Heidelberger Institut für Internationale Konfliktforschung hat zehn Punkte aufgeführt, die zu Konflikten bzw. zu Kriegen führen: System/Ideology, National Power, Resources, Subnational Predominance, Autonomy, Secession, Territory, International Power, Decolonisation, Others. Dabei sind auslösende Konfliktpunkte System/Ideology, National und Subnational Power und Resources die am höchsten auslösenden Konfliktpotenziale.[6] Festzustellen ist, dass spürbar ideologische Konflikte zunehmend kriegerische Auseinandersetzungen befördern.

Seit dem Ersten Weltkrieg haben sich die Auswirkungen jedoch dramatisch verändert: In den Kriegen zu Beginn des 20. Jahrhunderts waren es 5 % Zivilisten, die getötet oder verwundet wurden. Zu Beginn des 21. Jahrhunderts hat sich ihr Anteil auf 90 % erhöht. Es hat also eine massive Verschiebung der Verluste in Richtung der Zivilbevölkerung stattgefunden und damit auch eine andere Betrachtungsnotwendigkeit der Weltgemeinschaft in globaler Verantwortung für Menschen, die in Kriegsgebieten leben müssen.

DAS VERHÄLTNIS VON DESIGN UND KRIEG

Dies betrifft die Frage nach dem Gesellschaftsbild, das Denken und Handeln des Einzelnen und damit auch die Haltung der Designerinnen und Designer. Ein interessantes Statement zur globalen Verantwortung gibt dazu Judith Butler in ihrem Buch »Krieg und Affekt«. Butler ist der Auffassung, dass es zunächst darum geht, zu welchem »Wir« wir uns zugehörig fühlen und uns damit von anderen abgrenzen. In den meisten Fällen haben wir noch nicht einmal eine Positionierung der Anderen aufgenommen bzw. können uns nicht in ihre Position einfühlen. Butler macht deutlich:

> »Bevor ich einen Vorschlag mache, wie man über globale Verantwortung in unserer Zeit nachdenken kann, die unzweifelhaft eine Zeit des Krieges ist, möchte ich mich von einigen Anderen und, wie ich meine, irrigen Formen, dieses Problem anzugehen, distanzieren. Da sind diejenigen, die im Namen der Demokratie oder der Sicherheit töten, die im Bewusstsein einer ›global agierenden‹ Souveränität und gar im Namen ›globaler Verantwortung‹ die Souveränität anderer Länder verletzen.«[7]

Je nachdem, in welcher Form der entsprechende Staat eingebunden ist, wird zum Beispiel auch die Berichterstattung dieses Landes ausgerichtet sein, es werden die Opfer der Gegner nicht so dargestellt wie die Opfer des eigenen Landes. Das Bildmaterial wird die jeweilige subjektive Sichtweise darstellen, so wie es in dem ersten Irak-Krieg nachzuvollziehen war. Das ist politisch intendiertes Design von Krieg.

---

5   Ebd.
6   Vgl. ebd., S. 19.
7   Butler, Judith: *Krieg und Affekt*, Zürich/Berlin 2009, S. 15.

Gerade wenn es um die Mediengestaltung geht, haben wir als Gestaltende Verantwortung: Der amerikanische Film »Wag the dog« aus 1997 (frei basierend auf dem Roman »American Hero« von Larry Beinhart) führt uns dies »unterhaltsam« vor Augen. Und glaubt man diesem Film, so ist Krieg vor allem eine Frage des Designs seiner Inszenierung. Diese Inszenierungen sind immer ausgefeilter geworden und heute durch soziale Netzwerke in ganz andere Dimensionen gerückt. Betrachtet man die Untersuchungen der BBC, die jüngst Bilder aus dem Konflikt im Gazastreifen analysierte und dabei feststellte, dass es sich bei einigen Bildern um solche aus Syrien handelte, die eine 16-Jährige gepostet hatte, dann ist die Geschichte um den egozentrischen Produzenten Stanley Motss alias Dustin Hoffmann (1997), der einen fiktiven Krieg im oben genannten Film inszeniert, gar nicht so fern.

Selbst die Auswahl von Bildausschnitten kann die Aussage eines Bildes enorm verändern. Die Ausstellung »Bilder, die lügen«, die initiiert durch das Haus der Geschichte in Hannover 2004/05 gezeigt wurde, zeigt ein Bild aus dem Irakkrieg 2003. Judith Butler schreibt zu diesem Phänomen:

> »In beiden Irakkriegen hat die Perspektive, die das Verteidigungsministerium den Medien zugestanden hat, die Wahrnehmung und damit das Verständnis des Krieges aktiv vorstrukturiert. Einzuschränken, wie wir etwas sehen, ist zwar noch nicht ganz das Gleiche wie uns eine bestimmte Geschichte aufzuzwingen, aber es ist eine Art festzulegen, was in das Feld der Wahrnehmung aufgenommen wird und was nicht.«[8]

Damit verbunden ist das Thema des eingebetteten Journalismus:

> »Der Kamerawinkel, der Ausschnitt, die gestellten Sujets – all das deutet darauf hin, dass diejenigen, die die Aufnahmen machten, aktiv in die Logik des Krieges eingebunden waren, die sie erweiterten und der sie sogar zusätzliche Wirksamkeit verliehen.«[9]

Judith Butler hat dies an den Fotoaufnahmen in Abu-Graib deutlich gemacht. Diejenigen, die wissenschaftlich arbeiten, kennen dieses Phänomen auch aus dem Bereich des Zitierens, denn auch hier kann ein aus dem Zusammenhang gerissener Satz, völlig missverstanden werden, wie es beispielsweise dem Satz »form follows function« geschehen ist. Design, das immer gesellschaftlich intendiert gestaltet, ist natürlich auch am Krieg beteiligt. Und wenn wir einen erweiterten Designbegriff zugrunde legen, dann umso mehr. Design geht weit über Gestaltung des Artefakts hinaus. Design gestaltet das Handeln. Yana Milev plädiert ebenfalls für ein Designverständnis, das

> »ein Designdenken des Sozialen, des Politischen, des Ethnografischen, des Ökologischen und Ökonomischen, des Urbanen und Spatialen, zudem des Ästhetischen, des Medialen, des Narrativen und des Performativ-Lebensräumlichen« umfasst.[10]

---

8   Ebd., S. 54.
9   Ebd.
10   Milev, Yana (Hg.): *Designkulturen. Der erweiterte Designbegriff im Entwurfsfeld der Kulturwissenschaft*, München 2013, S. 12.

Wenden wir uns nun dem Bereich der Produktgestaltung zu. Betrachten wir das Beispiel »My first rifle«[11] aus den USA: Die Firma wirbt mit Gewehren für Kinder. Es existiert sogar ein Pinkfarbenes insbesondere für Mädchen. Der Hersteller Keystone nennt das Produkt »Crickett«, zu deutsch »Grille«, das in einer Verpackung mit einer Zeichentrickfigur, einem Grashüpfer, angeboten wird. Hier werden über die Farbe, die Form und die Verpackung gezielt kleinere Kinder angesprochen. Dabei sind ebenfalls Designer am Werk: Produktgestalter, die die Waffe entwickeln, Packaging Designer, die die »lustige« Verpackung gestalten, und Webdesigner, die die Website aktualisieren. Es ist jedoch eine so genannte scharfe Waffe, das heißt, man kann mit diesem wie ein Spielzeug wirkenden Produkt Menschen töten. So geschehen Unfälle, wie zum Beispiel im Mai 2013 in Kentucky, wo ein Fünfjähriger seine Schwester erschoss. Das Projekt von An-Sofie Kesteleyn, die Kinder mit Waffen posieren lässt, zeigt eindrucksvoll die Haltung einer Gesellschaft, in der Waffenbesitz ein erklärtes Grundrecht ist.[12]

Die amerikanische Gesellschaft lässt Kinder mit Waffen »spielen«, wohingegen in anderen Teilen der Welt für Kinder der Umgang mit Waffen sogar im kriegerischen Kontext alltäglich ist. Es gibt einen Bericht der Internationalen Koalition gegen den Einsatz von Kindersoldaten, der angibt, dass in mindestens 63 Ländern Jugendliche unter 18 Jahren für die nationalen Streitkräfte rekrutiert werden. In 21 davon werden Kinder unter acht Jahren rekrutiert. Die Zahl der Kindersoldaten weltweit wird auf 250.000 geschätzt.[13] Angesichts dieser Zahlen ist das Design einer »coolen Kinderwaffe« höchst fragwürdig.

Als Kindersoldaten werden »alle Personen unter 18 Jahren, die von Streitkräften oder bewaffneten Gruppen rekrutiert oder benutzt werden [...], darunter Kinder, die als Kämpfer, Köche, Träger, Nachrichtenübermittler, Spione oder zu sexuellen Zwecken benutzt wurden« bezeichnet.[14]

Wir leben in einer Weltgesellschaft, die im Jahre 2013 weltweit Militärausgaben von schätzungsweise 1.747 Milliarden US-Dollar umgesetzt hat, was 2,4 Prozent des globalen Bruttosozialprodukts beziehungsweise 248 US-Dollar pro Person entspricht.[15]

Teil dieser Rüstungsindustrie sind selbstverständlich auch Vertreter und Vertreterinnen der gestaltenden Zunft. Es kann nicht damit argumentiert werden, dass Design nur für die äußere Form verantwortlich sei – diese Form der Unschuld kann nicht geltend gemacht werden. Wohingegen Designerinnen und Designer natürlich auch nicht die gesamte Verantwortung für die Welt der Produkte übernehmen können, denn daran sind insgesamt viele Disziplinen beteiligt.

11   Vgl. http://www.crickett.com [12.10.2014].
12   Vgl. http://www.featureshoot.com/2014/05/sofie-kesteleyn/ [12.10.2014].
13   Ramm, Wolf-Christian [inhaltlich verantwortlich im Sinne des Presserechts]: *terre des hommes Deutschland, homepage* 2015, http://www.tdh.de/de/was-wir-tun/themen-a-z/kindersoldaten.html [12.10.2014].
14   Definition nach den Pariser Prinzipien von 2007.
15   Vgl. hierzu Stockholm International Peace Research Institute: *SIPRI Yearbook 2014. Armaments, Disarmament and International Security*, Oxford 2014, S. 8, http://www.sipri.org/yearbook/2014 [12.10.2014].

DIE GESELLSCHAFTLICHE VERANTWORTUNG DER DESIGNERINNEN UND DESIGNER

Designer und Designerinnen sind dennoch vor, während und nach dem Krieg beteiligte Kompetenzen mit entsprechender gesellschaftlicher Verantwortung: Irgendein Designer gestaltet Propagandamaterialien, ein anderer die Medienkampagnen, wieder ein anderer Logos, Verpackungen, Geräte, Fahrzeuge, Waffen und Uniformen und so fort.

Ein prominentes Beispiel findet man in Alessandro Manzini, dem Prototyp eines Designers, in Maßanzug und mit gegelter Frisur, der eine Landmine in kräftigen bunten Farben mit einer formalen Ähnlichkeit eines Schmetterlings gestaltet hat. Er ist von der Form und der Materialität sowie der perfekten Funktionsweise völlig überzeugt. Das Produkt besitzt die heitere Ausstrahlung eines Kinderspielzeuges. Auf die Frage, was passieren würde, wenn ein Kind dieses finden würde, antwortet er: »Er sei doch nur ein Designer«. Erst später erkennt man in dem Spot, dass es sich um eine Kampagne der United Nations handelt, die auf Landminen und ihre Auswirkungen aufmerksam machen soll.[16] Auch wenn es in diesem Fall »nur« eine ironische Darstellung der United Nations ist, so macht sie doch eindringlich darauf aufmerksam, dass Gestaltende in diesen und ähnlichen Bereichen tätig und mitverantwortlich sind. Das Design ist Teil der Gesellschaft. Die Artefakte, die von Designerinnen und Designern gestaltet werden, sind ein Spiegel der Gesellschaft. In der gesamten Menschheitsgeschichte hat es kriegerische Auseinandersetzungen gegeben und damit verbunden die Entwicklung und Gestaltung von Kriegsgeräten. Design bildet dabei einen Teilbereich, ist jedoch ebenfalls beteiligt. Gestaltende, die an solchen Projekten arbeiten, werden gegenwärtig eher nicht, so wie in diesem Spot dargestellt, an die Öffentlichkeit treten. Weil das so ist, möchte ich mich mit den Designerinnen und Designern beschäftigen, die sich mit den Auswirkungen des Krieges befassen.

Ein Gegenprojekt zu den zerstörerischen Landminen, von denen insbesondere Kinder betroffen sind, stellt der »Mine Kafon« dar. Massoud Hassani, der in Afghanistan seine Kindheit verbracht hat, gestaltete den Mine Kafon, ein mit Windkraft angetriebener Landminen-Räumer. Der Mine Kafon (Kafon ist Dari und bedeutet Explosion), ist eine Kugel aus Bambus, Gummi, Kunststoff und Metall und hat die Anmutung einer Pusteblume. Wie viele Kinder in Afghanistan hat auch Hassani früher Spielzeuge gebaut, die vom Wind angetrieben durch die Wüste fliegen konnten.

> »Die Wüste war unser Spielplatz. Sie lag nicht weit von einem Militärflughafen [...]. Das Terrain war von Landminen und anderen Sprengsätzen infiziert, weil dort jahrelang Soldaten trainierten und das Zeug zurückließen.«[17]

---

16   Vgl. http://creativity-online.com/work/united-nations-landmine-designer/136 [12.10.2014].
17   Massoud Hassani im Interview mit Duk, Wierd: Eine gigantische Pusteblume räumt Landminen, in: *zeit online*, 2013, http://www.zeit.de/wissen/2013-01/minenraeumer-mine-kafon-hassani [12.10.2014].

Tritt ein Mensch auf diese Sprengsätze, so explodiert die Mine und zerstört alles in ihrem direkten Umkreis. Hassani hatte das Ziel, mit einfachen Mitteln diese Landminen aufzuspüren und zur Explosion zu bringen, um möglichst große Flächen wieder sicher zu machen: Der Mine Kafon wiegt insgesamt 80 kg und würde 40 Euro kosten. Pro Explosion verliert sie 25 ihrer 175 Beine und ist so mehrfach einsetzbar.[18]

Menschen zu retten, ist auch das Ziel von Patrick Staudt, Masterstudent an der Hochschule für Bildende Künste Braunschweig im Bereich Transportation Design, er hat das Konzept »Helpster«[19] entworfen: Er hat sozusagen eine positive Nutzung des Prinzips der Streubomben entwickelt, um in Seenot Geratene weiträumig mit Rettungswesten auszustatten.

Ein bekanntes Projekt, das auf die Auswirkungen des Krieges aufmerksam machte, war das der Schweizer Sektion von Amnesty International, die Plakate entwickelten, die das Grauen von Menschenrechtsverletzungen bzw. Auswirkungen des Krieges in unseren persönlichen Alltag transportierten, indem sie mit fotografischen Mitteln Konfliktsituationen direkt in die Umgebung integrierten. Mit dem Slogan »Es geschieht nicht hier. Aber jetzt.« schufen die Gestaltenden einen direkten Bezug zum Geschehen. Die Plakate waren vom 29. Mai bis 23. Juni 2006 an ausgewählten Standorten in Bern, Basel, Luzern, Winterthur, Zürich, Lausanne, Genf und Lugano zu sehen. Die Kampagne wurde ermöglicht dank der Unterstützung von der Walker Werbeagentur (Kreation und Ausführung), Federico Naef (Fotografien), Keystone (Bilder) und APG (Plakatstellen).[20]

Während des Krieges und nach dem Krieg sind Hilfsmittel nötig, die gestaltet werden müssen, wie zum Beispiel das Unternehmen »morethanshelters« zeigt. Anlässlich der Jahrestagung 2014 der Deutschen Gesellschaft für Designgeschichte unter dem Titel »Social Design« in Hamburg hielt Daniel Kerber einen Vortrag über seine Architekturprojekte für Flüchtlinge aus Syrien in Jordanien.

Er entwickelte mit seinem Team Zelte, die leicht aufzubauen sind, sich den klimatischen Umständen des betreffenden Landes anpassen und bedeutend länger halten als herkömmliche Flüchtlingsunterkünfte. Daniel Kerber beschreibt seinen Entwurf in einem Interview folgendermaßen:

> »Ich nenne es nicht Zelt, sondern modulares System. Es besteht aus einem Boden, einem Tragwerk und einer Außenhaut. All das stellt unsere Firma ›morethan-shelters‹ in verschiedenen Materialien her, die man kombinieren kann wie bei einem Lego-Baukasten: In einem Lager in der Hitze von Kenia braucht man eine luftdurchlässige Außenhaut, im libanesischen Winter eine, die besser isoliert. Wenn es Überschwemmungen gibt, können wir den Boden erhöhen und das Zelt so trocken halten. Bei einem Wintereinbruch fügen wir außen eine zweite Haut hinzu und füllen den Zwischenraum mit Stroh: Schon haben wir eine Isolierschicht. Das Tragwerk macht die Unterkunft fast so stabil wie eine Hütte.«[21]

18 Ebd.
19 Vgl. Staudt, Patrick: *HELPSTER – Seenotrettung & Streubomben*, http://www.patrickstaudt.blogspot. de/2014/04/helpster-seenotrettung-streubomben.html [14.10.2014].
20 Vgl. Amnesty International Schweiz: *AI-Plakatkampagne »Es geschieht nicht hier. Aber jetzt.«*, 2006, http://www.amnesty.ch/de/about/dok/2006/ai-plakatkampagne-es-geschieht-nicht-hier-aber-jetzt [12.10.2014].
21 Gurk, Christoph/Hampel, Lea: Zwischen den Welten, Interview, in: *Süddeutsche Zeitung* 31, 2013, http://szmagazin.sueddeutsche.de/texte/anzeigen/40247/ [12.10.2014].

Seit einigen Jahren gebe ich ein Seminar, in dem es um die Verantwortung der Designer geht. Auf die Frage, was die Studierenden nicht gestalten würden, kommt häufig die Antwort, dass sie auf gar keinen Fall Plakate und Flyer für radikale Parteien gestalten könnten, was sicher auf unsere jüngere Geschichte zurückzuführen ist.[22] Fast alle Studierenden sagen, sie würden weder Waffen, die Menschen töten, noch Produkte, die Menschen hinrichten könnten, gestalten (wie zum Beispiel einen Elektrischen Stuhl).

Mit dieser Einstellung stehen die Studierenden nicht allein – auch prominente Designer bekennen sich dazu, Gestaltungen abzulehnen, die nicht ihrer persönlichen ethischen Auffassung entsprechen, wie zum Beispiel Philippe Starck, der in einem Interview mit Thomas Bärnthaler von der Süddeutschen Zeitung sagte, dass er Gestaltungsanfragen aus ethischen Gründen ablehnt. Er sagt hierzu:

> »Ich lehne jeden Tag Vorschläge ab. Wir sind ein ethisches Unternehmen, mit einer eigenen Charta, die seit mehr als 30 Jahren gilt. Ich arbeite nicht fürs Militär, nicht für Hersteller von harten Alkoholika, nicht für Tabakunternehmen. Wir arbeiten auch nicht für Religionen. Wir entwerfen auch keine Dinge, die von seltsamem Geld bezahlt werden. Und auch nicht für die Ölindustrie. All das umfasst etwa 50 Prozent unserer Anfragen. Die sortiert mein Assistent sofort aus und schmeißt sie weg. Dabei geht es mir nicht um Perfektion, ich bin ja auch nur ein Mensch. Manchmal mache ich Sachen nur des Spaßes wegen.«[23]

Ähnlich positionieren sich die Designerinnen und Designer der Agentur »nowakteufelundknyrim«, die alle Aufträge ablehnen, die sie nicht verantworten können, genau wie die Münchner Kommunikationsagentur Kochan und Partner, die im Magazin »Page« 07/12 in einem Interview gesagt hat, dass sie

> »konsequent Aufträge ablehnen, die durch ihre Produkte oder auch ihr Handeln direkt den Frieden auf dieser Welt gefährden, die unter menschenverachtenden Bedingungen produzieren oder unsere Umwelt aktiv zerstören.«[24]

An dieser Stelle möchte ich auf die Eingangsfragen zurückkommen: Welches Gesellschaftsbild beherrscht das Denken und Handeln, dass sich Menschen instrumentalisieren lassen? Betrachten wir das Konzept, das Judith Butler dargestellt hat, das Konzept der Abgrenzung des Wir zu den Anderen, das keinen perspektivischen Wechsel zulässt. Wenn die Konfliktpotenziale im System und der Ideologie liegen, und wir darüber hinaus die »Anderen« nur gefiltert wahrnehmen, weil die Berichterstattung beziehungsweise die Macher der Medien (also auch die Designer) die Notwendigkeiten der kriegerischen Auseinandersetzung unterstützen und propagieren, dann wird es auch eine Bereitschaft in der breiten Masse geben, die kriegerische Auseinandersetzung zu unterstützen. Damit wäre dies das gesellschaftliche Umfeld, in dem Designer agieren.

---

22   Hervorzuheben ist hierbei der Zweite Weltkrieg, der medial stärker aufbereitet war als der erste und der deutlich die Beteiligung der Gestaltenden in ihrer Vielfalt aufzeigt (Hugo Boss, Uniformgestaltung der Waffen SS; Leni Riefenstahl, Propagandafilme; Logoentwicklung; Grafikdesign; Plakatgestaltung, zum Beispiel Hans Herbert Schweitzer, genannt »Mjölnir«).

23   Bärnthaler, Thomas/Starck, Philippe: Dem Design fehlt Idealismus und Moral, in: *Süddeutsche Zeitung* 16, 2009, S. 2.

24   Dohmann, Antje: Ein kleines bisschen besser, in: *Page* 7, 2012, S. 28.

In welchem äußeren Rahmen und mit welcher inneren Verfasstheit agierten Designer oder vielmehr diejenigen Personen, die Berufe und Professionen ausübten, die man heute im weitesten Sinne dem Design zuordnet? Diese Frage betrifft die persönliche Haltung der entsprechenden Gestalter und Gestalterinnen, die in dem oben genannten gesellschaftlichen Umfeld arbeiten und ihre persönliche gesellschaftliche Verantwortung abwägen müssen, einige Gestaltende haben sich diesbezüglich öffentlich positioniert (siehe oben).

Und nicht zuletzt: Was müssen wir aus diesen Vorkommnissen lernen und berücksichtigen, wenn wir von der Verantwortung des Designers sprechen? Designer und Designerinnen sollten sich folgende Fragen stellen: In welchem Wertesystem gestalte ich, und welche Werte vertrete ich persönlich? Daraus folgt: Was sollen wir als Gestaltende tun? Was müssen wir als Gestaltende lassen? Diese Fragestellung folgt im Grunde dem Kant'schen Kategorischen Imperativ: »Handle nur nach derjenigen Maxime, durch die du zugleich wollen kannst, dass sie ein allgemeines Gesetz werde.«[25]

David Berman bringt diese Auseinandersetzung mit den folgenden Fragen auf den Punkt:

> »So when it comes to the question what is right or what is wrong in the professional work, simply ask yourself, ›How would I deal with this on a personal level? Would I recommend this product to my children? Could I look my daughter or my best friend in the eye while speaking this message or pitching the product I've designed, or would I have to look away?‹«[26]

Die Haltung des einzelnen Gestaltenden ist also gefragt: Als Designer oder Designerin muss ich mir die Frage stellen, ob ich mit meinem eigenen Anspruch und Handeln bereit bin, Dieses oder Jenes zu gestalten oder auf gestalterische Weise zu unterstützen.

Das Projekt »Do good ~~Design~~« von David Berman geht sogar noch einen Schritt weiter. Er fordert die Designenden dazu auf, 10 % ihrer professionellen Arbeit einem Projekt zur Rettung der Welt zu widmen.[27] Er glaubt, dass Design die Macht hat, die Welt zu verändern – und ich glaube das auch!

QUELLENVERZEICHNIS

Amnesty International Schweiz: *AI-Plakatkampagne »Es geschieht nicht hier. Aber jetzt.«*, 2006, http://www.amnesty.ch/de/about/dok/2006/ai-plakatkampagne-es-geschiehtnicht-hier-aber-jetzt [12.10.2014].

Bärnthaler, Thomas/Starck, Philippe: Dem Design fehlt Idealismus und Moral, in: *Süddeutsche Zeitung* 16, 2009, S. 2.

Berman, David: *Do good ~~Design~~. How Designers can change the World*, Berkely 2009.

Butler, Judith: *Krieg und Affekt*, Zürich/Berlin 2009.

Dohmann, Antje: Ein kleines bisschen besser, in: *Page* 7, 2012, S. 28.

---

25   Kant, Immanuel: *Grundlegung zur Metaphysik der Sitten*, Akademie-Ausgabe Kant Werke IV, Berlin 1968, S. 421.
26   Berman, David: *Do good ~~Design~~. How Designers can change the World*, Berkely 2009, S. 152.
27   Vgl. ebd., S. 153.

Gurk, Christoph/Hampel, Lea: Zwischen den Welten, Interview, in: *Süddeutsche Zeitung* 31, 2013, http://szmagazin.sueddeutsche.de/texte/anzeigen/40247/ [12.10.2014].

Hassani, Massoud, im Interview mit Duk, Wierd: Eine gigantische Pusteblume räumt Landminen, in: *zeit online*, 2013, http://www.zeit.de/wissen/2013-01/ minenraeumer-mine-kafon-hassani [12.10.2014].

Heidelberg Institute for International Conflict Research: *Conflict Barometer 2013*, Heidelberg 2014.

Kant, Immanuel: *Grundlegung zur Metaphysik der Sitten*, Akademie-Ausgabe Kant Werke IV, Berlin 1968.

Milev, Yana (Hg.): *Designkulturen. Der erweiterte Designbegriff im Entwurfsfeld der Kulturwissenschaft*, München 2013.

Ramm, Wolf-Christian [inhaltlich verantwortlich im Sinne des Presserechts]: *terre des hommes Deutschland, Kindersoldaten*, http://www.tdh.de/de/was-wir-tun/themen-a-z/kindersoldaten.html [12.10.2014].

Staudt, Patrick: *HELPSTER – Seenotrettung & Streubomben*, http://www.patrickstaudt. blogspot.de/2014/04/helpster-seenotrettung-streubomben.html [14.10.2014].

Stockholm International Peace Research Institute: *SIPRI Yearbook 2014. Armaments, Disarmament and International Security*, Oxford 2014, S. 8, http://www.sipri.org/ yearbook/2014 [12.10.2014].

KRIEGSNAHRUNG – NAHRUNGSKRIEGE

Gastrosophische Perspektiven auf die Kriegsgestaltung

Harald Lemke

Unter dem Stichwort »Perspektiven für das Design der Zukunft« hat vor einiger Zeit der Philosoph Wolfgang Welsch eine programmatische Erweiterung unseres Design-Verständnisses vorgeschlagen. Er erläuterte dazu: »Der Aufgabenbereich des Designs erschöpft sich nicht im Objekt-Design, sondern beginnt bereits bei der Einrichtung der Lebensverhältnisse und der Prägung von Verhaltensformen.«[1] Im Blick auf »die Umstrukturierung all unserer Lebensbedingungen, die von den globalen Problemen der Ökonomie und Politik bis zu den persönlichsten Lebensverhältnissen reicht, kommt einem erweiterten neuen Design für diese Umgestaltung eminente Bedeutung zu.«[2] Überträgt man die grundbegriffliche Bestimmung eines solchen umfassenden Social Design oder Life Design – denkbar wäre auch, von einem Transformations-Design zu sprechen[3] – auf die vorliegende Thematik, tut sich der vielleicht folgenreichste Anwendungsbereich eines neuen philosophischen Design-Begriffs auf: die Gestaltung von Krieg – War Design.

Krieg und sein Design sind innerhalb der Philosophie bislang kaum ein Thema.[4] Eine Feststellung, die angesichts des offensichtlichen Umstandes, dass überall Krieg herrscht, irritiert. Insofern scheint es mir höchste Zeit zu sein für eine philosophische Theorie des Krieges, die sich als Bestandteil und ›Negativbereich‹ einer aktuellen Sozialphilosophie versteht. Und ein zentrales Themenfeld einer solchen Kriegsphilosophie ist das War Design.

Für eine erste Annäherung an eine Theorie der Kriegsgestaltung erscheint es mir grundlegend, den Krieg nicht traditionell zu denken, sondern gewissermaßen Krieg jenseits des Krieges zu denken. Krieg jenseits des Krieges oder eben Kriegsgestaltung im

1 Welsch, Wolfgang: *Ästhetisches Denken*, Leipzig 1990, S. 201–218.
2 Ebd.
3 Vgl. Sommer, Bernd/Welzer, Harald: *Transformationsdesign. Wege in eine zukünftige Moderne*, München 2014.
4 Vgl. Geis, Anna: *Den Krieg überdenken. Kriegsbegriffe und Kriegstheorien in der Kontroverse*, Baden-Baden 2006.

Sinne eines erweiterten Designbegriffs zu denken heißt, sich klar zu machen, dass War Design weder der Tötung bedarf noch der Krieger, weder der militärischen Gewalt noch der Soldaten – um gleichwohl destruktiv und todbringend zu sein.

Dementsprechend ist zwischen zwei grundverschiedenen Kriegsgeschehen zu unterscheiden. Einerseits dem (offiziell ›erklärten‹) Krieg der militärischen Gewalt und der traditionellen Kriegsführung und andererseits dem alltäglichen (zumeist unausgesprochenen) Krieg der sozialen Konflikte und Repressionen, dem War Design der kleinen Feindseligkeiten oder dauerhafter Herrschaftsverhältnisse ohne Gewalthandlungen. Diejenige Kriegsgestaltung, die sich nicht auf die rein militärische Realität von gewaltsamen Kampfhandlungen oder auf das Design des eingesetzten Kriegsmaterial beschränkt, sondern »die Umstrukturierung all unserer Lebensbedingungen«[5] umfasst, lässt sich als eine umfassende Fortsetzung des Designs mit anderen Mitteln begreifen. Dieses War Design kommt in der Ökonomie und der Politik ebenso zum Einsatz wie in den persönlichsten Dingen und alltäglichsten Handlungen. Um dies zu veranschaulichen, werde ich im Folgenden das Essen wählen. War Design anhand der Ernährungsthematik zu diskutieren, dient auch dem Zweck, mithilfe der politischen Gastrosophie[6] einer kriegsphilosophisch fundierten Gesellschaftstheorie zuzuarbeiten und den Bereich des Food Designs programmatisch zu erweitern.[7]

Denn ein Schlachtfeld der alltäglichen Kriegsgestaltung ist die Ernährung: Der globale Food War ist buchstäblich die planetare Schlachtplatte des War Design. Bislang wird dem weltweiten Nahrungskrieg kaum öffentliche (und erst recht kaum eine designtheoretische) Wahrnehmung entgegengebracht; im deutlichen Unterschied zur gesellschaftlichen Reflexion der so genannten ›Neuen Kriege‹ und deren aktuellen Kriegsschauplätzen. Doch gerade der verzweifelte Kampf um Lebensmittel ebenso wie der friedliche Zugang zu gutem Essen und frischem Wasser wird in den kommenden Jahrzehnten zu den entscheidenden Herausforderungen der Weltgemeinschaft gehören. Diese Perspektive ist speziell für die politische Gastrosophie ein programmatischer Anlass, um über die diversen Zusammenhänge zwischen Krieg und Essen nachzudenken ebenso wie über das global vorherrschende Nahrungsdispositiv als Kriegsgestaltung. Denn gegenwärtig sind unsere Lebensmittel in den allermeisten Fällen auch Tod bringende oder – in Militärsprache ausgedrückt – von Kollateralschäden begleitete Vernichtungsmittel.

OHNE MAMPF KEIN KAMPF

Um nachvollziehbar zu machen, wie dies zu verstehen ist, werde ich zunächst auf das Design von Nahrungsmitteln eingehen, welche zur Ernährung von Streitkräften oder Soldaten im Feldeinsatz dienen. Kriegsherren wussten schon immer, dass Soldaten mit

---

5   Welsch (wie Anm. 1).
6   Grundzüge einer politischen Gastrosophie, die die globalen Ernährungsverhältnisse zum (längst überfälligen) philosophischen Gegenstand der politischen Ethik macht, habe ich an anderer Stelle ausführlich entwickelt; vgl. Lemke, Harald: *Politik des Essens. Wovon die Welt von morgen lebt*, Bielefeld 2012.
7   Vgl. Sanderson, Chris/Raymond, Martin/Klanten, Robert u. a. (Hg.): *crEATe: Eating Design and Future Food*, Berlin 2008; Pollmer, Udo/Nieha, Monika: *Food-Design. Panschen erlaubt: Wie unsere Nahrung ihre Unschuld verliert*, Stuttgart 2010; Stummerer, Sonja/Hablesreiter, Martin: *Food Design: Von der Funktion zum Genuss – From Function to Feast*, New York 2005.

leerem Magen keine Schlacht gewinnen können. Daher wurden Krieger im Kampfeinsatz mit einer geeigneten Feldkost versorgt. Von der erstmaligen Verwendung von Konserven-dosen-Futter in den Napoleonischen Kriegen über die ebenso praktische wie nährreiche Erbswurstsuppe im Deutsch-Französischen Krieg bis zur so genannten Eisernen Ration des Ersten und Zweiten Weltkriegs waren Kriege stets Anlass, Nahrungsmittel und die kulinarische Versorgung eigens zu gestalten. Wobei das Ziel dieses War Designs stets aus-schließlich deren funktionelle Kriegstauglichkeit war – und auch heute noch ist.

Um herauszufinden, wie lecker solche Schlachtplatten der anderen Art, so genannte ›Combat Rations‹, wirklich sind, hat kürzlich die britische Tageszeitung »The Guardian« alle in Afghanistan stationierten Armeen um eine Kostprobe gebeten. Elf Nationen lie-ferten: Italien, Frankreich, Deutschland, Großbritannien, Australien, Spanien, die USA, Kanada, Norwegen, Estland und Singapur. Zum Testessen wurde die Kriegskost dann Diplomaten, Beamten, Mitarbeitern von Hilfsorganisationen und Sicherheitsfirmen aus der ganzen Welt vorgesetzt. Der Sieger dieses ungewöhnlichen Wettkampfes kommt den kulturellen Erwartungen (und Zuschreibungen) entsprechend aus Italien; auf Platz zwei folgen die Franzosen.[8] Aber auch die ›Einmannpakete‹ (EPa) aus Deutschland schnitten zur allgemeinen Überraschung gut ab.

Daher lohnt sich vielleicht eine Kostprobe der deutschen Kriegsküche. So gehö-ren zur Einmannration ein bis zwei in dünnem Weißblech verpackte Fertiggerichte, die im Notfall bzw. im Feldeinsatz auch kalt verzehrbar sind – »ohne Nährwertverlust und wesentliche Einbuße im Geschmack«, laut Selbstbeschreibung. Bei der Bundeswehr gibt es seit 2013 zwölf verschiedene EPa-Typen zur Auswahl. Typ7 etwa enthält Linseneintopf mit Mettwürstchen und Jägertopf oder Nudeln mit Fleischklößchen und Jägersoße. Ne-ben den Fertiggerichten setzt sich das breite Menü aus Müsli(-riegeln), Brot aus der Dose sowie Aufstrichen (Streichwurst) oder Marmelade, Desserts, Snacks, Getränkepulver »Fantasie«, Salz und Pfeffer, Kaffee-Extrakt, einem Päckchen Kaugummi – und prak-tischem Zubehör wie Streichhölzern, Wasserentkeimungstabletten, Erfrischungstüchern zusammen. Alles in allem zehrt die deutsche Kriegsküche von einem internationalen Food Design, das sich nicht wesentlich von den industriellen Fertigprodukten unterscheidet, die auch im Freizeitbereich (etwa Bergsteiger-Tütennahrung) oder bei Flugreisen zum Einsatz kommen.

Doch im Kriegsgeschehen werden nicht nur Einmannpakete eingesetzt. Im Herbst 2014 beschloss die deutsche Bundesregierung anlässlich des aktuellen Kriegsgeschehens in Syrien und der Bekämpfung der IS-Terrormiliz die militärische Unterstützung der irakischen Kurden: Neben Waffen und weiterer logistischer Hilfe erhielten die Wider-standskämpfer auch ›taktische Feldküchen‹ made in Germany: ultimatives Küchendesign für die gehobene Fastfood-Kriegsnahrung.

Direkt hinter der Front sollen sie im Bedarfsfall innerhalb von 20 Minuten auf- oder abgebaut und schnell verlegt werden können. Der taktische Feldkochherd TFK 250, im Truppenjargon besser als Gulaschkanone bekannt und schon seit ihrer ersten Erwähnung bei Goethe vor 200 Jahren altbewährt, wird von der deutschen Firma Alfred Kärcher GmbH hergestellt (vielen Baumarktkunden ist die Firma Kärcher vor allem als Hersteller von Hochdruckreinigungsgeräten bekannt). Design wurde die TFK 250 für den Einsatz

---

8   Vgl. Graham-Harrison, Emma: The eat of battle – how the world's armies get fed, in: *The Guardi-an*, 18.02.2014, http://www.theguardian.com/lifeandstyle/2014/feb/18/eat-of-battle-worlds-armies-fed [28.04.2015].

unter Air-Land-Battle-Bedingungen. Auf einen Einachsanhänger installiert, kann sie mit jedem geländegängigen Fahrzeug, das eine Anhängervorrichtung hat, sofort ins Kampf-gebiet transportiert werden. Mit einer Feldküche dieser Art können rund 250 Soldaten versorgt werden, ist das Gericht einfacher, könnten es sogar bis zu 600 ›Mann‹ sein.

Das mobile Kochgerät dient zur Vor- und Zubereitung von Eintopfgerichten und mehrgängigen Gerichten wie zum Beispiel Suppe, Fleisch, Kartoffeln, Nudeln, Reis und Soße. Dabei können sowohl Frischwaren als auch haltbare und lagerfähige Lebensmittel verarbeitet werden. Laut Hersteller ermöglicht die eingebaute Technik zahlreiche Garver-fahren wie Kochen, Druckkochen, Sieden, Dünsten, Dämpfen, Schmoren, Braten und Ba-cken. Mit rund 100.000 Euro hat die kriegstaugliche Designerküche einen extrem kostspie-ligen Anschaffungspreis, der weit über dem in der Spitzengastronomie üblichen liegt.

Der mobilen Küchentechnik komme an der Front eine zentrale Rolle zu, so die Er-klärung der Bundeswehr. Denn die Kämpfer könnten so ihre Truppen völlig unabhängig von jeglicher Infrastruktur an der Front versorgen. Weil sie dadurch die »Überlebens-fähigkeit im Felde« erhöhten, seien die deutschen Militärherde nun auch für die kurdi-schen Kämpfer wichtig. Wie wichtig die Versorgung von Kriegern ist, weiß die Bundes-wehr inzwischen nach diversen Armeeeinsätzen im Ausland. Auf der Internetseite des Heeres fällt die Formel: »Ohne Mampf kein Kampf«.[9]

An einem weiteren aktuellen Kriegsschauplatz, bei dem es nicht nur um die inter-nationale Bekämpfung von Terrorismus, sondern auch um Lebens-Mittel geht (vor allem um Erdöl[10]) – im Afghanistan-Krieg – sind zeitweise mehrere Tausend deutsche Solda-ten im Einsatz gewesen. Bis Ende 2014 ist diese von der NATO geführte Sicherheits-unterstützungstruppe (ISAF) dort stationiert. Um sie satt zu bekommen, reichen mobile Feldküchen und Einmannpakete nicht. Dafür ist ein umfangreicher logistischer Aufwand erforderlich. Sowohl ein privates Unternehmen als auch ein Verpflegungsamt der Bun-deswehr betreiben die notwendigen Kampfkantinen. Die Kriegsnahrung stammt über-wiegend aus der Europäischen Union und muss wegen der weiten Transportwege lange haltbar sein. Der Genuss von lokalen und frischen Produkten ist nahezu ausgeschlossen und setzt eine offizielle Zulassung und Kontrolle des Lieferbetriebes durch einen Sachver-ständigen der Bundeswehr voraus.

Für die Ernährung der Streitkräfte kommen Brot- und Backwaren, Milch- und Milcherzeugnisse sowie Kartoffeln, Frischobst und Gemüse zum Einsatz. Den Soldaten stehen mindestens 50 Prozent Kohlenhydrate und maximal 35 Prozent Fett bei insgesamt 3.600 Kilokalorien pro Tag zu, außerdem Flüssigkeit und Getränke bis zu acht Liter pro Tag. Das bedeutet, dass die Feldkantine mindestens zwei Menüs pro Mann oder Frau mit freier Komponentenwahl zur Mittagskost anbieten muss. Täglich werden drei Mahlzeiten bereitgestellt und die Kriegsküche ist bis zu 15 Stunden geöffnet. Auf der Website der Deutschen Bundeswehr:

---

9   Kohler, Bertold: Ohne Mampf kein Kampf, in: *Frankfurter Allgemeine Zeitung*, 10. Oktober 2014, http://www.faz.net/aktuell/politik/fraktur/fraktur-ohne-mampf-kein-kampf-13200608.html [17.03.2015].

10   Weshalb Kriegsgegner überzeugt sind, dass ein Ende dieser Kriege nur durch die Unabhängigkeit von Erdöl (nichtnachhaltiger Lebensmittel) mithilfe friedlicher Energien (nachhaltiger Lebensmittel) mög-lich sei; vgl. Alt, Franz: *Krieg um Öl oder Frieden durch die Sonne*, München 2002.

»Im Einsatz hat die Verpflegung eine herausragende Bedeutung, die weit über die Nahrungsaufnahme hinausgeht. Das gemeinsame Essen ist ein sozialer Treffpunkt, es ersetzt ein Stück Heimat, trägt zur Zusammengehörigkeit und zum Wohlbefinden bei.«[11]

Die mediale Inszenierung dieser ›Kriegsgastrosophie‹, wie man sagen könnte, findet regelmäßig statt, wenn die offiziellen Oberbefehlshaber der Streitkräfte die stationierten Einsatztruppen besuchen. Diese Besuche werden gerne mit Bildern aus der Küche und der Kantinengeselligkeit illustriert. Wenn nicht nur die kriegerische Überlebensformel »Ohne Mampf kein Kampf« gilt, sondern auch die militärstrategische Formel »Wie der Mampf, so der Kampf« zuträfe, dann stellt sich die Frage, welcher Kampf eigentlich durch diesen Mampf ausgetragen wird? Ist dieses Essen nicht schon wesentlicher Bestandteil einer kriegerischen Kultur, einer Kultur des Krieges? Was ist das kulturelle Selbstverständnis einer (Tisch-) Gesellschaft, wenn ihr ›gutes Essen‹ so aussieht?

DIE TÄGLICHEN MASSAKER DES DRITTEN WELTKRIEGES

Diese Frage leitet zum zweiten Teil meiner Überlegungen über, bei dem nicht das Design von Kriegsnahrung und Militärküchen im Mittelpunkt steht, sondern das Essen als Ursache von Kriegen und ihrer Gestaltung.[12] Eine mögliche Sichtweise auf die Ursache von gewaltsamen Konflikten bietet der Politikwissenschaftler und ehemalige Politiker Uwe Holtz, wenn er schreibt:

»Wer Krieg und Gewalt bannen will, muss zuerst dafür sorgen, dass der Hunger aus der Welt verschwindet. Eine konsequente Entwicklungspolitik kann dazu beitragen, dass eines Tages der Traum von weltweiter Demokratie und Wohlstand verwirklicht wird.«[13]

Die sehr optimistische Perspektive lenkt unseren Blick auf einen grundlegenden Zusammenhang zwischen zahlreichen aktuellen Kriegen und ihren weltpolitischen Ursachen – nämlich die Ernährungsfrage. Allerdings scheint mir das naive Vertrauen in eine konsequente Entwicklungspolitik als zukunftsweisender Weg in den Weltfrieden – in eine Welt ohne Krieg, Gewalt und Hunger – wenig realistisch. Seit Jahrzehnten lenkt die konsequente Entwicklungspolitik der reichen Staaten von den strukturellen Ungerechtigkeiten des globalen Handelssystems ab, die deren Wirtschaftspolitik zuallererst erzeugt.[14]

Insbesondere die Verteuerungen der Lebensmittelpreise in den letzten Jahren treffen die armen Bevölkerungsgruppen hart und rufen wieder verstärkt Konflikte, Aufstände und Hungerrebellionen hervor. Die Ursache der meisten Kriege oder kriegsähnlichen

---

11 Offizielle Website der Bundeswehr unter: *Afghanistan: Verpflegung im Einsatz – ein Überblick*, http://www.bundeswehr.de/portal/ [27.4.2015].

12 Ich knüpfe hier an frühere Überlegungen an, vgl. Lemke, Harald: Genuss für alle oder Verteilungskämpfe um die verbleibende Nahrung, in: Gottwald, Franz-Theo/Boergen, Isabel (Hg.): *Essen & Moral. Beiträge zur Ethik der Ernährung*, Marburg 2013, S. 27–32.

13 Holtz, Uwe: 2020. Das globale Dorf ist auf dem Weg zu Frieden, Demokratie und Wohlstand für alle, in: *Wegweiser für ein zukunftsfähiges Deutschland*, München 2002, S. 299.

14 Vgl. Lemke (wie Anm. 6).

Konflikte, die sich überall auf dem Globus ereignen, ist täglich drohende oder erlittene Hungersnot.[15] Die Menschen, die heute in den Großstädten der Entwicklungsländer Hunger leiden, sind meistenteils ehemalige Kleinbauern, deren Existenz durch eine verfehlte Landwirtschaftspolitik und durch die Ausbeutungslogik der kapitalistischen Weltwirtschaft zerstört wurde.[16] Für zwei Milliarden Menschen, die den größten Teil ihres Einkommens für Lebensmittel ausgeben müssen, bedeuten erhöhte Preise, dass sie statt von zwei nur noch von einer einzigen Mahlzeit am Tag zu leben gezwungen sind.[17] Die Preissteigerungen wiederum resultieren aus dem globalen Wettstreit um Essen und schrumpfende Nahrungsvorräte. In sechs der vergangenen acht Jahre ist die Weltgetreideerzeugung hinter dem Konsum zurückgeblieben, sodass es zu einem ständigen Abbau der Vorräte kam. Die weltweiten Getreideüberschüsse, also die Bestände, die noch vorhanden sind, wenn die neue Ernte beginnt, würden nur noch 60 Tage reichen – fast ein historisches Rekordtief.

Währenddessen kletterten die Getreideweltmarktpreise zwischenzeitlich auf den höchsten Stand, seit es entsprechende Aufzeichnungen gibt. Viele Getreide einführende Länder geraten in Zahlungsschwierigkeiten. Die Rekordinflation der Nahrungsmittelpreise verstärkt so die Belastungen, die zur Verschuldung und Insolvenz von Staaten führen. Das kriegsgeplagte Afghanistan etwa gehört zu der Liste der zahlungsunfähigen Länder, ebenso wie Pakistan, Haiti, Somalia, Sudan, Kongo, Nigeria und weitere.

Hier sei angemerkt: Kein Land ist gegen die Auswirkungen einer Versorgungskrise auf dem Lebensmittelsektor gefeit; nicht einmal die USA als Getreidekammer der Welt. Wenn China sich auf dem Weltmarkt erhebliche Getreidemengen beschaffen möchte, wie es das jüngst bei Sojabohnen tat, wird es sich zwangsläufig an die USA wenden. Für den US-Verbraucher bietet der Umstand, mit 1,3 Milliarden Chinesen und deren rasch wachsender Kaufkraft um die amerikanische Getreideernte konkurrieren zu müssen, bedrohliche Perspektiven. Die USA könnten versucht sein, Ausfuhrbeschränkungen zu verhängen (wie man das etwa bei Getreide und Sojabohnen in den 1970er Jahren tat, als die Inlandspreise in die Höhe schnellten). China gegenüber dürfte das allerdings kaum eine Option sein, da China derzeit über eine Billion Dollar Reserven verfügt. Kaum zu glauben, aber wahr: China ist zur Hausbank der Vereinigten Staaten geworden; die amerikanischen Verbraucher werden ihr Getreide mit den chinesischen Konsumenten teilen müssen, ganz gleich, wie hoch die Nahrungsmittelpreise noch klettern. Nur könnte es sein, dass der – ohnehin schon brüchige – soziale Frieden der amerikanischen Wohlstandsgesellschaft einer sich weiter ausbreitenden Verschlechterung der Versorgungslage nicht lange standhielte.

Halten wir fest: In zahlreichen Staaten, die in hohem Maße von Importen abhängig sind, aber zusätzliche Ausgaben für höhere Preise nicht aufbringen, treibt es bereits Massen an verzweifelten Menschen auf die Straße und zur Rebellion. Die ersten Todesopfer in gewaltsamen Konflikten zwischen Rebellierenden und Ordnungshütern sind schon zu beklagen.[18] Im revoltierenden Ägypten etwa kamen mehrere Menschen ums Leben, als sie für staatlich subventioniertes Brot anstanden und Chaos ausbrach. Bei Hungerkrawallen im Jemen gab es mindestens ein Dutzend Tote. In Kamerun war die Zahl der Todesfälle

---

15   Vgl. Holt-Giménez, Eric/Patel, Raj: *Food Rebellions. Crisis and the Hunger for Justice*, New York 2012.
16   Vgl. Lemke (wie Anm. 6), S. 51 ff.
17   Vgl. Ziegler, Jean: *Wir lassen sie verhungern. Die Massenvernichtung in der Dritten Welt*, München 2013.
18   Vgl. Bello, Walden: *The Food Wars*, London 2009.

bei derartigen Unruhen doppelt so hoch. Auch der Ausbruch des weiter schwelenden Bürgerkriegs in Syrien stand im unmittelbaren Zusammenhang mit einer drastischen Verknappung der Lebensmittel.[19] »Verzweifelte Menschen neigen zu Verzweiflungstaten. Sie revoltieren«[20], wie der Gründer und Direktor des Earth Policy Institute Lester Brown zu bedenken gibt. Brown erläutert weiter:

> »Sie kämpfen um Nahrungsmittel. Sie stürzen Regierungen. Und sie wandern massenweise in Länder mit größerer Versorgungssicherheit ab. Wenn unsere hochgradig urbanisierte Zivilisation infolge der Nahrungsmittelknappheit zu bröckeln beginnt, werden die Konsequenzen in den Städten außerordentlich unschön sein.«[21]

Brown zufolge sind diese Entwicklungen deutliche Anzeichen für eine »neue Geopolitik des Essens«, die mit der Nahrungskrise in den letzten Jahren zugleich mehr Kämpfe um Lebensmittel zur Folge haben würden. Nach Jahrzehnten des Nahrungsüberflusses – voller Butterberge und Milchseen – stehen wir vor einer neuen Ära, in der weltweite Nahrungsknappheit zunehmend die globale Politik bestimmen wird.

Niemand weiß, wohin dieser verschärfte Wettkampf um Nahrungsmittel führt, aber die Welt scheint sich von der internationalen Kooperation, die im Laufe von Jahrzehnten nach dem Zweiten Weltkrieg entstanden ist, wegzubewegen hin zu einer Jede-Nation-für-sich-Philosophie. Nahrungsnationalismus mag die Nahrungsversorgung für einzelne Wohlstandsländer sichern helfen, aber er verbessert die Welternährungssicherheit kaum.

Das beunruhigende Ausmaß dieser ›kriegstreibenden‹ Entwicklung wird vollends greifbar, sobald man sich vor Augen führt, dass sich über die zurückliegenden Jahrzehnte die Bürger in den Wohlstandszonen an billige und üppig vorhandene Lebensmittel – an ihr täglich Fleisch[22] – gewöhnt haben. Die Schlaraffenland-Kulisse der Supermärkte hat sich in der Nachkriegszeit als unentbehrliche Quelle des sozialen Friedens bewährt: Die niedrigen Preise und der Überfluss an allen erdenklichen Konsumgütern macht das ansonsten in vielerlei Hinsicht dürftige Leben der Bevölkerung erträglich. Der brutale Triumph dieses Wohlstands ergibt sich zweifelsohne dadurch, dass trotz der verfügbaren und immer evidenteren Informationen darüber, dass zur Aufrechterhaltung dieser Kulisse weltweit Krieg mit den Mitteln des kapitalistischen Wirtschaftssystems geführt werden muss, die Mehrheit unbekümmert weiter so konsumiert und diesen Konsumrausch als sein (kleines) Glück betrachtet. Das subtile Mittel dieser Komplizenschaft sind billige – sozial und ökologisch ausbeuterisch produzierte – Lebensmittel. Sollte in Zukunft das Arrangement dieses sozialen Friedens zerfallen, droht auch in den sogenannten hoch

---

19   Vgl. Brown, Lester: Jüngstes Gericht. Warum die Nahrungskrise den Anfang vom Ende unserer Kultur markieren könnte, in: *Internationale Politik* 63, 2008, S. 18–39. Eigentlich zählt der Nordosten Syriens zu den fruchtbarsten Regionen des Nahen Ostens. Eine lang anhaltende Dürreperiode von 2006 bis 2010 führte jedoch zu Missernten und steigenden Nahrungsmittelpreisen. 1,5 Millionen Bauern und Viehzüchter verloren ihren Lebensunterhalt und zogen in den weniger betroffenen Süden Syriens. Im Frühjahr 2011 begann sich dort schließlich der Protest gegen das Regime al-Assads zu regen. Die Unzufriedenheit entwickelte sich zu einem Bürgerkrieg, der bis heute andauert und die Lebens- und Ernährungslage der syrischen Bevölkerung weiter ruiniert.

20   Ebd.

21   Ebd.

22   Zur globalen Problematik der Fleischfrage: Vgl. Lemke, Harald: Darf es Fleisch sein?, in: Hirschfelder, Gunther/Ploeger, Angelika/Rückert-John, Jana u. a. (Hg.): *Was der Mensch essen darf. Ökonomischer Zwang, ökologisches Gewissen und globale Konflikte*, Wiesbaden 2015, S. 49–62.

entwickelten Industrienationen der allgemeine Bürgerkrieg auszubrechen. Zumal sich bereits in vielen Städten der globalen Wohlstandszonen abzeichnet, dass Unmut und ziviler Ungehorsam parallel zur Verarmung und Ausgrenzung zunehmen.

Zweifelsohne steht die Weltgemeinschaft zum Beginn des 21. Jahrhunderts gleich vor mehreren epochalen Krisen, deren Brisanz die Öffentlichkeit beunruhigt. Doch laut einer Umfrage hält die Bevölkerung nicht die Finanzkrise, sondern die Ernährungskrise für besonders bedrohlich – noch vor den Gefahren der drohenden Energie- und Wasserkrise.

Wie »außerordentlich unschön«[23] oder wie kriegerisch die Konsequenzen einer fortgesetzten Ernährungsunsicherheit sind, lässt sich weit entfernt von den Metropolen des globalen Nordens in anderen Ländern beobachten. Aus der Sicht des ehemaligen UN-Sonderbeauftragten für das Recht auf Nahrung, Jean Ziegler, ist der massenhafte Tod von wehrlosen Zivilisten und friedfertigen Menschen in der sogenannten Dritten Welt das Ergebnis eines unerklärten »Dritten Weltkrieges«.[24] Ziegler spricht von dem »täglichen Massaker des Hungers«.[25] Auch ohne Krieger und ohne feindliche Streitkräfte, die durch die Dörfer oder städtischen Slums dieser scheiternden Staaten streifen, kommt es vielerorts und tagtäglich zu einem »Massenmord« an Hilfsbedürftigen. Während viele in einem absurden Überfluss leben, sterben jeden Tag 100.000 Menschen nicht durch militärische Gewalt und Waffen, sondern durch die Mittel eines technisch perfekteren und weit perfideren Kriegsdesigns: durch Armut und Essensentzug.

›Lebensmittel in geringer Dosierung‹ sind zweifelsfrei brutalere Massenvernichtungsmittel als Maschinengewehre und Raketensprengsätze. Neben Jean Ziegler sehen auch andere Kritiker in dem nicht-erklärten Krieg gegen die Dritte Welt deshalb ein Verbrechen gegen die Menschlichkeit. Doch wird es beim internationalen Strafgerichtshof jemals zur Klage gegen dessen Täter und Profiteure kommen?

KRIEG GEGEN DEN HUNGER?

Diese offene Frage leitet über zu einem weiteren Aspekt einer Gastrosophie des Krieges: Was bedeutet es eigentlich, wenn in unzähligen Regierungserklärungen und Hilfsprogrammen vom ›Krieg gegen den Hunger‹ die Rede ist? Und wie ist es zu verstehen, wenn viele, die es vermutlich gut meinen, ›den Hunger bekämpfen‹ wollen? Und das, obwohl es bei diesen humanitären Zielen und Interventionen gerade nicht um gewaltsame Kampfhandlungen geht, sondern um Handlungen, die das Leben der Hungernden und Armen verbessern und ultimativ auf eine friedliche Welt hinwirken wollen.

Freilich sollte sich das gute Gewissen nicht über die Tatsache hinwegtäuschen, dass dieser globale ›Krieg gegen den Hunger‹ seit einem halben Jahrhundert unablässig gestaltet wird. Offenbar aber nicht um ihn zu beenden, denn das wäre den reichen Nationen innerhalb dieses langen Zeitraums allemal möglich gewesen. Dem politischen Design des besagten ›Krieges gegen den Hunger‹ gelingt es seit über 50 Jahren, mithilfe der strukturellen Gewalt des bestehenden Weltwirtschaftssystems, die eigenen Wohlstandsvorteile

---

23 Brown (wie Anm. 19).
24 Ziegler, Jean: *Die neuen Herrscher der Welt und ihre globalen Widersacher*, München 2003; ders.: *Wie kommt der Hunger in die Welt?*, München 2000.
25 Ziegler (wie Anm. 17).

zu verteidigen. Der Gerechtigkeitstheoretiker Thomas Pogge etwa zeigt auf, wie sich die durchschnittlichen Bürger der reichen Länder und der von ihnen mehrheitlich gewählten Regierungen zu den Hauptverursachern dieses Krieges – als eines Krieges gegen die Dritte Welt – machen, indem sie die Rolle von »Unterstützern und Profiteuren einer globalen institutionellen Ordnung einnehmen, die substanziell zu diesem Elend beiträgt.«[26]

Schon Platon problematisierte eine in Überfluss schwelgende und gefräßige Gesellschaft oder, in seinen ausgesuchten Worten, eine »Polis von Schweinen« als kriegstreibend. Denn sie müsse ein permanentes Wirtschaftswachstum forcieren und dafür gegebenenfalls aus geostrategischen Erwägungen auch »den Nachbarn Land abschneiden«.[27] Wer seinen Nachbarn Land abschneidet – heute spricht man auch von ›Land Grabbing‹ – gestaltet Krieg. Platon beschreibt ein beunruhigend aktuelles Konfliktszenario. Mit dem forcierten Ressourcenverbrauch der Konsumgesellschaften unserer Zeit werden in absehbarer Zukunft durch das weitere Wachstum der Weltbevölkerung und infolge des Klimawandels dauerhafte Kriege um Ressourcen immer wahrscheinlicher.[28] Das kommerzielle und krytokriegerische Landabschneiden, das ›Land Grabbing‹, ruft bereits gewalttätige Auseinandersetzungen bei Vertreibungen der bäuerlichen Bevölkerung hervor; beispielsweise sind in Brasilien landbesetzende Landlose vertrieben oder von Eingreiftruppen getötet worden.[29]

Mit anderen Worten, wir befinden uns längst in einem weiteren Weltkrieg; und wir Verbraucher und Bürger der Wohlstandsländer sind seine gewaltlosen Krieger und Designer. Für jedes niedrigpreisige und unökologisch produzierte Lebensmittel, das wir uns schmecken lassen und das uns zu Tätern und Profiteuren des globalen Wirtschaftssystems – des »Terrors der Ökonomie«[30] – macht, müssen andernorts Menschen wie auch friedliche Tiere und unzählige Lebewesen und Lebensformen der Natur leiden und sterben. Die schön verpackten und gut designten Lebensmittel unserer Supermärkte sind die vielleicht effektivsten und am besten getarnten Kriegsmittel, die je gestaltet wurden. Unter ihnen nimmt sich eine Gulaschkanone noch als ein vergleichsweise harmloses Spielzeug aus.

Kriege finden folglich nicht nur statt, wenn Menschen Menschen töten oder im Design von militärischen Mitteln der Gewaltausübung. Kriegsgestaltung ist auch abseits von Truppenstützpunkten und Militäreinrichtungen gegen nicht-menschliche Lebensformen möglich und überall tagtägliche Realität. Denn schon die Art und Weise, wie bei der Produktion unserer Lebensmittel mit der Natur umgegangen wird, ist Krieg. Die kapitalistische Agrarindustrie ist, wie die Umweltschützerin Vandana Shiva argumentiert, das globale Schlachtfeld eines solchen menschlichen Kriegs gegen die Natur. Shiva führt uns kritisch vor Augen: »Wenn wir an die Kriege unserer Zeit denken, haben wir automatisch Irak und Afghanistan im Sinn, aber der größere Krieg ist der fortwährende Krieg gegen die Erde.«[31]

---

26   Pogge, Thomas: Gerechtigkeit in der Einen Welt, in: Wieczorek-Zeul, Heidemarie/Nida-Rümelin, Julian/Thierse, Wolfgang (Hg.): *Gerechtigkeit in der Einen Welt*, Essen 2009, S. 16.
27   Platon: Politeia, 373d.
28   Vgl. Welzer, Harald: *Klimakriege. Wofür im 21. Jahrhundert getötet wird*, Frankfurt am Main 2008.
29   Vgl. Holt-Giménez/Patel (wie Anm. 15); Bommert, Wilfried: *Bodenrausch. Die globale Jagd nach den Äckern der Welt*, Köln 2012.
30   Forrester, Viviane: *Der Terror der Ökonomie*, Wien 1997.
31   Die Umweltaktivistin und Verschwörungstheoretikerin Rosalie Bertell untersucht, welche militärischen Mittel bei diesem »neuartigen planetaren Dauerkrieg« zum Einsatz kommen; vgl. Bertell, Rosalie: *Kriegswaffe Planet Erde*, mit einem Vorwort von Vandana Shiva, Innsbruck 2011.

In der Massentierhaltung ist das tagtägliche Tötungskommando gegen Zigmillionen von friedlichen Tieren perfektioniert. »Concentrated Animal Feeding Operations« (CAFOs) werden entsprechende Mastlager in Amerika genannt. Radikale Tierschützer ziehen darum Parallelen zwischen den grausamen Tierfabriken und Schlachtanlagen der industriellen Fleischproduktion mit der Massentötung von Menschen in den Konzentrationslagern der Nazis. Billige Würstchen oder ein Stück Steak aus der Massentierhaltung ist die Munition mit der Fleischkonsumenten das Tier töten, das sie essen, ohne es selbst dafür umbringen zu müssen: Fleischkonsum ist Genuss und Krieg zugleich.

Das vorherrschende Nahrungsregime führt diesen Krieg gegen die Erde, gegen die Tiere, die Pflanzen, das Bodenleben. Alle Ressourcen werden als Material behandelt und zum Opfer einer weltweiten Materialschlacht. Innerhalb eines einzigen Tages werden auf der Erde über 50.000 Hektar Primärwald vernichtet, werden durch menschliche Aktivität 130 Pflanzen- und Tierarten ausgerottet und 13 Millionen Tonnen giftiger Chemikalien freigesetzt. Schätzungen zufolge lassen jährlich (bei steigenden Zahlen) rund 300 Millionen Rinder, 517 Millionen Schafe, 1,4 Milliarden Schweine, drei Milliarden Enten und 58 Milliarden Hühner ihr Leben – für den menschlichen Genuss. Für Shiva steht fest, dass der menschliche (›westliche‹) Krieg gegen den Rest der Erde seinen Ursprung in einer Ökonomie hat, der es an Respekt gegenüber ökologischen und ethischen Grenzen fehlt.

> »Die globale Konzernwirtschaft, die auf der Idee eines grenzenlosen Wachstums basiert«, so Shiva, »ist zu einer permanenten Kriegswirtschaft gegen den Planeten und die Leute geworden. Die Mittel sind Instrumente des Kriegs; zwingende Freihandels-Abkommen, um die Ökonomien auf der Basis von Handelskriegen zu organisieren; und Produktionstechnologien, die auf Gewalt und Kontrolle beruhen, wie Gifte, genetische Erfindungen, Geo-Engineering und Nano-Technologien. Das sind bloß andere Formen von ›Massenvernichtungswaffen‹, die in Friedenszeit Millionen töten durch den Raub von Nahrung und Wasser und durch die Vergiftung des Lebensgefüges. Kriegsmittel sind zu Mitteln der ökonomischen Produktion geworden.«[32]

Angesichts dieses Szenarios bezeichnet der Soziologe Walden Bello in seiner Studie »The Food Wars« »die Schlacht zwischen den Befürwortern der kapitalistischen Agrarindustrie und der neuen Bauernbewegung«, deren mitunter gewaltbereiter Widerstand sich in vielen Ländern formiert, als den eigentlichen (Klassen-) Konflikt unserer Zeit.[33]

Ich denke, diese Einschätzung bedarf der kriegsgastrosophischen Ergänzung. Denn über die direkten sozialen Konflikte hinaus machen die oben gewonnenen Einblicke in die politisch-ökonomischen Zusammenhänge ebenso wie die Einblicke in die Kampfküche der aktuellen Truppenernährung deutlich, dass das kapitalistische Design der globalen Ernährungsverhältnisse von Kriegen nicht zu trennen ist. Darum hatte ich anfangs davon gesprochen, dass der verzweifelte Kampf um Lebensmittel – und erst recht der friedliche Zugang zu gutem Essen für alle – in den kommenden Jahrzehnten zu den dringlichsten Herausforderungen der Weltgemeinschaft gehören wird. Jedenfalls wird die Gestaltung einer friedlichen Welt, die Hunger erfolgreich stillt und Wohlstand für alle bietet, ohne

---

32 Shiva, Vandana: *Making Peace with the Earth*, London 2012.
33 Bello gibt in diesem Kontext zu bedenken: »These movements underline the fact that contrary to Marx's prediction about its demise, the global peasantry is becoming what he said the working class would become: a ›class for itself‹ or a politically conscious force.« Bello (wie Anm. 18), S. 18.

dafür alles andere Leben auf dieser Erde zu vernichten, erst möglich sein, sobald die Menschen wissen, wie sie ihre Lebensmittel zu Befriedigungs- und Befriedungsmittel machen können, zu Medien eines zufriedenstellenden, für alle guten Lebens.[34] Diese Perspektive impliziert die gesellschaftsethische Option, die Gastrosophie zum Ausgangspunkt einer Friedensphilosophie zu machen und Peace Design – weit über das übliche Food Design hinaus – als eine notwendige Perspektive für das Design der Zukunft zu entwickeln. Die Philosophie eines solchen Transformationsdesigns fühlt sich der konkreten Utopie verpflichtet, dass eine umweltfreundliche (ökologisch nachhaltige) und sozial gerechte Gestaltung der Produktionsprozesse und der internationalen Handelsbeziehungen eine Zukunft in Aussicht stellt, in der globale Ernährungssicherheit eine entscheidende Strategie der internationalen Friedenssicherung wäre.[35]

QUELLENVERZEICHNIS

Alt, Franz: Krieg um Öl oder Frieden durch die Sonne, München 2002.

Bello, Walden: *The Food Wars*, London 2009.

Bertell, Rosalie: *Kriegswaffe Planet Erde*, mit einem Vorwort von Vandana Shiva, Innsbruck 2011.

Bommert, Wilfried: *Bodenrausch. Die globale Jagd nach den Äckern der Welt*, Köln 2012.

Brown, Lester: Jüngstes Gericht. Warum die Nahrungskrise den Anfang vom Ende unserer Kultur markieren könnte, in: *Internationale Politik* 63, 2008, S. 18–39.

Forrester, Viviane: *Der Terror der Ökonomie*, Wien 1997.

Geis, Anna: *Den Krieg überdenken. Kriegsbegriffe und Kriegstheorien in der Kontroverse*, Baden-Baden 2006.

Graham-Harrison, Emma: The eat of battle – how the world's armies get fed, in: *The Guardian*, 18.02.2014, http://www.theguardian.com/lifeandstyle/2014/feb/18/eat-of-battle-worlds-armies-fed [28.04.2015].

Holt-Giménez, Eric/Patel, Raj: *Food Rebellions. Crisis and the Hunger for Justice*, New York 2012.

Holtz, Uwe: 2020. Das globale Dorf ist auf dem Weg zu Frieden, Demokratie und Wohlstand für alle, in: *Wegweiser für ein zukunftsfähiges Deutschland*, München 2002, S. 299.

Kohler, Bertold: Ohne Mampf kein Kampf, in: *Frankfurter Allgemeine Zeitung*, 10. Oktober 2014, http://www.faz.net/aktuell/politik/fraktur/fraktur-ohne-mampf-kein-kampf-13200608.html [27.4.2015].

Lemke, Harald: *Politik des Essens. Wovon die Welt von morgen lebt*, Bielefeld 2012.

Lemke, Harald: Genuss für alle oder Verteilungskämpfe um die verbleibende Nahrung, in: Gottwald, Franz-Theo/Boergen, Isabel (Hg.): *Essen & Moral. Beiträge zur Ethik der Ernährung*, Marburg 2013, S. 27–32.

---

34 Vgl. Saul, Nick/Curtis, Andrea: *The Stop: How the Fight for Good Food transformed a Community and inspired a Movement*, London/Brooklyn 2013.

35 Vgl. Lemke, Harald: Weltfrieden zwischen Ernährungssicherheit und Ernährungssouveränität. Zur Dialektik des Sicherheitsdiskurses, in: Strüver, Anke (Hg.): *Ernährungssicherheit und Ressourcenkonflikte*, Hamburger Symposium Geographie, Band 7, Hamburg 2015 (im Erscheinen).

Lemke, Harald: Darf es Fleisch sein?, in: Hirschfelder, Gunther/Ploeger, Angelika/ Rückert-John, Jana u. a. (Hg.): *Was der Mensch essen darf. Ökonomischer Zwang, ökologisches Gewissen und globale Konflikte*, Wiesbaden 2015, S. 49–62.

Lemke, Harald: Weltfrieden zwischen Ernährungssicherheit und Ernährungssouveränität. Zur Dialektik des Sicherheitsdiskurses, in: Strüver, Anke (Hg.): *Ernährungssicherheit und Ressourcenkonflikte*, Hamburger Symposium Geographie, Band 7, Hamburg 2015 (im Erscheinen).

Pogge, Thomas: Gerechtigkeit in der Einen Welt, in: Wieczorek-Zeul, Heidemarie/ Nida-Rümelin, Julian/Thierse, Wolfgang (Hg.): *Gerechtigkeit in der Einen Welt*, Essen 2009, S. 16.

Pollmer, Udo/Nieha, Monika: *Food-Design. Panschen erlaubt: Wie unsere Nahrung ihre Unschuld verliert*, Stuttgart 2010.

Sanderson, Chris/Raymond, Martin/Klanten, Robert u. a. (Hg.): *crEATe: Eating Design and Future Food*, Berlin 2008.

Saul, Nick/Curtis, Andrea: *The Stop: How the Fight for Good Food transformed a Community and inspired a Movement*, London/Brooklyn 2013.

Shiva, Vandana: *Making Peace with the Earth*, London 2012.

Sommer, Bernd/Welzer, Harald: *Transformationsdesign. Wege in eine zukünftige Moderne*, München 2014.

Stummerer, Sonja/Hablesreiter, Martin: *Food Design: Von der Funktion zum Genuss – From Function to Feast*, New York 2005.

Welsch, Wolfgang: *Ästhetisches Denken*, Leipzig 1990.

Welzer, Harald: *Klimakriege. Wofür im 21. Jahrhundert getötet wird*, Frankfurt am Main 2008.

Ziegler, Jean: *Wie kommt der Hunger in die Welt?*, München 2000.

Ziegler, Jean: *Die neuen Herrscher der Welt und ihre globalen Widersacher*, München 2003.

Ziegler, Jean: *Wir lassen sie verhungern. Die Massenvernichtung in der Dritten Welt*, München 2013.

DESIGN ALS TÄUSCHUNGSMANÖVER

Alessandro Mendinis kritische Revision des Modernismus

GERALD SCHRÖDER

Die Besucher der internationalen Möbelmesse in Mailand wurden 1998 mit einer eigentümlichen Ausstellung konfrontiert: Das Atelier Mendini zeigte eine Installation unter dem Titel »Eco-Mimetico«, was als »Öko-Camouflage« übersetzt werden kann. In einem Zelt des italienischen Roten Kreuzes wurde ein Wohnraum inszeniert mit Objekten nach älteren Entwürfen von Alessandro Mendini und anderen Designern, die allesamt mit unterschiedlichen Camouflagemustern überzogen waren.[1] Dazu gehörte auch die »Poltrona di Proust«, ein opulenter, neubarocker Sessel, den Mendini erstmals 1978 gestaltet hatte. Anstelle des ursprünglichen bunten Musters, das mit seinen kräftigen, vibrierenden Farben an die Malerei des Pointilismus im späten 19. Jahrhundert erinnert, verweist die Neugestaltung des Sessels mit seinem Ornament aus organischen Formen in Hell- und Dunkelgrün auf Tarnmuster, wie sie im militärischen Bereich beispielsweise bei Uniformen gebräuchlich sind.

In einem programmatischen Text zur Ausstellung auf der Möbelmesse äußerte sich Mendini zur Zielsetzung dieser besonderen Gestaltungsweise: Demnach strebe er eine Umwertung des militärisch besetzten Camouflagemusters an. Aus einem Kriegsprojekt solle ein Friedensprojekt werden: »Un progetto di pace che si oppone a un progetto di guerra usando lo stesso mezzo visivo.«[2] Die ursprüngliche Funktion des Tarnmusters, eine optische Verschmelzung des Individuums mit der Natur zu erreichen, solle aus seinem kriegerischen Zweckzusammenhang herausgelöst werden und stattdessen einem aktuellen ökologischen Bedürfnis nach einer friedlichen Einheit von Mensch und Natur Ausdruck verleihen: »Ma in ogni uomo di oggi esiste il bisogno fortissimo di immedesimarsi, di diventare una sola cosa con la natura perduta, di mimetizzarsi in essa al di là e all'opposto della guerra.«[3]

---

1   Vgl. *Cache-cache. Camouflage*, Ausst.-Kat. Musée de Design et d'Arts appliqués contemporains Lausanne, Lausanne 2002, S. 50–55.

2   »Ein Friedensprojekt, das sich gegen ein Kriegsprojekt wendet und dabei dasselbe visuelle Gestaltungsmittel verwendet.« (Übers. G. S.) Mendini, Alessandro: Eco-Mimetico, in: ders.: *Scritti*, a cura di Loredana Parmesani, Milano 2004, S. 434.

3   »In jedem von uns gibt es heute ein starkes Bedürfnis danach, sich einzufühlen, mit der Natur zu verschmelzen und sich in ihr zu verbergen, ohne dass dies etwas mit Krieg zu tun hat.« (Übers. G. S.), ebd.

Abbildung 1: Alessandro Mendini, Eco-Mimetico, Mailand 1998, Installation, Internationale Möbelmesse.

Abbildung 2: Alessandro Mendini, Poltrona di Proust Mimetica, 1998, siehe Farbtafeln.

Befördert werde die Umwertung der militärischen Camouflage zur »Öko-Camouflage« durch den ästhetischen Eigenwert dieser Muster, den Mendini gleichsam befreien möchte, indem er die vorgefundenen Uniformstoffe unterschiedlicher nationaler Streitkräfte nun für einen ganz anderen Zweck, nämlich die ästhetische Gestaltung eines Wohnraumes verwendet. In seinem Text hebt er ausdrücklich hervor, dass es sich bei den militärischen Tarnmustern für ihn um sehr schöne Bilder, »bellissime pitture«, handele, die an unterschiedliche Strömungen moderner Malerei erinnern wie Art Brut, Art Déco, das Informel oder den Jugendstil.[4]

Betrachtet man die Entwicklung der Tarnuniform im 20. Jahrhundert seit dem Ersten Weltkrieg, so fallen die von Mendini beobachteten Korrespondenzen mit bestimmten Richtungen moderner Malerei und Gestaltung in der Tat auf.[5] Unregelmäßige, abgerundete Formen erinnern an Tendenzen der organischen Abstraktion von Hans Arp über Joan Miró bis zu Wassily Kandinsky und besitzen ihren historischen Ursprung in den dynamischen Kraftlinien des floralen Jugendstils. Die kantigen Varianten des Camouflagemusters lassen eine formale Verwandtschaft mit der geometrischen Ausrichtung moderner Abstraktion erkennen, die im Kubismus gründet und das Art Déco beeinflusst hat. Und schließlich weisen bestimmte Tarnmuster aus den 1950er Jahren eine gewisse Ähnlichkeit mit der gestischen Abstraktion des Informel auf, das in diesen Jahren in der westlichen Kunst seine Hochphase hatte. Was den von Mendini konstatierten ästhetischen Eigenwert der militärischen Funktionskleidung betrifft, so hatten bereits Künstler wie Alighiero Boetti Mitte der 1960er Jahre und Andy Warhol Mitte der 1980er Jahre den Uniformstoff mit unterschiedlicher Intention als »ready-made« für ihre Bilder entdeckt.[6]

Die formalen Korrespondenzen zwischen militärischer Camouflage und moderner Malerei besitzen durchaus ein empirisches Fundament: Denn sowohl im Ersten wie auch im Zweiten Weltkrieg waren bildende Künstler direkt an der Entwicklung militärischer Tarnung beteiligt. Und gerade die moderne Malerei bot sich als Orientierung für die beiden grundlegenden Strategien militärischer Täuschung an, die einerseits darauf abzielten, eigene Soldaten oder Militärobjekte vor dem Blick des Feindes zu verbergen bzw. zu camouflieren, indem sie mit dem Hintergrund der Natur optisch verschmelzen. Andererseits sollte, falls ein Verstecken wie auf offener See nicht möglich war, der Feind zumindest durch ein sogenanntes »dazzle-painting« verwirrt werden, indem die geschlossene Gestalt beispielsweise eines Schiffes durch ein entsprechendes Muster visuell aufgebrochen und damit verunklärt wurde. In der Malerei waren solche optischen Effekte – freilich mit ganz anderen Zielsetzungen – seit dem späten 19. Jahrhundert bereits erprobt worden. So war das optische Verschmelzen der Figur mit dem Grund ein wichtiges Thema im Zuge der Selbstreflexion autonomer Malerei. Gleiches gilt für die Zerstörung der traditionellen Bildfigur durch sogenannte disruptive Muster.

Was die gesellschaftspolitische Umwertung des Camouflagemusters anbelangt, so konnte Mendini auch an das aktuelle Modedesign in den 1990er Jahren anknüpfen. Bekannte Modeschöpfer wie Jean-Charles de Castelbajac und Jean-Paul Gautier hatten mit

---

4 Vgl. ebd.
5 Zur Geschichte der Tarnuniformen siehe Newark, Tim/Newark, Quentin/Borsarello, J. F.: *Das Buch der Tarnung*, Eschershausen 1997.
6 Vgl. Richardson, Brenda: Hiding in Plain Sight: Warhol's Camouflage, in: *Andy Warhol. Camouflage*, Ausst.-Kat. Gagosian Gallery, New York 1998/1999, S. 11–31.

ihren Kollektionen in diesen Jahren dazu beigetragen, das Camouflagemuster im populären Bereich der Straßenmode zum Trend zu machen, der bis heute periodisch wieder-
kehrt. Das Tragen militärischer Kleidung im zivilen Leben war durch die Jugendbewegung
der späten 1960er und 1970er Jahre vorbereitet worden und hatte hier im Kontext der
Proteste gegen den Vietnamkrieg eine dezidiert politische und antimilitaristische Haltung
zum Ausdruck gebracht.[7] Ganz im Sinne der ästhetischen und gesellschaftspolitischen
Strategien der Situationistischen Internationale, von denen sich die 68er-Bewegung inspirieren ließ, sollte die Militärkleidung einem »détournement«, das heißt einer Zweckentfremdung unter umgekehrten Vorzeichen unterworfen werden.[8] Ziel war die subversive
Aneignung, die positive Umwertung des negativ Besetzten. Indem man sich beispielsweise mit der olivgrünen Parka die Militärkleidung aneignete und – wie schon zuvor die
Mods in England – mit einer ganz anderen Lebensweise in Verbindung brachte, konnte
aus der kriegerischen Funktionskleidung ein Zeichen des Protests gegen den Krieg werden, aber auch gegen Atomkraft und für ein neues ökologisches Bewusstsein.

Mit seiner »Öko-Camouflage« bzw. seinem »Eco-Mimetico« hatte Mendini Ende
der 1990er Jahre eine solche Umcodierung im Blick. Neu war dabei nicht generell die
subversive Übertragung des militärischen Musters in den zivilen Bereich, wohl aber seine Verwendung im speziellen Bereich des Interior Designs. Alessandro Mendini konnte
dabei auf einen eigenen früheren Möbelentwurf zurückgreifen. Denn schon Anfang der
1980er Jahre hatte er das Camouflagemuster erstmals verwendet und zwar für eine Variante seines sogenannten »Redesign Wassily«, eine Umgestaltung des Clubsessels B 3, den
Marcel Breuer Mitte der 1920er Jahre am Bauhaus in Dessau entworfen hatte. Seit 1962
hatte die italienische Firma Gavina die Produktion des Designklassikers übernommen
und vertrieb den Sessel unter dem Namen »Wassily« in Anspielung auf den Bauhauskünstler Wassily Kandinsky.[9]

Das Möbel »Redesign Wassily« von 1983 bietet sich besonders an, um im Folgenden
den von Mendini selbst in seinem späteren Text zur »Öko-Camouflage« aufgewiesenen
Zusammenhang von Camouflage, Natur, Krieg und moderner Malerei zu vertiefen und
danach zu fragen, welche Rolle dieser Zusammenhang für das Design von Alessandro
Mendini gespielt hat. Was wollte der italienische Architekt und Produktdesigner zum
Ausdruck bringen, als er das berühmte Stahlrohrmöbelstück von Marcel Breuer mit einem Camouflagemuster überzog? Ging es ihm bereits bei diesem Anlass um eine Umcodierung? Und wenn ja, in welche Richtung zielte diese?

---

7   Vgl. Loreck, Hanne: Entwaffnend? Spekulationen zur Camouflage-Mode, in: Bippus, Elke/Mink, Doro-
     thea (Hg.): *fashion body cult, mode körper kult*, Stuttgart 2007, S. 240–247.
8   Vgl. Debord, Guy-Ernst/Wolman, Gil J.: Gebrauchsanweisung für die Zweckentfremdung (1956), in:
     Der Beginn einer Epoche, Texte der Situationisten, Hamburg 1995, S. 20–26.
9   Vgl. Schwartz-Clauss, Mathias: B 3, Wassily, in: *100 Masterpieces aus der Sammlung des Vitra Design
     Museums*, Auss.-Kat. Vitra Design Museum, Weil am Rhein, Radolfszell 1996, S. 212.

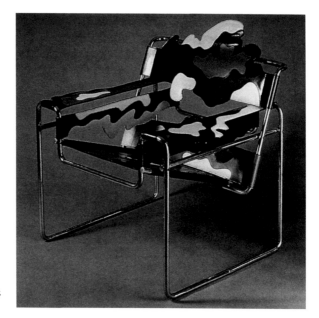

Abbildung 3: Alessandro Mendini, Redesign di Sedie del Movimento Moderno, Wassily di Marcel Breuer, 1983.

Abbildung 4: Marcel Breuer, B 3, 1926/1927.

»REDESIGN WASSILY«

Mendinis Redesign des Bauhausklassikers bringt eine ambivalente Haltung zum Ausdruck: Sie kann als Hommage an das große Vorbild und zugleich als dessen Kritik verstanden werden. Eine Hommage ist es insofern, als der italienische Designer keinen völlig neuen Stuhlentwurf liefert, sondern die Grundstruktur des Clubsessels von Marcel Breuer übernimmt und wiederholt. Er lässt die tragende Konstruktion aus verchromtem Stahlrohr unangetastet. Die Verwendung von Stahlrohr anstelle von Holz steht im historischen Rückblick für die große Neuerung im Möbeldesign der 1920er Jahre für den Wohnbereich. Darüber hinaus bringt sie das ästhetische und gesellschaftspolitische Ideal des Bauhauses treffend zum Ausdruck, das Walter Gropius mit seiner programmatischen Parole von 1923 als neue Einheit von Kunst und Technik beschrieben hatte.[10] Anknüpfend an die Forderungen des Deutschen Werkbundes sollte die ästhetische Gestaltung im Hinblick auf eine Typisierung, das heißt auf eine möglichst günstige maschinelle Serienproduktion erfolgen. Mit dieser Voraussetzung waren bestimmte Kriterien verbunden wie der ökonomische Einsatz von Material und der damit einhergehende Verzicht auf Verzierungen, die zur reinen Funktion der Produkte nichts beitragen. Dies führte dazu, dass sich der geforderte Entwurf für die maschinelle Produktion seinerseits an der besonderen Ästhetik der rein funktional gestalteten Maschine orientierte.

Bei der Verwendung von Stahlrohr für seinen Clubsessel folgte Breuer diesem Ideal insofern, als er sich nach eigenen Aussagen direkt von der Konstruktion des Fahrrades inspirieren ließ.[11] Darüber hinaus konnte er implizit auf die Gestaltung von Auto- und Flugzeugsitzen zurückgreifen, die nach dem Ersten Weltkrieg bereits mit Stahlrohrelementen versehen waren.[12] Durch die Stabilität des verwendeten Metalls konnte Breuer das nötige Material im Unterschied zu traditionellen Formen des Clubsessels auf ein Minimum reduzieren. Die einzelnen Elemente der Konstruktion ließen sich leicht maschinell herstellen, konnten ökonomisch verpackt und vertrieben werden und ließen sich einfach durch Steckhülsen, Schrauben und Muttern zusammenmontieren. Wie eine grafische Zeichnung im Raum greift das Metallgerüst nur noch die Umrisslinien eines traditionellen Clubsessels auf. Das geschlossene Volumen erscheint beim Entwurf von Breuer aufgelöst: Der Stuhl wirkt auch optisch leicht und scheint aufgrund seiner Transparenz im Raum zu verschwinden, was durch die Lichtreflexion des Stahls noch verstärkt wird. Nimmt man auf dem Clubsessel Platz, so scheint man über dem Boden zu schweben. Damit näherte sich Breuer einer Utopie des modernen Sitzmöbels, die er im sogenannten Bauhaus-Film von 1926 nicht ohne Humor visualisiert hat: Die Zukunft des Sitzens basiert auf einer Luftsäule; die Materialität des Sitzmöbels hat sich buchstäblich in Luft aufgelöst.[13]

Der Eingriff Mendinis in den vorgefundenen Entwurf beschränkt sich auf eine Veränderung der Bespannung von Sitzfläche, Rückenlehne und Armlehnen, die Marcel Breuer so in das Stahlgerüst eingefügt hat, dass ein direkter Kontakt des menschlichen Körpers mit dem kalten und harten Metall vermieden wird. Bei den ursprünglichen Entwürfen

---

10 Vgl. Kieren, Martin: Das eigene Leben und Werk im Visier – der Architekt und Erfinder des Bauhauses Walter Gropius, in: Fiedler, Jeannine/Feierabend, Peter (Hg.): *Bauhaus*, Köln 1999, S. 188–203.

11 Vgl. Schwartz-Clauss (wie Anm. 9), S. 212.

12 Vgl. ebd.

13 Vgl. Wilk, Christopher: Sitting on air, in: ders. (Hg.): *Modernism. Designing a new world, 1914–1939*, Ausst.-Kat. Victoria and Albert Museum London, London 2006, S. 225–233.

von Breuer bestand die Bespannung aus einem stabilen Textilgewebe, dem sogenannten Eisengarn. Das dünne Material unterstützte die angestrebte Leichtigkeit und Transparenz des Sitzmöbels. Das gleiche gilt für die Form der Bespannung, die auf schmale, rechteckige Bänder reduziert ist, so dass Rücken und Arme gestützt werden, der Blick auf den umgebenden Raum jedoch durchlässig bleibt. Die Lederbespannung des Clubsessels, die Alessandro Mendini zur Grundlage seines Redesigns macht, wurde erst in den 1960er Jahren durch die Firmen Gavina und Knoll International in die Produktion eingeführt.[14] Dies führte zu einer Veränderung seines Charakters, der nun noch stärker männlich konnotiert war. Mendini sprengt die geraden Konturlinien der Lederbespannung optisch auf, indem er sie in eine unregelmäßige Wellenform übergehen lässt. Am unteren Rand der Bänder entsteht der Eindruck, als habe das Material seine Spannkraft verloren, sei in einen anderen Aggregatzustand übergegangen, habe sich verflüssigt und tropfe nun langsam nach unten. Weiter verunklärt wird die Form des Vorbildes durch das Farbmuster, das die organischen Rundungen der Konturlinie aufgreift, stellenweise die von Breuer klar getrennten Funktionsbereiche von Rücken- und Armlehne optisch verschleift und mit seinem Farbspektrum von Grün- und Erdtönen an Camouflagemuster aus dem militärischen Bereich erinnert.

Das applizierte Ornament kann als Kritik am funktionalistisch begründeten Purismus der modernistischen Bauhausästhetik verstanden werden. Ebenso konterkarieren die organischen Formen das am Bauhaus propagierte Ideal der Maschinenästhetik. Auf eine paradoxe Art und Weise macht die Assoziation des Tarnmusters auf Breuers Ideal des unsichtbaren Stuhls aufmerksam. Das Camouflagemuster kann die Reflexion auf diesen ästhetischen Zusammenhang zwar in Gang setzen, aber nur zu dem Preis, dass dieses Ideal zugleich optisch in Frage gestellt wird. Denn durch das Camouflagemuster fällt der Stuhl im Kontext des Wohnraums erst richtig auf, und indem die Durchblicke bei der Bespannung des Sessels teilweise wieder geschlossen werden, gewinnt die Form an Dichte und erscheint schwerer. Um die Frage zu klären, auf welchen ideengeschichtlichen und ästhetischen Voraussetzungen die hier anklingende Kritik Mendinis am Bauhausdesign Anfang der 1980er Jahre basiert, soll im Folgenden der Entstehungskontext von Mendinis »Redesign Wassily« genauer geklärt werden. Dies ermöglicht dann auch die Beantwortung der Frage nach dem tieferen Zusammenhang von funktionaler Gestaltung am Bauhaus und militärischer Camouflage.

»REDESIGN DI SEDIE DI MOVIMENTO MODERNO«

Das »Redesign Wassily« von 1983 steht im Zusammenhang mit einer Serie von insgesamt sechs Stuhlentwürfen aus dem Jahr 1978, die den Titel »Redesign di sedie di Movimento Moderno« trägt. Das Redesign des Clubsessels von Marcel Breuer war in dieser ersten Fassung noch buntfarbig und rief somit noch nicht direkt die Assoziation eines Camouflagemusters hervor mit seinen typischen Erd- und Grüntönen. Und doch deuten die übrigen Redesigns aus dem Jahr 1978 bereits in eine Richtung, die dann auch für die spätere Überarbeitung des »Redesign Wassily« mit seiner militärisch-kriegerischen Konnotation

---

14   Vgl. Schwartz-Clauss (wie Anm. 9), S. 212.

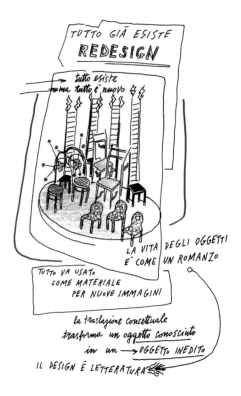

TUTTO GIÀ ESISTE
REDESIGN

→ tutto esiste
→ ma tutto è nuovo

LA VITA DEGLI OGGETTI
È COME UN ROMANZO

TUTTO VA USATO
COME MATERIALE
PER NUOVE IMMAGINI

la traslazione concettuale
trasforma un oggetto conosciuto
in un → OGGETTO INEDITO
IL DESIGN È LETTERATURA

*Abbildung 5: Alessandro Mendini,
Redesign, 2010, Zeichnung.*

bestimmend ist: Hinter den fröhlichen Klangfarben einer bunten Oberfläche bilden Bedrohung, Trauer und Tod gleichsam den dunklen Basso continuo für die gesamte Stuhlserie des Redesigns, die sich mit weiteren prominenten Beispielen des modernen funktionalen Möbeldesigns von Michael Thonet aus der Mitte des 19. Jahrhunderts bis hin zu Joe Colombo aus den 1960er Jahren auseinandersetzt. In einer späteren Zeichnung hat Mendini einige dieser Entwürfe zusammengefasst und dabei auch wichtige Aspekte seiner Programmatik des Redesigns benannt: »tutto già esiste«, »ma tutto è nuovo«.[15]

Mit dieser widersprüchlich anmutenden Behauptung, dass alles schon existiere und zugleich alles neu sei, distanziert sich Mendini vom Paradigma der Neuheit und des Fortschritts, das für die moderne Gestaltung der Avantgarde wegweisend war, ohne sich jedoch ganz davon zu verabschieden. Die Geschichte des Designs und der Kunst werden für Mendini zum Fundus und zum Material, aus dem durch oft nur geringe Veränderung etwas Neues entstehen kann. Den von ihm avisierten Prozess der Umgestaltung brachte die Architekten- und Designergruppe »Studio Alchimia«, die sich 1976 in Mailand gegründet hatte und deren führendes Mitglied Mendini Ende des Jahrzehnts wurde, bereits durch ihren Namen treffend zum Ausdruck. Wie in der Alchemie sollte das vorhandene Material umgeschmolzen und veredelt werden. »Per Alchimia la memoria e la tradizione sono importanti«, so lautet eine der zentralen Aussagen im später publizierten

---

15 Fiz, Alberto (Hg.): *Mendini Alchimie Dal Controdesign alle Nuove Utopie*, Ausst.-Kat. Museo delle Arti Catanzaro, Milano 2010, S. 78.

Manifest der Bewegung, mit der sie die Bedeutung von Erinnerung und Tradition neu bewerteten.[16] Dabei sollten auch die festen Grenzen zwischen zweckgebundenem Design und autonomer Kunst aufgehoben werden.[17] Insbesondere die Malerei diente als Inspiration für ein »Design pittorico« und wurde dabei nicht nur als formale Organisation der Fläche durch Farben, sondern darüber hinaus auch als ein Zeichensystem mit Bedeutung verstanden. Den malerischen Symbolen – »simboli pittorici« – haben sich die funktionalen und formalen Aspekte der Gestaltung sogar unterzuordnen.[18]

Die hier postulierte semantische Dimension des Designs hebt Mendini auch in seiner Zeichnung zum Redesign hervor, indem er das »Leben der Objekte« mit einem Roman vergleicht und am unteren Rand des Zeichenblattes zusammenfasst: »Il Design è letteratura.« Durch ihre zeichenhafte Aufladung sind die Redesign-Stühle mehr als ein bloß funktionales Sitzmöbel: Sie mutieren ganz im Sinne eines Kunstwerkes zu einem Reflexionsobjekt, das betrachtet und gelesen werden kann. In gewisser Weise formulieren die von Mendini vorgenommenen Veränderungen an den Designklassikern der Moderne Kommentare, die jedoch nicht als eindeutige Botschaften einfach und klar zu verstehen sind. Ihre Lektüre gleicht vielmehr der Literatur. Sie besitzen einen poetischen Gehalt, der an das Gefühl, die Imagination und das Assoziationsvermögen der Leser appelliert und zu unterschiedlichen und mehrdeutigen Lektüren führen kann, ganz im Sinne des Konzepts vom »offenen Kunstwerk«, das Umberto Eco schon Anfang der 1960er Jahre vor allem im Hinblick auf die moderne Literatur beschrieben hat.[19]

Die inhaltliche Bestimmung der von den Stühlen der Redesign-Serie hervorgerufenen Bedeutungen ist somit eher als Anspielungshorizont zu verstehen. Relativ direkt ist der Hinweis auf den Tod allerdings beim Redesign des Zig-Zag-Stuhls, den Gerrit Rietveld Anfang der 1930er Jahre entworfen hat.[20]

Im Sinne des elementaren Gestaltens ging es Rietveld ganz ähnlich wie Breuer um eine funktionale Form, die aus möglichst wenigen einfachen Grundelementen besteht. Mit der Zickzackform entsteht zugleich das abstrahierte Bild einer menschlichen Sitzhaltung. Indem Mendini das Holzbrett der Rückenlehne verlängert und mit einem horizontalen Balken ergänzt, verleiht er dem Stuhl eine ganz andere Semantik: Er wird mit einer spirituell-christlichen Bedeutung aufgeladen und erinnert an ein schlichtes Grabkreuz. Bereits im Juni 1974 erschien dieser Entwurf Mendinis in der Juniausgabe der Zeitschrift »domus« und illustrierte einen Artikel des Designers mit dem Titel »Oggetti a uso spirituale. Guerilla warfare in design«.[21] In diesem Artikel propagiert der Designer den spirituellen Gebrauch von Objekten, der eine Waffe im Kampf gegen ihre rein funktionale Verwendung darstelle: »[...] il tentativo di contestare il criterio dell'oggetto ad uso *funzionale* a favore di quello dell'oggetto ad uso *spirituale*.«[22] Das Design der Gegenwart dürfe keine

16 »Für die Gruppe Alchimia sind Erinnerung und Tradition wichtig.« (Übers. G. S.) Mendini, Alessandro: Manifesto dell'Alchimia (1985), in: Sambonet, Guia: *Alchimia*, Torino 1986, S. 14.

17 »Per Alchimia non bisogna mai sapere se si sta facendo scultura, pittura, aerte applicata, teatro o altro ancora.«, ebd.

18 Ebd., S. 93.

19 Vgl. Eco, Umberto: *Opera aperta. Forma e indeterminazione nelle poetiche contemporanee*, Milano 1962.

20 Vgl. Schwartz-Clauss, Mathias: Zig-Zag, Gerrit Thomas Rietveld, in: *100 Masterpieces aus der Sammlung des Vitra Design Museums*, Auss.-Kat. Vitra Design Museum, Weil am Rhein, Radolfszell 1996, S. 112.

21 Mendini, Alessandro: Oggetti a uso spirituale (domus 535, 1974), in: Fiell, Charlotte/Fiell, Peter (Hg.): *domus, VII, 1970–1974*, Köln 2006, S. 540–542.

22 »[...] der Versuch, die rein funktionale Verwendung des Gegenstandes durch einen spirituellen Gebrauch anzufechten.« (Übers. G. S.), ebd., S. 540.

Abbildung 6: Alessandro Mendini, Redesign di Sedie del Movimento Moderno, Zig-Zag di Gerrit Rietveld, 1978.

Abbildung 7: Gerrit Rietveld, Zig-Zag, 1932–1934.

falschen optimistischen Illusionen vortäuschen, sondern müsse sich mit den schmerzlichen Wahrheiten der Realität auseinandersetzen. In einem anderen programmatischen Text in der Zeitschrift Casabella aus demselben Jahr – »Nuovo Design« – spricht sich Mendini ebenfalls dezidiert gegen ein rein funktionalistisches Design aus und plädiert stattdessen für ein »disegno amoroso«: ein liebenswertes Design.[23] Der »neo-moderne Mensch« (»uomo neo-moderno«), den Mendini hier im Blick hat, kommuniziere weniger auf einer rationalen als vielmehr auf einer emotionalen und körperlich-sinnlichen Ebene. Diese müsse durch ein Redesign angesprochen werden, das zu diesem Zweck auf Schmuck und Verzierung – »decorazione« – zurückgreifen solle.[24] Allerdings müsse der verwendete Schmuck der Flüchtigkeit des Lebens und der schnellen Veränderung der Welt Rechnung tragen. Damit wendet sich Mendini gegen das modernistische Ideal einer universellen und überzeitlichen Gestaltung. Den Anspruch moderner Gestaltung auf Ewigkeit bringt Mendini implizit mit einer lebensfeindlichen Haltung in Zusammenhang, mit der »compiutezza della morte«, das heißt der Vollendung durch den Tod.[25]

Vor diesem Hintergrund kann das Zeichen des Kreuzes, das Mendini für seine Umgestaltung des Zickzackstuhls nutzt, einerseits als Anspielung auf die gewaltsamen Verhältnisse gesellschaftspolitischer Realität in den 1970er Jahren gelesen werden: Beispielsweise als Erinnerung an die unzähligen Grabkreuze der im Vietnamkrieg gefallenen Soldaten oder als Anspielung auf die Toten, die auf das Konto der linksradikalen Terrorgruppe der Roten Brigaden zurückgingen. Diese war 1974 zum bewaffneten Kampf gegen das politische Regime in Italien angetreten und hatte 1978 den christdemokratischen Politiker Aldo Moro entführt und ermordet. Andererseits kann das Kreuz aber vor der Folie der genannten theoretischen Äußerungen Mendinis auch als kritischer Kommentar auf die Tradition funktionaler Gestaltung im Design des 20. Jahrhunderts gelesen werden. Der Anspruch modernistischen Designs, durch eine möglichst rationale Konzeption die ultimative Form für die Funktion des Sitzens zu finden, wird von Mendini implizit als ein

---

23 Mendini, Alessandro: Nuovo Design (Casabella 383, 1974), in: ders. (wie Anm. 2), S. 518.
24 Ebd.
25 Ebd.

metaphysisch überhöhter Wunsch und als Todessehnsucht kommentiert. Der Zig-Zag-Stuhl von Rietveld, der als zukunftsweisender Entwurf gemeint war, mutiert im Redesign Mendinis zum Totenmal, das auf eine durchaus neue und originelle Art und Weise an die Geschichte moderner Gestaltung mit ihren Hoffnungen und ihrem Scheitern erinnert.

Gleiches gilt für das Redesign des Plastikstuhls »Universale«, den Joe Colombo 1965 entworfen hat. Bereits der Name verweist auf den Anspruch der Moderne, eine universelle Formsprache schaffen zu können, die über alle kulturellen Grenzen hinweg und für alle Zeiten Gültigkeit besitzt. Bei diesem Stuhlentwurf zeigt sich die Universalität auf der Ebene seiner Funktion: Denn durch ein Stecksystem lassen sich die Stuhlbeine auf drei unterschiedliche Höhen verstellen, so dass ein und dasselbe Sitzmöbel als Kinderstuhl, normaler Stuhl oder Barhocker verwendet werden kann.[26] Darüber hinaus ist er durch das Material auch im Außenraum einsetzbar. Im Unterschied zu den kräftigen aber einfarbigen Tönen des Plastiks beim ursprünglichen Entwurf hat Mendini seinem Redesign ein marmoriertes Muster verliehen. Der Stuhl täuscht somit ein anderes, edleres Material vor, dessen Verwendung für einen beweglichen Stuhl freilich völlig dysfunktional wäre. Materialgerechtigkeit als ein Dogma modernen Designs wird somit spielerisch ad absurdum geführt. Ein wenig erinnert das Zusammenspiel von fingiertem Marmor und abgerundeter Rückenlehne an einen Grabstein.

Auch die bunten Fähnchen, die Mendini dem Superleggera von Gio Ponti – einem Stuhlentwurf aus den 1950er Jahren – anheftet, wirken nur auf den ersten Blick verspielt und fröhlich. Indem sie mittig an der Rückenlehne und den Vorderbeinen angebracht sind, erinnern sie auch an Fahnen, die auf Halbmast gehisst sind und können als Zeichen der Trauer aufgefasst werden. Primär sind sie jedoch als eine geradezu provokative Verletzung eines der zentralen Gebote moderner Gestaltung zu verstehen. Besonders vehement war dies von Adolf Loos in seiner Epoche machenden Kampfschrift »Ornament und Verbrechen« vertreten worden.[27] Gio Ponti folgt dem Verbot von Ornamenten, wenn er gerade mit diesem Entwurf auf allen unnötigen Materialverbrauch verzichtete, um einen möglichst leichten Stuhl von nur 1,7 kg zu schaffen, der das Körpergewicht eines Menschen aufgrund seiner stabilen und ergonomisch durchdachten Konstruktion trotzdem bequem halten kann.[28] Vor dem Hintergrund funktionaler Gestaltung sind die falschen Fähnchen von Mendini ein völlig unnötiger Dekor, der die klare Form der Konstruktion stört. Im Sinne eines »Design pittorico« transformieren sie den Stuhl allerdings zu einem Bild mit unterschiedlichen Konnotationen und erinnern darüber hinaus an die Pittura Metafisica von Giorgio de Chirico, auf dessen Gemälden immer wieder wimpelförmige Fahnen auftauchen, die in einem scheinbar atmosphärefreien Raum flattern und somit zur geheimnisvollen Stimmung seiner Bilder beitragen.

An den berühmten Hill House-Stuhl von Charles Rennie Mackintosh hat Mendini bei seinem Redesign ebenfalls Verzierungen angebracht, die den strengen, formalen Aufbau des Stuhlentwurfs aus dem Jahr 1903 stören.[29] Der ohnehin schon überlangen

26 Vgl. Favata, Ignazia: *Joe Colombo and Italian Design of the Sixties*, London 1988, S. 30–33.
27 Vgl. Loos, Adolf: Ornament und Verbrechen (1908), in: Edelmann, Klaus Thomas/Terstiege, Gerrit (Hg.): *Gestaltung denken. Grundlagentexte zu Design und Architektur*, Basel 2010, S. 81–87.
28 Vgl. Schwartz-Clauss, Mathias: Superleggera, No. 699, Gio (Giovanni) Ponti, in: *100 Masterpieces aus der Sammlung des Vitra Design Museums*, Auss.-Kat. Vitra Design Museum, Weil am Rhein, Radolfszell 1996, S. 124.
29 Vgl. Alison, Filipp: *Der Stuhl als Kunstwerk. Sitzmöbel von Charles Rennie Mackintosh*, Stuttgart 1983, S. 58–59.

Rückenlehne hat der Designer noch zwei Drähte angefügt, an deren oberen Ende zwei zickzackförmige Elemente im Raum schweben. Man mag an Antennen oder Vögel erinnert werden. Das Bild, das sich jedoch am ehesten aufdrängt, ist das eines Blitzableiters. Assoziativ aufgeladen, wird das Möbel zur Gefahrenzone und mutiert zum elektrischen Stuhl. Auch unter der fröhlichen Oberfläche des Redesigns des sogenannten Kaffeehausstuhles, dem Sessel Nr. 14 von Michael Thonet aus dem Jahr 1859/60, der historisch am Anfang der von Mendini konzipierten Reihe der »Sedie di Movimento Moderno« steht, scheint die Gefahr zu lauern. Das applizierte Element konterkariert erneut die strenge, funktional durchdachte Form, für die sich die modernen Gestalter im 20. Jahrhundert nicht ohne Grund begeistert haben. Durch die sparsame Verwendung von Material und die maschinelle Herstellung in großer Stückzahl war der Stuhl Nr. 14 besonders preisgünstig und diente oft der Bestuhlung von Räumen, wo Stühle dicht an dicht stehen wie im Kaffeehaus oder im Konzertsaal.[30] Indem Mendini auf Drähten aufgesteckte bunte Holzkugeln von der Rückenlehne in den Raum strahlen lässt, nimmt er dem Stuhl seinen funktionalen Wert: Der Stuhl braucht nun viel Raum für sich alleine und ist auch nicht mehr stapelbar. Die hinzugefügte blaue Rückenlehne erinnert mit ihrer wellenförmigen Kontur an Bilder der organischen Abstraktion und mit dem ausgesparten Loch am rechten oberen Rand auch ein wenig an die Palette eines Malers. Die bunten Holzkugeln können als Anspielung auf einen weiteren Designklassiker verstanden werden: die sogenannte Atomic Clock von George Nelson aus dem Jahr 1949. Im Unterschied zu Nelsons Uhr, bei der die Kugeln konzentrisch in ihrer Bahn gehalten werden, scheinen sie beim Redesign Mendinis unkontrolliert in alle Richtungen zu fliegen, so dass unterschwellig auch ein Bild atomarer Bedrohung evoziert wird.

CAMOUFLAGE ALS KRITIK AM MODERNISTISCHEN GESTALTEN

Die Kritik am funktionalistischen Gestalten der Moderne, die sich durch die gesamte Serie des Redesigns zieht, konzentriert sich noch einmal im »Redesign Wassily« aus dem Jahr 1983 mit seiner Anspielung auf militärische Tarnuniformen. Implizit wird damit gerade das Bauhausdesign mit Militär, Gewalt und Krieg in Verbindung gebracht. Wie eine Äußerung von Andrea Branzi deutlich macht, der als Designer ähnliche Vorstellungen vertrat wie Mendini und auch zur selben Generation gehört, konnte aus der Sicht Italiens gerade das deutsche Design mit militärischen Eigenschaften assoziiert werden: »Die Italiener glauben, deutsches Design und Deutschland selbst seien perfekt organisiert und funktionierten mit fast militärischer Strenge.«[31] Branzi hatte hier vor allem den sogenannten Rationalismus der Ulmer Hochschule für Gestaltung im Blick, die sich ihrerseits in einer direkten Tradition des Staatlichen Bauhauses der Weimarer Republik sah und auch einflussreich auf das italienische Bel Design der 1950er und 1960er Jahre gewirkt hatte. So machte die Generation italienischer Designer, die sich kritisch mit dem

30 Vgl. Dunas, Peter: Sessel Nr. 14, Michael Thonet und Söhne, in: *100 Masterpieces aus der Sammlung des Vitra Design Museums*, Ausst.-Kat. Vitra Design Museum, Weil am Rhein, Radolfszell 1996, S. 24.

31 Branzi, Andrea: Italien und Deutschland: Gegen den Rest der Welt, in: *Design: 4 : 3 – Fünfzig Jahre italienisches und deutsches Design*, Ausst.-Kat. Kunst- und Ausstellungshalle der Bundesrepublik Deutschland in Bonn, Ostfildern-Ruit 2000, S. 255.

Funktionalismus der Moderne auseinandersetzte, vor allem die deutschen Institutionen des Bauhauses und der Ulmer Hochschule dafür verantwortlich, dass bestimmte Aspekte moderner Gestaltung, die zunächst durchaus emanzipatorisch gemeint waren, schließlich zur dogmatischen Ideologie verzerrt worden seien, die jeglichen Spielraum gestalterischer Kreativität im Keim erstickte.

Vor Alessandro Mendini und der Gruppe Alchimia hatte bereits die Designergruppe Archizoom mit ihrem Radical- oder Anti-Design das deutsche Bauhaus im Visier, als sie 1969 den Stuhl »Mies« entwarf.[32] Zusammen mit dem Namen spielte der verchromte Stahl des Sitzmöbels auf den Barcelona-Sessel (MR 90) an, den Mies van der Rohe 1929 für den deutschen Pavillon auf der Weltausstellung in Barcelona entworfen hatte. Archizoom ersetzte die eleganten Schwünge des Gestells, mit denen Mies van der Rohe die antike Form des Scherenstuhls neu interpretiert hatte, durch die strenge geometrische Form des Dreiecks, die durch die glatte Gummibespannung noch klarer betont wurde. Da die Elastizität des Gummis nicht auf den ersten Blick zu erkennen war, musste die Form zunächst irritieren: Ganz im Unterschied zum funktionalistischen Ideal moderner Gestaltung ließ dieser Stuhl gerade nicht sofort erkennen, wie man ihn benutzen solle. Außerdem erscheinen die vorderen Spitzen des Gestells wie Waffen. Sie scheinen den latenten Sadismus modernen Designs bewusst hervorzukehren. Ein Sadismus, auf den Theodor W. Adorno mit seiner dialektischen Betrachtung der Moderne als einer der ersten Kritiker Mitte der 1960er Jahre aufmerksam gemacht hat. So äußerte er sich 1965 anlässlich einer Rede vor dem Deutschen Werkbund mit folgenden Worten über das moderne Ideal sachlicher Gestaltung:

> »Die Zukunft von Sachlichkeit ist nur dann eine der Freiheit, wenn sie des barbarischen Zugriffs sich entledigt: nicht länger den Menschen, deren Bedürfnis sie zu ihrem Maßstab erklärt, durch spitze Kanten, karg kalkulierte Zimmer, Treppen und Ähnliches sadistische Stöße versetzt. Fast jeder Verbraucher wird das Unpraktische des erbarmungslos Praktischen an seinem eigenen Leib schmerzhaft gespürt haben [...].«[33]

Einerseits kann die Verbindung von Bauhausdesign und Camouflagemuster beim »Redesign Wassily« also im Kontext der seit den späten 1960er Jahren sowohl in Westdeutschland wie auch in Italien breit geführten Debatte der Funktionalismuskritik interpretiert werden, die in der Folge unter dem Label der Postmoderne zu einer kritischen Revision des Modernismus geführt hat.[34] Andererseits erinnert sie an die schon eingangs erwähnte Beteiligung bildender Künstler an der Entwicklung militärischer Tarnmuster. Zwar waren weder Marcel Breuer noch Wassily Kandinsky, auf dessen Namen das Stahlrohrmöbel später getauft wurde, direkt in solchen militärischen Camouflageabteilungen tätig, wie sie im Ersten und auch im Zweiten Weltkrieg bei allen führenden Armeen bestanden. Und doch wurden gerade am Bauhaus, für das die beiden Künstlernamen exemplarisch stehen, wichtige wahrnehmungspsychologische Grundlagen diskutiert, die

32 Vgl. Dunas, Peter: Mies, Archizoom Associati, in: *100 Masterpieces aus der Sammlung des Vitra Design Museums*, Auss.-Kat. Vitra Design Museum, Weil am Rhein, Radolfszell 1996, S. 222.

33 Adorno, Theodor W.: Funktionalismus heute (1965), in: Fischer, Volker/Hamilton, Anne (Hg.): *Theorien der Gestaltung. Grundlagentexte zum Design*, Bd. 1, Frankfurt am Main. 1999, S. 202.

34 Vgl. Moles, Abraham A.: Die Krise des Funktionalismus (1968), in: Fischer/Hamilton (wie Anm. 33), S. 211–213; Nehles, Werner: Die Heiligen Kühe des Funktionalismus müssen geopfert werden (1968), in: Fischer/Hamilton (wie Anm. 33), S. 213–216.

für die weitere Entwicklung und wissenschaftliche Fundierung der Camouflage zentral wurden. Roy R. Behrens weist in seiner Studie über »Art, Design and Modern Camouflage« darauf hin, dass gerade die am Bauhaus rezipierte Gestaltpsychologie für ein tieferes Verständnis der Camouflage wichtig war, weil sie das Verhältnis von Figur und Grund zu einem zentralen Thema machte: Ähneln sich die beiden Dimensionen eines Bildes, so kann keine Figur mehr erkannt werden.[35]

Oskar Schlemmer nutzte solche Grundkenntnisse visueller Gestaltung, als er im Zweiten Weltkrieg dafür zuständig war, Gebäude für die deutsche Armee durch einen entsprechenden Anstrich vor den Flugzeugen der Alliierten zu verstecken.[36] Der frühere Bauhauslehrer László Moholy-Nagy war im Zweiten Weltkrieg für die US-amerikanische Armee tätig und beschäftigte sich mit der Camouflage der Küstenlinie der Stadt Chicago am Lake Michigan.[37] Wie sehr die tarnende Verschmelzung von Figur und Grund durch die Formsprache des Kubismus beeinflusst war, mag der kubistisch inspirierte Holzschnitt der Kathedrale von Lionel Feininger belegen, der das Bauhausmanifest von 1919 illustriert. Picasso selbst hat diesen Zusammenhang angeblich bestätigt, als er im Frühjahr 1915 eine mit Camouflagemuster bemalte Kanone in Paris gesehen und dabei überrascht ausgerufen haben soll: »C'est nous qui avons fait ça.«[38] Doch auch die frühen expressionistischen Bilder von Wassily Kandinsky wurden während des Ersten Weltkriegs als Vorbild militärischer Tarnung gewürdigt, wie eine Aussage von Franz Marc zeigt, der 1916 für die Camouflageabteilung der deutschen Armee tätig war. Er schrieb in einem Brief an seine Frau, dass er neun Zelte im Stil »von Monet bis Kandinsky« bemalt hätte:

> »Das alles dient dem nützlichen Zweck, Gefechtspositionen für feindliche Flugzeuge und Aufklärungsfotografien unsichtbar zu machen, indem man sie in Leinwände hüllt, die in grob pointillistischem Stil und in Tarnfarben, die die Natur imitieren, bemalt sind. Mit Hilfe der Malerei gelingt es uns jetzt, das, was uns verraten könnte, so zu verschleiern und zu deformieren, dass unsere Position nicht ausgemacht werden kann.«[39]

Der hier zur Sprache kommende Zusammenhang von Pointillismus und Camouflage, der auch von anderen Zeitgenossen während des Ersten Weltkriegs beobachtet worden war,[40] führt uns abschließend zurück zu den Gestaltungselementen Alessandro Mendinis. Die Verwendung pointillistischer Muster avanciert schließlich zum Markenzeichen Mendinis und findet sich immer wieder in seiner Architektur und in seinem Produktdesign, wie beispielsweise im Groninger Museum von 1994 oder beim Entwurf einer Swatch-Uhr von 1992. Erstmals griff er bei der Gestaltung der eingangs erwähnten »Poltrona di Proust« im Jahr 1978 darauf zurück, also zur selben Zeit, als auch die Serie des Redesigns

---

35 Vgl. Behrens, Roy R.: *Art, Design and Modern Camouflage*, Dysart Iowa 2002, S. 107–127.

36 Vgl. ebd., S. 124.

37 Vgl. ebd., S. 126.

38 »Wir haben das gemacht.« (Übers. G. S.), ebd., S. 70. Auch Georges Braque bestätigt diesen Zusammenhang: Ebd., S. 71. Vgl. auch Kahn, Elisabeth Louise: *The Neglected Majority. »Les Camoufleurs,«* Art History, and World War I, Lanham 1984, S. 97–139; Forbes, Peter: *Dazzled and Deceived. Mimicry and Camouflage*, New Haven/London 2011, S. 101–112.

39 Marc, Franz, zitiert nach Coutin, Célile: Tarnung an allen Fronten. Die Rolle der französischen und deutschen Künstler auf dem Gebiet der Tarnung, in: *Menschenschlachthaus. Der erste Weltkrieg in der französischen und deutschen Kunst*, Ausst.-Kat. Von der Heydt-Museum Wuppertal, Wuppertal 2014, S. 242.

40 Vgl. Behrens (wie Anm. 35), S. 74–75.

Abbildung 8: Alessandro Mendini,
Poltrona di Proust, 1978, siehe
Farbtafeln.

entstanden ist. Nach eigenen Aussagen hat sich Mendini beim Muster an einem vergrößerten Ausschnitt eines Gemäldes von Paul Signac orientiert.[41] Dadurch entsteht der Eindruck als sei man zu nahe an ein pointillistisches Gemälde herangetreten: Die Figuren, die auf den Bildern von Signac erst bei einer gewissen Distanz vom Gemälde im Auge des Betrachters an Gestalt gewinnen, haben sich bei der »Poltrona di Proust« völlig aufgelöst. Die bunten Punkte verleihen dem Sessel eine flirrende und vibrierende Atmosphäre, so dass auch die Kontur des Sitzmöbels an Schärfe verliert. Wie die ursprünglichen Figuren auf dem Gemälde Signacs so scheint sich auch die Figur des neubarocken Sessels aufzulösen. Wie sehr Mendini an solchen Camouflageeffekten des Pointillismus interessiert war, demonstriert eine Zeichnung unter der Überschrift »Alchimia«.

Hier verschmelzen drei Modelle der »Poltrona di Proust« optisch mit dem Interieur, in dem sie sich befinden. Denn alle weiteren skizzierten Möbel sowie Boden und Decke sind mit demselben Punktmuster versehen. Es gibt keinen Unterschied mehr zwischen Figur und Grund. Bei einer Ausstellung 1991 in der Galleria Dilmos in Mailand hat Mendini diesen Effekt unter dem Motto »Interno di un Interno« im dreidimensionalen Raum untersucht.[42] Die Form des neubarocken Sessels verschwimmt vor dem etwas gröberen Fleckenmuster der Wandtapete, und die getüpfelten Figuren auf den Regalbrettern erscheinen fast unsichtbar im Ambiente des pointillistisch bemalten Vitrinenschrankes.

Wie lässt sich Mendinis Interesse an der pointillistischen Camouflage abschließend erklären? Wie schon am Beispiel des »Redesign Wassily« ausgeführt, besitzt die militärische Konnotation des pointillistischen Musters auch bei der »Poltrona di Proust« zunächst eine kritische Stoßrichtung, die gegen die Dominanz eines modernistischen,

---

41 Vgl. Mendini, Alessandro: Storia della Poltrona di Proust 1976–2001 (2001), in: ders. (wie Anm. 2), S. 206.
42 Vgl. Fiz (wie Anm. 15), S. 94–95.

Abbildung 9: Alessandro Mendini, Alchimia, 2010, Zeichnung.

funktionalistischen Designs gerichtet ist. Die Form des Sessels mit ihrer Referenz auf den Historismus im späten 19. Jahrhundert ist ja selbst schon ein Affront in dieser Hinsicht. Verkörpert sie aus der Sicht der Moderne des 20. Jahrhunderts doch eine extreme Geschmacksverirrung, gegen die die Gestalter am Bauhaus angetreten waren. Zugleich ist die neubarocke Form ein visuelles Zeichen, das einen Prozess der Erinnerung auslösen kann, ähnlich dem Prozess der unwillkürlichen Erinnerung, den Marcel Proust zu Beginn seines Romanepos »Auf der Suche nach der verlorenen Zeit« beschreibt.[43] Ist es im Roman der sinnliche Genuss von Tee und Gebäck, der einen assoziativen Fluss von Erinnerungen an die vergangene Belle Epoque freisetzt, so sind es bei Mendinis Sessel die neubarocke Form und das pointillistische Muster, die an die widerstreitenden Kunstströmungen im späten 19. Jahrhundert erinnern. Indem Mendini die Malerei des Pointillismus jedoch unterschwellig mit der Camouflage im Ersten Weltkrieg in Verbindung bringt, erinnert er auch an das problematische Verhältnis von künstlerischer Avantgarde und Krieg: die avantgardistische Entgrenzung der modernen Kunst ins Leben konnte auch zu ihrer Instrumentalisierung für militärische Zwecke im Krieg führen. Diese negative Konnotation der Camouflage scheint abzufärben auf den kritischen Kommentar, den Mendini über das moderne funktionalistische Design liefert. Sein Einsatz der Camouflage erscheint wie eine Persiflage auf das moderne Ideal gestalterischer Transparenz, das schon Marcel Breuer am Bauhaus im Blick hatte, und Dieter Rams im Geist der Ulmer Hochschule für

---

43   Vgl. Proust, Marcel: *Auf der Suche nach der verlorenen Zeit*, Frankfurt am Main 1979, Bd. 1, S. 63–67.

Gestaltung mit den folgenden Worten beschrieben hat: »Gutes Design ist unaufdringlich«. Oder »Gutes Design ist sowenig Design wie möglich.«[44]

Doch scheint es Mendini bei der Verwendung pointillistischer Camouflage auch um eine Umwertung zu gehen, von der bereits anfangs die Rede war. Sie ist nicht nur als Zeichen zu verstehen, das an Bedrohung und Krieg erinnert, sondern führt auch zu einem visuellen Effekt, der im Rahmen programmatischer Äußerungen von Mendini durchaus positiv besetzt ist. So schreibt er im Hinblick auf seine bunt bemalten Miniaturobjekte: »Alle Objekte haben ein pointillistisches Dekor, wodurch der Eindruck einer Fata Morgana, einer dünnen und staubigen Atmosphäre entsteht.«[45] Durch ihr besonderes Dekor verlieren die Objekte an Dreidimensionalität, sie erscheinen ganz im Sinne des gewünschten »Design pittorico« als flüchtiges, immaterielles Bild, eben wie eine Fata Morgana, die zwar eine Illusion vortäuscht und in die Irre führen kann, aber auch wie ein Traumbild mit kreativer Fantasie verschwistert ist. Dies entspricht dem Programm Mendinis, das er in seinen Texten immer wieder umkreist und 1974 in dem bereits erwähnten Text »Nuovo Design« präzisiert hat. Im Unterschied zur Moderne mit ihrem Streben nach Stabilität und Ewigkeit gehe es ihm mit dem »Neuen Design« um Veränderung und flüchtige Erscheinungen: »effimere vibrazioni dell'apparente«.[46]

Allerdings erscheint die Umcodierung des negativ Besetzten ins Positive nicht ganz vollzogen. Schließlich bleibt ein bedrohlicher Rest. Denn die Stühle, die auch als Stellvertreter für den menschlichen Körper fungieren, werden durch ihre formale Angleichung an den umgebenden Raum von diesem gleichsam aufgesogen und vernichtet. Im Kontext des Surrealismus hat Roger Caillois Mitte der 1930er Jahre genau über diese Dimension der Camouflage nachgedacht, wobei er nicht das Militär und den Krieg im Blick hatte, sondern das Tierreich mit seinen vielfältigen Spielarten der Tarnung.[47] Allerdings ging er vor dem Hintergrund der Evolutionstheorie davon aus, dass bestimmte instinkthaft verankerte Verhaltensweisen bei Tieren in der unbewussten Triebdynamik des Menschen fortleben können. Letztlich interpretiert Caillois die Angleichung eines Lebewesens an seine Umgebung als »Trieb zur Selbstaufgabe«.[48] Vom Raum gehe eine magische Kraft aus, der das Individuum letztlich unterliege. Caillois spricht diesbezüglich von der »Versuchung durch den Raum«[49] oder der »Herausforderung durch den Raum«[50] und fasst sein Argument mit folgenden Worten zusammen:

> »Das Gefühl von Persönlichkeit als einem Gefühl des Organismus, sich von seiner Umgebung abzuheben [...] muss unter diesen Bedingungen ernsthaft Schaden nehmen; man tritt dann in die Psychologie der Psychasthenie ein, genauer in die Psychologie der legendären Psychasthenie, wenn wir die Störung in den oben definierten Beziehungen zwischen Persönlichkeit und Raum so bezeichnen wollen.«

---

44 Vgl. Lovell, Sophie: *Dieter Rams: So wenig Design wie möglich*, London 2011, S. 39–356.
45 Mendini, Alessandro: Bilder in mir, in: *Design: 4 : 3 – Fünfzig Jahre italienisches und deutsches Design* (wie Anm. 31), S. 277.
46 »Flüchtige Bewegungen der Erscheinungen« (Übers. G. S.) Mendini (wie Anm. 23), S. 518.
47 Vgl. Caillois, Roger: Mimese und legendäre Psychasthenie (1935), in: ders.: *Méduse & Cie*, Berlin 2007, S. 27–39.
48 Ebd., S. 39.
49 Ebd., S. 35.
50 Ebb., S. 39.

Auf seiner Zeichnung zum Programm von Alchimia deutet Mendini diese bedrohliche Dimension an, wenn er davon spricht, dass die von ihm gewählten Stilelemente alle Dinge – wie bei einer Invasion – durchdringen würden. So lauert bei den von Mendini gestalteten Objekten unter der bunten und fröhlichen Oberfläche des »disegno amoroso« eine dunkle Dimension, die auf die Schattenseiten menschlicher Existenz aufmerksam macht.

QUELLENVERZEICHNIS

Adorno, Theodor W.: Funktionalismus heute (1965), in: Fischer, Volker/Hamilton, Anne (Hg.): *Theorien der Gestaltung. Grundlagentexte zum Design*, Bd. 1, Frankfurt am Main 1999, S. 198–211.

Alison, Filipp: *Der Stuhl als Kunstwerk. Sitzmöbel von Charles Rennie Mackintosh*, Stuttgart 1983.

Behrens, Roy R.: *Art, Design and Modern Camouflage*, Dysart Iowa 2002.

Branzi, Andrea: Italien und Deutschland: Gegen den Rest der Welt, in: *Design: 4 : 3 – Fünfzig Jahre italienisches und deutsches Design*, Ausst.-Kat. Kunst- und Ausstellungshalle der Bundesrepublik Deutschland in Bonn, Ostfildern-Ruit 2000, S. 255–259.

Cache-cache. Camouflage, Ausst.-Kat. Musée de Design et d'Arts appliqués contemporains Lausanne, Lausanne 2002.

Caillois, Roger: Mimese und legendäre Psychasthenie (1935), in: ders.: *Méduse & Cie*, Berlin 2007, S. 27–39.

Coutin, Célile: Tarnung an allen Fronten. Die Rolle der französischen und deutschen Künstler auf dem Gebiet der Tarnung, in: *Menschenschlachthaus. Der erste Weltkrieg in der französischen und deutschen Kunst*, Ausst.-Kat. Von der Heydt-Museum Wuppertal, Wuppertal 2014, S. 237–245.

Debord, Guy-Ernst/Wolman, Gil J.: Gebrauchsanweisung für die Zweckentfremdung (1956), in: *Der Beginn einer Epoche, Texte der Situationisten*, Hamburg 1995, S. 20–26.

Dunas, Peter: Sessel Nr. 14, Michael Thonet und Söhne, in: *100 Masterpieces aus der Sammlung des Vitra Design Museums*, Ausst.-Kat. Vitra Design Museum, Weil am Rhein, Radolfszell 1996, S. 24.

Dunas, Peter: Mies, Archizoom Associati, in: *100 Masterpieces aus der Sammlung des Vitra Design Museums*, Ausst.-Kat. Vitra Design Museum, Weil am Rhein, Radolfszell 1996, S. 222.

Eco, Umberto: *Opera aperta. Forma e indeterminazione nelle poetiche contemporanee*, Milano 1962.

Favata, Ignazia: *Joe Colombo and Italian Design of the Sixties*, London 1988.

Fiz, Alberto (Hg.): *Mendini Alchimie Dal Controdesign alle Nuove Utopie*, Ausst.-Kat. Museo delle Arti Catanzaro, Milano 2010.

Folie, Sabine: Yayoi Kusama im Raum der Freiheit, in: *Yayoi Kusama*, Ausst.-Kat. Kunsthalle Wien, Wien 2002, S. 45–52.

Forbes, Peter: *Dazzled and Deceived. Mimicry and Camouflage*, New Haven/London 2011.

Kahn, Elisabeth Louise: *The Neglected Majority. »Les Camoufleurs,« Art History, and World War I*, Lanham 1984.

Kieren, Martin: Das eigene Leben und Werk im Visier – der Architekt und Erfinder des Bauhauses Walter Gropius, in: Fiedler, Jeannine/Feierabend, Peter (Hg.): *Bauhaus*, Köln 1999, S. 188–203.

Lee, Pamela M.: Zwangsneurose und Authentizität: Yayoi Kusama, in: *Texte zur Kunst* 23, 1996, S. 81–87.

Loos, Adolf: Ornament und Verbrechen (1908), in: Edelmann, Klaus Thomas/Terstiege, Gerrit (Hg.): *Gestaltung denken. Grundlagentexte zu Design und Architektur*, Basel 2010, S. 81–87.

Loreck, Hanne: Entwaffnend? Spekulationen zur Camouflage-Mode, in: Bippus, Elke/Mink, Dorothea (Hg.): *fashion body cult, mode körper kult*, Stuttgart 2007, S. 240–247.

Lovell, Sophie: *Dieter Rams: So wenig Design wie möglich*, London 2011.

Mendini, Alessandro: Manifesto dell'Alchimia (1985), in: Sambonet, Guia: *Alchimia*, Torino 1986, S. 14.

Mendini, Alessandro: Bilder in mir, in: *Design: 4 : 3 – Fünfzig Jahre italienisches und deutsches Design*, Ausst.-Kat. Kunst- und Ausstellungshalle der Bundesrepublik Deutschland in Bonn, Ostfildern-Ruit 2000, S. 277.

Mendini, Alessandro: Eco-Mimetico, in: ders., *Scritti*, a cura di Loredana Parmesani, Milano 2004, S. 434.

Mendini, Alessandro: Nuovo Design (Casabella 383, 1974), in: ders.: *Scritti*, a cura di Loredana Parmesani, Milano 2004, S. 518–519.

Mendini, Alessandro: Storia della Poltrona di Proust 1976–2001 (2001), in: ders.: *Scritti*, a cura di Loredana Parmesani, Milano 2004, S. 206–209.

Mendini, Alessandro: Oggetti a uso spirituale (domus 535, 1974), in: Fiell Charlotte/Fiell, Peter (Hg.): *domus, VII, 1970–1974*, Köln 2006, S. 540–542.

Moles, Abraham A.: Die Krise des Funktionalismus (1968), in: Fischer, Volker/Hamilton, Anne (Hg.): *Theorien der Gestaltung. Grundlagentexte zum Design*, Bd. 1, Frankfurt am Main 1999, S. 211–213.

Nehles, Werner: Die Heiligen Kühe des Funktionalismus müssen geopfert werden (1968), in: Fischer, Volker/Hamilton, Anne (Hg.): *Theorien der Gestaltung. Grundlagentexte zum Design*, Bd. 1, Frankfurt am Main 1999, S. 213–216.

Newark, Tim/Newark, Quentin/Borsarello, J.F.: *Das Buch der Tarnung*, Eschershausen 1997.

Proust, Marcel: *Auf der Suche nach der verlorenen Zeit*, Frankfurt am Main 1979.

Richardson, Brenda: Hiding in Plain Sight: Warhol's Camouflage, in: *Andy Warhol. Camouflage*, Ausst.-Kat. Gagosian Gallery, New York 1998/1999, S. 11–31.

Schwartz-Clauss, Mathias: Superleggera, No. 699, Gio (Giovanni) Ponti, in: *100 Masterpieces aus der Sammlung des Vitra Design Museums*, Ausst.-Kat. Vitra Design Museum, Weil am Rhein, Radolfszell 1996, S. 124.

Schwartz-Clauss, Mathias: B 3, Wassily, in: *100 Masterpieces aus der Sammlung des Vitra Design Museums*, Ausst.-Kat. Vitra Design Museum, Weil am Rhein, Radolfszell 1996, S. 212.

Schwartz-Clauss, Mathias: Zig-Zag, Gerrit Thomas Rietveld, in: *100 Masterpieces aus der Sammlung des Vitra Design Museums*, Ausst.-Kat. Vitra Design Museum, Weil am Rhein, Radolfszell 1996, S. 112.

Wilk, Christopher: Sitting on air, in: ders. (Hg.): *Modernism. Designing a new world, 1914–1939*, Ausst.-Kat. Victoria and Albert Museum London, London 2006, S. 225–233.

ABBILDUNGSVERZEICHNIS

Abbildung 1: *Cache-cache. Camouflage*, Ausst.-Kat. Musée de Design et d'Arts appliqués contemporains Lausanne, Lausanne 2002, S. 50–51.

Abbildung 2: Fiz, Alberto (Hg.): *Mendini Alchimie Dal Controdesign alle Nuove Utopie*, Ausst.-Kat. Museo delle Arti Catanzaro, Milano 2010, S. 92.

Abbildung 3: Fiell, Charlotte/Fiell, Peter: *1000 Chairs*, Köln 2005, S. 477.

Abbildung 4: *100 Masterpieces aus der Sammlung des Vitra Design Museums*, Auss.-Kat. Vitra Design Museum, Weil am Rhein, Radolfszell 1996, S. 213.

Abbildung 5: Fiz, Alberto (Hg.): *Mendini Alchimie Dal Controdesign alle Nuove Utopie*, Ausst.-Kat. Museo delle Arti Catanzaro, Milano 2010, S. 78.

Abbildung 6: Fiz, Alberto (Hg.): *Mendini Alchimie Dal Controdesign alle Nuove Utopie*, Ausst.-Kat. Museo delle Arti Catanzaro, Milano 2010, S. 86.

Abbildung 7: *100 Masterpieces aus der Sammlung des Vitra Design Museums*, Auss.-Kat. Vitra Design Museum, Weil am Rhein, Radolfszell 1996, S. 113.

Abbildung 8: Fiz, Alberto (Hg.): *Mendini Alchimie Dal Controdesign alle Nuove Utopie*, Ausst.-Kat. Museo delle Arti Catanzaro, Milano 2010, S. 91.

Abbildung 9: Fiz, Alberto (Hg.): *Mendini Alchimie Dal Controdesign alle Nuove Utopie*, Ausst.-Kat. Museo delle Arti Catanzaro, Milano 2010, S. 114.

FRIEDLICHE KLEIDER

Martina Glomb

Unseren persönlichen Stil, die Art wie wir uns kleiden, sehen wir gerne als Ausdruck unserer Individualität. Mit Politik, oder sogar Krieg und Frieden hat das scheinbar nichts zu tun. Doch wie alle Konsumgüter stehen Mode und Bekleidung in direktem Zusammenhang mit Konflikten und Kriegen. Ausbeutung und Verschwendung sind die Grundlage profitorientierter Produktion in der Textilindustrie. Modedesigner stellen sich zunehmend die Frage, wie sie durch Designentscheidungen und Kommunikationsstrategien auf Produktionsbedingungen Einfluss nehmen können und somit Gerechtigkeit und Frieden anregen. Dazu ist es nötig, den Umgang mit Material und Energie für die Produktion und Entsorgung von Textilien, Mode und Bekleidung neu zu überdenken.

Historische und zeitgenössische Beispiele zeigen Mode als Kommunikationsagent politischer und friedlicher Botschaften. Es folgt ein positives und farbenfrohes Spektrum beispielhafter Ideen, Techniken und Designkonzepte, in deren Zentrum nachhaltige Modedesign-Methoden stehen. Die so entstandenen Kleider, größtenteils von Studierenden der Hochschule Hannover, sind nicht nur friedlich, sondern sie protestieren, bekennen, verbinden und helfen. Sie sind nicht immer sparsam und bescheiden, sondern manchmal auch laut und eitel.

MACHEN KLEIDER POLITIK?

Kleidung kommuniziert immer, und Mode ist in der Vergangenheit bewusst als politisches Zeichen eingesetzt worden. Die gewählten Beispiele zeigen in Silhouette und Kleidform Parallelen zu aktuellen, zeitgenössischen Modetrends.

Welche Gründe haben den Bildhauer (und auch George Washington selbst) bewogen, ihn in der Toga darzustellen? Sicher nicht die vestimentäre Mode seiner Zeit, sondern vielmehr die Kommunikation demokratischer Werte von Freiheit, Gleichheit und Frieden, die seit der Antike mit der drapierten Bekleidungsform assoziiert wird. Man beachte allerdings das drohende Schwert in seiner linken Hand, das er als Oberbefehlshaber der Armee im Unabhängigkeitskrieg auch nutzen musste.

Abbildung 1: George Washington in Toga.

Auch wenn in dem bekannten Gemälde von Eugène Delacroix »Die Freiheit, die das Volk führt« zur Unterstützung der freiheitlichen Parole ein drapiertes, klassisch inspiriertes Gewand getragen wird, waren die Kleiderordnungen der Französischen Revolution streng, und wehe, man zeigte die falsche Farbe oder trug die falsche Hose. Ohne die lockeren Hosen der Sansculotten, die der Arbeiterkleidung entlehnt waren, durfte man zeitweilig nicht gesehen werden. Diese und auch die anderen Insignien der Revolution, die rote Jakobinermütze und die blau-weiß-roten Kokarden, verschwanden ebenso schnell wie die Demokratie. Der typische Hosenschnitt aber überlebt in den Kollektionen zeitgenössischer Modedesigner.

Der schottische »große Kilt« gilt als Zeichen nationaler Identifikation und ist durch die individuellen Farben und Muster auch Kommunikation von Alter und Herkunft der Familie. König George II. verbietet nach der Schlacht um Culloden zwischen den Highländern auf der einen Seite und den Low- und Engländern auf der anderen den nationalen schottischen Dresscode. Dadurch macht er diesen zum Symbol gegen Unterdrückung und für Freiheit und Unabhängigkeit bei absoluter Wertschätzung des Individuums.

Der große Kilt lässt sich in ein paar Handgriffen aus einem sechs Meter langen Stück Tartan drapieren und konnte so selbst in Zeiten des Verbots erhalten bleiben. Als Decke getarnt lag er in jedem Kleiderschrank bereit für den spontanen Einsatz. Neben der Auseinandersetzung mit der drapierten Kleidung der Antike gehört diese Technik zur Grundausbildung von Modedesign.

Abbildung 2/3/4: Zwei Sansculotten in langen Hosen; Gentleman in den Highlands, 18. Jahrhundert; Drapierter Kilt.

Anders als in der Antike idealisiert die Drapage hier den wilden Barbaren, der sich nicht unterdrücken lässt, schon gar nicht von Aristokraten in zugeschnittener Hofkleidung. Wiederbelebt wurden die schottischen Muster, die Kilts und die romantisch-wilden Drapagen durch die Punkbewegung und die New Romantics der 70er und frühen 80er Jahre. Zeitgenössische Designer wie Vivienne Westwood und Alexander McQueen nutzen die schottische Symbolik in ihren Kollektionen als Signatur und Plädoyer für Befreiung von Unterdrückung und für Gleichberechtigung, unabhängig von kurzfristigen Trends.

Nicht immer wird dies von den »fashion victims« verstanden. In seiner Kollektion Highland Rape (1995/96) setzt sich Alexander McQueen mit dem englisch-schottischen Krieg auseinander. »People were so unintelligent they thought this was about women being raped – yet Highland Rape was about England's Rape of Scotland.«[1]

Die Friedensbewegung und der Protest gegen den Vietnamkrieg wertete den olivgrünen »Army Parka« zum Symbol der Befreiung und des Protests um. Wie ein geheimer Code verbreitete sich der Parka um die Welt. Seither ist er mehr als ein funktionales Kleidungsstück und wechselt als Identifikationsmittel von Jugendkulturen ständig die Bedeutung. Das Peace-T-Shirt war eins der ersten Slogan-T-Shirts, von denen Tausende von Variationen folgten. Mehr oder weniger direkt kommunizieren diese eine Stellungnahme des Trägers oder geben vor, dies zu tun. Ursprünglich getragen von Demonstranten der Antikriegs-Bewegung der 70er Jahre, entwickelt sich das Slogan-T-Shirt in den 80er Jahren zum Trend in der modischen Szene. In der italienischen Vogue und den Londoner Magazinen Blitz und i-D erscheinen modische Statements gegen Krieg und atomare Aufrüstung.

Doch kann Mode, die selbst einem ständigen Wechsel unterliegt, Stellung beziehen gegen einen Status Quo und feste gesellschaftliche Regeln? Das Palästinensertuch ist ein gutes Beispiel für die Assimilation von politischer Aussage durch oberflächliche Massentrends. Einst als Statement für »linke« Gesinnung und aus Solidarität mit der palästinensischen Befreiungsorganisation getragen, wurde es in den

---

1   Bolton, Andrew/McQueen, Alexander: *Savage Beauty*, New York 2011, S. 122.

Abbildung 5/6/7: No Nukes is Good News, Fashionshoot in Blitz Magazin 1986; Vom politischen Statement zum Abendkleid, das Palästinensertuch; Bradley Manning Kampagne, Vivienne Westwood Catwalk Show MAN 2014.

90er Jahren so uncool wie Birkenstock mit Tennissocken. Phasenweise wurde es sogar in der rechtsradikalen Szene als antisemitisches Accessoire getragen. Die Designerin Leyla Piedayesh hat es für das Label »lala Berlin« aus Kaschmir zum Luxusprodukt erhoben. Auf die Frage an eine junge Trägerin auf der Straße, warum sie ein Imitat bei einer schwedischen Kaufhauskette erstanden hat, erhielt ich als Antwort: »Keine Ahnung, ist cool und meine Freundinnen haben es auch, aber meins hat eine andere Farbe«. Andreas Bernhard begründet den weltweiten modischen Erfolg des Palästinensertuchs mit der Tatsache, dass es das einzige Kleidungsstück mit politischem Hintergrund sei, dass auf ein Muster reduzierbar ist.[2] Endet jede Kritik in der Boutique?

Auch Vivienne Westwood nutzt in ihren Kollektionen alte und neue Symbole für Frieden und Klimaschutz, Anti-Fracking oder die Befreiung politischer Gefangener. In ihrer Männerkollektion für Frühjahr/Sommer 2014 ist eine Ode an Bradley Manning, verurteilt zu 35 Jahren Gefängnis für die Weitergabe von Dokumenten an wiki Leaks, enthalten: »I always hijack my collection to talk politics [...]. Bradley stood in the path of this great juggernaut. He told the truth by exposing war crimes.«[3]

In ihren modisch-sinnlichen Kampagnen und der Inszenierung politischer »messages« am menschlichen Körper in Bewegung erreicht sie eine stärkere Aufmerksamkeit, als dies mit den üblichen politischen Postern, Internetseiten und Kampagnen möglich ist. Immer wieder nutzt sie dabei die eigene Person als Label für politische Statements.

2   Bernard, Andreas: Das Palästinensertuch, in: Weis, Diana: *Cool Aussehen: Mode & Jugendkulturen*, Berlin 2012, S. 196–199, hier S. 199.

3   Vivienne Westwood, *Lookbook Vivienne Westwood MAN*, London 2014.

Abbildung 8: »Vivienne talks
Fracking« im Kastanien-Collier
von Barbara Brünner, Hochschule
Hannover.

Abbildung 9: War & Peace im
Fashion Lookbook bei Vivienne
Westwood.

Abbildung 10: Vivienne Westwood,
Catwalk Finale SS 2014.

KONSUM UND KONFLIKT

Der textile Sektor ist eine der wichtigsten Säulen der Weltwirtschaft. Wie alle Konsum-güter stehen Mode und Bekleidung in direktem Zusammenhang mit Konflikten und Kriegen, auch wenn es nicht direkt um Waffenproduktion geht. Der Anstieg der Pro-duktion von Konsumgütern und der Anzahl derer, die sich diese leisten können, füh-ren zu einem rasanten Anstieg des Verbrauchs von Ressourcen. Jedes Produkt und jeder Prozess benötigt Energie, die zur Zeit hauptsächlich aus fossilen Brennstoffen gewonnen wird. Das Ende fossiler Rohstoffe ist vorhersehbar, und das globale Klima erlaubt keine Verbrennung mehr. Damit ist zwangsläufig auch die Verknappung aller Materialien und Produkte absehbar. Statt Streit um die wenigen verbleibenden Ressourcen besteht die Herausforderung darin, eine friedliche Lösung und einen neuen Umgang mit Material und Energie für die Herstellung, Nutzung und Entsorgung von Produkten zu finden.

Ungerechte Verteilung von Ressourcenkonsum steht im krassen Gegensatz zur fort-schreitenden Globalisierung der Markenkonzerne, deren wichtigstes Kriterium die billige Produktion ist. Zeitdruck und Konkurrenz wächst mit den immer schneller werdenden

Abbildung 11: produziert, gekauft, getragen, auf den Müll geworfen.

Zyklen der modischen Trends. Der ökonomische Kollaps droht, und schon jetzt leiden Natur und Menschenwürde. Gerade in letzter Zeit sind wir auf die katastrophalen und »unfairen« Produktionsmethoden der Textilindustrie aufmerksam geworden. Eine der größten Herausforderungen zur Vermeidung von Verschwendung, Ausbeutung und Krieg wird zukünftig die Verlagerung großer Anteile der Textilproduktion auf den afrikanischen Kontinent zur Folge haben, meint Dr. Gisela Burckhard, Mitglied der Clean Clothes Campaign und Gründerin von Femnet, auf der Femnet Slow Fashion Konferenz 2014. Die Clean Clothes Campaign setzt sich weltweit für eine Verbesserung der Arbeitsbedingungen in der Bekleidungsindustrie ein. Femnet ist eine gemeinnützige Frauenrechtsvereinigung, die sich für die wirtschaftlichen, sozialen und kulturellen Rechte von Frauen einsetzt. Durch die langsame Veränderung der Bedingungen in den asiatischen Ländern (vor allem in China), auch durch das Auslaufen des Welttextilabkommens, das bis 2005 die Industrieländer vor Billigimporten geschützt hat, interessieren sich viele Firmen für Produktion in afrikanischen Ländern, trotz der hohen Krisengefahr. Dort gibt es noch niedrigere Löhne und miserablere Sozialstandards.

CRADLE TO CRADLE

Michael Braungart beschreibt die Einbahnstraße im Lebensweg von Industrieprodukten als »cradle to grave«: produziert, gekauft, getragen, auf den Müll geworfen.[4] Im Gegensatz dazu sollten Bestandteile von Produkten wiedergewonnen und erneut benutzt werden

---

4   Vgl. Braungart, Michael/McDonough, William: *Cradle to Cradle: Remaking the way we make things*, New York 2002.

(cradle to cradle). Wichtig dafür ist es, zu verstehen, dass es eigentlich gar keinen Müll geben kann. Nichts verschwindet einfach so und einzelne Bestandteile entsorgter Kleidung bleiben womöglich jahrzehntelang erhalten: »Nichts ist einfach mal weg«.[5]

Verbrennung ohne Rückstände ist leider nicht möglich und bleibt eine Utopie. Die Entsorgung von Industrieprodukten und Textilien vor allem in Afrika führt zu sozialen Missständen und Migrationsströmen. Nachhaltige und friedliche Lösungen von der Faser bis zur Entsorgung in Asien und Afrika, in beispielhaften Dörfern mit eigenen individuellen Produktionsketten, zertifiziert zum Beispiel das IMO Institut in der Schweiz. Dieses und andere Institute unterstützen damit faire und CO_2-neutrale Projekte. Die Produkte werden in Europa bereits von Designern für Corporate Fashion verwendet.

VERMEIDUNG VON VERSCHWENDUNG UND AUSBEUTUNG BEI DER TEXTILPRODUKTION DURCH NACHHALTIGE MODEKONZEPTE

Modedesigner werden weder Kriege noch Klimakatastrophen verhindern und keine globale, soziale Gerechtigkeit herbeiführen. Trotzdem möchte ich hier beispielhaft Konzepte und Entwürfe vorstellen, die zu ressourcenschonender, fairer, nachhaltigerer und somit friedlicherer Entwicklung von Bekleidung in harmonischen Produktionsgemeinschaften führen können, sowie Strategien zur Kommunikation dieser Ideen.

MATERIAL/RESSOURCEN

Einer der wichtigsten Bausteine im Modedesign-Prozess ist das Wissen um die Bestandteile und Herkunft der Materialien sowie die Beachtung von deren inzwischen hochkomplexer Zertifizierung. Natürliche und vom Menschen geschaffene Rohstoffe und Fasern haben in Bezug auf Nachhaltigkeit und menschenwürdige Produktion Vor- und Nachteile. Gerade die Biofasern sind unbehandelt untragbar und müssen extremen Ausrüstungsverfahren unterzogen werden. Baumwolle ist immer noch der am häufigsten eingesetzte Rohstoff. Die Auswirkungen dieser intensiven Produktion sind bekannt: ökologische Katastrophen und Klimawandel, Einsatz von Gentechnik und Pestiziden. Für die Produktion von einem Kilo Baumwolle benötigt man bis zu 23.000 Liter Wasser.[6] Der Wasserforscher John Grimond befürchtet »Water [...] is the new oil.«[7]

Wolle scheint das ideale Material zu sein. Nach einem langen Schattendasein hinter den modernen und für den Konsumenten bequemen Chemiefasern entdecken Designer und Kunden ihre Qualitäten. Wolle besitzt die Eigenschaft, Wärme und Kälte zu regulieren, ist elastisch und schmutzabweisend. Der Verbrauch von Wasser und Brennstoffen ist niedriger als bei pflanzlichen Rohstoffen. Bekleidung aus Wolle ist, hochwertig verarbeitet, über Jahre haltbar. Durch Lüften und Waschen bei geringen Temperaturen ist sie

---

5   Austen, Simone: *ZERO8/15*, Bachelor-Arbeit, Hochschule Hannover 2011.
6   Vgl. Vereinigung Deutscher Gewässerschutz e.V. (Hg.): *Ratgeber Virtuelles Wasser*, Bonn 2011, S. 33, http://www.virtuelles-wasser.de/baumwolle.html [23.03.2015].
7   Gwilt, Alison/Rissanen, Timo: *Shaping sustainable fashion: Changing the way we make and use clothes*, London/Washington 2011, S. 46.

energiearm zu pflegen. Dies ist ein Faktor, den man nicht unterschätzen darf, wenn man bedenkt, dass nur 20% an Energie für Produktion und Entsorgung eines Kleidungsstücks benötigt werden, 80% der Energie benötigt es während seiner Nutzungsphase für Pflege und Wäsche. Hier liegt das wahre Potential der Wolle. Langlebigkeit und Qualität der Wolle haben unsere Designer inspiriert, sich verstärkt mit hochwertigen Wollstoffen auseinanderzusetzen. The Woolmark Company, ein Zusammenschluss australischer Wollproduzenten, ist hier Kooperationspartner vieler studentischer Projekte an internationalen Hochschulen.

Aber muss die Wolle denn aus Australien kommen? Seit es Kaschmir beim Discounter gibt, ist die Wolle vom heimischen Schaf dem Kunden leider zu hart, kratzig und teuer. In Deutschland arbeiten nachhaltige Textilproduzenten an einer möglichen Verbesserung der Tierhaare alter Rassen. Die Ergebnisse sollen auch ruralen Hirtenkulturen zur Verfügung stehen und für deren Erhaltung sorgen. Die Bachelor-Absolventin Elise Wormenor hat sich in ihrer Bachelorarbeit »Sheep Chic« zur Aufgabe gemacht, die Wolle der Heidschnucken der Lüneburger Heide zu nutzen. Mehrere Tonnen dieser Wolle landen jährlich ungenutzt auf dem Müll.[8]

Fast alle »man made fibres« basieren auf Öl. Die technische Forschung arbeitet an der Kreation neuer Materialien und Hybriden, die sich Klima und unterschiedlichen Situationen anpassen können. Ein Problem dieser »high performance«-Agenten und Hybriden ist die Entsorgung. Monotextilien sind einfacher in den Kreislauf zurückzuführen. Mischfasern müssen vorab energieaufwändig getrennt werden.

Die Nutzung von Polyesterfasern aus entsorgten PET-Flaschen ist inzwischen im »tragbaren« Stadium. Diese hinterlassen einen weitaus geringeren ökologischen Fußabdruck als herkömmliche Polyesterfasern. Neue Textilien passen sich durch Sensoren dem Körper an und können je nach Temperatur und Feuchtigkeit ihre Poren öffnen. Sie treten mit dem Träger in Kommunikation.

»Future fashion could include ways to dress in substances that are not touchable or stable, but actually move and change with the wearer« meint die futuristische Designerin Iris van Herpen, bekannt für ihre Experimente mit Kleidern aus 3-D-Druckern.[9] Sie ist sicher, dass der Mensch der Zukunft nur noch ein einziges, wandelbares Kleid benötigt und damit die Probleme von Ausbeutung bei Produktion und Entsorgung hinfällig sind.

DER MODEDESIGN- UND PRODUKTIONSPROZESS

Über die Wahl der Materialien hinaus entstehen nachhaltige Methoden aus dem Verständnis des Design- und Produktionsprozesses von Kleidung. Um dort Ansatzpunkte zu finden, muss man den konventionellen Prozess von Skizze über Prototyp bis zur Massenproduktion genau kennen, um diesen bei jedem Schritt analysieren, unterbrechen und stören zu können. Die Trennung zwischen Designer, Macher, Handwerker, Künstler und Techniker muss dabei aufgehoben sein und den Modedesigner mit allen Aspekten der Entstehung und Verbreitung von Mode in Kontakt bringen. Dazu gehören die Kenntnis

---

8   Ev.-luth. Missionswerk in Niedersachsen (Hg.): *mode.macht.menschen*, Hermannsburg 2015, S. 27.
9   Vgl. Quinn, Bradley: *Fashion Futures*, London 2012, S. 50.

Abbildung 12: sheep chic.

Abbildung 13: Abendkleid aus technischer Membran.

handwerklicher, traditioneller Verarbeitung genauso wie technisches Wissen zum Produkt und Kommunikation medialer Modeinszenierungen. Zentrales Ziel ist die Schonung von Ressourcen und Vermeidung von »waste/waist«. Hier eignet sich das englische Wort, mit der Dreifach-Bedeutung für die menschliche Taille, Abfall und Verschwendung. Wir unterscheiden dabei pre-consumer waste (Abfälle, die vor und während der Herstellung der Kleider und Textilien entstehen) und post-consumer waste (nicht mehr benötigte Kleidung, die zu entsorgen oder wiederzuverwerten ist).

Maria Silies hat in ihrer Masterarbeit »Upcycling pre-consumer tartan waste« von 2014 die Webkantenreste der schottischen handgewebten Karostoffe zu neuen hochwertigen und individuellen Stoffen zusammengenadelt und widerlegt damit die angebliche Unvereinbarkeit von Luxus und Nachhaltigkeit. Statt austauschbarer Lizenzprodukte der »luxury brands« entstehen hier luxuriöse, handwerklich gefertigte, lokal produzierte individuelle Stücke. Diese kommunizieren Kultur und Tradition der schottischen Geschichte. Ein Wertewandel nach dem Prinzip von »Slow Fashion«. Vivienne Westwood behauptet dazu: »Fashion that is more expensive is also more sustainable – I am expensive.«[10]

SLOW FASHION

»Slow fashion means classic, locally-produced pieces that take time. Consumers invest not only that will look incredible for years, but the integrity of the process.«[11] Die Attitüden und Allüren der Designer der 80er Jahre mit ihren Ansprüchen (»Ich will meterweise Seide für die Kollektion«) und deren Orientierung an einem auf Verschwendung basierenden Endprodukt sind überholt und uncool. Sorgfältige lokale Materialrecherche von gegebenen Materialien, enge Briefings und der Entwurf von Mode hoher Qualität, die lokal verortet und als Unikat oder in kleiner Auflage produziert wird, sind Kennzeichen von Slow Fashion. Viele Kreative ziehen die Unabhängigkeit inzwischen dem gnadenlos

---

10   Vivienne Westwood im Gespräch mit Martina Glomb, 2014.
11   Wanders, Anne Theresia: *Slow Fashion*, Sulgen 2009, S. 34; vgl. www.treehugger.com/files2007/04/ slow_food_slow_1.php [03.07.2015].

Abbildung 14: Plakat zur Moden-
schau »Nach Neuem Trachten«.

schnell wechselnden Trendzyklus vor und gründen Labels und Werkstätten. Erste Konzepte und Netzwerke für handwerkliche Produktion, auch in sorgfältig recherchierten
Zusammenhängen der Dritten Welt, entstehen. Ateliers, Material und Maschinen werden geteilt. Ständige Anwesenheit in den Fashion-Metropolen wird für die jungen Designer zunehmend unwichtig.

Die Auseinandersetzung mit lokaler Kultur und Tradition von Bekleidung und deren Herstellung gewinnt an Bedeutung. Studierende des Studiengangs Modedesign entwickeln eine neue Schaumburger Tracht auch unter Berücksichtigung lokaler und nachhaltiger Produzierbarkeit.[12]

---

12   Schaumburger Landschaft (Hg.): *Nach Neuem Trachten. Schaumburger Modebilder*, Springe 2014.

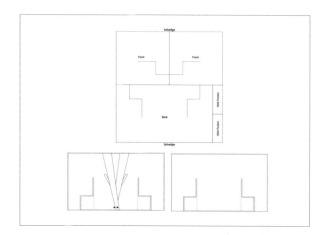

Abbildung 15: Schnittauflage für
Zero Waste Blazer.

Abbildung 16: Zero Waste Mantel.

Abbildung 17: Mach doch selbst –
Strick.

Abbildung 18: Zero Waste Unisex
Kollektion.

ZERO WASTE

Ein weiteres Methodenfeld zur Vermeidung von pre-consumer waste umgeht bereits beim Entwurf von Mode die Entstehung von Resten. Beim Zuschnitt von Kleidungsstücken entstehenden circa 25% Abfall beim Material. Das Ziel von Zero Waste ist es, dies zu vermeiden oder zu vermindern. Ein Balanceakt zwischen Legespiel der Schnittformen und realer Passform. Dieses Experimentierspiel bietet ein Gegenmodell zur klassischen Schnittkonstruktion. Wie viele internationale Modedesigner hat Simone Austen in ihrer Bachelor-Kollektion »Zer08/15« dafür ein eigenes Schnittsystem entwickelt.[13]

Wie für fast alle Zero- oder Low-Waste-Techniken entsteht eine eigene Sprache, die wie ein geheimer Code unter den Wissenden das Tragen solcher Mode kommuniziert. Strick- und Häkeltechniken erstellen nur so viel Textil, wie gerade benötigt wird. Sie sind damit Zero Waste und gleichzeitig Slow Fashion. Diese Techniken garantieren den Lebensunterhalt vieler Produktionsgemeinschaften der Dritten Welt.

Durch Bodyscans und digitale Anproben wird die Entwicklung der Prototypen vereinfacht und weniger Probemodelle und Probestoffe werden benötigt. In den Lizenzfabriken der Modelabel werden Tonnen an Probeteilen wöchentlich verbrannt. Versuche, die Nesselstoffe der Anproben mit in die Kollektionsgestaltung einzuarbeiten, sind eine Herausforderung. Im Vergleich zu einer konventionellen Prototypenkollektion entstanden bei der Kollektion »XY Zero« von Juliane Pittermann nur eine Handvoll Reste bei elf kompletten Outfits. Die Kollektion ist nicht nur ästhetisch ansprechend, sondern kann gleichermaßen von Männern und Frauen getragen werden.

UPCYCLING – VERWERTUNG VON POST-CONSUMER-WASTE

Getragene Produkte müssen unter hohem Energieverbrauch recycelt werden und erleiden einen hohen Verlust ihrer ursprünglichen Qualität. Dieser Prozess wird als downcycling bezeichnet. Aus dem in Ungnade gefallenen Lieblingshemd wird ein Putzlappen und daraus dann Material für »landfill«, verschifft nach Afrika. Im Gegensatz dazu geht es beim Redesign und Upcycling um die Aufwertung und Verbesserung von Kleidung oder um die Verwertung von Industrieabfällen überflüssiger Kleidung. Dazu gehört im weitesten Sinne auch das Reparieren und Ausbessern von Kleidung, dem »mend and make do«, dessen Techniken mit dem Wirtschaftswunder der Nachkriegszeit verlorengingen und heute in Ateliers und Werkstätten in Szenevierteln wieder aufblühen.

Designer der 90er Jahre wie Rei Kawakubo oder Martin Margiela haben durch Dekonstruktion von gewöhnlichen Kleidungsstücken und deren Rekrutierung aus zweiter Hand ein neues Genre geschaffen und damit die Verwendung von Second Hand-Teilen im Designprozess angeregt. Basis für diesen Prozess ist nicht die Modezeichnung, sondern das originale, dreidimensionale Kleidungsstück. Genau wie bei Zero Waste ist hier die Nachhaltigkeit in den Designprozess implementiert.

---

13   Ev.-luth. Missionswerk (wie Anm. 8), S. 49.

Abbildung 19: Reparieren, Flicken, Stopfen ...

Abbildung 20: Weitertragen – Zero Waste Spiralschnitt.

Abbildung 21: Weitertragen – Spiralkleid.

Abb. 90-95, Sezieren

Abbildung 22: Weitertragen – Sezierung von Second-Hand-Kleidung.

Eine Kombination der Vermeidung von Pre-Consumer-Waste und Verwertung von Post-Consumer-Waste ist Beatrix Landsbek in ihrer Masterarbeit »WEITERTRAGEN« gelungen.[14] In endlosen Versuchsreihen sind hier Altkleider seziert und Experimente durchgeführt worden mit dem Ziel, einzigartige Unikate zu kreieren, die in kleinen Serien reproduziert werden können und zu neuen Luxusobjekten werden. Die Suche nach einer sinnvollen und ästhetischen Verwandlung von Altkleidern basiert auf der Tatsache, dass circa 90% des Kleidermülls eigentlich wiederverwertet werden könnten und somit die umstrittene Verschiffung der enormen Mengen von Altkleidern, den sogenannten »dead white mens clothes«, vermieden werden könnte. In bestimmten Ländern besteht bereits Importverbot, auch zum Schutz der lokalen Märkte.

Bekleidung multifunktional zu gestalten, nur in einer Größe anzubieten oder Unisex-Passformen zu entwickeln, erhöht die Lebensdauer und den Wert eines Kleidungsstücks. Zunehmend werden diese neuen Kollektionen mit ihrer starken Ästhetik und

---

14 Ebd., S. 69.

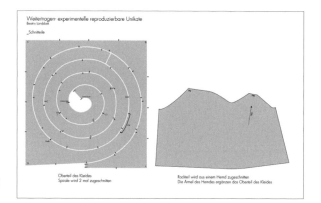

Abbildung 23: Weitertragen –
Technische Zeichnung, Spirale und
Schnitteil.

Abbildung 24/25: SALE, ganzheit-
liches Slow-Fashion-Konzept, siehe
Farbtafeln.

Abbildung 26: Reduzierte Unisex-Kollektion.

Aussage sichtbar und dieser Ansatz kommuniziert. Gender- und altersfreie Einzelteile werden auf den großen, internationalen Catwalks von erfolgreichen Designern wie Rick Owens präsentiert. Studierende erforschen die Alltagsgarderobe und reduzieren und vereinheitlichen diese radikal.

VOM VERBRAUCHER ZUM WERTSCHÄTZER

Bereits zu Beginn des 20. Jahrhunderts musste Upton Sinclair nach der Veröffentlichung über die unmenschlichen Zustände in der Fleischproduktion und die dadurch ausgelöste Verbesserung der Fleisch- und nicht etwa Lebensqualität der Arbeiter feststellen: »I aimed at the public's heart, and by accident I hit it in the stomach.«[15] Nachhaltigkeit darf nicht die Verbesserung eines Produkts für eine Elite bedeuten. Es geht nicht nur darum,

---

15   Bloom, Harold (Editor): *Upton Sinclair's The Jungle*, Infobase Publishing, 2002, S. 11; vgl. http://www.op-online.de/offenbach/buecherturm-offenbach-guenter-wallraff-berichtet-ueber-spektakulaere-enthuellungen-3572119.html [03.07.2015].

nur Bio-Baumwolle an seine Haut zu lassen, um sich wohl zu fühlen. Die Verwechslung von elitärem Konsumverhalten mit Nachhaltigkeit ist ein häufiges Missverständnis der LOHAS (Lifestyle of Health and Sustainability), einer Zielgruppe, die in Amerika und Nordeuropa einen nicht unerheblichen Prozentsatz der Bevölkerung ausmacht.

Der Zusammenhang von Nachhaltigkeit, sozialer Gerechtigkeit und Frieden mit Ressourcenknappheit ist vielen Konsumenten nicht bewusst. Die Kommunikation dieser Aspekte durch ihre Mode wird von den Designern zunehmend genutzt und bietet eine Chance der Zukunftsgestaltung. »Die Zukunft entsteht immer aus dem, was wir in der Gegenwart tun. Wir stellen in der Gegenwart Kleidung her von der wir hoffen, dass sie in Zukunft Mode wird.«[16]

Was können wir tun gegen Verschwendung und Ausbeutung, für Frieden und Gerechtigkeit?

- Um nachhaltige, faire Produktion von Textilien wissen und deren Zertifizierung kennen.
- DIY: Selbermachen als Alternative und Erfahrung.
- Second Hand kaufen und tauschen, Vintage als Luxus verstehen.
- Die Trageperiode verlängern sowie Kleidung sorgfältig waschen, pflegen und reparieren.
- Das Vokabular der Kommunikation mit Mode kennen und täglich anwenden.
- Die Geschichte und Herkunft von Teilen kennen und erzählen können.
- »Support your local designer«.
- Wertvoll kaufen oder nicht kaufen.
- Nachhaltige Mode nicht aus Pflichtbewusstsein, sondern aus Freude an Veränderung tragen.
- Eleganz, Style, Coolness und Trends neu definieren.
- Friedliche Kleider tragen und die Botschaft »Weitertragen«.

QUELLENVERZEICHNIS

Austen, Simone: *ZERO8/15*, Bachelor-Arbeit, Hochschule Hannover 2011.

Bernard, Andreas: Das Palästinensertuch, in: Diana Weis, Cool Aussehen: *Mode & Jugendkulturen*, Berlin 2012, Seite 196–199.

Bloom, Harold (Editor): Upton Sinclair's The Jungle, in: *Infobase Publishing*, 2002, S. 11

Bolton, Andrew/McQueen, Alexander: *Savage Beauty*, New York 2011.

Braungart, Michael/McDonough, William: *Cradle to Cradle: Remaking the way we make things*, New York 2002.

Ev.-luth. Missionswerk in Niedersachsen (Hg.): *mode.macht.menschen*, Hermannsburg 2015, S. 27.

Gwilt, Alison/Rissanen, Timo: *Shaping sustainable fashion: Changing the way we make and use clothes*, London/Washington 2011.

Loschek, Ingrid: *Wann ist Mode*, Berlin 2007.

Quinn, Bradley: *Fashion Futures*, London 2012.

---

16   Loschek, Ingrid: *Wann ist Mode*, Berlin 2007, S. 120.

Vereinigung Deutscher Gewässerschutz e.V. (Hg.): *Ratgeber Virtuelles Wasser*, Bonn 2011, http://www.virtuelles-wasser.de/baumwolle.html [23.03.2015].
Wanders, Anne Theresia: *Slow Fashion*, Sulgen 2009.
Weis, Diana: *Cool Aussehen: Mode & Jugendkulturen*, Berlin 2012.
Westwood, Vivienne: *Lookbook Vivienne Westwood MAN*, London 2014.

ABBILDUNGSVERZEICHNIS

Abbildung 1: Horatio Greenough: George Washington in Toga, 1832, Marmor, 350 x 260 cm, National Museum of American History, Waschington D. C., United States, Foto: Mark Pellegrini.

Abbildung 2: Georg Melchior Kraus: Zwei Sansculotten in langen Hosen, Oktober 1793, aus: Müller, Siegfried/ Reinhold, Michael (Hg.): Kleider machen Politik, Zur Repräsentation von Nationalstaat und Politik durch Kleidung in Europa vom 18. bis zum 20. Jahrhundert, Oldenburg 2002, S. 36.

Abbildung 3: Anonym nach einem Kupferstich von Jacques Bassire: Gentleman in den Highlands, 18. Jahrhundert, National Museum of Scotland, Edinborough, aus: Müller, Siegfried/Reinhold, Michael (Hg.): Kleider machen Politik. Zur Repräsentation von Nationalstaat und Politik durch Kleidung in Europa vom 18. bis zum 20. Jahrhundert, Oldenburg 2002, S. 12.

Abbildung 4: Great Kilt, drapiert von Martina Glomb in »Weathered Hunting Lochcarron«, Accessoires Lochcarron of Scotland, aus: Müller, Siegfried/ Reinhold, Michael (Hg.): Kleider machen Politik, Zur Repräsentation von Nationalstaat und Politik durch Kleidung in Europa vom 18. bis zum 20. Jahrhundert, Oldenburg 2002, S. 14.

Abbildung 5: No Nukes is Good News, Blitz No. 45, 1986, aus: Farisa, Maria Luisa/ Tonchi, Stefano (Hg.): Excess, Fashion and the Underground in the 80's, 2004, Foto: Mark Lewis.

Abbildung 6: lala Berlin, Lookbook SS 2015.

Abbildung 7: Vivienne Westwood Ltd., MAN Lookbook SS 2014.

Abbildung 8: »Vivienne talks Fracking« im Kastanien-Collier von Barbara Brünner, Hochschule Hannover, Vivienne Westwood 2014, Foto: Ki Price.

Abbildung 9: Vivienne Westwood Ltd. Gold Label Lookbook SS 2013.

Abbildung 10: Vivienne Westwood SS 2014, Foto: Ki Price.

Abbildung 11: Baist, Martina: Crazy Toys, Bachelor-Arbeit Hochschule Hannover 2006, Foto: Martina Baist.

Abbildung 12: Elise Wormenor: Sheep Chic, Bachelor-Arbeit, Hochschule Hannover 2012, Foto: Jonas Wrensch.

Abbildung 13: Robin Scheibler: BARDO, BARDO, BARDO, Bachelor Arbeit, Hochschule Hannover 2014, Foto: Tobias Kappel.

Abbildung 14: Schaumburger Landschaft e.V. (Hg.): Nach neuem Trachten. Schaumburger Modebilder, Springe 2014, Projektarbeit 2013, Foto: Patrick Slesionia, Grafik: Ansgar Klemm, Daniel Barth, Benjamin Behrendt, Thimm Bubbel.

Abbildung 15: Austen, Simone: Zer08/15, Bachelor-Arbeit, Hochschule Hannover 2011, Foto: Simone Austen.

Abbildung 16: Austen, Simone: Zer08/15, Bachelor-Arbeit, Hochschule Hannover 2011, Foto: Gerhard Eckhardt.

Abbildung 17: Borchardt, Sara: Mach doch selbst, Bachelor-Arbeit, Hochschule Hannover 2013, Foto: Stefan Koch.

Abbildung 18: Pittermann, Juliane: XY ZERO, Bachelor Arbeit Hochschule Hannover 2014, Foto: Alexander Schuktuew.

Abbildung 19: Stahmer, Kristina: Modesty, Projektarbeit, Hochschule Hannover 2014, Foto: Tobias Kappel.

Abbildung 20: Landsbek, Beatrix: Weitertragen, Master-Arbeit, Hochschule Hannover 2012, Foto: André Nakonz.

Abbildung 21: Landsbek, Beatrix: Weitertragen, Master-Arbeit, Hochschule Hannover 2012, Foto: Jürgen Oertelt.

Abbildung 22: Landsbek, Beatrix: Weitertragen, Master-Arbeit, Hochschule Hannover 2012 Foto: Beatrix Landsbek.

Abbildung 23: Landsbek, Beatrix: Weitertragen, Master-Arbeit, Hochschule Hannover 2012, Foto: Beatrix Landsbek.

Abbildung 24: Schaak, Julia: SALE, Bachelor-Arbeit, Hochschule Hannover 2014, Foto: Patricia Kühfuss.

Abbildung 25: Schaak, Julia: SALE, Bachelor-Arbeit, Hochschule Hannover 2014, Foto: Patricia Kühfuss.

Abbildung 26: Buczek, Katharina: none intended collection, Bachelor-Arbeit, Hochschule Hannover 2013, Foto: Pascal Winter.

»DER MILITÄRISCHE ZIVILIST«[1]

Drei Modemagazine im Ersten und Zweiten Weltkrieg

ÄNNE SÖLL

»Ist es nicht schrecklich oberflächlich und banal, sich in Kriegszeiten mit Themen wie Mode zu beschäftigen?«[2] So fragte Dennis Braatz in seinem in der Süddeutschen Zeitung erschienenen Artikel über First Ladys und insbesondere Marina Poroschenko, der Frau des ukrainischen Präsidenten auf dem Cover der ukrainischen Ausgabe der Modezeitschrift »ELLE«. Wie verhalten sich Modezeitschriften im Krieg? Wie wird auf den Seiten von hochpreisigen Magazinen, die sich dem Luxus, der Mode und allen »schönen Dingen« verschrieben haben, die Kriegssituation verhandelt? Um diesen, wie das obige Beispiel zeigt, auch heute noch aktuellen Fragen nachzugehen, werde ich am Beispiel von historischen Modezeitschriften die unterschiedlichen visuellen und sprachlichen Strategien untersuchen, die Modemagazine und besonders Männermodemagazine im deutschen Sprachraum zur Zeit des Ersten und Zweiten Weltkriegs zum Thema Krieg einsetzen. Exemplarisch wähle ich die Zeitschriften »Elegante Welt« aus dem Jahr 1914, die 1916–1917 in Wien erschienene »Herrenwelt« sowie das 1928–1943 in Berlin herausgegebene »Herrenjournal«. Wie positionieren sich diese Magazine in der Kriegsgesellschaft? Welche visuellen Muster sind zu erkennen, und wie verhalten sie sich im Sinne einer Kriegspropaganda? Wie kommen in den Männermodezeitschriften Männlichkeit und Krieg zusammen? Meine These dabei ist, dass Modezeitschriften schon während des Ersten und Zweiten Weltkriegs einen wesentlichen Anteil an der »Militarisierung der Bildkultur« hatten und damit einer »Kulturalisierung des Militärischen« Vorschub leisteten.[3] Wie es mein Titel »Der militärische Zivilist« – entnommen der »Herrenwelt« im Jahr 1916 – andeutet, galt es dabei, den zivilen Mann mit soldatischen Männlichkeitsidealen auszustatten und so den Widerspruch zwischen modischem Zivildasein und Kriegszustand aufzuheben.

---

1   Anonym: *Herrenwelt. Zeitschrift für die Herrenmode* 1, Wien 1916, S. 5.

2   Braatz, Dennis: First Lady Look. Marina Poroschenko auf der ukrainischen ELLE – Mitten im Krieg. Über die Macht von Präsidentengattinnen in Modemagazinen, in: *Süddeutsche Zeitung* 1999, 30./31. August 2014, S. 6 V2.

3   Holert, Tom: Überlebenswissen. Zur Normalisierung des Militärischen, in: Oberender, Thomas/Peters, Wim/Risthaus, Peter (Hg.): *Kriegstheater. Zur Zukunft des Politischen III*, Berlin 2006, S. 23–66, hier S. 28.

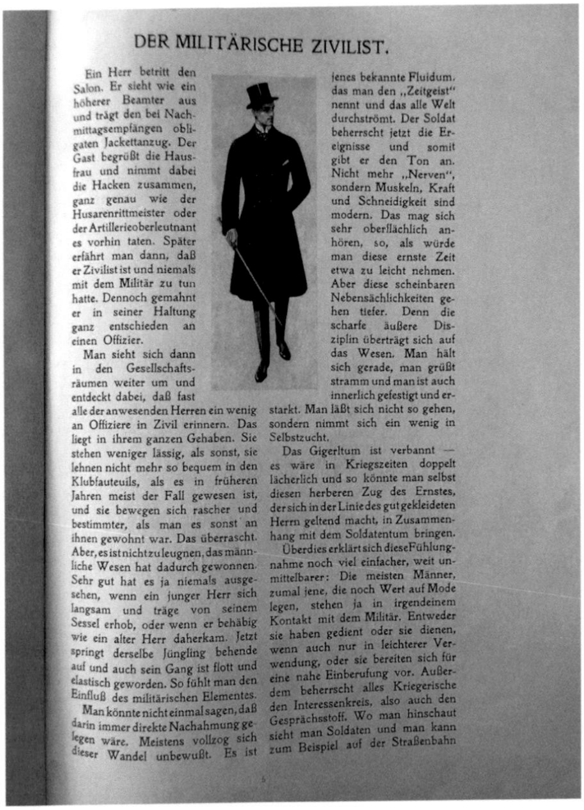

DER MILITÄRISCHE ZIVILIST.

Ein Herr betritt den Salon. Er sieht wie ein höherer Beamter aus und trägt den bei Nachmittagsempfängen obligaten Jackettanzug. Der Gast begrüßt die Hausfrau und nimmt dabei die Hacken zusammen, ganz genau wie der Husarenrittmeister oder der Artillerieoberleutnant es vorhin taten. Später erfährt man dann, daß er Zivilist ist und niemals mit dem Militär zu tun hatte. Dennoch gemahnt er in seiner Haltung ganz entschieden an einen Offizier.

Man sieht sich dann in den Gesellschaftsräumen weiter um und entdeckt dabei, daß fast alle der anwesenden Herren ein wenig an Offiziere in Zivil erinnern. Das liegt in ihrem ganzen Gehaben. Sie stehen weniger lässig, als sonst, sie lehnen nicht mehr so bequem in den Klubfauteuils, als es in früheren Jahren meist der Fall gewesen ist, und sie bewegen sich rascher und bestimmter, als man es sonst an ihnen gewohnt war. Das überrascht. Aber, es ist nicht zu leugnen, das männliche Wesen hat dadurch gewonnen. Sehr gut hat es ja niemals ausgesehen, wenn ein junger Herr sich langsam und träge von seinem Sessel erhob, oder wenn er behäbig wie ein alter Herr daherkam. Jetzt springt derselbe Jüngling behende auf und auch sein Gang ist flott und elastisch geworden. So fühlt man den Einfluß des militärischen Elementes.

Man könnte nicht einmal sagen, daß darin immer direkte Nachahmung gelegen wäre. Meistens vollzog sich dieser Wandel unbewußt. Es ist jenes bekannte Fluidum, das man den „Zeitgeist" nennt und das alle Welt durchströmt. Der Soldat beherrscht jetzt die Ereignisse und somit gibt er den Ton an. Nicht mehr „Nerven", sondern Muskeln, Kraft und Schneidigkeit sind modern. Das mag sich sehr oberflächlich anhören, so, als würde man diese ernste Zeit etwa zu leicht nehmen. Aber diese scheinbaren Nebensächlichkeiten gehen tiefer. Denn die scharfe äußere Disziplin überträgt sich auf das Wesen. Man hält sich gerade, man grüßt stramm und man ist auch innerlich gefestigt und erstarkt. Man läßt sich nicht so gehen, sondern nimmt sich ein wenig in Selbstzucht.

Das Gigerltum ist verbannt — es wäre in Kriegszeiten doppelt lächerlich und so könnte man selbst diesen herberen Zug des Ernstes, der sich in der Linie des gut gekleideten Herrn geltend macht, in Zusammenhang mit dem Soldatentum bringen.

Überdies erklärt sich diese Fühlungnahme noch viel einfacher, weit unmittelbarer: Die meisten Männer, zumal jene, die noch Wert auf Mode legen, stehen ja in irgendeinem Kontakt mit dem Militär. Entweder sie haben gedient oder sie dienen, wenn auch nur in leichterer Verwendung, oder sie bereiten sich für eine nahe Einberufung vor. Außerdem beherrscht alles Kriegerische den Interessenkreis, also auch den Gesprächsstoff. Wo man hinschaut sieht man Soldaten und man kann zum Beispiel auf der Straßenbahn

Abbildung 1: Militärischer Zivilist, Herrenwelt Heft 1, Januar 1916, S. 5.

Der Erste Weltkrieg war der erste großangelegte Versuch »der Meinungslenkung und Meinungsführerschaft durch staatliche und militärische Behörden.«[4] Er war zudem das erste

> »globale Medienereignis, ein Kampf um Begriffe und Bilder, Sympathie und Anerkennung, in dem entschieden werden sollte, nach welchen sprachlichen Mustern und nach welchen allgemein akzeptierten Legitimationsformeln internationale Politik zu betreiben sei.«[5]

An der Kriegspropaganda beteiligten sich jedoch nicht nur staatliche Behörden, sondern auch Künstler, Intellektuelle und Wissenschaftler. Sprache und Medien wurden zum ersten Mal effektiv als Waffen genutzt. Konsequenterweise wurde der Krieg somit als »Kulturkampf verstanden, der auch nach dem Ersten Weltkrieg in eine Nationalisierung und Militarisierung der Sprache mündete.«[6] Die deutsche Propaganda im Zweiten Weltkrieg

---

4   Lipp, Anne: *Meinungslenkung im Krieg. Kriegserfahrungen deutscher Soldaten und ihre Deutung 1914–1918*, Göttingen 2003, S. 307.

5   Karmasin, Matthias: Krieg – Medien – Kultur. Konturen eines Forschungsprogramms, in: ders./Faulstich, Werner (Hg.): *Krieg, Medien, Kultur*, Paderborn 2007, S. 11–34, hier S. 13.

6   Ebd., S. 14.

hatte aus den Erfahrungen des Ersten Weltkriegs gelernt, wurde zu einem zentralen Aspekt des deutschen Angriffskrieges und war für die Motivation der deutschen Bevölkerung zuständig:

> »Der totale Krieg war [...] auch ein Krieg der totalen Propaganda, die alle medialen Äußerungsformen (vom Film bis zur Feldpostkarte, von der Wandmalerei zum Flugblatt, von der Zeitung zum politischen Witz) zensurierte, kontrollierte und manipulierte.«[7]

Modezeitschriften waren auch Teil der Kriegspropaganda, das haben mittlerweile eingehende Untersuchungen über die Situation von Modezeitschriften zu Kriegszeiten wie die »neue linie« während des Zweiten Weltkriegs gezeigt. Simone Förster und Patrick Rössler haben dabei eindrucksvoll herausgearbeitet, dass es sehr wohl möglich war, modernes Grafikdesign und Mode mit den ideologischen Zielen des Nationalsozialismus gekonnt zu versöhnen.[8] Die »neue linie« wurde dementsprechend auch für die Mobilisierung der modisch interessierten Leserinnen und Leser eingesetzt und dadurch zum »Organ an der Heimatfront zur Stärkung des Durchhaltewillens [...]«.[9] Rössler hat die vier wichtigsten Aufgaben definiert, die Modezeitschriften im Sektor der Unterhaltungszeitschriften während des Krieges erfüllen mussten:

> »1. Erzieherische Einflussnahme auf die Leserschaft im Sinne einer Stärkung der moralischen Kräfte im Volk und darüber hinaus der Erhaltung bestimmter Anschauungen, auf denen das Leben der Gemeinschaft basiert; 2. Förderung der Bildung, die durch Einschränkungen des Schulwesens nicht unwesentlich bedroht ist; 3. Wecken der Begeisterung für den Krieg; insbesondere für die soldatischen Verpflichtungen; 4. Vermittlung besonderen militärischen und darüber hinaus militärpolitischen Wissens und Kenntnis der Kriegslage.«[10]

Diese vier Punkte galten auch schon für die Modezeitschriften, die während des Ersten Weltkriegs erschienen. Zum Beispiel findet man auf den Titelblättern der »Eleganten Welt« von 1914 – einer der prominentesten deutschen Mode- und Societyzeitschriften der Zeit – eindrückliche Beweise für eine mediale Mobilmachung. Im Profil, eingerahmt mit den Reichsfarben Schwarz, Rot und Weiß, hebt zum Beispiel der uniformierte Kaiser mit goldener Pickelhaube seine Hand zum Gruß und schwört dadurch das deutsche Volk (und damit die Leserinnen und Leser der »Eleganten Welt«) auf das Kriegsgeschehen ein. Noch direkter blickt der Kronprinz Wilhelm von Preußen auf dem Cover der »Kriegsnummer« ebendieser Zeitschrift von 1914 (siehe Abb. 2) in die Augen der Leserschaft und verkörpert, ebenfalls gefasst von den Reichsfarben, die geschickt von seiner Uniform aufgenommen werden, die Idee einer nationalen »soldatischen Verpflichtung«.

---

7   Ebd.
8   Vgl. Förster, Simone: die neue linie im Nationalsozialismus. Modezeitschriften zwischen Realität und Propaganda, in: dies./Pohlmann, Ulrich (Hg.): *Die Eleganz der Diktatur. Modephotographie in deutschen Zeitschriften 1936–1943*, München 2002, S. 12–17; Rössler, Patrick: *die neue linie 1929–1943. Das Bauhaus am Kiosk*, Begleitpublikation zur gleichnamigen Ausstellung am Bauhaus Archiv Berlin, Bielefeld 2007. Zur Situation der »neuen linie« im zweiten Weltkrieg siehe S. 132–143.
9   Rössler (wie Anm. 8), S. 145.
10   Ebd., S. 134.

Abbildung 2: Titelblatt, Elegante Welt, Nr. 33, II Kriegsnummer, August 1914, siehe Farbtafeln.

Zeitschriften wie die »Elegante Welt« oder »Die Dame« stellten ihr Erscheinen in Kriegszeiten also nicht etwa ein, sondern griffen das Kriegsgeschehen selbständig auf und machten es gerade zu Kriegsbeginn 1914–1915 zum allumfassenden Thema ihrer Hefte. Bestes Beispiel ist hier die eben erwähnte »Kriegsnummer« im August 1914, in der die Zeitschrift den Krieg facettenreich abdeckte.[11] Kriegsberichterstattung bedeutete in der »Eleganten Welt« unter anderem das Erteilen von Ratschlägen zum Kofferpacken bei der Einberufung – für Offiziere und Offiziersfrauen versteht sich, denn die »Elegante Welt« wendete sich an Leser gehobener Schichten.[12] Es wurden sowohl Berichte über die neuen Uniformen abgedruckt, die das neue nüchterne »feldgraue« Design schmackhaft machen sollten, als auch Aufrufe zur Zeichnung von Kriegsanleihen publiziert.[13] Gutgeheißen wurde der Ersatz von männlichen Arbeitskräften durch Frauen, wobei sogar die Hoffnung geäußert wurde, dass Frauen diese Stellungen auch nach dem Krieg beanspruchen könnten.[14] Im darauf folgenden Heft wird neue Kriegstechnologie zum Beispiel in einem Artikel über neue Motorräder als fortschrittlich und rasant angepriesen, in dem eine detaillierte Beschreibung der ledernen oder aus Gummi gefertigten Motorradkleidung

---

11 *Elegante Welt* 33, August 1914.
12 Vgl. ebd., S. 12.
13 Vgl. ebd., S. 14–15, S. 21.
14 Vgl. ebd., S. 9.

nicht fehlen durfte.[15] In der »Eleganten Welt« erschienen auch propagandistische Artikel, Karikaturen und Bilder der Feinde und Verbündeten deutscher Truppen.[16] Thematisiert wurde ebenso die Situation der zurückgebliebenen Frauen, die anfangs noch als von kurzer Dauer beschrieben wurde. Die Daheimgebliebenen wurden ermahnt, die Soldaten zu unterstützen, wie zum Beispiel in einem fiktiven Telefonat zwischen Offizier und Offiziersgattin, in dem von einem baldigen, siegreichen Kriegsende gesprochen wurde.[17] Man appellierte damit an die Opferbereitschaft der Soldaten ebenso wie an die der »Heimatfront«.

Der Krieg war jedoch nicht nur im redaktionellen Teil gegenwärtig, sondern auch im Anzeigenteil, in dem Soldaten die Bildbotschaften bevölkern, wie zum Beispiel in einer Werbung für Handschuhe der Marke »Roeckl«. Hier begutachtet ein Offizier (offensichtlich auf Heimaturlaub oder noch nicht eingezogen) mit seiner Dame die Auslagen eines Handschuhgeschäftes. In einer weiteren Anzeige des Spirituosenherstellers »Asbach Uralt« schleppen zwei »einfache« Soldaten Schnapskisten davon.[18] Die Anzeigen suggerieren einerseits, dass sich der Krieg in das Konsum- und Modeverhalten integrieren lässt, und andererseits, dass der tägliche (Alkohol-)Konsum in den Kriegsalltag buchstäblich hinübergetragen wird. So entsteht eine enge Verzahnung zwischen Krieg und Alltag, Konsum und Soldatendasein, und damit die Grundvoraussetzung für eine kriegerische Mobilisierung der Leserschaft. Die Anzeigen sind dann auch der Ort, an dem das Kriegsgeschehen bis zu seinem Ende weiterhin – wenn auch indirekt – in Erscheinung tritt. Im Werbeteil wird der Krieg durchgehend aufgerufen, und das auch dann noch, wenn im redaktionellen Teil ab circa Ende 1917 schon längst keine Beiträge mehr zum Thema Krieg zu finden sind, und die Kriegsbegeisterung ganz offensichtlich abgenommen hat.

Man kann sagen, dass der Krieg – so scheint es im August 1914 – in der »feinen« Gesellschaft angekommen war und mühelos integriert wurde, ja, er scheint von ihr sogar begrüßt worden zu sein. Mit ihren Heften arbeitete die Redaktion der »Eleganten Welt« am sogenannten »Augusterlebnis«[19] mit, bei dem große Teile der bürgerlichen Gesellschaft und der Intellektuellen, euphorisiert und begeistert, freiwillig für einen Krieg mobil machten, der Zusammenhalt, deutsche Selbstartikulation und Weltherrschaft versprach. In Form von schneidigen, uniformierten Männern oder sittsamen Frauen, die ihre Männer zu Hause unterstützen, vielleicht auch »ihren Mann stehen« und weiterhin modische, deutsche Ware konsumieren, scheint die Welt des gehobenen Bürgertums und Adels im Jahr 1914 noch in Ordnung. Der Krieg lässt sich, so hat es den Anschein, in die glamourösen Seiten dieses konservativen Heftes ohne Widerstand einfügen, ja er lässt sich instrumentalisieren. Er wird dadurch verharmlost und Teil eines glänzenden Lebens, das

15 Vgl. *Elegante Welt* 34, September 1914, S. 12–13.
16 Vgl. *Elegante Welt* 33 (wie Anm. 11), S. 7.
17 Vgl. ebd., S. 5, S. 14.
18 Anzeige für Asbach Uralt, in: *Elegante Welt* 2, Januar 1917, S. 40.
19 Eine allgemeine, schichtenübergreifende Kriegsbegeisterung ist mittlerweile umstritten: »Neuere Untersuchungen kommen zu dem Ergebnis, dass es in Teilen der deutschen Bevölkerung zwar durchaus Kriegsbegeisterung gab, doch handelt es sich dabei offenbar nur um eine Reaktion auf den Krieg neben anderen, die durch Kriegsideologie und -propaganda eine weit überzeichnete Verallgemeinerung erfahren hat. Das Augusterlebnis stellt bereits den ersten Akt der Propaganda dar. Die Reaktionen waren nämlich weit differenzierter als es die offiziellen Jubelbilder vermittelten.« Rosin, Philip: Propaganda mit Langzeitwirkung. ›Das Augusterlebnis‹ im Deutschen Reich, in: Beiersdorf, Leonie/Conrad, Dennis/Schulze, Sabine (Hg.): *Krieg und Propaganda 14/18*, Ausst.-Kat. Museum für Kunst und Gewerbe, Hamburg 2014, S. 58–63, hier S. 63.

endlich wieder »einen Sinn« zu haben scheint. Letztendlich scheint der Krieg das modische Treiben sogar zu beleben und ihm Auftrieb zu geben, auch wenn selbstverständlich daran erinnert wird, dass in Kriegszeiten ein allzu modischer Auftritt geschmacklos und taktlos wirkt.[20]

Womit das prominenteste Thema der »Eleganten Welt« angesprochen ist: die Mode. Neben den schon erwähnten Berichten über moderne Uniformen wird weiterhin über die Mode berichtet. Besonders häufig beschäftigt sich das Blatt mit dem Dilemma einer internationalen Ausrichtung des Modegeschehens bei gleichzeitiger Propaganda für eine »deutsche« Mode, laviert also zwischen Protektionismus, Nationalismus und modischer Internationalität. Mit Pathos propagierte man zum Beispiel in einem Artikel mit dem Titel »Los von Paris und London« folgendes:

> »Ebenso wie das deutsche Heer zu den Waffen griff, so möge die Industrie, der deutsche Kaufmann, mobil machen um seine Interessen zu verteidigen. [...] Fort mit jeder Ausländerei! Das soll jetzt die Parole eines jeden Deutschen sein! [...] Soll denn wirklich in Zukunft Paris wieder das Dorado der Mode für die Damenwelt, London für jeden Herrn das Vorbild des Schicks sein? Wird man es über sich gewinnen, nach dem Kriege wieder blindings den perversen Phantasien eines Londoner ›tailor‹ zu folgen? Wird man auch fernerhin glauben, daß nur das geschmackvoll und schick und elegant ist, was den englischen und französischen Stempel trägt?«[21]

Orientierte man sich in der Frauenmode bisher an den Entwürfen der Pariser Couturiers, so soll jetzt eine »deutsche« Frauenmode unabhängig von Frankreich entstehen. Genauso in der Herrenmode: Hier will man sich von der Dominanz der englischen Schneider und Tuchhersteller befreien. Es gründet sich der Verein zur Förderung der deutschen Modeindustrie, und auch der Deutsche Werkbund engagiert sich mit Modenschauen deutscher Modehäuser (auch im neutralen Ausland). Man geht sogar soweit, eine rein deutsche Modesprache zu fordern: »Statt Smoking solle man Frackjacke schreiben, anstelle von Mannequin wurde das Wort ›Probierdame‹ vorgeschlagen.«[22] In »stilistischer Hinsicht«, so Adelheid Rasche, »setzte sich [im Verlauf des Krieges, Ä. S.] dagegen recht bald die Erkenntnis durch, dass es keine eigene Modeentwicklung geben könne, nur eine lokale Variante der Weltmode.«[23] Das muss auch die »Elegante Welt« eingestehen, die 1917 konstatiert:

> »Keinerlei Versuche mehr, der Welt eine Deutsche Mode aufzuzwingen. Die Tatsache, dass die Mode eine internationale Angelegenheit ist, hat sich nie stärker erwiesen als im Laufe des Krieges.«[24]

20 Vgl. *Elegante Welt* 33 (wie Anm. 11), S. 1 und *Elegante Welt* 34 (wie Anm. 15), S. 7.

21 Anonym: Los von London und Paris, in: *Elegante Welt* 33, August 1914, S. 4.

22 Rasche, Adelheid: Mode als nationale Aufgabe, in: dies. (Hg.): *Krieg und Kleider. Mode und Grafik zur Zeit des Ersten Weltkriegs 1914–1918*, Ausst.-Kat. Kunstbibliothek Berlin, Berlin 2014, S. 48–51, hier S. 48.

23 Rasche, Adelheid: Einleitung, in: dies. (Hg.): *Krieg und Kleider. Mode und Grafik zur Zeit des Ersten Weltkriegs 1914–1918*, Ausst.-Kat. Kunstbibliothek Berlin, Berlin 2014, S. 8–17, hier S. 14.

24 Anonym: Die deutschen Modeschauen in Berlin, in: *Elegante Welt* 19, 12. September 1917, S. 7.

Der Krieg wird jedoch im weiteren Verlauf nicht weiter so präsent bleiben, wie er es noch anfangs in der »Eleganten Welt« war. Vielmehr verschwindet er immer weiter aus den Zeitschriftenseiten und wurde nur noch gelegentlich thematisiert – eine Strategie, die die in Wien erschienene Männermodezeitschrift »Die Herrenwelt« von Anfang an verfolgte. In keinem der noch erhaltenen Hefte wurde jemals eine Uniform gezeigt. In dem auf den reichen, männlichen Mode-Konsumenten gerichteten, im Umkreis der Wiener Werkstätte entstandenen und hochwertig produzierten Blatt, wurden weder Anzeigen für Kriegsanleihen geschaltet noch sonst auf irgendeine direkte Weise visuell auf den Krieg verwiesen. Hingegen ist der Krieg in den Texten der »Herrenwelt« durchaus präsent. Ähnlich wie in der »Eleganten Welt« werden Artikel zur Nationalisierung der Herrenmode veröffentlicht, in denen die Absicht artikuliert wird, sich von »London« loszusagen: dem »Fremdwort in der Herrenmode« wird der Kampf angesagt.[25]

Die Auswirkungen des Krieges auf die modische und moralische Haltung des »Zivilisten«, der als Leserkreis der Zeitschrift anvisiert wurde, ist das präsenteste Kriegsthema in der »Herrenwelt« – das beweist der schon erwähnte Leitartikel von 1916. So liest man zum Beispiel:

> »Der Soldat beherrscht jetzt die Ereignisse und somit gibt er den Ton an [...] Nicht mehr ›Nerven‹, sondern Muskeln, Kraft und Schneidigkeit sind modern. Das mag sich sehr oberflächlich anhören, so, als würde man diese ernste Zeit etwas zu leicht nehmen. Aber diese scheinbaren Nebensächlichkeiten gehen tiefer. Denn die scharfe äußere Disziplin überträgt sich auf das Wesen. Man hält sich gerade, man grüßt stramm und man ist auch innerlich gefestigt und erstarkt. Man lässt sich nicht so gehen, sondern nimmt sich ein wenig in Selbstzucht.«[26]

Führt man sich die Situation der k. u. k. Monarchie und deren Heer im Januar 1916 vor Augen, dann erscheinen solche geforderten »Ermannungen« doch geradezu zynisch oder verzweifelt, denn das Heer erlitt ganz zu Beginn des Krieges an der Front in Serbien frühzeitig dramatische Verluste.[27] Schon Ende 1914 waren in Österreich-Ungarn 190 000 getötete Offiziere und Soldaten, 490 000 verwundete und 280 000 in Kriegsgefangenschaft zu verzeichnen – »die Armee, die in den Krieg gezogen war, gab es nicht mehr – übrig blieb eine Art Miliz.«[28] Durch die gescheiterten Offensiven in Serbien und die veralteten Kampftaktiken war klar, »dass der Großmachtanspruch der Doppelmonarchie durch ihre militärischen Fähigkeiten nicht länger gedeckt war.«[29] Dazu kam, dass, wenigstens aus Sicht der Deutschen Heeresleitung, die k. u. k.-Offiziere im Krieg ihren bisherigen Lebensstil unter erschwerten Bedingungen fortsetzten und dadurch von ihren deutschen Verbündeten als verweichlicht angesehen wurden. Die österreichischen Offiziere legten

25 Anonym: Englische Herrenstoffe, in: Herrenwelt 1, Januar 1916, S. 14–15; Anonym: Das Fremdwort in der Herrenmode, in: *Herrenwelt* 4, Juli 1916, S. 12–13.
26 *Herrenwelt* 1 (wie Anm. 25), S. 5.
27 Vgl. Münkler, Herfried: *Der Grosse Krieg. Die Welt 1914–18*, Berlin 2013, S. 185.
28 Ebd., S. 193.
29 Ebd., S. 186.

»Wert auf mehrgängige Menüs, die möglichst formvollendet serviert wurden, und
ließen sich von Ehefrauen, Mätressen oder Prostituierten begleiten, die für ihr kör-
perliches Wohlbefinden zu sorgen hatten.«[30]

Die einfachen Soldaten wurden hingegen sehr schlecht versorgt, was die soziale Ungleichheit in der österreichisch-ungarischen Gesellschaft widerspiegelte.[31] Macht man sich diese
Situation klar, dann erscheinen die Empfehlungen der »Herrenwelt«, auch als Zivilist
möglichst soldatisch zu erscheinen, ebenso hilflos wie die Bemühungen der Offiziere,
»stilvoll« Soldat zu bleiben und ihre Privilegien, das heißt gutes Essen, Frauen und Ver-
gnügung, wie in Friedenszeiten beizubehalten. Die Realität des Krieges mit samt Kampf,
Entbehrung, Verletzung, Verwüstung und Tod wird dadurch in der »Herrenwelt« effektiv
ausgeschaltet und auf eine Ebene des Stils und der »Haltung« sowie des Heldentums und
der starken Männlichkeit gehoben.[32] Wie man in der Aufzählung mit dem Titel »Der moderne Ritter« lesen kann, schafft der Krieg jedoch nicht nur Stilvorbilder, er ist auch eine
Form der Erziehungsanstalt und fungiert mit den Worten der Historikerin Ute Frevert
als »Schule der Männlichkeit«, der aus den dekadenten, verweichlichten und ziellosen
Männern des fin-de-siècle »moderne Ritter« machen kann:

»1. Der moderne Ritter ist selbstverständlich tauglich und ist oder war an der Front.
2. Der moderne Ritter sieht glänzend aus. Er hat nicht ›Nerven‹ sondern Muskeln.
3. Der moderne Ritter ist ritterlich. Er küßt den Damen die Hand und hofiert
gerne. [...] 5. Und wenn der moderne Ritter ein Geschenk widmet, so macht er das
sinnig. Es ist ein Ring, der aus einem Stückchen des selbsterbeuteten Metalls gefertigt wurde, oder ein Deckchen, das aus dem Stoff einer feindlichen Fahne besteht.
6. Der moderne Ritter ist eher naiv als blasiert. Er bejaht das Leben. Das Dasein
ist ihm nicht eine Last, sondern eine Freude – er hat eben schon dem Tod ins Auge
geblickt. [...] 8. Dem gewesenen Ritter hat nichts mehr Freude gemacht, dem modernen Ritter macht alles Freude – er hat im Schützengraben entbehren gelernt.
[...] 12. Der gewesene Ritter hat für Ästhetik geschwärmt, der moderne Ritter ist
eher ein Ethiker. 13. Der gewesene Ritter war kompliziert, der moderne Ritter hat
einen primitiveren Zug bekommen. Das hat das Leben im Felde gemacht. [...] 15.
Der gewesene Ritter hat die hysterische Frau geliebt, weil er künstliche Emotionen
brauchte, der moderne Ritter liebt die gesunde Frau, denn das Kriegsleben gibt ihm
natürliche Emotionen genug. [...] 18. Der gewesene Ritter stand immer ein wenig
außerhalb der Welt, der moderne Ritter steht mitten in der Welt. 19. Der moderne
Ritter kann daher ein Prachtmensch sein.«[33]

---

30   Ebd., S. 180.
31   Vgl. ebd., S. 181.
32   Um einen militärischen Stil geht es beispielsweise auch in einem Artikel zum Thema Gesichtspflege, in
     dem behauptet wird, dass »man sich Soldaten nur mit disziplinierte[m] Haarwuchs (glatt rasiert) denken
     kann«, ein Stil, der laut der »Herrenwelt« dann auch für die zivile Haar- und Barttracht zu gelten habe.
     Herrenwelt 2, März 1916, S. 6–7.
33   Ebd., S. 23.

Dieser »Prachtmensch« bleibt jedoch eine Fiktion, schließlich ist es weder die Funktion von Zeitschriften, »die tatsächliche Realität des Bekleidungsstils des Alltags«[34] abzubilden, noch haben sie zum Ziel, die »Wahrheit« des Krieges und seine Auswirkungen auf die Männer zu dokumentieren. Unterstützt wird die Vision vom »modernen Ritter«, den der Kriegsdienst wieder zum »Mann« gemacht hat, zudem durch die einheitlichen, sachlichen und hochwertigen Illustrationen des Grafikers Walter Essenther, der uns mannhafte, flotte Skifahrer, souveräne Salonlöwen oder elegante Tennisspieler präsentiert. Bis auf wenige fotografische Porträts des Kaisers verzichtete die »Herrenwelt« auf die in Modezeitschriften sonst üblichen Fotoporträts von Adligen, Schauspielern oder sonstigen Society-Größen. Die »Herrenwelt« beschränkt sich auf exquisite Zeichnungen und auf fotografierte (wahrscheinlich nachkolorierte) Arrangements von Hemden, Handschuhen, Krawatten und Schals, die gleich einer Auslage im Geschäft dem Leser dargeboten werden. Durch den Verzicht auf Society-Fotografien und den Vorzug eines einheitlichen Zeichenstils entsteht der Eindruck eines geschlossenen Universums, eben einer »Herrenwelt«, in der der Erste Weltkrieg visuell abwesend ist und nur durch das Wort sehr kontrolliert Einzug hält. Der Krieg hat in diesem Blatt nur positive Effekte, schließlich bietet er die Gelegenheit, London als Modestadt Konkurrenz zu machen und dadurch ein eigenes modisches Selbstbewusstsein zu entwickeln. Last but not least macht er aus den verweiblichten Wiener »Gigerln« wieder Männer, die ungestört von jeglichen körperlichen, gesellschaftlichen oder finanziellen Kriegsauswirkungen genauso weiter konsumieren und repräsentieren können wie vor dem Krieg.

Auch für die Zeitschrift »Das Herrenjournal« gilt diese Strategie im Umgang mit dem Kriegsgeschehen. Das Männermodemagazin wird von dem Nationalsozialisten Hermann Marten von Eelking herausgegeben. Wie Julia Bertschik beobachtet hat, fühlt man sich im »Herrenjournal« »[d]em weltmännischen Luxusleben selbst noch im Kriegsjahr 1941 verpflichtet, in dem angemessene Trinkempfehlungen zu Hummer, Austern und Kaviar gegeben wurden [...].«[35]

Im »Herrenjournal« konnte zudem die Spitze des NS-Regimes in repräsentativer Gesellschaftsgarderobe zum Stilvorbild werden, »[d]enn mit solchen vestimentären Selbstinszenierungen [...] trat die NS-Spitze gewissermaßen in die Fußstapfen (vorgeblich) ungewollter Hollywoodstars.«[36] Schaut man sich jedoch beispielsweise die Platzierung des von Bertschik erwähnten Artikels »Was man zu Hummern, Krebsen, Austern und Kaviar trinkt« im Märzheft des »Herrenjournals« von 1941 genauer an, kann nicht – wie Bertschik meint – vom Ausblenden des Krieges die Rede sein. Die Anzeige der Ford-Werke rechts des Artikels ruft das Kriegsgeschehen durch Text und Bild unmissverständlich auf. Hier wird damit geworben, dass der Ford-Wagen »[a]uf den schlechten Straßen in Polen, auf schmalen, steilen Bergpässen Norwegens und beim schnellen Vorstoß durch Holland, Belgien und Frankreich« mit dabei und »dem tapferen Soldaten« ein »treuer Helfer« war.[37] Wie schon in der »Eleganten Welt« zur Zeit des Ersten Weltkriegs ist der Krieg durch Anzeigen immer präsent, auch wenn im redaktionellen Teil nur wenig zum Krieg berichtet wird. Gerade am Beispiel des »Herrenjournals« kann man erkennen,

---

34 Rasche (wie Anm. 23), S. 10.
35 Bertschik, Julia: *Mode und Moderne, Kleidung im Spiegel des Zeitgeistes in der deutschsprachigen Literatur (1770–1945)*, Köln 2005, S. 288.
36 Ebd., S. 288.
37 Anzeige der Ford-Werke, in: *Das Herrenjournal* 3, März 1941, S. 37.

Abbildung 3: Herrenjournal, Heft 4, April 1933, »Die Reichsregierung hält auf Etikette«.

wie eine Mobilisierung der Leserschaft vorbereitet wurde. Mit der Machtübernahme der Nationalsozialisten im Jahr 1933 wurde das »Herrenjournal« durch die Berichterstattung über die »Uniformen der Braunhemden« nazifiziert und damit auch militarisiert.

Im Juni-Heft 1933 erscheint erst noch relativ unauffällig Eelkings einseitiger Artikel »Kleiner Uniformknigge«, in dem der Autor die Regeln für die SA- und SS-Uniformen minutiös beschreibt und illustriert.[38] Indem Porträts und Berichte über die SA und ihre Führungspersönlichkeiten[39] gebracht und verstärkt über die Uniformen der Truppe[40] und auch den »Gesellschaftsanzug der SA«[41] berichtet wurde, stieg zunächst die Präsenz der nationalsozialistischen Machthaber im »Herrenjournal«. Ab August 1934 bis Januar 1935 wurden die Beiträge zur Uniform in »Die Deutsche Uniform. Nachrichtenblatt für die gesamte deutsche Uniformbekleidung«, herausgegeben von Hauptmann a. D. Obertruppführer Freiherr von Eelking, Chefredakteur des »Herrenjournals«, gebündelt und dem »Herrenjournal« beigelegt. Diese farblich vom Rest des Magazins abgesetzte vier- bis sechsseitige Beilage deckte ein breites Spektrum von Uniformen, deren Schnitte und Stoffe sowie deren Abzeichen ab und wollte, so der Herausgeber, ein »wirkliches Verständnis« für Uniformen vermitteln, denen »durch den machtvollen Aufschwung, den unser Vaterland nach dem Tage der nationalen Erhebung genommen« auch wieder »Liebe« entgegengebracht werden soll.[42]

Mithilfe der Uniform wird das Regime der Nationalsozialisten in die männliche Modewelt des »Herrnjournals« integriert. Uniformen werden von Eelking nicht nur pseudo-wissenschaftlich systematisiert, sondern deren Verhältnis zum »Zivil« auch angeregt diskutiert. Wurde in der »Herrenwelt« zur Zeit des Ersten Weltkriegs noch die Auswirkung des »Militärischen« als positiver Einfluss auf die Haltung der männlichen, zivilen Bevölkerung begrüßt, so findet Eelking im März-Heft des »Herrenjournals« im Jahr 1933, dass die Entwicklung umgekehrt verlaufe: Uniformen richteten sich immer mehr nach der Zivilmode, der Schnitt der Uniform sei »zivilisiert«.[43] Für Eelking steht fest, dass – bis auf Abzeichen und Farben – nicht nur die deutsche Uniform kaum noch von der zivilen Kleidung zu unterscheiden sei. Die Angleichung von Zivil und Uniform im Schnitt sei eine internationale Entwicklung:

> »Ja, in vielen Staaten ist die Angleichung der Armee an die bürgerliche Tracht bereits so groß, daß der Feldrock – der Rangzeichen entkleidet – sich jetzt kaum noch von einem sportlich betonten Norfolk [einer Sakko-Form, Ä. S.] unterscheidet.«[44]

Mit der Überschrift »Die ›zivilisierte‹ Uniform« suggeriert Eelking, dass die zivile Kleidung in dieser Entwicklung zum Beispiel durch die Übernahme der Krawatte für manche Uniformen mittlerweile die Oberhand in der Männerkleidung hat. Schlussendlich läuft es

---

38 Anonym: Kleiner Uniformknigge für SA. und SS., in: *Das Herrenjournal* 6, Juni 1933, S. 16. Der Autor ist höchstwahrscheinlich Hermann von Eelking.

39 Vgl. anonym: Führer der Berliner SA, in: *Das Herrenjournal* 7, Juli 1933, S. 6–7.

40 Vgl. anonym: Blaue Jungens in Gala, in: *Das Herrenjournal* 7, Juli 1933, S. 18–19.

41 Anonym: Der Gesellschaftsanzug der SA, in: *Das Herrenjournal* 7, Juli 1933, S. 12.

42 Eelking, Hermann von: Zum Geleit, in: *Die deutsche Uniform. Nachrichtenblatt für die gesamte Deutsche Uniformkleidung*, 1. Folge, August 1934, S. 1 (Beilage zum »Herrenjournal«). Eelking publiziert 1934 das Buch »Die Uniformen der Braunhemden« im Eher-Verlag, das er im »Herrenjournal« als »[d]as einzige von der Obersten Politischen Leitung und Obersten SA-Führung genehmigte u. überprüfte Uniformwerk« anpreist: *Das Herrenjournal* 5, Mai 1934, S. 26. Im Vorwort zum Buch wird angegeben, dass die Arbeit daran schon 1932 von Eelking begonnen wurde, das heißt Eelking muss schon vor der Machtergreifung im SA-Apparat organisiert gewesen sein.

43 Eelking, Hermann von: Die ›zivilisierte‹ Uniform, in: *Das Herrenjournal* 3, März 1933, S. 11.

44 Ebd.

Abbildung 4: Titelblatt, Das Herrenjournal, Heft 9, September 1933.

jedoch darauf hinaus, dass militärische und zivile Männerkleidung untrennbar miteinander verbunden werden: Die Uniform ist nicht mehr von der zivilen Kleidung zu trennen – und damit der Kriegszustand auch nicht mehr von Friedenszeiten. Zudem wird von von Eelking die Militarisierung der Männerkleidung in Deutschland durch die Machtergreifung der Nationalsozialisten in eine »internationale« Entwicklung der Uniform eingebettet und damit legitimiert.

Dieses Ziel verfolgen dann auch die Illustrationen der Titelblätter von Juli und September 1933, die jeweils einen Mann in ziviler und militärischer Kleidung zeigen. Besonders das Titelbild des Septemberheftes 1933 macht deutlich, dass sich zivile und militärische Männermode kaum voneinander unterscheiden und praktisch im Gleichschritt zielgerichtet und selbstbewusst in eine »bessere Zukunft« blicken.

Ab Februar 1935 verschwinden die Beiträge zur Uniform aus dem »Herrenjournal« gänzlich, um erst mit Kriegsbeginn wieder aufgenommen zu werden. Warum das »Herrenjournal« ab Februar 1935 bis 1939 nur mehr als ein von offensichtlicher Naziideologie und militaristischer Propaganda weitgehend freies Mode- und Gesellschaftsblatt auftrat, darüber kann nur spekuliert werden. Jedenfalls war es das Ziel der nationalsozialistischen Pressestrategie, für die internationale Öffentlichkeit Weltläufigkeit und Offenheit der deutschen Presseorgane zu suggerieren und der deutschen Leserschaft das Gefühl einer mehrstimmigen Presselandschaft vorzuspielen, die den Eindruck einer »Vielfalt in der

Gleichschaltung«[45] transportierte. Patrick Rössler betont, dass es im Interesse des Regimes stand, im Pressewesen eine »unpolitische verstandene Liberalität bestehen« zu lassen, die jedoch »zur Schönung der Wirklichkeit und zur Täuschung der Öffentlichkeit«[46] diente. So kann man vermuten, dass es eine politische Entscheidung der nationalsozialistischen Presselenkung war, die Beiträge zu Uniformen der SA und SS im »Herrenjournal« im Jahr 1935 herauszunehmen und aus dem »Herrenjournal« wieder ein – zumindest auf der Oberfläche – »reines Modeblatt« zu machen. Das »Herrenjournal« kann dabei durch seine visuell konservative Ausrichtung nicht, wie es Rössler für die »neue linie« herausgearbeitet hat, »in Zeiten weitgehender Gleichschaltung des Pressemarktes als ein avantgardistisches Aushängeschild«[47] gelten. Nichtsdestotrotz kreiert das »Herrenjournal« zwischen 1935–1939 ein Phantasma der Internationalität und Weltläufigkeit der deutschen Männermode und des Stils, das in den Jahren 1935-1939 unter anderem durch die teilweise mehrsprachigen Artikel und Bildunterschriften[48] über alle Dinge der Mode, des Sports, des Benimms und des Reisens unterstützt wird. Diese Blase der Internationalität und der »modischen Freiheit« wird mit Kriegseintritt jedoch platzen. Ähnlich wie in der »Eleganten Welt« zur Zeit des Ersten Weltkriegs wird auf den Seiten des »Herrenjournals« zu Beginn des Zweiten Weltkrieges wieder Platz gemacht für die Berichterstattung über Uniformen,[49] später auch für Propaganda gegen den Feind, in diesem Falle hauptsächlich gegen England und seine »englische Kellnerseele.«[50] Eine Werbeanzeige im »Herrenjournal« geht sogar soweit, England buchstäblich von der modischen Landkarte verschwinden zu lassen: In der Anzeige der Firma ERES mit dem Titel »Der Mantel des guten Stils« sind die britischen Inseln verschwunden.[51] Der Krieg hält dann verstärkt durch Beiträge über Militärhunde,[52] über die militärisch obsolete doch sportlich attraktive Kavallerie[53], über Sport als Vorbereitung für den Kriegseinsatz[54] und natürlich über die Berichterstattung der gesellschaftlichen Beschäftigungen der NS-Elite wieder Einzug in das »Herrenjournal«,[55] wobei Mode und die »schönen Dingen des Lebens« wie Wein, Frauen und Reisen die Seiten des Blatts weitgehend beherrschen. Im Oktober 1941 erscheint das

---

45 Rössler (wie Anm. 8), S. 69.
46 Ebd., S. 70.
47 Ebd., S. 77.
48 Ab September 1935 werden ausgesuchte Artikel und Bildunterschriften ins Französische, ab Mai 1936 ins Englische und Französische übersetzt. Diese Maßnahme hängt sicherlich mit der internationalen Sichtbarkeit Deutschlands durch die Olympischen Spiele in Berlin zusammen und hatte zum Ziel, der deutschen Männermode durch das »Herrenjournal« den Anschein von internationaler Bedeutung zu geben. In der Juli-Ausgabe von 1936 kann sogar die bayrische Tracht mit der schottischen Tracht verglichen werden: »[...] hier wie dort macht sich der Einfluß nicht auf die Kleidung der eigenen Nation, sondern teilweise auch auf die Weltmode geltend.« Anonym: Deutsches Hochland und Englisches Hochland, in: *Das Herrenjournal* 7, Juli 1936, S. 1. Ab 1937 erscheint das »Herrenjournal« wieder ohne Übersetzungen, wobei versucht wird, die Internationalität der Zeitschrift durch die Fotos von Hollywoodstars (Anonym: Clark Gable: Shopping in London, in: *Das Herrenjournal* 5, Mai 1939, S. 23) und Zeichnungen ferner, exotischer Orte (Tunesien, Copacabana, New York) weiter aufrecht zu erhalten.
49 Vgl. anonym: Die Front der Heeresuniform, in: *Das Herrenjournal* 10, Oktober 1939, S. 14.
50 Anonym: Die Entdeckung Englands, in: *Das Herrenjournal* 3, März 1940, S. 5.
51 Vgl. *Das Herrenjournal* 3, März 1941, S. 4.
52 Vgl. anonym: Unsere Kriegshunde, in: *Das Herrenjournal* 5, Mai 1941, S. 12–13.
53 Vgl. anonym: Die Aufgabe der Kavallerie, in: *Das Herrenjournal* 6, Juni 1941, S. 12–13.
54 Vgl. anonym: Im Sport geübt – im Krieg bewährt. Wettkämpfe als Grundlage soldatischer Leistungen, in: *Das Herrenjournal* 8, August 1941, S. 16–17.
55 Zum Beispiel das gemalte Porträt von Gruppenführer Heydrich: *Das Herrenjournal* 9, September 1941, S. 11.

letzte Heft des »Herrenjournals«, in dem dann als Anspielung auf die Auswirkungen des Krieges ein Bericht über die »Heilmittel des Sports. Die Betreuung unserer verwundeter Soldaten« gebracht wird, in dem jedoch kein ernsthaft verwundeter Soldat zu sehen ist.[56]

Kommen wir nun abschließend zur anfänglichen Frage zurück, ob es »nicht schrecklich oberflächlich und banal sei, sich in Kriegszeiten mit Themen wie Mode zu beschäftigen?« Die Herausgeber der »Eleganten Welt«, der »Herrenwelt« und des »Herrenjournals« teilten diese Ansicht definitiv nicht, wobei doch, wie ich am Beispiel der »Herrenwelt« gezeigt habe, unterschiedliche Grade der Visualisierung des Kriegsgeschehens, der Mobilisierung und Rekrutierung der Leser möglich waren. Ähnlich wie in der »Eleganten Welt« wird der Krieg im »Herrenjournal« durch das modische Leben gefiltert und dadurch erträglicher gemacht. Vice versa wird das mondäne Leben der »Eleganten Welt« durch den Krieg mit einer Form des »düsteren Glamours«[57] versehen. Die offensichtliche Militarisierung des »Herrenjournals« und die Mobilmachung seiner Leserschaft wird zwar von 1935–1939 unterbrochen, nur um dann jedoch mit Kriegsbeginn verstärkt wieder aufgenommen zu werden.

Krieg und Massenkultur, so haben Tom Holert und Mark Terkessidis argumentiert, werden heute mittlerweile mühelos aufeinander bezogen und bilden dadurch einen »Raum der Argumente und Suggestionen.«[58] Das ist – so hat mein Blick in die Zeitschriften gezeigt – auch schon zur Zeit des Ersten und Zweiten Weltkriegs der Fall. Im Gegensatz zum heutigen »Military Chic«, der laut Holert, in der jetzigen neo-liberalen Kultur eines kriegerischen Marktes mit vielen Ambivalenzen behaftet ist und nur mit ironischer Distanz getragen wird, werden wir in den Modemagazinen der 1910er, 1930er und 1940er Jahre mit eindeutiger, ambivalenzfreier Kriegspropaganda konfrontiert. Uniformen sind mit Stolz und Sorgfalt zu tragen und werden beispielsweise im »Herrenjournal« als Teil der vestimentären und männlichen Bildung verstanden. Auch wenn anfangs noch von der »Zivilisierung« der Uniform die Rede ist, haben wir es in den Jahren 1933–1935 mit einer Militarisierung der Männerkleidung zu tun, die die modische Gesellschaft auf den Krieg vorbereitet. Besonders die »Elegante Welt« zur Zeit des Ersten Weltkriegs und das »Herrenjournal« im Zweiten Weltkrieg haben zum Ziel, das Militärische für die Welt des Glamours produktiv zu machen. Für beide Zeitschriften muss mithin von einer »Militarisierung der Bildkultur« und zugleich einer »Kulturalisierung des Militärischen«[59] ausgegangen werden, von der beide Seiten profitieren. In der »Eleganten Welt« und im »Herrenjournal« wird »die Disposition [...] zum Mobilisiert-werden auf dem Feld der Massenkultur entscheidend geweckt, konstruiert [...] und legitimiert.«[60] Die »Herrenwelt« verzichtet zwar auf eine visuelle Evokation des Krieges, nichtsdestotrotz geht auch in diesem Blatt das Männerideal, nämlich der »Militärische Zivilist«, durch die Schule des Krieges – ohne, paradoxerweise, eine einzige Blessur davon zu tragen. So rekrutieren alle drei Zeitschriften ihre Leserinnen und Leser mit dem »Glamour der Kampfzone«[61] für den Kriegseinsatz, der als eine Form des »gesteigerten Lifestyles«[62] konsumiert werden kann.

---

56 *Das Herrenjournal* 9, September 1941, S. 14–15.
57 Holert, Tom/Terkessidis, Mark: *Entsichert. Krieg als Massenkultur im 21. Jahrhundert*, Köln 2002, S. 104.
58 Holert (wie Anm. 3), S. 23.
59 Ebd., S. 28.
60 Ebd., S. 53.
61 Ebd., S. 39.
62 Holert/Terkessidis (wie Anm. 57), S. 105.

QUELLENVERZEICHNIS

Anonym: Los von London und Paris, in: *Elegante Welt* 33, August 1914, S. 4.

Anonym: Englische Herrenstoffe, in: *Herrenwelt* 1, Januar 1916, S. 14–15.

Anonym: Das Fremdwort in der Herrenmode, in: *Herrenwelt* 4, Juli 1916, S. 12–13.

Anonym: Die deutschen Modeschauen in Berlin, in: *Elegante Welt* 19, 12. September 1917, S. 7.

Anonym: Kleiner Uniformknigge für SA. und SS., in: *Das Herrenjournal* 6, Juni 1933, S. 16.

Anonym: Führer der Berliner SA, in: *Das Herrenjournal* 7, Juli 1933, S. 6–7.

Anonym: Der Gesellschaftsanzug der SA, in: *Das Herrenjournal* 7, Juli 1933, S. 12.

Anonym: Blaue Jungens in Gala, in: *Das Herrenjournal* 7, Juli 1933, S. 18–19.

Anonym: Deutsches Hochland und Englisches Hochland, in: *Das Herrenjournal* 7, Juli 1936, S. 1.

Anonym: Clark Gable: Shopping in London, in: *Das Herrenjournal* 5, Mai 1939, S. 23.

Anonym: Die Front der Heeresuniform, in: *Das Herrenjournal* 10, Oktober 1939, S. 14.

Anonym: Die Entdeckung Englands, in: *Das Herrenjournal* 3, März 1940, S. 5.

Anonym: Unsere Kriegshunde, in: *Das Herrenjournal* 5, Mai 1941, S. 12–13.

Anonym: Die Aufgabe der Kavallerie, in: *Das Herrenjournal* 6, Juni 1941, S. 12–13.

Anonym: Im Sport geübt – im Krieg bewährt. Wettkämpfe als Grundlage soldatischer Leistungen, in: *Das Herrenjournal* 8, August 1941, S. 16–17.

Bertschik, Julia: *Mode und Moderne, Kleidung im Spiegel des Zeitgeistes in der deutschsprachigen Literatur (1770–1945)*, Köln 2005.

Braatz, Dennis: First Lady Look. Marina Poroschenko auf der ukrainischen ELLE – Mitten im Krieg. Über die Macht von Präsidentengattinnen in Modemagazinen, in: *Süddeutsche Zeitung* 1999, 30./31. August 2014, S. 6 V2.

Eelking, Hermann von: Die ›zivilisierte‹ Uniform, in: *Das Herrenjournal* 3, März 1933, S. 11.

Eelking, Hermann von: Zum Geleit, in: *Die deutsche Uniform. Nachrichtenblatt für die gesamte Deutsche Uniformkleidung*, 1. Folge, August 1934, S. 1.

Förster, Simone: die neue linie im Nationalsozialismus. Modezeitschriften zwischen Realität und Propaganda, in: dies./Pohlmann, Ulrich (Hg.): *Die Eleganz der Diktatur. Modephotographie in deutschen Zeitschriften 1936–1943*, München 2002, S. 12–17.

Holert, Tom: Überlebenswissen. Zur Normalisierung des Militärischen, in: Oberender, Thomas/Peters, Wim/Risthaus, Peter (Hg.): *Kriegstheater. Zur Zukunft des Politischen III*, Berlin 2006, S. 23–66.

Holert, Tom/Terkessidis, Mark: *Entsichert. Krieg als Massenkultur im 21. Jahrhundert*, Köln 2002.

Karmasin, Matthias: Krieg – Medien – Kultur. Konturen eines Forschungsprogramms, in: ders./Faulstich, Werner (Hg.): *Krieg, Medien, Kultur*, Paderborn 2007, S. 11–34.

Lipp, Anne: *Meinungslenkung im Krieg. Kriegserfahrungen deutscher Soldaten und ihre Deutung 1914–1918*, Göttingen 2003.

Münkler, Herfried: *Der Grosse Krieg. Die Welt 1914–18*, Berlin 2013.

Rasche, Adelheid: Einleitung, in: dies. (Hg.): *Krieg und Kleider. Mode und Grafik zur Zeit des Ersten Weltkriegs 1914–1918*, Ausst.-Kat. Kunstbibliothek Berlin, Berlin 2014, S. 8–17.

Rasche, Adelheid: Mode als nationale Aufgabe, in: dies. (Hg.): *Krieg und Kleider. Mode und Grafik zur Zeit des Ersten Weltkriegs 1914–1918*, Ausst.-Kat. Kunstbibliothek Berlin, Berlin 2014, S. 48–51.

Rössler, Patrick: *die neue linie 1929–1943. Das Bauhaus am Kiosk*, Begleitpublikation zur gleichnamigen Ausstellung am Bauhaus Archiv Berlin, Bielefeld 2007.

Rosin, Philip: Propaganda mit Langzeitwirkung. ›Das Augusterlebnis‹ im Deutschen Reich, in: Beiersdorf, Leonie/Conrad, Dennis/Schulze, Sabine (Hg.): *Krieg und Propaganda 14/18*, Ausst.-Kat. Museum für Kunst und Gewerbe, Hamburg 2014, S. 58–63.

ABBILDUNGSVERZEICHNIS

Abbildung 1: Militärischer Zivilist, Herrenwelt, Heft 1, Januar 1916, S. 5, Staatliche Museen zu Berlin, Kunstbibliothek.

Abbildung 2: Titelblatt, Elegante Welt, Nr. 33, II Kriegsnummer, August 1914, Staatliche Museen zu Berlin, Kunstbibliothek.

Abbildung 3: Herrenjournal, Heft 4, April 1933, »Die Reichsregierung hält auf Etikette«, Staatliche Museen zu Berlin, Kunstbibliothek.

Abbildung 4: Titelblatt, Das Herrenjournal, Heft 9, September 1933, Staatliche Museen zu Berlin, Kunstbibliothek.

TECHNOLOGIEN DES MARTIALISCHEN

Michael Adlkofer – Jens Wehner – Rolf F. Nohr – Stephan Günzel

»LÄNGE LÄUFT«

Über das Aussehen von Kriegsschiffen

Michael Adlkofer

Schiffbau und damit auch Kriegsschiffbau ist ein umfangreiches Thema, zu dem viel geforscht und noch mehr geschrieben wurde. Immerhin waren Kriegsschiffe bis in das 20. Jahrhundert hinein die komplexesten, je von Menschen ersonnenen Gegenstände. Als Architekt und Designer, der nicht oder wenig im Schiffsbau gearbeitet hat, der Schiffen aber immer ein großes, romantisches Interesse entgegenbrachte, mag ich mich ihrem Aussehen am ehesten essayistisch nähern.

Der (Kriegs)schiffbau hat seit jeher die Phantasie der Menschen anregt. Ähnlich wie bestimmte Smartphones regen gut gebaute Schiffe den Geist dazu an, sie als lebendige Wesen zu verstehen oder gar als Erweiterung des eigenen Körpers. Kriegsschiffe, sofern intakt, erhöhen die Schlagkraft ihrer Besatzung in eine übermenschliche, quasi göttliche Dimension. Seit jeher waren Schiffe Vehikel des Aufbruchs, vielleicht eines Aufbruchs in die Freiheit, in jedem Fall aber ein geeignetes Werkzeug zur Erforschung neuer Welten. Immer gab es Menschen, die einem inneren Drang nachgaben, der sie in ferne Länder, hinter den Horizont, in das Reich neuer Möglichkeiten zog. So groß war dieser innere Drang, dass sie der Gestaltung und dem Bau dieser Vehikel, die einer Vielzahl von oft widersprüchlichen Anforderungen genügen sollten, bis heute die größte Sorgfalt widmen.

Verschiedene Völker fanden dafür unterschiedliche Lösungen, bei denen es prägende Gemeinsamkeiten gibt. Dazu gehören der hohe Planungsaufwand, der große Bedarf an hochwertigen und teuren Ressourcen sowie sehr hohe Anforderungen an die handwerklichen Fähigkeiten der beteiligten Schiffsbauer. In der Summe ist ein Schiff immer teuer, ein aufwendiger Gegenstand, der die kollektive Arbeitsleistung vieler motivierter Beteiligter bindet. Dieser Aufwand bringt es mit sich, dass vor allem Kriegsschiffe häufig Prestigebauten waren (und sind), die neben ihrer eigentlichen Bestimmung der Abschreckung oder Einschüchterung dienen. So betrugen die Baukosten des deutschen Schlachtschiffes ›Bismarck‹ bis zu seiner Indienstellung im Jahr 1940 196,8 Millionen Mark, was etwa 0,2 % des damaligen deutschen Bruttoinlandproduktes von 110 Milliarden Mark entsprach. Umgerechnet auf das heutige Bruttoinlandprodukt entspräche das Baukosten von etwa sechs Milliarden Euro. Exorbitant, vor allem, wenn man die vergleichsweise kurze Lebensdauer des Schiffes (1941 durch englische Luftangriffe versenkt) betrachtet.

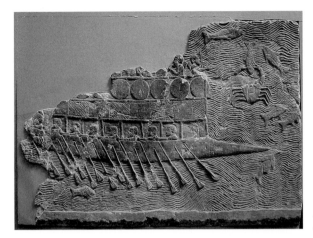

Abbildung 1: Assyrisches Kriegs-schiff, 700 v. Chr.

Abbildung 2: Schlachtschiff ›Bis-marck‹.

Die beiden Schlachtschiffe ›Bismarck‹ und ›Scharnhorst‹ verschlangen zusammen eine Summe, die mit derjenigen vergleichbar ist (14,7 Milliarden Euro), die der Deutsche Bundestag 2013 für die Anschaffung von 180 Eurofightern bewilligte[1], ohne eine auch nur annähernd vergleichbare Nutzbarkeit im Konfliktfall zu bieten. Wo liegt also die Motivation für den auf den ersten Blick irrational erscheinenden Aufwand beim Bau von (Kriegs)schiffen? Betrachten wir hierzu drei Ansätze etwas näher:

A) Neuer Lebensraum:

Die Besiedelung des Pazifikraumes durch die Polynesier war zum Beispiel nur möglich, weil sich einzelne, wagemutige Individuen durch Krieg, Hunger oder soziale Probleme genötigt sahen, hinter dem Horizont neuen Lebensraum für sich und ihre Familien zu finden. War dieser einmal gefunden, benötigte man weiterhin Schiffe, um den Kontakt zur Heimat zu halten, Nachschub an Material und Menschen zu beschaffen und bei Bedarf Verteidigungsmaßnahmen oder die Flucht zu ermöglichen.

---

1   Vgl. Brennecke, Jochen: *Schlachtschiff Bismarck*, Hamburg 1997; Anonym: Wird der »Eurofighter« deutlich teurer?, in: *Tagesschau*, 07.07.2013, http://www.tagesschau.de/inland/eurofighter110.html [27.05.2015].

*Abbildung 3: ›HMS Bellerophon‹
mit Napoleon Bonaparte an Bord,
siehe Farbtafeln.*

B) Die Aussicht auf hohe Profite bzw. Renditen auf das eingesetzte Kapital:

Die Ausbeutung natürlicher Ressourcen wie Fisch, Erz, Holz, oder der Handel mit begehrten Gütern ließ sich am besten mit Hilfe von Schiffen bewerkstelligen: Im 19. Jahrhundert investierten reiche amerikanische Bürger ihr Kapital beispielsweise in eine gewaltige Walfangflotte. Ein Fangschiff musste zwei bis drei meist mehrjährige, erfolgreiche Reisen durchführen, das heißt mit vollen Ölbunkern heimkehren, um das eingesetzte Kapital zu amortisieren. Danach waren die Profite erheblich. Um das hohe Einzelrisiko zu verringern, erwies es sich als sinnvoll, sich an mehreren Schiffsfinanzierungen zu beteiligen.

C) Das Streben nach politischer und wirtschaftlicher Dominanz:

Seit jeher waren die ertragreichsten Handelsplätze sicherer, einfacher und schneller mit Schiffen zu erreichen. Diese Handelsplätze mussten vor Übergriffen der Konkurrenz geschützt werden. Das gelang lange Zeit am besten durch den Bau von Kriegsschiffen. Eine vergleichsweise hoch entwickelte, kampfstarke Flotte ermöglichte es England im 18. Jahrhundert nicht nur, eine feindliche Invasion vom europäischen Festland aus abzuwehren, sondern bis zum späten 19. Jahrhundert das erste, wirklich weltumspannende Staats- und Handelsimperium zu errichten.

Welche Anforderungen determinieren nun das Aussehen von (Kriegs)schiffen?
Stark vereinfacht können wir hier zunächst von vier Faktoren ausgehen:

A) Seetüchtigkeit:

Diese Anforderung ist nicht mit wenigen Worten zu beschreiben. Schwimmfähigkeit allein reicht jedenfalls nicht aus. Rumpf und Aufbauten eines seetüchtigen Schiffes müssen härtestem Wellenschlag aus allen Richtungen standhalten. Dabei sollte es sich nach Möglichkeit noch zuverlässig in die gewünschte Richtung bewegen lassen, also gegebenenfalls auch gegen Wind und Welle. Zeitgenössische, leistungsfähige Baumaterialien wie Schiffsbaustahl, faserverstärkte Kunststoffe oder Verbundgläser helfen dabei, falls Entwurf, Konstruktion und Ausführung des Schiffes entsprechend angelegt sind. In früheren Epochen musste man mit gewachsenen Rohstoffen wie Holz, Bambus, Schilf oder Leder auskommen. Ein seetüchtiges Boot oder Schiff erfordert immer ein extrem hohes Maß an Überlegung, empirischer Erfahrung und handwerklicher Expertise. Konstruktion, Form, Details und Eigenschaften von Schiffen entwickelten sich in einem quasi evolutionären Prozess der langsamen Veränderungen mit ganz wenigen revolutionären Neuerungen. Die Herkunft der meisten Aspekte des Schiffsdesigns lassen sich auch heute noch über Jahrtausende zurückverfolgen.

B) Schnelligkeit:

Ihr erheblicher Nutzen liegt auf der Hand und bedarf kaum einer Erklärung. Konstruktiv spielt im Schiffbau das Problem der Rumpfgeschwindigkeit eine wesentliche Rolle. Bei Wikipedia kann man hierzu nachlesen:

> »Mit steigender Geschwindigkeit eines Schiffes in Verdrängerfahrt wächst die Wellenlänge der Bugwelle. Wenn sich bei Erreichen der Rumpfgeschwindigkeit Bug- und Heckwelle konstruktiv überlagern, kommt das Heck des Schiffs in das daraus gebildete Wellental und sinkt ab. Das Schiff muss folglich gegen die sich vor ihm steil aufbauende Bugwelle anlaufen. Damit steigt der zu überwindende Strömungswiderstand bei weiterer Geschwindigkeitserhöhung besonders steil an. [...] Als Betrag der Rumpfgeschwindigkeit (v) in Kilometern pro Stunde wird im Allgemeinen die Quadratwurzel der Wasserlinienlänge (Lwl) des Schiffes in Metern multipliziert mit dem Faktor 4,5 betrachtet. Für ein Ergebnis in Meter pro Sekunde gilt statt 4,5 der Faktor 1,25, für Knoten 2,43.«[2]

Die Rumpfgeschwindigkeit beträgt daher für einen Rumpf mit einer Länge der Konstruktionswasserlinie von 10 Metern etwa 7,7 Knoten 14,2 km/h, von 100 Metern etwa 24 Knoten 44,4 km/h, von 300 Metern etwa 42 Knoten 77,8 km/h. Die Tatsache, dass die Rumpfgeschwindigkeit nur von der Wasserlinienlänge abhängt, ist der Grund, warum größere Schiffe – bei entsprechend starkem Antrieb durch Wind oder Motorleistung – in Verdrängerfahrt höhere Geschwindigkeiten erreichen können als kleinere Schiffe. Dies spiegelt sich in der Redewendung »Länge läuft« wider.

Es war also immer sinnvoll, möglichst großformatig und dabei möglichst lang und, sofern möglich, schmal zu bauen, da jedes Mehr an Breite einen deutlich höheren Fahrtwiederstand bedeutet. Zum Erreichen der Rumpfgeschwindigkeit muss man nämlich für jedes Mehr an Breite eine erhebliche zusätzliche Vortriebskraft erzeugen, was mit Segeln oder Rudern nicht so leicht gelingt. Erst die Entwicklung von Dampfturbinen[3] ermöglichte es, wirklich große Schiffe wie beispielsweise die mächtigen Flugzeugträger des 21. Jahrhunderts auf ihre Rumpfgeschwindigkeit zu treiben.

Die Wikinger gehörten zu denjenigen Volksgruppen, die am meisten auf die Geschwindigkeit ihrer Schiffe angewiesen waren. Schließlich war es ratsam, nach einem überfallartigen Raubzug in einem fremden Land rasch und zuverlässig zu verschwinden. Da lag es auf der Hand, möglichst lange und schmale Schiffe zu bauen. Da lange Holzschiffe in hohem Seegang extremen Belastungen ausgesetzt sind, entwickelte man einen ausgeklügelten Verband von Planken und Spanten aus Eichenholz, der sich im Seegang elastisch verwand, das heißt, den brechenden Wellen einen Teil ihrer Kraft nahm. Ein solches Langschiff zu fahren, muss sich angefühlt haben, als säße man auf dem Rücken eines großen und mächtigen Tieres. Da scheint es naheliegend, dass die Nordländer den Bug

---

2   Anonym: *Rumpfgeschwindigkeit*, http://de.wikipedia.org/wiki/Rumpfgeschwindigkeit [05.05.2015].
3   Vgl. Eyermann, Wilhelm Heinrich: *Die Dampfturbine – Ein Lehr- und Handbuch für Konstrukteure und Studierende*, München/Oldenburg 1906.

Abbildung 4: Osebergschiff.

Abbildung 5: Französische Fregatte Méduse.

ihrer Kriegsschiffe mit Drachenköpfen verzierten, um dem Gegner zusätzlich Angst einzujagen. Beim Erreichen des Heimatfjordes wurden die Drachenhäupter abgebaut, um die heimischen Geister nicht zu verstören. Die Beziehung der Wikinger zu ihren Schiffen war so persönlich, dass manch ein Wikingerfürst sein ganzes Langschiff mit ins Grab nahm (wie beim bekannten Osebergschiff geschehen[4]) oder doch zumindest die kostbaren, häufig vergoldeten Schnitzereien, die vom geraden Teil der Bordwand zum Steven hinaus auf langen Buchenbohlen, den sogenannten »brandar«, eingearbeitet waren.[5]

Ein ähnliches, aber wesentlich weiter entwickeltes Konzept verfolgte man im 18. Jahrhundert beim Bau von schnellen Fregatten, den Universalkriegsschiffen ihrer Epoche. Ein langer, schmaler Schiffskörper mit reichlich Ballast in einer tiefen Bilge (Kielraum) trug derartig viel Segelfläche, dass es kaum etwas Schnelleres auf den Weltmeeren gab. Die vergleichsweise leichte Artillerie reichte aus, um jeden Kauffahrer zur Aufgabe zu bewegen. Militärisch oder waffentechnisch überlegenen Gegnern fuhr man einfach davon.

---

4   Vgl. Brøgger, A. W./Falk, Hjalmar/Shetelig, Haakon (Hg.): *Osebergfundet*, 4 Bde., Kristiania [Oslo] 1917–1928.
5   Vgl. Krause, Arnulf: *Die Welt der Wikinger*, Frankfurt am Main/New York 2006.

Abbildung 6: Britisches Linienschiff HMS ›Victory‹, 19. Jahrhundert.

Wer Geld auf Kaperfahrt verdienen wollte, war mit so einem Schiff bestens gerüstet. Fregattenkapitäne wurden häufig um ihre Prisengelder beneidet, aber auch um die Schönheit und Eleganz ihrer Schiffe.

C) Tragfähigkeit:

Schiffe besitzen durch ihre Wasserverdrängung konzeptbedingt eine hohe Tragfähigkeit. Dies macht sie als universelles Transportmittel konkurrenzlos. Schon im Altertum ließen sich mit ihrer Hilfe, Waren oder auch Soldaten rasch über weite Strecken transportieren. Zusätzliche Anforderungen wie Seetüchtigkeit oder Schnelligkeit führen allerdings zu deutlich verringerter Tragfähigkeit. So geht es beim Schiffsentwurf seit alters her darum, einen der Aufgabe angemessenen Kompromiss zu finden. So waren die britischen Linienschiffe des 18. Jahrhunderts in erster Linie stabile Plattformen für ihre Artillerie. Die ›HMS Victory‹, Lord Nelsons Flaggschiff bei Trafalgar, trug beispielsweise über 100, teilweise schwere Geschütze.[6] Gleichzeitig boten diese Schiffe aber auch Lebensraum für um die 1000 Seeleute und hierfür ausgelegte Vorräte an Lebensmitteln. Darüber hinaus waren sie extrem seetüchtig und schnell genug, beinahe jedes Handelsschiff aufzubringen: Schiffe wie die ›HMS Victory‹ waren meist ganzjährig im Einsatz. Sie blockierten französische und spanische Häfen im Sommer wie im Winter, oder sie überquerten den Atlantik innerhalb von drei Wochen, um die britischen Interessen in Westindien wahrzunehmen. Einen englischen Hafen lief man nur zur Versorgung oder für Reparaturen an. Beides konnte, wenn nötig, allerdings auch mit Hilfe von Versorgungsschiffen auf See erfolgen. Ein solches großes Kriegsschiff funktioniert wie ein eigenständiger Organismus oder eine Kleinstadt. Entsprechend gewaltig war und ist der organisatorische und logistische Aufwand.

Aus den bisher diskutierten Faktoren ergibt sich der Vorteil, den technologisch fortgeschrittene und volkswirtschaftlich stärkere Nationen gegenüber schwächeren Regionen besaßen. Große, teure und aufwendig zu unterhaltende Kriegsschiffe können als deutlich sichtbares und wirksames Druckmittel im Wettbewerb um die Ressourcen auf diesem Planeten eingesetzt werden. Das zeitgenössische Beispiel hierfür ist der große atomar betriebene Flugzeugträger, den sich nur sehr wenige Nationen leisten können. Im Verlauf des Zweiten Weltkrieges stellte sich heraus, dass gerade große Kriegsschiffe anfällig gegen

---

6   Vgl. http://www.hms-victory.com [06.05.2015].

Abbildung 7: Deutsches VII-C U-Boot U-995 in Laboe.

Angriffe aus der Luft waren (Versenkung der ›Bismarck‹, Bombardierung von Pearl Harbour).[7] Die Kräfteverhältnisse verlagerten sich daher rasch von der Kriegsmarine zur Luftwaffe. Bei der Konzeption von Kriegsschiffen gewann folgerichtig ein weiterer gestaltungsbestimmender Faktor an Bedeutung:

D) Täuschung und Tarnung:

Seit jeher hatte man im Seekrieg Wert darauf gelegt, den Gegner über die eigene Anwesenheit und Kampfkraft im Unklaren zu lassen. Man fuhr unter falscher Flagge oder malte zur Täuschung ›falsche‹ Geschützpforten (auch Stückpforten genannt) auf den Rumpf von Handelsschiffen.[8]

Auf die Spitze getrieben wurde das Prinzip der Tarnung und Täuschung jedoch erst um 1900 durch die Entwicklung von leistungsfähigen U-Booten, die sich dem Gegner unbemerkt nähern und ihn mit Hilfe von Torpedos (Seeminen mit eigenem Antrieb) wirksam bekämpfen konnten. Das deutsche VII-C-Boot war gegen Ende der 1930er Jahre das modernste und seetüchtigste Kriegsschiff der Welt. Allein seine Antriebstechnik erscheint selbst aus heutiger Sicht fortschrittlich. Bei Überwasserfahrt werden leistungsstarke Dieselmotoren eingesetzt, die über angeflanschte Generatoren eine große Batteriebank aufladen. Aus dieser holt sich bei Unterwasserfahrt, bei der die Diesel wegen der benötigten Zuluft nicht eingesetzt werden können, ein Elektromotor den benötigten Strom. Ein hochmoderner Hybridantrieb also wie er erst heutzutage, etwa acht Jahrzehnte später, im Autobau eine Renaissance erlebt. Einen guten Einblick zum Thema U-Boot-Krieg bietet der weltbekannte Roman »Das Boot« von Lothar Günther Buchheim[9] oder auch seine gelungene Verfilmung von Wolfgang Petersen.[10] Zusätzlich lohnt sich ein Besuch in Laboe bei Kiel, wo bis heute eines der wenigen erhaltenen VII-C-Boote zu sehen ist.[11] Die konsequente Weiterentwicklung dieses U-Boot-Typs sind die großen atomar angetrieben

---

7   Vgl. Seewald, Berthold: So vernichteten Japans Flugzeuge Amerikas Flotte, in: *Die Welt*, 07.12.2011, http://www.welt.de/kultur/history/article13685977/So-vernichteten-Japans-Flugzeuge-Amerikas-Flotte. html [28.05.2015].
8   Vgl. Aufheimer, Hans: *Schiffsbewaffnung von den Anfängen bis zur Mitte des 19. Jahrhunderts. Eine zusammenfassende Darstellung über die Schiffsbewaffnung von den Anfängen bis zum Jahre 1860*, Rostock 1983.
9   Buchheim, Lothar Günther: *Das Boot*, München 1973.
10   Petersen, Wolfgang (Regie): *Das Boot*, Deutschland 1981.
11   Vgl. http://www.laboe.de/u-995.html [06.05.2015].

Abbildung 8: A painting by Norman Wilkinson of a convoy wearing his dazzle camouflage, 1918, siehe Farbtafeln.

Unterseeboote der russischen und amerikanischen Marine. Diese mit ganzen Arsenalen von weltweit reichenden Atomraketen ausgerüsteten Kriegsschiffe spielen heute eine der Hauptrollen im geostrategischen Wettstreit der verbleibenden Großmächte.

Die Erfolge der deutschen Unterseeboote brachten im Zweiten Weltkrieg die britische Admiralität alsbald dazu, Gegenmaßnahmen zu ergreifen. Der Künstler Norman Wilkinson schlug eine neuartige Form des Tarnanstrichs vor, den er anhand seiner Erfahrungen als Marinesoldat im Ärmelkanal entwickelt hatte. Bei Wikipedia liest man hierzu:

>»Seine speziellen Tarnanstriche bestanden aus komplexen, geometrischen Formen und Mustern in kontrastreichen Farben, die einander unterbrachen und durchschnitten. Auf den ersten Blick schien es keine Form der Tarnung zu sein, sondern eher ein auffälliges Muster. Seine Tarnmuster hatten aber einen ganz bestimmten Zweck, sie sollten es dem Gegner schwer machen, das Schiff, seine Geschwindigkeit und den Kurs für die optischen Zielsysteme der damaligen Zeit zu identifizieren und anzuvisieren. In der englischen Sprache werden diese Tarnanstriche auch als Dazzle Painting oder Dazzle Camouflage bezeichnet; (engl. dazzle ›Blendung‹, camouflage ›Tarnung‹).«[12]

Zum Abschluss dieser Erörterungen möchte ich mich noch kurz der Frage widmen, ob und gegebenenfalls wie das Aussehen von Kriegsschiffen das zeitgenössische Yachtdesign beeinflusst. Manch bekannter Yachtarchitekt möchte nicht mit dem Bau von Kriegsschiffen in Verbindung gebracht werden: ›Weiße‹ Schiffe gestaltet man immer gerne, ›Graue‹ Schiffe eher nicht. Andere Designer und Architekten bedienen sich recht unverhohlen beim Aussehen von Kriegsschiffen oder auch Kampfflugzeugen, um den Yachten ihrer Kunden den verlangten ›martialischen‹ Auftritt zu verleihen. Hervorzuheben ist hier vor allem das sogenannte Stealth Design, welches das so gestaltete Kriegsgerät für Radaranlagen unsichtbar machen soll. Auffällige Beispiele hierfür sind zum Beispiel die Motoryacht ›Wally Power 118‹, die von den römischen Architekten Lazzerini + Pickering gestaltet wurde[13]

---

12   Anonym: *Tarnschemata der United States Navy*, http://de.wikipedia.org/wiki/Tarnschemata_der_United_States_Navy [05.05.2015].

13   Bruhns, Sandra-Valeska: Böser kann ein Schiff nicht aussehen, in: *Die Welt* 08/2008, http://m.welt.de/motor/article2145338/Boeser-kann-ein-Schiff-nicht-aussehen.html [05.05.2015].

Abbildung 9: »A (ship) at Sorrent 2012« / Matthias Kabel.

Abbildung 10: Eine amerikanische Fregatte neuester Bauart im Stealth Design.

und die spektakuläre Superyacht ›A‹, die von Phillipe Starck für einen russischen Auftraggeber entworfen wurde. Starck orientiert sich bei dieser Arbeit unter anderem an dem Aussehen der allerneuesten US-amerikanischen Fregatten mit negativ geneigter Bugpartie. Fernab von funktionellen Notwendigkeiten, die die Form der Fregatten determiniert, werden hier wohl auch absichtsvoll die Rammsteven Phönizischer Galeeren oder Schlachtschiffe des ersten Weltkrieges zitiert. Gelegentlich wird diskutiert, ob ein derart ›martialischer‹ Auftritt dabei helfen kann, der größer werdenden Pirateriegefahr Rechnung zu tragen. Die Silhouette einer so gestalteten Yacht wirkt beispielsweise auf afrikanische Freibeuter in ihren brüchigen Fischerbooten schon von Weitem abschreckend, da sie immer mit dem Erscheinen überlegen bewaffneter Kriegsschiffe internationaler Seestreitkräfte rechnen müssen. Wahrscheinlicher scheint jedoch, dass hier die Zahlungskraft des Eigners thematisiert wird, indem der weltweite (also teure) Einsatz der betreffenden Yacht über ihr Design suggeriert wird.

Ein Fazit zum Aussehen von Kriegsschiffen im Hinblick auf einen übergeordneten Zusammenhang zwischen Krieg und Design möchte ich hier nicht formulieren. Kriegsschiffe sind, wie weiter oben erörtert, hochfunktionale Maschinen, das heißt ihre Form wird zwar nicht ausschließlich, aber doch weitgehend von ihrer Nutzung bestimmt. Ob es für einen Designer moralisch vertretbar ist, an ihrer Gestaltung mitzuwirken, muss er selber entscheiden. Eine für die Deutsche Bundesmarine bestimmte Fregatte ist vielleicht eine anders zu bewertende Designaufgabe, als ein für den Export nach... bestimmtes U-Boot. Die Frage, ob eine freiheitliche Demokratie hochwertig gestaltete Kriegsmaschinen benötigt, um eine freiheitliche Demokratie bleiben zu können, sollte die in ihr lebende Gesellschaft offen diskutieren und nach sorgfältiger Abwägung beantworten. Ob eine freiheitliche Demokratie (evtl. hochwertig gestaltete) Kriegsmaschinen exportieren sollte, um Geld zu verdienen, ist eine weitere Frage, auf die es (aus meiner Sicht) keine einfache Antwort gibt.

QUELLENVERZEICHNIS

Anonym: Wird der »Eurofighter« deutlich teurer?, in: *Tagesschau*, 07.07.2013, http://www.tagesschau.de/inland/eurofighter110.html [27.05.2015].

Anonym: *Angriff auf Pearl Harbor*, http://de.wikipedia.org/wiki/Angriff_auf_Pearl_Harbor [05.05.2015].

Anonym: *Dampfturbine*, http://de.wikipedia.org/wiki/Dampfturbine [05.05.2015].

Anonym: *Rumpfgeschwindigkeit*, http://de.wikipedia.org/wiki/Rumpfgeschwindigkeit [05.05.2015].

Aufheimer, Hans: *Schiffsbewaffnung von den Anfängen bis zur Mitte des 19. Jahrhunderts. Eine zusammenfassende Darstellung über die Schiffsbewaffnung von den Anfängen bis zum Jahre 1860*, Rostock 1983.

Brennecke, Jochen: *Schlachtschiff Bismarck*, Hamburg 1997.

Brøgger, A. W./Falk, Hjalmar/Shetelig, Haakon (Hg.): *Osebergfundet*, 4 Bde., Kristiania [Oslo] 1917–1928.

Bruhns, Sandra-Valeska: Böser kann ein Schiff nicht aussehen, in: *Die Welt* 08/2008, http://m.welt.de/motor/article2145338/Boeser-kann-ein-Schiff-nicht-aussehen.html [05.05.2015].

Buchheim, Lothar Günther: *Das Boot*, München 1973.

Eyermann, Wilhelm Heinrich: *Die Dampfturbine: Ein Lehr- und Handbuch für Konstrukteure und Studierende,* München/Oldenburg 1906.

Krause, Arnulf: *Die Welt der Wikinger*, Frankfurt am Main/New York 2006.

Petersen, Wolfgang (Regie): *Das Boot*, Deutschland 1981.

Seewald, Berthold: So vernichteten Japans Flugzeuge Amerikas Flotte, in: *Die Welt*, 07.12.2011, http://www.welt.de/kultur/history/article13685977/So-vernichteten-Japans-Flugzeuge-Amerikas-Flotte.html [28.05.2015].

ABBILDUNGSVERZEICHNIS

Abbildung 1: *Assyrisches Kriegsschiff*, 700–692 v. Chr., Steinrelief, British Museum London, http://commons.wikimedia.org/wiki/File:AssyrianWarship.jpg

Abbildung 2: Das Bundesarchiv: *Schlachtschiff ›Bismarck‹*, 1940, http://commons.wikimedia.org/wiki/File:Bundesarchiv_Bild_193-04-1-26,_Schlachtschiff_Bismarck.jpg

Abbildung 3: Chalon, John James: *Scene in Plymouth Sound in August 1815. The ›Bellerophon‹ with Napoleon Aboard at Plymouth (26 July – 4 August 1815)*, 1816, Öl auf Leinwand, 965 x 1537 mm, National Maritime Museum, Greenwich London, http://commons.wikimedia.org/wiki/File:HMS_Bellerophon_and_Napoleon.jpg

Abbildung 4: Der Spiegel Geschichte: *Die Wikinger – Krieger mit Kultur: Das Leben der Nordmänner*, Hamburg 6/2010, S. 61.

Abbildung 5: Baugean, Jean-Jérôme: *La Méduse courant diverses bordées au plus près du vent*, http://commons.wikimedia.org/wiki/File:M%C3%A9duse-JeanJ%C3%A9r%C3%B4me_Baugean-IMG_4777.JPG?uselang=de

Abbildung 6: Cimosteve: *HMS ›Victory‹ at Portsmouth*, http://commons.wikimedia.org/wiki/File:HMSVictoryPortsmouthEngland.jpg?uselang=de

Abbildung 7: Wiki05: Deutsches VII-C U-Boot U-995 in Laboe, 2012, http://commons.wikimedia.org/wiki/File:U_995_Laboe.JPG

Abbildung 8: Wilkinson, Norman: *Dazzled Ships at Night*, 1918, Öl auf Leinwand, 1025 x 1525 mm, Imperial War Museums, London, http://commons.wikimedia.org/wiki/File:%27Dazzle-painting%27_was_a_form_of_camouflage,_and_was_particularly_effective_in_moonlight._Wilkinson_was_responsible_for_the_introduction_of_the_%27dazzle%27_painted_effect._As_is_evident_in_this_image,_the_paint_des_Art.IWMART4029.jpg

Abbildung 9: : Kabel, Matthias: *A (ship) at Sorrent*, 06.09.2012, http://commons.wikimedia.org/wiki/File:A_%28ship%29_at_Sorrent_2012_3.jpg

Abbildung 10: *U.S. Navy photo: USS Zumwalt (DDG-1000) at night*, 28.10.2013, http://commons.wikimedia.org/wiki/File:USS_Zumwalt_(DDG-1000)_at_night.jpg

»KRAFTEI«, »BEULE« UND »KANONENVOGEL«

Zur Interdependenz von Design, Wirkung und Wahrnehmung deutscher Flugtechnik des Zweiten Weltkrieges

Jens Wehner

Der sowjetische Antikriegsfilm »Geh und Sieh« von 1985 begann so: Zwei Jungen graben 1943 in der Erde Weißrusslands nach einem Gewehr. Plötzlich erdröhnt Motorengebrumm, am Himmel erscheint ein seltsames, wie ein Rechteck aussehendes Flugzeug. In das Motorengebrumm mischen sich Reden von Adolf Hitler und das Deutschlandlied. Später wird gezeigt, wie SS-Soldaten weißrussische Einwohner brutal ermorden. Die Kritiker waren sich ob der Wirkmächtigkeit der Bilder einig. Es sei »ein Kriegsfilm von ungeheurer Brutalität«[1] rezensierte Andreas Kilb 1987 in der »Zeit«, und das britische Filmmagazin »Empire« meinte, es sei: »einer der kraftvollsten und verstörendsten Kriegsfilme«[2] überhaupt. Zu dem Flugzeug schrieb Kilb: ein »Jagdbomber, Leitmotiv des Films, fliegt über die Leinwand«.[3] Das im Film mehrmals erscheinende Flugzeug wirkte quasi als Vorbote des Unheils. Knapp 29 Millionen Einwohner der Sowjetunion sahen den Film.

Doch wieso wählten die Filmemacher ausgerechnet solch einen Flugzeugtyp mit solch einer ungewöhnlichen Formgebung? Ein Zufall? Wahrscheinlich nicht, denn es handelte sich vielmehr um einen deutschen Flugzeugtyp, der in Deutschland so gut wie vergessen ist, aber in der ehemaligen Sowjetunion eine größere erinnerungsgeschichtliche Bedeutung hat – die Focke-Wulf 189.

Die Fw 189 war ein Nahaufklärungsflugzeug, konstruiert um feindliche Truppen auf dem Gefechtsfeld zu finden und das eigene Artilleriefeuer per Funk zu lenken. Aufgrund dieses Einsatzprofils wurde sie von der deutschen Luftwaffe im Zweiten Weltkrieg fast ausschließlich an der deutsch-sowjetischen Front eingesetzt. Die rechteckige Formgebung der Fw 189 entstand durch die Doppelrumpfauslegung, mit der aerodynamischer Widerstand vermindert wurde und daher größere Flugstrecken möglich waren. Von

1   Kilb, Andreas: Die Schönheit des Schreckens, in: *Zeit Online*, 01.05.1987, http://www.zeit.de/1987/19/die-schoenheit-des-schreckens/seite-2 [29.12.2014].

2   Nathan, Ian: Come and See, in: *Empire Magazine* 2006, http://www.empireonline.com/reviews/reviewcomplete.asp?DVDID=117227 [29.12.2014].

3   Kilb (wie Anm. 1).

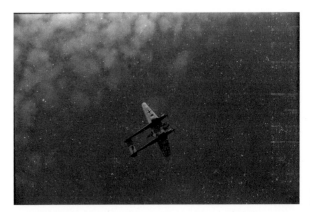

Abbildung 1: Eine Fw 189 im Flug über der Sowjetunion 1943.

den sowjetischen Soldaten wurde die Fw 189 meist »Rahmen« genannt. Der sowjetische Jagdfliegerkommandeur und spätere Marschall der Sowjetunion Alexander Pokryschkin erinnerte sich:

> »Über unseren Linien tauchte nun statt der Henschel 126 die Focke-Wulf 189, von uns ›Rahmen‹ genannt, auf. Die Focke-Wulf war bei unseren Bodentruppen bald verhaßt. Der Gegner setzte sie häufig als Artilleriebeobachter ein. Dann hing sie lange über unseren Artilleriestellungen und Schützengräben und korrigierte das Feuer ihrer Artillerie. Unsere Infanteristen brachten bald alle Unannehmlichkeiten mit dem ›Rahmen‹ in Verbindung: plötzlichen Artilleriebeschuß, die Angriffe der Junkers, die schweren Verluste, die erfolglosen Gegenangriffe. Der Abschuß einer Fw 189 rief jedesmal bei unseren Bodentruppen große Begeisterung hervor.«[4]

Die Fw 189 hatte also keine Jagdbomberfunktion, wie Kilb interpretierte, sondern eine überwachende. Wenn man so will, eine Art Vorläufer der modernen Überwachungsdrohnen. Sie war für viele sowjetische Soldaten und Zivilisten des Zweiten Weltkrieges das Symbol des kommenden Unheils.

Allerdings war der Abschuss einer Fw 189 gefährlich, denn das Flugzeug war wendig und kurvte nicht selten angreifende Jagdflugzeuge aus. In der Version Fw 189A-2 besaß sie einen oberen Maschinengewehr-(MG)-Turm und eine Heckkanzel mit Maschinengewehren. Eine solche Heckkanzel befindet sich im Militärhistorischen Museum der Bundeswehr in Dresden. Sie war mit einem MG-81Z (»Z« bedeutet »Zwilling«, also zwei Rohre) bewaffnet, das eine Feuergeschwindigkeit von über 3.000 Schuss pro Minute aufwies. Die Heckkanzel besaß einen großen Drehbereich, und der hohe Glasanteil ermöglichte dem Bordschützen ein großes Sichtfeld. Feindliche Flugzeuge konnten so durch den Doppelrumpf hindurch gesichtet und bekämpft werden. Über den misslungenen Abschussversuch einer Fw 189 berichtete Pokryschkin: »Der junge [sowjetische] Pilot hatte einige Male erfolglos angegriffen. Steil einkurvend, hatte sich dieser [Fw-189-Pilot]

---

4   Pokryschkin, Alexander I.: *Himmel des Krieges*, Berlin 1974, S. 143–144.

dem Feuer entzogen.«[5] Daraufhin rammte der sowjetische Pilot den »Rahmen«, konnte sich jedoch mit dem Fallschirm retten. Später stellte sich heraus, dass der Rammstoß unabsichtlich erfolgte.

> »Ich griff den Rahmen von oben an und dachte, die Maschine würde seitlich ausweichen, und ich könnte sie dann mit einer Garbe durchlöchern. Doch der gegnerische Bordschütze war schneller. Ich verlor die Fassung und konnte nicht mehr ausweichen. Und dann ein Schlag, ein Splittern [...]«.[6]

Das Prinzip der Fw 189 wurde nach dem Krieg vom sowjetischen Flugzeugbauer Suchoi als Su-12 übernommen. Die deutsche Wahrnehmung des »Rahmens« könnte nicht unterschiedlicher von der sowjetischen sein. In Deutschland ist das Flugzeug nahezu in Vergessenheit geraten, in der Sowjetunion taucht es regelmäßig in der Literatur auf. Aufgrund seines ungewöhnlichen Designs ist es ein interessanter Ausgangspunkt für die Frage, inwieweit Flugzeugdesign, militärische Wirksamkeit sowie die Wahrnehmung bei Freunden und Feinden sowie den Opfern zusammenhängen.

Anhand dreier Flugzeugtypen der Luftwaffe der Wehrmacht soll das aufgezeigt werden. Die zentrale Fragestellung ist, ob zwischen der äußeren Formgebung, der militärischen Wirksamkeit und den individuellen und kollektiven Wahrnehmungen und Diskursen Interdependenzen bestanden, und wie diese qualitativ zusammenhängen. Dies kann nur sehr kursorisch erfolgen, da sonst der verfügbare Raum nicht ausreichen würde und ein Forschungsstand besonders im deutschen Sprachraum quasi nicht vorhanden ist.[7]

DIE JU 87 »STUKA«

Die Idee, ein Sturzkampfflugzeug (Abkürzung »Stuka«) in die Luftwaffe einzuführen, stammte von Ernst Udet, einem berühmten Flieger jener Tage, der ab 1936 die technische Ausrüstung der Luftwaffe und den dazugehörigen Militärapparat kommandierte. Angeregt wurde er aus den USA, in denen sich besonders die US Navy für Sturzkampfbomber interessierte. Hintergrund war die sehr begründete Befürchtung, dass horizontal fliegende Flugzeuge keine militärischen Punktziele und insbesondere keine Schiffe würden treffen können. Beim Sturzflug könne jedoch der Pilot mit dem ganzen Flugzeug auf das Ziel visieren und dann die Bomben in die Flugbahn werfen. Dieses Prinzip funktionierte tatsächlich recht gut. 1942 entschieden gerade die Sturzkampfbomber entscheidende Seeschlachten, so zum Beispiel bei Midway, als etwa drei Dutzend Sturzbomber der US Navy drei japanische Flugzeugträger in nur sechs Minuten versenkten.[8]

---

5 Ebd., S. 230.
6 Ebd., S. 232.
7 Einzelne Studien, wie zum Beispiel Christian Kehrts Studie zu den deutschen Militärpiloten reißen diese Problematik nur sehr punktuell an. Vgl. Kehrt, Christian: *Moderne Krieger: Die Technikerfahrung deutscher Militärpiloten 1910–1945*, Paderborn 2010.
8 Vgl. Parshall, Jonathan/Tully, Anthony: *Shattered Sword: The untold Story of the Battle of Midway*, Dulles 2007.

Abbildung 2: Zwei Ju 87D über der Sowjetunion 1943.

Im Unterschied dazu war die deutsche Stuka eher für den Landkrieg gedacht. 1935 wurden von der Luftwaffe ein leichter Sturzbomber mit einem Piloten und ein größerer zweisitziger Sturzbomber ausgeschrieben. Die einsitzige Variante wurde von der Firma Henschel mit ihrem Modell Hs 123 gewonnen, das auf ein eher konservatives Doppeldeckerdesign setzte.[9]

Betrachtet man die Ju 87 unter Design-Gesichtspunkten fallen sofort die Knickflügel und das starre Fahrwerk auf, das für manche Betrachter eine Assoziation zu Raubvögeln auslöst. Es ist jedoch nicht zu vermuten, dass dieses Design unter optischen Gesichtspunkten entstanden wäre. Der Knickflügel war vielmehr ein konstruktives Mittel, um dem Flugzeug mehr Stabilität in Kurvenlagen zu geben, denn beim Kurven veränderte sich die Luftströmung, und eine andere Stellung der Tragfläche konnte hier von Vorteil sein. Zudem schuf der Knickflügel, wie er bei der Stuka geformt war, einen Punkt der nahe an der Erde war, solange sich das Flugzeug am Boden befand. Und genau dort befand sich das Fahrwerk, dessen Beine aus diesem Grund recht kurz geformt werden konnten. Entgegen dem damals vorhandenen Trend war es nicht einziehbar, wahrscheinlich um Gewicht zu sparen und die Stabilität zu erhöhen.

MILITÄRISCHE WIRKUNG UND PROPAGANDISTISCHE INSZENIERUNG

Unter Sirenengeheul warfen die Stukas in Polen oder Frankreich zielgenau Bomben auf die gegnerischen Armeen und ebneten so den Panzern der Wehrmacht den Weg. Einer der intensivsten Angriffe dieser Art fand am 13. Mai 1940 bei Sedan statt. Hier erzielte die Wehrmacht den entscheidenden Durchbruch im sogenannten Blitzkrieg, der zur Niederlage Frankreichs führen sollte. An diesem Tag stürzten sich von acht Uhr früh bis abends Tausende deutscher Flugzeuge auf die französischen Stellungen bei Sedan. Ein Oberleutnant der bombardierten französischen Division schrieb nach dem Krieg:

---

9   Vgl. Wagner, Wolfgang: *Hugo Junkers, Pionier der Luftfahrt – seine Flugzeuge*, Bonn 1996, S. 411–423.

»Das Krachen der Explosionen beherrscht jetzt alles. Es gibt keine anderen Empfindungen mehr als das Alptraumgeräusch der Bomben. [...] Das Krachen der Explosionen rüttelt mich aus meiner Betäubung und bringt mich brutal in die Wirklichkeit zurück. Zu den Bombern gesellen sich die Stukas. Das Sirenengeräusch
des herunterstoßenden Flugzeugs bohrt sich ins Ohr und legt den Nerv bloss. Man
bekommt Lust, zu brüllen.«[10]

Sehr beeindruckt waren auch die deutschen Heeressoldaten. Einer beschrieb nach dem Krieg:

> »Staffel um Staffel ziehen in großer Höhe heran, entfalten sich zur Reihenformation
> und da, da saust die erste Maschine senkrecht herab, gefolgt von der zweiten, drit-
> ten; zehn; zwölf Flugzeuge sind es, die gleichzeitig wie die Raubvögel auf ihre Beute
> stürzen und dann ihre Bombenlast über dem Ziel auslösen.«[11]

Ein anderer meinte sogar: »Die Hölle scheint losgelassen zu sein«.[12] Es war damit eingetreten, was der britische Luftkriegstheoretiker Hugh Trenchard aus den Erfahrungen der
Bombenangriffe des Ersten Weltkrieges folgerte. Die Wirkung eines Bombenangriffs sei
psychologisch 20 Mal stärker als ihre Trefferwirkung.[13] Die Stukas erfüllten also die in sie
gesetzten Erwartungen einer wirksamen Waffe für die Zerschlagung feindlicher Truppen.

Der NS-Propagandaapparat instrumentalisierte sehr bald die Stukas für eigene Zwecke. Für den Film »Feuertaufe« etwa, der den Überfall auf Polen verherrlichte, wurde
als visuelles Symbol »eine holzschnittartige Abstraktion einer Stuka-Maschine gewählt«,
wie der Filmhistoriker Kay Hoffmann schreibt.[14] In den filmischen Inszenierungen
im Nationalsozialismus wurden für die Stukas Raubtiervogel- und Insektenschwarm-
metaphern genutzt und die Ju 87 als »High-Tech-Waffen« dargestellt.

Wie Christian Kehrt schreibt, standen Bilder des Feindes in Panik, Chaos und Un-
ordnung im Vordergrund, während die Piloten als luftmächtige Wesen inszeniert wurden. Die Aktivität der Stukas stand der Passivität der Bombardierten gegenüber. Schließlich wurde 1941 sogar ein eigener Film mit dem Titel »Stukas« veröffentlicht, bei dem die
technische Inszenierung der Ju 87 das Hauptmotiv war.[15]

Die deutschen Kriegswochenschauen griffen das Kriegsbild der »Stuka« mit Vorliebe
auf. Immer wieder wurden nachvertonte Stuka-Angriffe gezeigt, in denen die so genannte
»Jericho-Sirene« heulte und die Feinde in Grund und Boden bombardiert wurden. Diese
Bilder sind so wirkmächtig gewesen, dass sie bis heute immer wieder auftauchen und so
mancher Fliegerfilm vermeint, abstürzende Flugzeuge mit einem Jericho-Sirenen-Geheul
unterlegen zu müssen, weil diese nun einmal so klingen würden.[16]

---

10 Frieser, Karl-Heinz: *Blitzkrieg-Legende: der Westfeldzug*, München/Oldenburg 1996, S. 196–197.
11 Ebd., S. 195.
12 Ebd.
13 Vgl. ebd., S. 432.
14 Vgl. Hoffmann, Kay: Bollwerk im Westen und Vorstoß nach Osten, in: Zimmermann, Peter/Hoffmann,
     Kay (Hg.): *Geschichte des dokumentarischen Films in Deutschland*, Bd. 3, Stuttgart 2005, S. 630.
15 Vgl. Kehrt (wie Anm. 7), S. 233–234.
16 Dieses populäre Phänomen ist bis jetzt noch nicht wissenschaftlich erfasst worden. http://de.wikipedia.
     org/wiki/Jericho-Trompete [20.12.2015].

Auch in der Literatur hat sich das Stukabild verfestigt; die Autorin Hélène Grémillon schrieb in ihrem 2012 erschienenen Roman »Das geheime Prinzip der Liebe«: »Ein Geschwader von mehreren Dutzend Stukas mit ihren W-förmigen Flügeln und ihrem Sirengeheul raste auf uns zu. Panik breitete sich aus.«[17]

Doch schon bald bekam der Stuka-Mythos zumindest im inneren militärischen Bewertungssystem Kratzer. Konnten die Stukas in Polen noch mit den veralteten polnischen Jagdflugzeugen im Luftkampf bestehen, war dies während der Luftschlacht um England anders. Die britischen Jagdflugzeuge konnten die Luft gegen die Angriffe der Luftwaffe verteidigen. Messerschmitt-Jagdflugzeuge konnten nicht immer einen sicheren Begleitschutz für die Ju 87 »Stuka« bewerkstelligen. Den britischen Jägern so ausgesetzt, wurden die Ju 87 Verbände regelrecht massakriert und mussten nach fünf Tagen intensiver Kampfhandlungen aus dem Einsatz genommen werden. Es zeigte sich, dass die Ju 87 zu schwach gepanzert und bewaffnet waren und aufgrund ihrer Langsamkeit beliebig angegriffen werden konnten.[18]

Oft genug ist diese mangelnde Luftkampffähigkeit der Stuka als Schwachpunkt bezeichnet worden. Dabei wird jedoch nicht beachtet, dass die Stukas nicht dafür entworfen waren, und nahezu alle leichten Bomber und Sturzkampfbomber jener Zeit, auch die britischen, keinen Bestand gegen die feindlichen Jäger hatten.

Ihren eigentlichen Zweck, nämlich die feindlichen Truppen punktgenau zu bombardieren, erfüllten die Stukas nach wie vor, wie sich bei Angriffsoperationen der Wehrmacht auf dem Balkan, in Afrika und in der Sowjetunion 1941 zeigen sollte. Besonders beim Überfall auf die Sowjetunion hatten die Stuka-Verbände großen Einfluss auf die zunächst erfolgreichen Vormarschkämpfe des Heeres.

Doch der Krieg gegen die Sowjetunion zeigte sehr bald, dass es sich bei dem Sturzkampfflugzeug um ein überkomplexes Konzept handelte. In rollenden Einsätzen, das heißt immer wieder startend und landend, zeigte sich, dass die Stukas gar nicht steil stürzen mussten, um ihre Ziele zu treffen. Stattdessen reichten geringere Höhen aus, um im gemächlichen Bahnneigungsflug den Gegner zu bekämpfen. Damit wurde die Physis des Piloten geschont, der sonst bei jedem Abfangen G-Kräfte bis zum neunfachen des Körpergewichts aushalten musste. Außerdem konnte auf diese Art und Weise mehrfach das Ziel angeflogen werden, was es ermöglichte jede Bombe einzeln gezielt zu werfen und außerdem das Ziel mit den Maschinengewehren zu beschießen.[19]

Ab der Variante Ju 87D-5 wurden daher die Sturzflugbremsen nicht mehr eingebaut; statt zweier Maschinengewehre vom Kaliber 7,9 mm wurden nun zwei 20-mm-Kanonen verbaut, um die Beschusswirkung zu erhöhen. Die Panzerung wurde ebenfalls nochmals erhöht. Auch die Sirenen fielen der Modifikation zum Opfer. Offenbar reagierten Westeuropäer auf diese anders als die sowjetischen Soldaten. Auf einer Amtschefbesprechung des Generalluftzeugmeisters Erhard Milch waren sich alle Diskussionsteilnehmer Ende Dezember 1942 darüber einig, dass die Sirenen von den Besatzungen abgelehnt wurden. Der Kommandeur der Erprobungsstelle Rechlin Petersen meinte dazu: »Sie sind in Frankreich eingesetzt worden und haben gute Wirkung gehabt, aber im Osten nicht.«

---

17 Grémillon, Hélène: *Das geheime Prinzip der Liebe*, Hamburg 2012, S. 155.
18 Vgl. Bungay, Stephen: *Most Dangerous Enemy: A History of the Battle of Britain*, London 2009, S. 255–258.
19 Vgl. Rudel, Hans-Ulrich: *Mein Kriegstagebuch: Aufzeichnungen eines Stukafliegers*, Wiesbaden, 1987, S. 32.

*Abbildung 3: Nahaufnahme einer
Ju 87D über der Sowjetunion.*

*Abbildung 4: Nahaufnahme einer
Ju 87G mit 3,7 cm Kanone.*

Und ein Stuka-erfahrener Offizier ergänzte: »Dieser Kinderschreck ist langsam erkannt worden und hat keine Wirkung mehr«. Lediglich der einflussreiche Luftwaffengeneral Wolfram von Richthofen hatte sich aber nach einhelliger Aussage der Konferenzteilnehmer mehrfach gegen den Ausbau der Sirenen gesperrt, denn er hatte die Ansicht vertreten, sie seien vorzüglich.[20] Die Ju 87 hatte sich damit dem sowjetischen Konzept des Schlachtflugzeuges Iljuschin-2 angepasst. Diese schwer gepanzerten und langsam fliegenden Flugzeuge waren bei Kriegsende mit 36.000 Stück die meist gebauten Kriegsflugzeuge der Geschichte.[21]

Ab 1943 wurde die Stuka von der Front zurückgezogen und durch moderne Jagdbomber ersetzt. Lediglich 200 weitere wurden zur G-Variante umgerüstet, die zwei schwere 37-mm-Kanonen unter den Flügeln besaß, mit denen Panzer bekämpft werden sollten. Der Spitzname für diese Flugzeuge lautete nun »Kanonenvogel«.[22] Für die Beherrschung des Anfluges brauchte man jedoch sehr viel fliegerisches Geschick. Hans-Ulrich Rudel besaß davon offensichtlich sehr viel, denn er avancierte 1945 zum höchst ausgezeichneten Piloten der Wehrmacht, weil er angeblich weit über 500 sowjetische Panzer vernichtet haben soll.[23]

Laut Rudel hörten die deutschen Luftwaffenangehörigen oft den sowjetischen Funksprechverkehr mit, in dem sich die Angst der Roten Armee vor den Kanonenstukas spiegelte. Wie viel Wahrheitsgehalt diese Behauptung tatsächlich besitzt, kann nicht nachgeprüft werden, aber sie muss wohl im Kern als richtig angesehen werden.[24] Die verbliebenen Ju 87 wurden nachts als leichter Störbomber eingesetzt; zusammen mit einigen anderen veralteten Flugzeugtypen leisteten sie dabei einen Dienst, die feindlichen Armeen zu terrorisieren. Militärisch nennenswerte Wirkung erzielten sie nicht mehr.[25]

PILOTEN

Wie sahen nun die Bediener der Stuka ihre Flugzeuge? Valentin Mikula, über dessen Hintergrund nichts Weiteres bekannt ist, hat den Standardroman zu diesem Thema geschrieben. In der Deutschen Nationalbibliothek finden sich zehn verschiedene Ausgaben seines Werkes mit dem Titel »Stuka«.[26] Aufgrund der tiefen Sachkenntnis des Autors ist zu schließen, dass er im Zweiten Weltkrieg mit den Stukas zu tun hatte. Er beschrieb das Flugzeug unter anderem so:

---

20   Vgl. Bundesarchiv-Militärarchiv: *RL-3/17, Amtschefbesprechung vom 1.12.1942*, S. 361–362.

21   Vgl. Zentralnij Aerdynamitscheskij Institut, Shukowski: *Samoljetostrojenie w SSSR 1917–1945gg.*, Kniga II, o. O. 1994, S. 236.

22   Vgl. Rudel, Hans-Ulrich: *Fliegergeschichten: Der Kanonenvogel*, Ausgabe 13, München 1958.

23   Vgl. Neitzel, Sönke: Rudel, Hans-Ulrich, in: Hockerts, Hans Günter (Hg.): *Neue Deutsche Biographie 22*, Berlin 2005, S. 160–161, http://www.deutsche-biographie.de/ppn118603655.html [29.12.2015].

24   Vgl. Rudel (wie Anm. 19), S. 182.

25   Vgl. dazu die Dissertation von Möller, Christian: *Die Einsätze der Nachtschlachtgruppen 1, 2 und 20 an der Westfront von September 1944 bis Mai 1945, mit einem Überblick über Entstehung und Einsatz der Störkampf- und Nachtschlachtgruppen der deutschen Luftwaffe von 1942 bis 1944*, Aachen 2008.

26   Vgl. Katalog der Deutschen Nationalbibliothek, https://portal.dnb.de/opac.htm;jsessionid=0D74F952 23730C9C91E816CCB4DF42C1.prod-worker0?query=Mikula%2C+Valentin&method=simpleSearch [29.12.2014].

»Die Ju 87 war der eigentliche Stuka, wenn auch andere Maschinen auf diesen Titel Anspruch erhoben. […] Das Charakteristikum im Flugzeugerkennungsdienst war, daß die Ju 87 ein stabiles Fahrwerk besaß, das sie wie rachitische Storchenbeine von sich streckte. Die Flächen verliefen zudem von den Spitzen zum Rumpf zu fallend und stiegen von diesem wieder an. Genau unterhalb des Knicks der Fläche war das Fahrwerk. Dies soll das Hauptgeheimnis für die unwahrscheinliche Stabilität dieser Maschine gewesen sein. Aerodynamisch lag sie wunderbar in der Luft und war glänzend durchgearbeitet, nur zu langsam war sie.«[27]

Der Luftwaffenpilot Stehle merkte an, dass die Stuka mit dem Jumo 211-Motor einen »gewaltigen Bauchkühler«[28] besaß, der das Motoröl kühlen sollte. Der Kühler der D-Variante der Stuka erschien ihm sogar als »Haifischmaul«: »Dieser Ölkühler war zwar gegenüber seinen Vorläufern deutlich kleiner geworden, aber immer noch eine verdammte Bremse in der Luft.«[29] Der Knickflügel versprach ihm die fliegerische Stabilität aber auch eine geringe Geschwindigkeit. Zum Fahrwerk meinte er, dass es »breitbeinig, stämmig und [mit] tropfenförmigen Verkleidungen« einiges auf buckligen Pisten wegstecken konnte.

»Wenn es mal zu matschig wurde, dann montierten die Bordwarte die ›Maukepantoffeln‹ (so nannten sie die Radverkleidungen) einfach ab, weil sich beim Rollen zu viel Dreck sammelte.«[30]

Der Rumpf galt ihm als oval, auf diesem saß eine langgezogene Plexiglasscheibe.[31] Dass der Luftwiderstand der Stuka durch das Fahrwerk, den Kühler und das Spornrad recht groß gewesen sein muss, geht aus einer Äußerung Mikulas hervor:

»Sie besaß keine Segeleigenschaft und ging bei stehendem Motor wie ein Fahrstuhl nach unten. Sie besaß aber unnachahmliche Flugeigenschaften und war in der Luft kaum umzubringen. Ein Büffel dem keine Grobheit wehtat. Im Luftkampf war ihr schwer beizukommen.«[32]

Der britische Testpilot Eric Brown hatte nach dem Krieg Gelegenheit, eine D-Variante der Stuka zu fliegen und meinte zum Äußeren des Flugzeuges:

»Nur relativ wenige deutsche Flugzeuge, die während des Zweiten Weltkrieges eingesetzt worden waren, konnten nach anerkannten Maßstäben als schön bezeichnet werden, aber die Ju 87 war unleugbar häßlich in des Wortes eigentlicher Bedeutung.«[33]

---

27 Mikula, Valentin: *Stuka*, Klagenfurt 1998, S. 64.
28 Stehle, Gerd: *Fliegen – Nichts als fliegen, Pilot in Krieg und Frieden*, Berg 2001, S. 92.
29 Ebd., S. 94.
30 Ebd.
31 Vgl. ebd., S. 95.
32 Mikula (wie Anm. 27), S. 65.
33 Brown, Eric: *Berühmte Flugzeuge der Luftwaffe*, Stuttgart 1999, S. 43.

Fliegerisch konstatierte auch er ein stabiles Flugverhalten sowie ausgezeichnete Sichtverhältnisse. Im Sturzflug war sie seiner Meinung nach das beste Flugzeug des Krieges: »Tatsächlich hatte ich noch kein Sturzkampfflugzeug geflogen, mit welchem Stürze steiler als 70° möglich gewesen wären. Nur die Ju 87 war ein echter 90° Stürzer!«.[34] »Mit diesem Flugzeug schien es die natürlichste Sache der Welt zu sein, wenn man ›auf dem Kopf‹ stand.«[35]

Die Variante G hatte unter den Tragflächen zwei 37 mm Flugabwehrkanonen aufgehängt. Hans-Ulrich Rudel meinte dazu:

> »Die an sich schon nicht schnelle Ju 87 wird nun noch langsamer und durch die aufgehängten Kanonen ungünstiger. Ihre Wendigkeit leidet, und die Landegeschwindigkeit nimmt erheblich ab. Aber jetzt wird Waffenwirkung vor fliegerische Eigenschaften gestellt.«[36]

Die Kanonen-Stukas brauchten Begleitschutz durch bombentragende Stukas, welche die feindlichen Flugabwehrkanonen niederhalten mussten. Außerdem konnte die Ju 87 nicht mehr steil gestürzt werden.[37]

Obwohl die Produktion der Ju 87 »Stuka« 1944/45 schon längst ausgelaufen war und nur einzelne Könner wie Hans-Ulrich Rudel sie mit ihren Kanonen zur Panzerjagd nutzten, erregte sie wahrscheinlich aufgrund der Erfolge Rudels das Interesse Hitlers. Am 1. Januar 1945 wurde Rudel für die Zerstörung hunderter sowjetischer Panzer und weiterer militärischer Erfolge von Hitler die zweithöchste vergebene Auszeichnung des Reiches vergeben: das Ritterkreuz zum Eisernen Kreuz mit Goldenem Eichenlaub, Schwertern und Brillanten. Nur Hermann Göring war 1940 mit dem noch höheren »Großkreuz« dekoriert worden, das jedoch für die normalen Soldaten der Wehrmacht unerreichbar blieb.

Während Rudel von Hitler die höchste Auszeichnung der Wehrmacht bekam, wurde er von diesem nach Design und technischen Details der Ju 87 befragt. Da Rudel die Meinung vertrat, die Ju 87 sei immer noch einsetzbar, fragte ihn Hitler, ob er das für möglich halte, angesichts der Tatsache, dass die feindlichen Jagdflugzeuge bis zu 400 km/h schneller seien. Rudel zeigte sich sichtlich beeindruckt von Hitlers Tiefe der Technikkenntnis, so zeigte ihm dieser anhand von Skizzen, dass ein Einziehfahrwerk der Ju 87 höchstens 60 km/h Geschwindigkeitsgewinn bringen würde. Rudel, der als überzeugter Nationalsozialist gelten konnte, gab nach dem Krieg seiner Verblüffung Ausdruck:

> »In allen Dingen erkundigte er sich immer nach meinen Ansichten. Er bespricht die kleinsten Einzelheiten auf waffentechnischem, physikalischem oder chemischem Gebiet mit einer Leichtigkeit, die auch mich als kritischen Beobachter auf diesem

---

34 Ebd., S. 47.
35 Ebd., S. 48.
36 Rudel (wie Anm. 19), S. 92.
37 Vgl. ebd., S. 93.

Gebiet beeindruckt. Er erzählt mir auch, daß er erproben lassen will, ob es nicht möglich wäre, statt der zwei 3,7-Zentimeter-Kanonen vier 3-Zentimeter Kanonen in die Flächen hineinzubauen.«[38]

Ein Beleg, dass das Design der Stuka bis in die höchste Führung des »Dritten Reiches« noch zu Kriegsende ein Thema war.

DIE STUKA AUS PERSPEKTIVE IHRER LUFTGEGNER

Wie bereits erwähnt, war die Stuka in der Luft für Piloten moderner Jagdflugzeugtypen kein sonderlich schwieriger Gegner. Bei den britischen Jagdfliegern machte sich während der Luftschlacht um England große Freude breit, wenn Ju 87 erschienen, da sie leichte Abschüsse versprachen. Daher sprachen sie dann auch von einer »Stukaparty«.[39]

Der sowjetische Jagdflieger und zweifache Held der Sowjetunion Arseni Woroshejki beschrieb eine von ihm angegriffene Ju 87 so:

»Unter ihr ragten wie raubtierlustige Krallen die Beine des Fahrwerks hervor, dessen seltsame Verkleidung komischen Schuhen glich. Deshalb nannten wir die Ju 87 auch ›Bastschuhträger‹.«[40]

Auf Russisch war das entsprechende Wort »Lapotniki«.[41] Zwar konnten sich die Ju 87 mit ihrem Heck-MG wehren, jedoch ohne nachhaltige Wirkung wie Woroshejkins Beschreibung zeigt. Bei einem Angriff auf die Ju 87 wurde sein Jagdflugzeug von zwei MG-Kugeln des Bordschützen getroffen.

»Als ich mich aus dem Angriff löste, hatte ich das ganze Unterteil meiner Jak dem Feuer ausgesetzt. Ich wußte, daß die Ju 87 nur einen Bordschützen hatte, der lediglich nach oben und nach hinten schießen konnte. Nach unten vermochten sich die Junkers nicht zu verteidigen. Weshalb hatte ich sie von oben angegriffen? Ich hatte übereilt gehandelt [...]«.[42]

Daher schätze auch er die Luftkampftauglichkeit der Ju 87 sehr gering. »Die Ju 87 war gegenüber der Jak wie ein Kaninchen gegenüber einer Riesenschlange wehrlos, man brauchte nur genau zuzuschlagen.«[43] Wie seine britischen Kollegen beobachtete auch er die guten Sturzflugeigenschaften der Stuka. Den Sturzflugangriff einer Ju 87-Gruppe beschrieb er wie folgt:

---

38   Ebd., S. 227.
39   Bungay (wie Anm. 18), S. 257.
40   Woroshejkin, Arseni W.: *Jagdflieger*, Bd. 2, Berlin 1976, S. 130.
41   Pokryschkin (wie Anm. 4), S. 51.
42   Ebd., S. 137.
43   Ebd., S. 164.

»Da kippte aus der ersten Gruppe eine Maschine mit erstaunlicher Leichtigkeit, wie ein Jagdflugzeug, über die Tragfläche ab und ging steil in den Sturzflug nieder. Nach ihr die zweite, die dritte.«[44]

Die Aussagen Woroshejkins können als typisch für die Sichtweise der Gegner der Stuka, ob in Ost oder West, gelten. Sie wurde vor allem aus taktischen Gesichtspunkten heraus als schwach und gut abschießbar gewertet.

MESSERSCHMITT BF 109

Die Messerschmitt Bf 109 war ein 1936 in die Luftwaffe eingeführtes Jagdflugzeug. Sie war das Standardjagdflugzeug bis 1945 und ist mit über 30.000 gebauten Exemplaren das meist gebaute Flugzeug der deutschen Geschichte. Ihr Konstrukteur Willy Messerschmitt war ein Verfechter der sogenannten Leichtbauweise, weshalb die Bf 109 auch zu den leichtesten Jagdflugzeugen des Zweiten Weltkrieges gehörte. In den ersten Jahren des Zweiten Weltkrieges gab es mit Ausnahme der britischen »Spitfire« kein Jagdflugzeug, das an ihre Leistungen heranreichte. Später geriet die Bf 109 aber zunehmend ins Hintertreffen. Gleichwohl blieb die Bf 109 in Produktion, weil sie relativ kostengünstig in hohen Stückzahlen gefertigt werden konnte. Allein 1944 wurden über 13.000 Exemplare gefertigt. Daher wurde die Bf 109 immer wieder modifiziert.

Von der Bf 109 gab es acht Hauptvarianten (A-K) und etwa 70 Untervarianten. Die meist gebaute Untervariante war die Bf 109G-6, von der 1943 und 1944 etwa 12.000 Stück gefertigt wurden.[45]

DIE BF 109 AUS PERSPEKTIVE IHRER BEDIENER UND GEGNER

Wie sahen nun Bediener der Bf 109 ihre Flugzeuge, wie wirkte die Form der Maschine auf sie? Der Jagdflieger Günther Lützow sah seine erste Bf 109 in Spanien bei der Legion Condor. Sein Kamerad Trautloft schilderte sie ihm als »fabelhaft« aussehend, gegen die der alte Jagddoppeldecker Heinkel 51 wie ein »verblühtes Mädchen« wirke. Als Lützow schließlich selbst die erste Bf 109 erspähte, meinte er: »Sie ist rank und schlank und steht auf ziemlich hohen Beinen. Ein zierliches Maschinchen! Du sitzt drin wie in einem Rennwagen.« Er bemerkte auch das Einziehfahrwerk, den neuen Propeller mit verstellbaren Blättern und die recht kleinen Tragflächen der Maschine.[46]

---

44 Ebd., S. 206.
45 Vgl. Callaway, Tim (Ed.): Messerschmitt Bf 109, in: *Aviation Classics*, Horncastle 2012, S. 53.
46 Vgl. Braatz, Kurt: *Gott oder ein Flugzeug, Leben und Sterben des Jagdfliegers Günther Lützow*, Moosburg 2005, S. 140–141.

Abbildung 5: Eine finnische Bf 109G 1943.

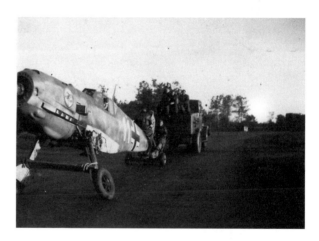

Abbildung 6: Eine Bf 109F wird abgeschleppt in der Sowjetunion 1941.

Der Jagdflieger Julius Meimberg beschreibt seine erste Begegnung mit der Bf 109 so:

> »Ein freitragender Ganzmetall-Tiefdecker in Halbschalen-Bauweise, der vom Propeller bis zum Seitenruder vor Kraft und Agilität zu strotzen schien. Dieser Eindruck wurde noch verstärkt durch die dürren, einziehbaren Fahrwerksbeinchen, auf denen die schnittige Maschine über die Grasnarben der Rollfelder wackelte, komisch und ungelenk wie ein Albatros. Nein, dieses Rasseflugzeug war einzig und allein für die Fortbewegung in der Luft geschaffen worden.«[47]

Der britische Testpilot Eric Brown konnte im Krieg eine Bf 109G-6/U2 testen. Er beschrieb die Bf 109 so:

> »In meinem Gedächtnis war sie seit jeher mit der Eigenschaft ›unheildrohend‹ haften geblieben. Es wurde behauptet, daß sie diejenigen Eigenschaften hätte, mit denen man auch die Nation, in welcher sie ersonnen und gebaut wurde, gleicher-

---

47 Meimberg, Julius: *Feindberührung, Erinnerungen 1939–1945*, Moosburg 2002, S. 34.

maßen bedachte. Auch auf mich wirkte sie sowohl am Boden als auch in der Luft, aus welchem Blickwinkel auch immer, todverheißend. Als ich dann in die Platzangst erzeugende Kabine geklettert war, fühlte ich mich mit etwas Tödlichem vereint.«[48]

Der deutsche Übersetzer von Browns Beschreibung sah sich genötigt dazu folgendes in einer Fußnote dazu anzumerken:

»Es fragt sich, welches gute Jagdflugzeug nicht diese Wirkungen auf den Gegner gehabt hat? Der Übersetzer kennt eine ganze Reihe bekannter erfolgreicher Jagdflieger des Zweiten Weltkrieges – sie alle lieben ihre kleine Messerschmitt heute noch. Es ist schon eine Frage des Standortes wie man ein Jagdflugzeug beurteilt.«[49]

Und weiter heißt es bei Brown:

»Seitlich hoch über mir glitten zwei lange Schatten dahin. Sie gewannen rasch die Umrisse von Flugzeugen mit langen dünnen Rümpfen, wie es sie bei uns nicht gab. Messerschmitts? [...] Ich schaute mich um, ob nicht noch irgendwo ›Magere‹ waren, wie wir die Me 109 nannten.«[50]

Über den Abschuss einer Bf 109G-6 mit Gondelkanonen berichtete das sowjetische Jagdfliegerass Arseni W. Woroshejkin nach dem Krieg:

»Meine Jak saugte sich, wie man so schön sagt, beim Hochziehen, am Gegner fest. Der runde Rumpf der Messerschmitt bedeckte fast das ganze Visier – so gering war der Abstand, und außen unter den Tragflächen erkannte ich deutlich zwei Waffengondeln. Ich erriet, daß dies das neue, mit einer Kanone, zwei leichten und zwei schweren Maschinengewehren ausgerüstete Jagdflugzeug des Typs Me 109G-6 war. Meine Kanone und die beiden überschweren Maschinengewehre würden aus der kurzen Distanz die ganze Panzerung des Gegners durchschlagen. Der Moment war günstig. Ein Feuerstoß. Und gleich einem blitzenden Dolch verschwand die Leuchtspur im Körper des schlanken Flugzeugs. Die Messerschmitt erbebte, schwankte, verharrte den Bruchteil einer Sekunde regungslos und stürzte schwarze Rauchwolken hinter sich lassend, in die Tiefe.«[51]

An anderer Stelle schildert er eine weitere Begegnung mit einer Me 109:

»Die eine Messerschmitt entfernte sich nach unten und blieb unter mir, die andere – ihr Rumpf war bunt bemalt, die Nase schwarz – nach oben, die zwei anderen kreisten zu meinen beiden Seiten. [...] Der Schwarznasige fiel wie ein Stein auf mich herab. [...] An der Scheibe ihres rasend schnell drehenden Propellers glänzten in

---

48   Brown (wie Anm. 33), S. 219.
49   Ebd., S. 219.
50   Ebd.
51   Woroshejkin, (wie Anm. 40) S. 121–122.

Abbildung 7: Bf 109 »Magere« im Flug über Nordeuropa 1943.

der Sonne zwei horizontale Linien, die einem zuckenden Schnurrbart glichen. Man hatte den Eindruck, als wollte die langsam heranrückende Maschine irgendetwas ausschnüffeln.«[52]

Es gelang Woroshejkin, dem ersten Angriff der Messerschmitt auszuweichen.

»Der Schwarznasige, der mich anscheinend nicht mit Schüssen erschrecken wollte und überzeugt war, daß ich ihn nicht bemerke, schwenkte nach rechts ab, um den Angriff zu wiederholen. Seine Maschine mit dem gelben Bauch einer Schlange hob sich gut von dem blauen Hintergrund ab. […] Ich kurvte scharf ein, der Gegner kam in mein Visier. Feuer! Und die Messerschmitt explodierte […]«.[53]

Wesentlich weniger blumig schilderte sein Genosse Alexander Pokryschkin die erste Begegnung mit einer Bf 109 im Jahr 1941. Bei seinem ersten Luftkampf bemerkte Pokryschkin fünf Bf 109, davon eine, die auf ihn zukam: »Sie raste auf mich zu. Ihre gelbe Nabenkappe hob sich deutlich vom Himmelblau ab.«[54] Mehr Formbeschreibung ist bei ihm nicht zu finden. Etwas später im Krieg bekam Pokryschkin die Chance, eine erbeutete Bf 109 zu fliegen. In seiner offiziellen Autobiographie gibt er sich darüber recht einsilbig, lediglich der Satz »Ich flog zwei Runden, die Maschine ließ sich gut fliegen,«[55] charakterisiert die Messerschmitt etwas. Offenbar wollte er nicht auf die Überlegenheit der Bf 109 zu seiner damals geflogenen MiG-3 anspielen. Denn einige Zeit zuvor hatte er sich auf einer Konferenz wie folgt geäußert:

---

52   Ebd., S. 169.
53   Ebd., S. 170.
54   Pokryschkin (wie Anm. 4), S. 33.
55   Ebd., S. 144.

»Man erteilte mir das Wort. Ich verglich die MiG-3 mit der Me 109 und sagte offen, daß unsere Maschine trotz ihrer vielen Vorzüge sehr schwer sei und in geringen Höhen weniger manövrierfähig sei als die Messerschmitt. Auch ihre Bewaffnung sei schwächer. [...] Meine Worte fanden wenig Anklang und wurden als unpatriotisch eingeschätzt.«[56]

Pokyrschki faszinierte offensichtlich das Wrack einer Messerschmitt:

»Obwohl nur Trümmer übrig waren, war es dennoch interessant, mit den Händen das zu fühlen, worauf wir am Himmel täglich Jagd machten. Die Kabine war total eingedrückt, und hinter dem Steuerknüppel saß der tote Pilot, ein Eisernes Kreuz auf der Brust. Nach den Zeichen am Leitwerk hatte er zehn Flugzeuge abgeschossen und zwei Boote versenkt. Die Flieger betasteten nachdenklich die Reste der Panzerglasscheibe. Ja, mit solch einem Schutzschild wären Frontalangriffe weniger gefährlich.«[57]

Jetzt urteilte er nochmal: »Die Messerschmitt besaß eine starke Bewaffnung: außer den beiden MGs eine 20-mm-Bordkanone.«[58] Das amerikanische Jagdfliegerass Robert Johnson beschrieb seine Gegner ebenfalls eher nüchtern. Mit seiner P-47 »Thunderbolt« stürzte er sich auf eine Bf 109:

»Die Messerschmitt schien zu kriechen, als die Thunderbolt aus dem Himmel fiel. Ich richtete mich hinter dem schlanken Jäger ein und löste aus. Acht schwere MG konzentrierten ihr Feuer.«[59]

Die Bf 109 explodierte.

DEUTSCHE SPITZNAMEN FÜR DIE BF 109

Die Bf 109 hatte im Wesentlichen keinen eigenen Spitznamen und keinen offiziell zugewiesenen. Die Varianten wurden oft entsprechend dem deutschen Funkalphabet angesprochen. Die Bf 109G war demnach die »Gustav«, die Bf 109K die »Kurfürst« und die Bf 109F die »Friedrich«. Varianten ab der Bf 109G-5 waren mit zwei 13-mm-Maschinengewehren vom Typ MG 131 versehen. Sie wiesen so viele Wölbungen auf der Oberfläche auf, dass sie etwas geringschätzig von den eigenen Piloten »Beule« genannt wurde.[60] Diese aerodynamisch ungünstige Formgebung stand für die wahrgenommene Obsoleszenz des Jagdflugzeuges.

---

56   Ebd., S. 137.
57   Ebd., S. 75.
58   Ebd., S. 76.
59   Caidin, Martin: *Die Me 109*, München 1981, S. 145.
60   Vgl. ebd., S. 128.

Ebenfalls ab der Bf 109G stieg der Gebrauch von sogenannten Gondelwaffen.[61] Das waren unter der Fläche aufgehängte Kanonen, welche die Geschwindigkeit verringerten, zur Bekämpfung der schwer gepanzerten amerikanischen, viermotorigen Bomber jedoch unerlässlich waren. Derartige Flugzeuge wurden informell wie die Ju 87G als »Kanonenvogel« bezeichnet.

ME 163 »KOMET«

»Komet« war der offizielle Beiname dieses ungewöhnlichen Abfangjägerflugzeuges. Sein Design stammte von Alexander Lippisch, der sich auf unkonventionelle, schwanzlose Flugzeuge spezialisiert hatte. Obwohl rund 400 Me 163 gebaut wurden, war ihr militärischer Wirkungsgrad sehr gering. Nur neun anerkannten Abschüssen standen mehr als ein Dutzend Verluste gegenüber. Viele weitere Me 163 verunfallten ohne Feindeinwirkung, sehr viele Piloten sollen dabei gestorben sein.[62]

Einer der ersten Erprobungsflieger der Me 163 war Mano Ziegler. Er stieg in Bad Zwischenahn aus dem Zug und verließ den Bahnhof und plötzlich

> »brüllte es los, fauchte wie Siegfrieds Drachen, zischte wie glühendes Eisen in der Badewanne und meine herumgerissenen Augen sahen eine violett-schwarze Wolke, die ein hüpfendes Etwas vor sich hertrieb, immer schneller und immer schneller, bis sich das Ding vom Boden löste, ein paar Räder fallen ließ, sich aufbäumte und wie ein Pfeil zum Himmel schoss. […] Als mir endlich wieder einfiel, meinen Mund wieder zuzumachen, war das Ding verschwunden, und in der Luft stand nichts als eine grauviolette Rauchspur, mählich sich auflösend.«[63]

Diese Beschreibung macht recht deutlich, warum die Me 163 den Beinamen Komet erhielt.

> »Wenig später erschien das fliegende Ding, wieder wie vordem am Bahnhof, lautlos gleitend aus dem Äther heraus, Kreise ziehend, ausholend, um zu landen […], und ich konnte nicht anders, ich lief dorthin, wo es nun still wie ein müder Schmetterling am Boden kauerte. So lernten wir uns kennen, das Kraft-Ei und ich.«[64]

Ziegler hatte damit seinen ersten Start einer Me 163 beobachtet, wobei ihm das abwerfbare Fahrgestell aufgefallen war. Den Lärm und die starke Abgasspur beschrieb er ebenso eindrücklich wie den Gegensatz dazu, als die Me 163 mit leer geflogenem Tank als Segelflieger landen musste. Als er schließlich am Abend die erste Me 163 aus der Nähe betrachten konnte,

61 Vgl. Caidin (wie Anm. 62), S. 131; Vogt, Harald: *Messerschmitt Bf 109G/K, Rüstsätze und Rüstsatzbezeichnung*, Illertissen 1996, S. 11–12.
62 Vgl. Ebert, Hans J./Kaiser, Johann B./Peters, Klaus: *Willy Messerschmitt, Pionier der Luftfahrt und des Leichtbaus: Eine Biographie*, Bonn 1992, S. 255.
63 Ziegler, Mano: *Me 163*, Stuttgart 1961, S. 10–11.
64 Ebd.

»lag sie da, die ›163 A‹ zierlich wie eine junge Fledermaus mit schlankem Leib und dreieckigen kleinen Flächen, denen man ansah, dass sie allerlei Tempo brauchten, um tragfähig zu sein.«[65]

Neben dem sehr gebräuchlichen Spitznamen »Kraftei«, war ein weiterer Spitzname der Me 163 »Hitlerfurz«.[66] Letzterer taucht sehr selten auf, wohl weil er wegen seiner despektierlichen »Hitlerbenennung« im Dritten Reich nicht ohne Gefahr genannt werden konnte. Für die Me 163A, die etwas stumpfnasiger und weniger rund als die Me 163B war, wurde von der Bevölkerung am Testflugplatz der Spitzname »Motte« gebraucht.[67] Die fliegerischen Eigenschaften galten nach Meinung deutscher, britischer und sowjetischer Tests als hervorragend. Der Kommandeur des Erprobungskommandos der Me 163 Wolfgang Späte meinte: »Der Gleitflug war wirklich ein einziger Genuss.«[68] Der britische Testpilot Brown kam zu dem Schluss, dass die Me 163 »wunderbar zu fliegen« sei.[69] Dem britischen Testpiloten Eric Brown fielen zum Thema Me 163 die Worte »exotisch« und »sensationell« ein. Sensationell nannte er sie, weil sie eine »außergewöhnliche aerodynamische Formgebung, hervorragende Leistungen«, einen »hohe[n] Erfüllungsgrad« sowie »herausragende fliegerische Fähigkeiten« besaß. In der äußeren Formgebung beschrieb er die Me 163 jedoch kaum und in eher technischen Begriffen. So besaß die Me 163 laut Brown eine 23,3° Pfeilung, und der Rumpf war oval.[70]

FAZIT

Bei drei Flugzeugtypen der deutschen Luftwaffe wurden kursorisch einige Formbeschreibungen von Piloten, Gegnern und Opfern zusammengetragen. Dabei zeigte sich ein uneinheitliches Bild der Wahrnehmung. Eine direkte Interdependenz zwischen Wahrnehmung des Designs und Formgebung scheint nicht zu bestehen. Vielmehr wird das Design entsprechend der militärischen Wirksamkeit des Flugzeuges beurteilt oder über die Vergleichbarkeit mit anderen Designs vorgenommen.

Bei der Ju 87 »Stuka« lässt sich durchaus eine bedrohliche Wahrnehmung des Designs als »Raubvogel« konstatieren, die jedoch nur für die Bombardierten Bedeutung hatte. Die gegnerischen Piloten der Stuka sahen sie eher als behäbiges Opfer, obwohl hier auch der Raubvogelbegriff auftaucht. Ebenso galt die Fw 189 als bedrohlich, weil sie es tatsächlich in ihren Kampfeigenschaften und Funktionen war.

Die Messerschmitt 109 als das herausragende deutsche Flugzeug des Zweiten Weltkrieges hat kaum Spitz- oder Beinamen bekommen. Insbesondere ihre Hauptgegner, britische und amerikanische Piloten, sprachen meist von »109ern« ebenso wie ihre deutschen Gegner, die höchstens noch die einzelnen Versionen recht nüchtern als »Gustav«

---

65   Ebd., S. 11.
66   Salmen, Gerd: *Kunst und Wissenschaft*, Brandenburg an der Havel 2005, S. 175.
67   Späte, Wolfgang: *Der streng geheime Vogel*, Eggolsheim 2003, Bildteil, S. 1.
68   Ebd., S. 74.
69   Brown (wie Anm. 33), S. 250.
70   Vgl. ebd., S. 245.

oder »Friedrich« bezeichneten. Lediglich der vergleichsweise dünne Rumpf der Bf 109 hat etwas Aufsehen erregt und für die Bezeichnung »Magere« besonders von sowjetischer Seite gesorgt.

Die sowohl in Design wie Technik sehr außergewöhnliche Me 163 hat dagegen sehr viele Spitznamen bekommen, ihre militärische Wirksamkeit und die von ihr ausgehende Gefahr waren jedoch letztlich sehr gering. Das gedrungene Äußere des Flugzeuges spielte zusammen mit dem für damalige Verhältnisse äußerst schnellen und agilen Erscheinungsbild der Maschine eine Rolle für die Entstehung von Spitznamen wie »Kraftei«, »Hitlerfurz«, »Motte« oder »Komet«.

Daraus lassen sich folgende Hypothesen ableiten. Design und die Wahrnehmung von Design hatten nichts oder nur sehr wenig mit der empfundenen oder tatsächlichen militärischen Wirksamkeit der fliegenden Waffensysteme zu tun. Es ist nicht nachweisbar, dass das Design aus Überlegungen zu seiner psychologischen Wirkung heraus entstand. Das heißt, die Formgebung entstand aufgrund konstruktiver, physikalischer und aerodynamischer Anpassungen in der Entwicklungsphase des jeweiligen Flugzeugtyps. Die Interpretationen der Wahrnehmenden entstanden erst nachträglich und waren von der eigenen Rolle als Bediener, Gegner oder Opfer abhängig. Am Beispiel der Stuka-Sirenen, die in Frankreich 1940 Wirkung zeigten, aber nicht 1941 in der Sowjetunion, zeigt sich auch, dass die Wahrnehmung der Bedrohung durchaus kulturell vorgeprägt und davon abhängig sein kann.

QUELLENVERZEICHNIS

Braatz, Kurt: *Gott oder ein Flugzeug, Leben und Sterben des Jagdfliegers Günther Lützow*, Moosburg 2005.

Brown, Eric: *Berühmte Flugzeuge der Luftwaffe*, Stuttgart 1999.

Bundesarchiv-Militärarchiv: *RL-3/17, Amtschefbesprechung vom 1.12.1942*.

Bungay, Stephen: *Most Dangerous Enemy: A History of the Battle of Britain*, London 2009.

Caidin, Martin: *Die Me 109*, München 1981.

Callaway, Tim (Ed.): Messerschmitt Bf 109, in: *Aviation Classics*, Horncastle 2012.

Ebert, Hans J./Kaiser, Johann B./Peters, Klaus: *Willy Messerschmitt, Pionier der Luftfahrt und des Leichtbaus: Eine Biographie*, Bonn 1992.

Frieser, Karl-Heinz: *Blitzkrieg-Legende: der Westfeldzug*, München/Oldenburg 1996.

Grémillon, Hélène: *Das geheime Prinzip der Liebe*, Hamburg 2012.

Hoffmann, Kay: Bollwerk im Westen und Vorstoß nach Osten, in: Zimmermann, Peter/Hoffmann, Kay (Hg.): *Geschichte des dokumentarischen Films in Deutschland*, Bd. 3, Stuttgart 2005, S. 733–736.

Kehrt, Christian: *Moderne Krieger: Die Technikerfahrung deutscher Militärpiloten 1910–1945*, Paderborn 2010.

Kilb, Andreas: Die Schönheit des Schreckens, in: *Zeit Online*, 01.05.1987, http://www.zeit.de/1987/19/die-schoenheit-des-schreckens/seite-2 [29.12.2014].

Meimberg, Julius: *Feindberührung, Erinnerungen 1939–1945*, Moosburg 2002.

Mikula, Valentin: *Stuka*, Klagenfurt 1998.

Möller, Christian: *Die Einsätze der Nachtschlachtgruppen 1, 2 und 20 an der Westfront von September 1944 bis Mai 1945, mit einem Überblick über Entstehung und Einsatz der Störkampf- und Nachtschlachtgruppen der deutschen Luftwaffe von 1942 bis 1944*, Aachen 2008.

Nathan, Ian: Come and See, in: *Empire Magazin* 2006, http://www.empireonline.com/reviews/default.asp [29.12.2014].

Neitzel, Sönke: Rudel, Hans-Ulrich, in: Hockerts, Hans Günter (Hg.): *Neue Deutsche Biographie 22*, Berlin 2005, S. 160–161, http://www.deutsche-biographie.de/ppn118603655.html [29.12.2015].

Parshall, Jonathan/Tully, Anthony: *Shattered Sword: The untold Story of the Battle of Midway*, Dulles 2007.

Pokryschkin, Alexander I.: *Himmel des Krieges*, Berlin 1974.

Rudel, Hans-Ulrich: *Mein Kriegstagebuch: Aufzeichnungen eines Stukafliegers*, Wiesbaden 1987.

Rudel, Hans-Ulrich: *Fliegergeschichten: Der Kanonenvogel*, Ausgabe 13, München 1958.

Rudel, Hans-Ulrich: *Mein Kriegstagebuch*, Wiesbaden 1987.

Salmen, Gerd: *Kunst und Wissenschaft*, Brandenburg an der Havel 2005.

Späte, Wolfgang: *Der streng geheime Vogel*, Eggolsheim 2003.

Stehle, Gerd: *Fliegen – Nichts als fliegen, Pilot in Krieg und Frieden*, Berg 2001.

Vogt, Harald: *Messerschmitt Bf 109G/K, Rüstsätze und Rüstsatzbezeichnung*, Illertissen 1996.

Wagner, Wolfgang: *Hugo Junkers, Pionier der Luftfahrt – seine Flugzeuge*, Bonn 1996.

Woroshejkin, Arseni W.: *Jagdflieger*, Bd. 2, Berlin 1976.

Zentralnij Aerdynamitscheskij Institut, Shukowski: *Samoljetostrojenie w SSSR 1917–1945gg.*, Kniga II, o. O. 1994.

Ziegler, Mano: *Me 163*, Stuttgart 1961.

ABBILDUNGSVERZEICHNIS

DEN »FOG OF WAR« DURCHSICHTIG MACHEN

Naturalisierung im Konflikt- und Computerspiel

ROLF F. NOHR

KRIEGSSPIELE UND DER »FOG OF WAR«

Der Terminus vom ›Nebel des Krieges‹ markiert in der Kriegswissenschaft (namentlich in ihrer Konturierung durch Carl von Clausewitz) die Erkenntnis, dass Krieg kein rationaler Prozess ist, sondern durch ein hohes Maß an Unsicherheit gekennzeichnet ist:

> »Der Krieg ist das Gebiet der Ungewißheit; drei Vierteile derjenigen Dinge, worauf das Handeln im Kriege gebaut wird, liegen im Nebel einer mehr oder weniger großen Ungewißheit. Hier ist es also zuerst, wo ein feiner, durchdringender Verstand in Anspruch genommen wird, um mit dem Takte seines Urteils die Wahrheit herauszufühlen«.[1]

Im Zusammenhang mit populären Strategie- und Aufbausimulationsspielen markiert der Terminus »fog of war« die Tatsache, dass zu Beginn des Spiels die Hauptkarte nur in Teilen für den Spieler sichtbar ist und erst durch die Exploration dieses ›vernebelten Raums‹ durch eigene Einheiten aufgedeckt und lesbar wird. Kriegswissenschaftlich betrachtet stellt das Designelement des ›vernebelten‹ Raums also eine Äquivalenz zur Clausewitzschen Ungewissheit her, bzw. bildet das Paradigma ab, dass Kriegsführung nicht nur Handlungsprozesse des Konflikts, sondern auch der Informationsgewinnung umfasst. Ein wesentliches Element des Handlungsvollzugs in populären Strategiespielen liegt also darin, den Spielraum ›aufzudecken‹ bzw. über die Sichtbarmachung neutralen und gegnerischen Raums Wissen zu generieren, das spielentscheidend ist.

Im übertragenen Sinne kann diese ›Lichtung des Nebels‹ aber auch als ein analytisches und medientheoretisches Verfahren verstanden werden, um Wissen, das im medial oder technisch Verborgenen liegt, präsent zu machen. Die Analyse und Interpretation von (computergestützten) Kriegssimulationen kann in diesem Sinne als ein Verfahren

---

1   Clausewitz, Carl von: *Vom Kriege*, Buch 1, Kapitel 3, Abschnitt 10, Berlin 1832, zitiert nach https://www. hs-augsburg.de/~harsch/germanica/Chronologie/19Jh/Clausewitz/cla_kri0.html [26.05.2015].

vorgestellt werden, in dem der Modus der Kritik nicht nur das Sichtbare (im Sinne eines Offensichtlichen) adressiert, sondern auch und vor allem die Bestände und Niederlegungen, die zunächst verborgen sind. Die Betonung einer solchen Vorgehensweise speist sich dabei aus zwei zunächst recht unterschiedlichen Ansatzpunkten: Zum einen scheint es nicht zuletzt deswegen angeraten, einem Gegenstand wie einer Kriegssimulation mit dem Gedanken der Aufdeckung des Verborgenen gegenüberzutreten, weil landläufige Beschäftigungen mit dem Gegenstand in ihrer Kritik oftmals zu kurz greifen und sich mit der Beschreibung und Bewertung des (allzu) Offensichtlichen begnügen. Gemeinhin scheint eine Kritik am Korpus der Strategiespiele darauf abzuzielen, dass sich durch sie schlicht der Diskurs des Kriegerischen selbst (mehr oder weniger) sublim vermittelt – dass also das Kriegsspiel nichts anderes ist als ein Einübungsraum eben des Diskurses, der das Kriegsspiel hervorgebracht hat: der Krieg selbst. Insofern scheint es nur eine mögliche kritische Positionierung dem Gegenstand gegenüber zu geben, nämlich die Ideologie des Kriegerischen selbst aufzudecken und zu verurteilen.

Zum anderen empfiehlt sich die Metapher von der Opazität auch deshalb, da Computerspiele nicht zuletzt mediale Handlungsverfahren sind. Und gerade in technischen Massenmedien scheint die Ambivalenz von Sichtbarem und Unsichtbarem noch einmal auf eine ganz neue Weise interessant – tendieren technische Massenmedien doch gemeinhin dazu, sich in hohem Maße selbst transparent zu machen, also ihre Hergestelltheit und ihre technische Gemachtheit zu naturalisieren. Nur dieser Rückgriff auf einen der Basissätze der Medientheorie[2] ermöglicht es aber, beide Verdeckungsoperationen aufeinander zu beziehen. Mein Ansatz ist es folglich, nicht nur nach der Ambivalenz der Sichtbarkeit und Unsichtbarkeit von Ideologie (und möglichen weiteren diskursiven Konstellationen) im Kriegsspiel zu fragen, sondern diese Ambivalenz auch auf die Ambivalenz der Gemachtheit und der vorgeblichen Naturhaftigkeit medialer und symbolischer Systeme zu beziehen. Das Schlüsselkonzept mit dem diese Beziehung meines Erachtens sinnvoll zu erklären ist, stellt gleichzeitig das Merkmal dar, das das Computerspiel im Feld digitaler Medien besonders heraushebt – die Handlungsnotwendigkeit. Kein Computerspiel kann sich entfalten, ohne dass sein Spieler handelt, und die Handlung, so wird zu zeigen sein, ist der Prozess, der als wesentlich nicht nur für die mediale Konfiguration des Spiels, sondern auch für seine ideologische Kontur zu bestimmen ist. Kurz gesagt: Wir werden uns zu fragen haben, in welchem Verhältnis die Annahme, dass ein Spiel immer ein symbolisches Probehandeln sei (da in einem Spiel nur an Zeichen, nie aber an Sachen operiert wird) zu der Annahme steht, dass jedes Handeln im Spiel auch eine realweltliche Konsequenz hat.

---

2   »[…] Zeichensysteme [sind] auf Repräsentation / Referenz nicht eingeschränkt. Mit Zeichen sind auch Spiel, Fiktion und rein mechanische Operationen möglich. Weil symbolische Prozesse an das Tatsächliche nicht gebunden sind, konstituieren Zeichen eine Sphäre der Möglichkeit, die dem Tatsächlichen gegenübertritt. Welche Geltungs- und Referenzansprüche die einzelnen Zeichensysteme stellen, wird insofern immer aufs Neue ausgehandelt; dies ist Teil des symbolischen Probehandelns selbst«. Winkler, Hartmut: Mediendefinition, in: *Medienwissenschaft: Rezensionen – Reviews* 1, 2004, S. 9–27, hier S. 14.

VOM PROBEHANDELN

Es scheint im common sense unserer Gesellschaft nur natürlich, Kriegsspiele und -simulationen in den generellen Kontext eines sogenannten »militärisch-unterhaltenden Komplexes« einzubinden. Diese generelle Verbindung von Computerspielen und militär-technologischen Entwicklungen auf ökonomischer und repräsentationaler Ebene rekurriert auf Beschreibungen, wie sie beispielsweise Tim Lenoir und Henry Lowood 2003 in ihrem Text zum »Kriegstheater« richtungsweisend dargestellt haben:

> »Das neue Erfolgsvideospiel [America's Army, R. F. N.] des Militärs zeigt, daß der militärisch-industrielle Komplex, im Gegensatz zu anfänglichen Erwartungen, nach Ende des Kalten Krieges nicht verschwunden ist. Er hat sich einfach neu organisiert und ist heute wirkungsvoller denn je. Zyniker würden vielleicht sagen, daß der militärisch-industrielle Komplex zur Zeit des Kalten Krieges mehr oder weniger erkennbar war, er aber heute überall und unsichtbar ist. Er durchdringt unser alltägliches Leben. Der militärisch-industrielle Komplex ist zum Militär-Unterhaltungs-Komplex geworden. Die Unterhaltungsindustrie ist eine Hauptquelle für innovative Ideen und Technologien sowie ein Ausbildungsforum für das, was man als posthumane Kriegsführung bezeichnen könnte.«[3]

Wenn wir also der Spur vom Militärischen ins Unterhaltende (vulgo: Spielerische) folgen wollen, so müssen wir, wie dies auch Lowood und Lenoir andeuten, nicht nur der Verunsichtbarung dieser Spur Rechnung zollen, sondern eben auch anerkennen, dass diese Spur weit ausgreift und in die Gesellschaft hinein mäandriert.

In diesem Sinne hat sich auch in den letzten Jahren eine Betrachtungsweise von Kriegsspielen durchgesetzt, die weniger das Narrativ des Spiels in Augenschein nimmt (also sich an formalen, ästhetischen oder narrativen Offensichtlichkeit abarbeitet), sondern auch und bevorzugt die spezifisch mediale Konstellation des Spiels mitberücksichtigt.

So scheint sich gerade beispielsweise im Shooter die These zu bestätigen, dass das Computerspiel seinen Vorentwurf (und seine Ausgestaltung) im technischen Gestell des Militärisch-Ökonomischen Komplexes findet.[4] Die eigentlich entscheidende ›Effektivität‹ der Verbindung von Militär und Unterhaltung findet im Genre des Shooters aber nicht im ›Narrativ‹ (das heißt im erzählerischen Setting und in der Handlung) statt, sondern vor allem auf der Ebene der Technologie. Oftmals sind Shooter-Spiele, die als technisch und handlungsorientierte state-of-the-art-Spiele auf dem Markt erscheinen, mit Hilfe von Software und Simulationstools entwickelt, die zuvor als Ausbildungstools im militärischen Bereich genutzt wurden. So basiert das populäre Spiel »Full Spectrum Warrior« (2004) auf einer Simulationssoftware zur Mount-Schulung der US-Infanterie (= Military Operations in Urban Terrain), das Spiel »Armed Assault 2« (2009) nutzt unter anderem das militärische 3-D-Trainingsprogramm Virtual Battlespace (VBS1). Allerdings greifen

---

3   Lowood, Henry E./Lenoir, Tim: Kriegstheater: Der Militär-Unterhaltungs-Komplex, in: Schramm, Helmar/Schwarte, Ludger/Lazardzig, Jan (Hg.): *Kunstkammer, Laboratorium, Bühne: Schauplätze des Wissens im 17. Jahrhundert*, Berlin 2003, S. 432–464, hier S. 461.

4   Vgl. dazu beispielsweise Pias, Claus: *Computer Spiel Welten*, München 2002.

aber eben auch militärische Simulationen auf populäre Spieletechnologien zurück. So basiert das VBS1-System wiederum weitgehend auf dem populären Shooter »Operation Flashpoint« (2001).[5]

Insofern kann und soll in einer solchen Diskussion nicht mehr länger nur auf die Frage abgezielt werden, inwieweit ein Computerspiel als eine dystope Lernumgebung für das Kriegshandwerk verstanden werden soll. Vielmehr geht es bei Analysen solcher medialer Produkte nicht zuletzt auch darum, über die gegenseitige Beschränkung und Beeinflussung von Unterhaltungssoftware und militärischer Simulationssoftware nachzudenken. Im Sinne der Diskurstheorie können solche Analysen nur dann tragfähig werden, wenn sie nicht auf der unterkomplexen Annahme einer einseitigen Beeinflussung aufsitzen, sondern auf weit verschachtelte und teilweise unsichtbare und indirekte Bedeutungsentfaltungen abheben.

Die Frage an welches Handlungs- oder Steuerungswissen sich der Spieler in solchen Spielen adaptiert, ist zentral. Die Antwort, dass sich der Spielende in solchen Spielen nur mit dem konkret im Spiel verhandelten, explizit artikulierten Wissen auseinander setzt, greift zu kurz. Ein Shooter schult nicht im Waffenhandling, ein Strategiespiel schult nicht das Auge des Feldherren zur Führung spezifischer Einheiten. Das vermittelte Wissen kann nicht nur auf die Legitimation des Gewaltdiskurses als Konfliktlösungspolitik verkürzt werden. Um aber an dieser Stelle nun aufzuzeigen, welche Wissensformationen möglicherweise in solchen Lehr- und Lernumfeldern zum Tragen kommen, lohnt ein Sprung zurück in die Geschichte.

JOHANN CHRISTIAN LUDWIG HELLWIG

Parallel zu der Formulierung vom Nebel des Krieges finden wir einige Jahre vor Niederlegung des Clausewitz'schen Textes die (bucheröffnende) Zeile, dass ein schachbasiertes Kriegsbrettspiel »die Auftritte des Krieges sinnlich machen« soll.[6] In einer latenten Vorwegnahme der Clausewitzschen Idee vom Krieg als einer rationalen Politikform, die durch eine Kriegswissenschaft untersucht werden kann, tritt in der Gestalt des Braunschweiger Kriegsbrettspiels von Johann Christian Ludwig Hellwig (1780 in Buchform veröffentlicht) ein ähnliches Projekt an, das als Kriegsspiel eine solche Rationalisierung betreibt. Speziell am Beispiel des Hellwigschen Spiels kann aber auch über die Verunsichtbarung und Naturalisierung, die Versinnlichung von Steuerungstechniken im Spiel und durch Spiele exemplarisch nachgedacht werden.

Hellwig, am 08.11.1743 in Garz (Vorpommern) geboren und am 10.10.1831 in Braunschweig verstorben, studierte in Frankfurt/Oder Mathematik und Naturwissenschaften. Ab 1766 wurde er zum Begleiter des Prinzen Wilhelm Adolf von Braunschweig-Wolfenbüttel, der Hellwig kurz vor seinem Tod seinem Vater zur Fürsorge empfahl.

---

5   Vgl. dazu auch den Beitrag von Stephan Günzel in diesem Band.
6   Hellwig, Johann Christian Ludwig: *Versuch eines aufs Schachspiel gebaueten taktischen Spiels von zwey und mehreren Personen zu spielen*, Leipzig 1780, hier: §1, http://reader.digitale-sammlungen.de/de/fs1/object/display/bsb10431597_00001.html [29.05.2015].

D.º Joh. Chrift. Ludw. Hellwig,
Hofrath und Profeßor der Mathem. und Naturgesch.
am Collegio Carolino zu Braunschweig.

Abbildung 1: Portraitstich Hellwigs
vermutlich von Karl Schröder (o. J.).

Daraufhin wurde Hellwig ab 1771 Mathematik-Lehrer in Braunschweig.[7] Er promovierte vermutlich um 1778 in Helmstedt im Bereich Philosophie und wurde kurze Zeit später zum Hofmathematiker und Pagenhofmeister am Braunschweiger Hof ernannt. Er übernahm darauf als Professor den Lehrstuhl für Philosophie an der Universität zu Helmstedt und wechselte 1790 auf den Lehrstuhl für Mathematik und Naturwissenschaften an der Militärschule in Braunschweig. 1802 wird Hellwig Hofrat und 1803 Professor für Mathematik und Naturgeschichte am Carolinum in Braunschweig. 1809 wird das Collegium Carolinum (qua napoleonischem Dekret) zur Königlichen Militärschule des neuen Königreichs Westphalen umgewandelt. Hellwig behält seine Professur und ist fortan zuständig für Mathematik und Fortifikationsplanung. 1814 erneuert sich das Collegium Carolinum, Hellwig bleibt in den (seinerzeit stark unterrepräsentierten) Naturwissenschaften als Lehrer und unterrichtet dort bis zu seinem Tod.[8]

---

7   Dort unterrichtet er unter anderem den jungen Karl Friedrich Gauß – dem er zu einem bestimmten Zeitpunkt rät, seine Vorlesungen nicht weiter zu besuchen, da er von ihm nichts mehr lernen könne.

8   Vgl. zur Biografie auch: Historische Commission bei der Königl. Akademie der Wissenschaften (Hg.): *Allgemeine deutsche Biografie*, Leipzig 1881, Bd. 13/2, S. 498–499; Nohr, Rolf F./Böhme, Stefan: ›*Die Auftritte des Krieges sinnlich machen‹. Johann C. L. Hellwig und das Braunschweiger Kriegsspiel*, unter Mitarbeit von Gunnar Sandkühler, Braunschweig 2009.

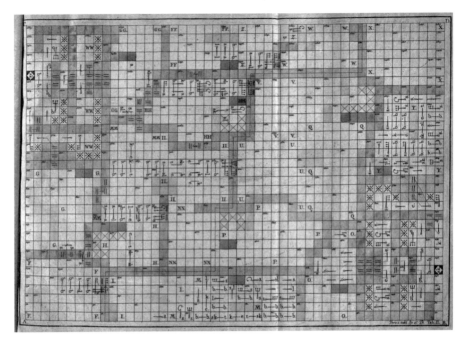

Abbildung 2: Spielplan des Hellwigschen Spiels, wie er als Vorschlag der zweiten Auflage als Kupferstich beilag.

Das Braunschweiger Kriegsspiel entwickelte er 1780 im Rahmen seiner Lehrtätigkeit an der Pagenschule. Es stellt sich als eine Spielanleitung in Buchform (»Versuch eines aufs Schachspiel gebaueten taktischen Spiels von zwey und mehreren Personen zu spielen«) dar. Das Spiel erscheint lediglich in Form des Regelbuches, das vor das eigentliche Spielen ein intensives Studium der Regeln, vor allem aber den Bau des Spielbretts und der Figuren setzt (siehe dazu auch Abbildung 2 und 3).

In der Spielanleitung spiegeln sich insbesondere die Elemente Spielstärke, Mobilität und Effektivität wieder. Der Schachanalogie folgend können Bauern als Infanterie, Königin und Turm sowie Läufer als Kavallerie gelten.[9] So folgt die Figurendynamik des Kriegsspiels aus den Bewegungen des Schachs, allerdings muss der (siegbedingende) König wegfallen[10] und die Zugregel des Schachs um die Gleichzeitigkeit der Bewegungen ergänzt werden.[11] Das Spielbrett stellt dabei variable, unterschiedliche Geländeformen dar und kann mithilfe von Brustwehren, Brücken oder brennenden Gebäuden flexibel gestaltet und fiktiven wie realen Geländeformen angepasst werden.

---

9   Hellwig, Johann Christian Ludwig: *Versuch eines aufs Schachspiel gebaueten taktischen Spiels von zwey und mehreren Personen zu spielen*, Leipzig 1780, §14.

10   Ebd., §18.

11   Ebd., §19; Das Hellwigsche Spiel unterscheidet sich in zwei wesentlichen Spielmechaniken vom Schach: zum einen können Figuren auch in Blöcken bewegt werden (die sogenannte »Corpsbewegung«), und zum anderen zerfällt die jeweilige Spielerhandlung in zwei Teile: zunächst die Bewegung der Figuren und dann (im selben Zug) die Aktion (Schießen, Verschanzen, Schlagen, Brücken bauen, etc.).

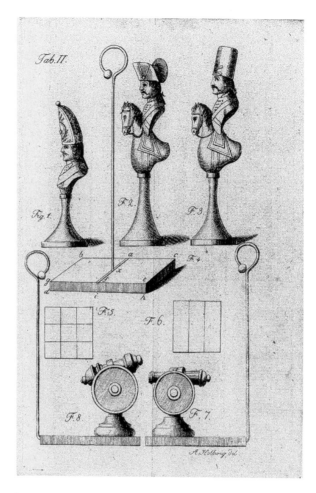

Abbildung 3: Gestaltungsvorschlag Hellwigs für die Spielfiguren.

Das seinerzeit wohl sehr populäre Kriegsspiel Hellwigs steht exemplarisch für eine Reihe ähnlicher zeitgenössischer Spiele. Als schachähnliche Brettspielkriegssimulation ähnelt es unter anderem Christoph Weickmanns Schachspiel von 1644, Georg Venturis' 1797 entwickeltem Kriegsspiel ›Regeln für ein Neues Kriegsspiel für den Gebrauch an Militäranstalten‹ oder dem Kriegsspiel des Barons von Reiswitz von 1811.

Hellwigs Spiel existiert in zwei Fassungen: Die Erstfassung von 1780 stellt sich im Regelbuch in der Diktion und Argumentation noch sehr stark als ans Schach angelehntes Spiel dar:

> »Das taktische Spiel muß den wesentlichen Unterschied der Infanterie, Cavallerie und Artillerie sinnlich machen [...]. Da wir es aber auch zugleich, so viel wie möglich, aufs Schachspiel gründen wollen [...] so müssen wir untersuchen, was man in diesem Betracht aus dem Schachspiel fürs taktische Spiel beybehalten könne«.[12]

---

12   Hellwig (wie Anm. 9), S. 9.

Die zweite, überarbeitete Fassung von 1803[13] unterscheidet sich insofern, als die Schach-metapher vor allem sprachlich in den Hintergrund rückt und der eigenständige Charak-ter des Kriegsspiels betont wird. Ein gleichzeitig etabliertes komplexes Notationssystem (siehe Abbildung 4) soll neben dem eigentlichen Spiel am Brett auch eine Auswertung ermöglichen beziehungsweise dem routinierten Spieler die Möglichkeit geben, über De-tailprobleme mittels Stift und Papier nachzudenken[14] – ähnlich wie wir dies auch aus dem Schach kennen.

Für unser Argument ist aber das in beiden Variationen deutlich markierte gene-relle Ziel des Spiels entscheidend: die »angenehme Unterhaltung«, »gemeinnützig und nicht nur für seltenste Köpfe«[15], mittels eines Spiels, das »nichts dem Zufall und alles der Leistung des Spielers« überlässt.[16] Es geht Hellwig zentral um die »Versinnlichung« der Regeln der Kriegskunst.[17] Zu diesem Zweck entwickelt er sein Spiel als ein streng regel-rationales und formal-logisches Spiel.

In der historischen Rückschau kann nun letztlich nur spekuliert werden, inwieweit die bei Hellwig immer wieder aufscheinende Idee der Versinnlichung als eine schlicht didaktische Idee der Immersion[18] oder (eher erweitert) als eine diskursive Operation der Interpellation von Spielenden zu ›ideologischen Subjekten‹ verstanden werden kann. Für eine solche Diskussion nicht ohne Relevanz ist allerdings die Nähe Hellwigs zur zeitge-nössischen Aufklärungspädagogik:

»Das Kriegsspiel von Johann Christian Ludwig Hellwig (1743–1831) ist in jeder Hinsicht als Kind seiner Zeit zu verstehen. Es erscheint als Ausgestaltung vornehm-lich pädagogischer Ideen der Aufklärung – mit all ihren Inkonsistenzen. Das Spiel greift aber auch damalige Vorstellungen der Kriegstheorie auf und nutzt, wissen-schaftshistorisch betrachtet, damalige state of the art, namentlich also statistische Visualisierungen.«[19]

---

13   Hellwig, Johann Christian Ludwig: *Das Kriegsspiel. Ein Versuch die Wahrheit verschiedener Regeln der Kriegskunst in einem unterhaltsamen Spiel anschaulich zu machen*, Braunschweig 1803, http://www. digibib.tu-bs.de/start.php?suffix=jpg&maxpage=240&derivate_id=2063.

14   Ebd., Kap. 19.

15   Hellwig (wie Anm. 13), S. 2.

16   Ebd., iii.

17   Vgl. ebd., iv.

18   Immersion bezeichnet das ›Hineingezogen-Werden‹ eines Zuschauers, Lesers oder Benutzers in die Sphä-re des Mediums. Immersion ist in diesem Sinne als eine ›Wirkungs‹-Kategorie des (Computer-) Spiels zu verstehen, die auf der Rezeptionsseite daran wirkt, die Teilhabe und die Unmittelbarkeit des Spiels zu ermöglichen und zu stabilisieren. Fragt man nach den technischen oder textuellen Bedingungen der Immersion, so ist die Interaktivität der technischen wie strukturellen Medien-Architektur ein häufig genannter Punkt. Vgl. dazu auch Neitzel, Britta/Nohr, Rolf F.: Das Spiel mit dem Medium. Partizipation – Immersion – Interaktion, in: dies. (Hg.): *Das Spiel mit dem Medium. Partizipation – Immersion – Inter-aktion. Zur Teilhabe an den Medien von Kunst bis Computerspiel*, Marburg 2006, S. 9–17.

19   Sandkühler, Gunnar: Die philanthropische Versinnlichung Hellwigs Kriegsspiel als pädagogisches und immersives Erziehungsmodell, in: Nohr, Rolf F./Wiemer, Serjoscha (Hg.): *Strategie spielen. Medialität, Geschichte und Politik des Strategiespiels*, Berlin 2008, S. 69–86, hier S. 69.

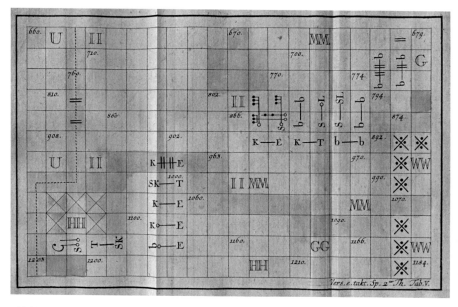

Abbildung 4: Eine exemplarische Figurenaufstellung in der Hellwigschen Nomenklatur.

Der Insektenkundler, Mathematiker und Philanthrop[20] Hellwig entwickelt ein Spiel, das einerseits ganz im Herzen eines kriegswissenschaftlichen Diskurses seiner Zeit ist – das aber andererseits eben genau nicht von einem militärisch sozialisierten Zeitgenossen entwickelt und letztlich viel eher aus seinem Aufklärungshintergrund zu lesen ist.

> »Dass ein Spiel genutzt werden soll, um einen realen Gegenstand zu versinnlichen, entspricht der Pädagogik des Philanthropismus. Eine wesentliche Rolle kommt dabei der Abkehr traditioneller Vermittlungsformen zu, also modern ausgedrückt dem Einsatz von Unterrichtsmedien verschiedenster Art, […]. Das Lernen soll durch den Einsatz des Spiels zu einem sinnlichen Erlebnis werden.«[21]

Insofern kann die wiederholte Aufrufung der Versinnlichung bei Hellwig nicht nur als eine didaktische oder spielerische Funktion der Wissensvermittlung gesehen werden, sondern auch als abstraktere Steuerungspolitik. Es ist mehr als nur zufällig, dass wenige Jahre später das schon erwähnte paradigmatische Werk Clausewitz' erscheint, das ganz wesentlich eine Neudefinition des Krieges als rationale Steuerungspolitik konturiert, während Hellwig nur wenige Jahre vorher die Einübung einer spezifischen Rationalität im Kriegsspiel betreibt – eine Rationalität, die in der Spielerfahrung wesentlich auf die Erkenntnis

---

20   Hellwig machte sich einen Namen als Wegbereiter der modernen Lebensversicherung: Er stiftete das ›braunschweigische Sterbecassen-Institut‹ und die ›braunschweigische allgemeine Witwencasse‹. Entscheidend hierbei war nicht nur die Etablierung der Institutionen, die weit nach seinem Tod noch weiter wirkten, sondern vor allem die Entwicklung eines Wahrscheinlichkeitsschlüssels zur Berechnung solcher Lebensversicherungen. Diese Mortalitätsberechnung bildet bis heute die Grundlage moderner Lebensversicherungen.

21   Sandkühler 2008 (wie Anmerkung 18), S. 79.

setzt, dass Krieg ein postheroisches und vielmehr, wie im zugrunde liegenden Schach angelegt, mathematisierbares, berechenbares und in diesem Sinne eben auch steuerbares, strategisches Verfahren darstellt.

Alle Kriegsbrettspiele der damaligen Zeit eint genau dieser Ansatz: die im Schach oder ähnlichen Brettspielen vorgefundene, durch Regelalgorithmen determinierte Rationalität wird als eigentliches paradigmatisches Einübungsmoment für eine angenommene Steuerbarkeit des Krieges als rationale und regelgeleitete Handlungspolitik übernommen und zentral in die Spielmodelle integriert. Am deutlichsten vielleicht noch bei Hellwig über den Terminus der Versinnlichung markiert, streben die Spiele von Reiswitz, Venturi oder eben Hellwig nach einer Adaption des Spielers an eine spezifische, im Spiel sinnlich erfahrbare Vernunft, die auf eine abstrakte Weise darauf setzt, durch den Vorvollzug strategischer und taktischer Maßnahmen und Handlungen das strategische Denken selbst zum Leitbegriff von Handlung zu machen.[22]

Spielt man das Hellwigsche Spiel in seiner Rekonstruktion, so ist dies unmittelbar zu erfahren.[23] Ähnlich wie beim Schach, nur wesentlich potenzierter (nicht zuletzt durch die Vergrößerung und Expansion der Schachregeln und des Spielbretts) findet sich der Spielende in einer Position, in der es direkt erfahrbar wird, dass das Spiel eines Vorausplanens und -denkens bedarf. Ähnlich wie bei Blitz- oder Räuber-Schach erfährt der Spieler zuallererst, dass der permanente Figurentausch und das unüberlegte Agieren stets zum schnellen Spielabbruch beziehungsweise zur spieltaktischen Aporie führen. Erst das planende und abwägende, strategische Spielen lässt ein Sich-Entfalten des Spiels zu. Und mit dieser Adaption an ein strategisches Handeln, das aus dem Vorvollzug strategischer Rationalität erwächst, kommen wir dem Begriff der Versinnlichung vielleicht am nächsten: Die Lust am Spiel naturalisiert dieses letztlich rationale und gouvernementale Steuerungsmoment der Spieldidaktik zugunsten einer Erfahrung von Selbstwirksamkeit und Gewinnbarkeit.

Begreifen wir also Spielkritik als Ideologiekritik, so wäre an dieser Stelle zu konstatieren, dass natürlich das Kriegsbrettspiel Hellwigs seinen Spieler zunächst unmittelbar an einen militär-strategischen Diskurs anbindet, und ihm ein inhärentes Wissenspotenzial zur Verfügung stellt, an dem sich das spielende Subjekt ausrichten soll. Gleichzeitig sehen wir aber, dass die eigentliche Effektivität des Kriegsspiels vielmehr die abstrakte Adaption des Subjekts an ein abstraktes Wissen darstellt.

>»Kriegsspiele bedeuten eine durchgreifende Intellektualisierung des Kriegs, die diesen auf intelligible (und damit berechenbare) Größen bringt: auf Informationen, die verarbeitet werden, auf Taktiken, die konsequent verfolgt werden, auf Feindverhalten, das antizipiert werden kann. In jedem Fall aber besteht das Geschäft des Krieges in dieser Sicht aus Planung, genauer gesagt aus einer kybernetischen Operation: Informationsgewinnung und Steuerung«.[24]

---

22   Zur Umfassung eines solchen strategischen Rationalitätsbegriffs, der Strategie als eine Handlungsform von Optionalität und Operationalität fasst vgl. Nohr, Rolf F./Wiemer, Serjoscha: Strategie Spielen. Zur Kontur eines Forschungsprojekts, in: dies. (wie Anm. 19), S. 8–27.

23   Die Rekonstruktion und Wiederaufführung des Spiels war eine Aufgabe des Forschungsprojekts ›Strategie spielen‹ (www.strategiespielen.de); die Ergebnisse des Projekts sind in Nohr/Böhme (wie Anm. 8) niedergelegt, die Rekonstruktion des Spiels befindet sich im Computerspielemuseum Berlin.

24   Horn, Eva: Den Krieg als Spiel denken: Boyscouts and Wargames, in: Holtorf, Christian/Pias, Claus (Hg.): *Escape! Computerspiele als Kulturtechnik*, Köln 2007, S. 215–224, hier S. 216–217.

Gegebenenfalls ist das Hellwigsche Brettspiel als Ausbildungsmittel in seiner konkreten Umsetzung gar nicht so effizient – die bei Clausewitz so zentrale Formulierung der Unsicherheit in den Sachen des Krieges beispielsweise wird durch das Hellwig-Spiel gänzlich ausgeklammert.[25] Dennoch scheint die eher abstrakte Zurichtung der jungen Pagen in eine spezifische Diskursposition der Rationalität selbst das wesentliche Merkmal des Spiels zu sein – es vermittelt eine abstrakte Rationalität des strategischen Denkens als übergreifende Wissensordnung.

MILITARY-ENTERTAINMENT-COMPLEX: UNTERNEHMENSPLANSPIELE

Dass es sich bei der dem Hellwigschen Spiel innewohnenden Rationalitätsordnung nicht nur um ein punktuelles, historisches Phänomen handelt, sondern dass wir hier durchaus von einer wirkmächtigen, diskursiven Konstellation sprechen können, die bis heute nachwirkt, lässt sich zeigen, wenn wir in einem kühnen, historischen Sprung rund 170 Jahre nach vorne setzen. Hier begegnen wir (um 1950) dem Beginn der Unternehmensplanspiele.

Unternehmensplanspiele sind ökonomische und betriebswirtschaftliche Aus- und Weiterbildungsmittel, die im Zusammenspiel einer spezifischen Konstellation aus Wirtschaft, Informatik, Medien und Gesellschaft nach Ende des Zweiten Weltkriegs entstehen. Unternehmensplanspiele, die auch als Simulations- und Lernsysteme bezeichnet werden, bilden einen Ausschnitt aus der ökonomischen, politischen oder sozialen Wirklichkeit ab. Sie werden zu einer charakteristischen Praktik fortgeschrittener Industriegesellschaften. Unternehmensplanspiele enthalten vor allem Modelle zu wirtschaftlichen Zusammenhängen.

> »We define a business simulation as sequential decision-making exercise structured around a model of business operations in which participants assume the role of managing the simulated operations. We use the terms ›simulation‹ and ›game‹ interchangeably«.[26]

Interessant an diesen Unternehmensplanspielen ist nun zweierlei: zum einen beziehen sich die Theoretiker und Entwickler dieser Spiele in ihren Darlegungen wiederholt und eindringlich auf die direkte Abstammung der Unternehmensplanspiele von den Kriegsbrettspielen beispielsweise Hellwigschen Zuschnitts (siehe auch Abbildung 5).

---

25 Grundsätzlich ist wohl offensichtlich, dass am rationalen Ansatz Hellwigs Kritik geübt werden kann. Konkret kann beispielsweise auf die Absenz des Moments des Zufälligen im Spiel verwiesen werden – ein Fakt der bei Clausewitz deutliche Beachtung findet. Eine generelle Kritik formuliert Pias in seiner ausführlichen Beschäftigung mit dem Spiel: »Zusammenfassend läßt sich sagen, daß Hellwig versucht, verschiedene Aspekte von Agenten, Gelände, Maschinen, Kommunikation, Synchronizität und Auszahlung auf der Basis des Schachspiels zu implementieren. Dabei zeigt sich erstens, daß das Schachspiel als diskreter Apparat mit den Eigenschaften serieller Abarbeitung einzelner Anweisungen, punktmechanischer Kausalität und Verarbeitung ausschließlich natürlicher Zahlen für diese Ansprüche in den wenigsten Fällen zureichend geeignet ist. Vielmehr bedürfte es eines analogen, parallelverarbeitenden Apparates, der mit Wahrscheinlichkeitsverteilungen rechnet. Zweitens wird deutlich, wie eine Modellierung schon weniger Parameter des Kriegstheaters zu einer verwaltungstechnischen Überforderung der Spieler führt, die nur durch Delegation von Buchführung und Kalkulation an eine externe Instanz zu lösen wäre«, Pias (wie Anm. 4), S. 171.

26 Greenlaw, Paul S./Herron, Lowell W./Rawdon, Richard H.: *Business Simulation in Industrial and University Education*, London 1962, S. V.

Abbildung 5: Teilnehmer des Management Planspiels der Farbwerke Hoechst (1962).

Eine solche Ableitung forciert teilweise das In-Eins-Fallen von militärischem und ökonomischem Konfliktfeld:

»Das militärische Planspiel ist zugleich Bildungsmittel, Versuchsfeld und Führungswerkzeug. Alle drei Zwecke sind miteinander verwoben. Bald liegt der Schwerpunkt auf der Aus- und Fortbildung, bald auf der Erprobung von Vorhaben, bald auf der Auslese von Führungskräften. In den meisten Fällen überwiegt der Charakter des Planspiels als Bildungsmittel: Übung und Schulung für das Gefecht«.[27]

Häufiger jedoch wird die Verwandtschaft von militärischem und zivilem Planspiel in der innewohnenden analogen Steuerungspolitik veranschlagt:

»Nun ist die logische Struktur unternehmerischer Entscheidungen den strategischen und taktischen Problemen der militärischen Führung recht ähnlich. Auch der Unternehmer muss, neben den Verhältnissen in einer eigenen Unternehmung, die Gegebenheiten seiner wirtschaftlichen und sozialen Umwelt und die Aktionen und Reaktionen der Marktpartner in seine Entscheidungsüberlegungen miteinbeziehen. Auch er gestaltet durch seine Entscheidungen von heute sehr wesentlich seinen Entscheidungsspielraum von morgen«.[28]

Diese Bezugnahmen verwundern bei genauer Betrachtung nicht – lässt sich doch eine relativ ungebrochene Reihe von Simulationsspielen von Anfang des 18. Jahrhunderts bis zum Beginn des 20. Jahrhunderts zeichnen, die sich im Wesentlichen – und dies bildet den zweiten Punkt, der hier unsere Aufmerksamkeit verdient – dadurch auszeichnet, dass die darin aufscheinenden Spielkonzepte jeweils in der Ambivalenz von Probehandeln und Handeln aufgespannt sind. In ihnen werden, wie schon am Hellwigschen Spiel angedeutet, spezifische Rationalitäten des strategischen Denkens verhandelt und zur

27   Rehm, Max: *Das Planspiel als Bildungsmittel in Verwaltung und Wirtschaft, in Politik und Wehrwesen, in Erziehung und Unterricht*, Heidelberg 1964, S. 39.
28   Koller, Horst: *Simulation und Planspieltechnik. Berechnungsexperimente in der Betriebswirtschaft*, Wiesbaden 1964, S. 73.

Der Stammbaum des Planspiels

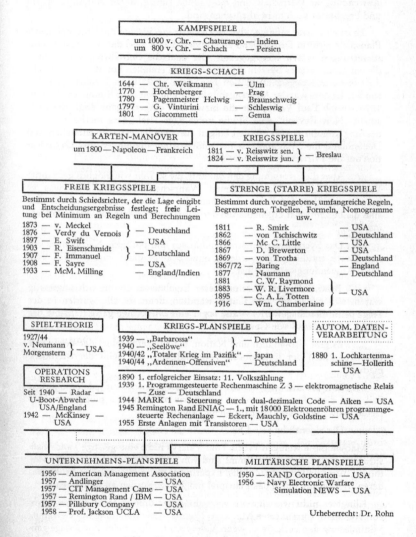

KAMPFSPIELE
um 1000 v. Chr. — Chaturango — Indien
um 800 v. Chr. — Schach   — Persien

KRIEGS-SCHACH
1644 — Chr. Weikmann   — Ulm
1770 — Hochenberger   — Prag
1780 — Pagenmeister Helwig — Braunschweig
1797 — G. Vinturini   — Schleswig
1801 — Giacommetti   — Genua

KARTEN-MANÖVER

um 1800 — Napoleon — Frankreich

KRIEGSSPIELE

1811 — v. Reisswitz sen. ⎫ — Breslau
1824 — v. Reisswitz jun. ⎭

FREIE KRIEGSSPIELE

Bestimmt durch Schiedsrichter, der die Lage eingibt und Entscheidungsergebnisse festlegt; freie Leitung bei Minimum an Regeln und Berechnungen

| 1873 — v. Meckel   ⎫ |
| 1876 — Verdy du Vernois   ⎬ — Deutschland |
| 1897 — E. Swift   — USA |
| 1903 — R. Eisenschmidt   ⎫ |
| 1907 — F. Immanuel   ⎬ — Deutschland |
| 1908 — F. Sayre   — USA |
| 1933 — McM. Milling   — England/Indien |

STRENGE (STARRE) KRIEGSSPIELE

Bestimmt durch vorgegebene, umfangreiche Regeln, Begrenzungen, Tabellen, Formeln, Nomogramme usw.

| 1811 — R. Smirk   — USA |
| 1862 — von Tschischwitz   — Deutschland |
| 1866 — Mc C. Little   — USA |
| 1867 — D. Brewerton   — USA |
| 1869 — von Trotha   — Deutschland |
| 1867/72 — Baring   — England |
| 1877 — Naumann   — Deutschland |
| 1881 — C. W. Raymond   ⎫ |
| 1883 — W. R. Livermore   ⎬ — USA |
| 1895 — C. A. L. Totten   ⎪ |
| 1916 — Wm. Chamberlaine   ⎭ |

SPIELTHEORIE

1927/44
v. Neumann ⎫ — USA
Morgenstern ⎭

OPERATIONS RESEARCH

Seit 1940 — Radar —
U-Boot-Abwehr —
USA/England
1942 — McKinsey —
USA

KRIEGS-PLANSPIELE

1939 — „Barbarossa"   ⎫ — Deutschland
1940 — „Seelöwe"   ⎭
1940/42 „Totaler Krieg im Pazifik" — Japan
1940/44 „Ardennen-Offensiven" — Deutschland
1890 1. erfolgreicher Einsatz: 11. Volkszählung
1939 1. Programmgesteuerte Rechenmaschine Z 3 — elektromagnetische Relais — Zuse — Deutschland
1944 MARK 1 — Steuerung durch dual-dezimalen Code — Aiken — USA
1945 Remington Rand ENIAC — 1., mit 18000 Elektronenröhren programmgesteuerte Rechenanlage — Eckert, Mauchly, Goldstine — USA
1955 Erste Anlagen mit Transistoren — USA

AUTOM. DATEN-VERARBEITUNG

1880 1. Lochkartenmaschine — Hollerith — USA

UNTERNEHMENS-PLANSPIELE

| 1956 — American Management Association |
| 1957 — Andlinger   — USA |
| 1957 — CIT Management Came — USA |
| 1957 — Remington Rand / IBM — USA |
| 1957 — Pillsbury Company   — USA |
| 1958 — Prof. Jackson UCLA   — USA |

MILITÄRISCHE PLANSPIELE

1950 — RAND Corporation — USA
1956 — Navy Electronic Warfare
Simulation NEWS — USA

Urheberrecht: Dr. Rohn

Bild 4: Der Stammbaum des Planspiels

25

Abbildung 6: Der Stammbaum des Planspiels.

Internalisierung angeboten. Der Weg von der Pagen-Ausbildung zur Schulung des mittleren und oberen Managements und den Ausbildungsgängen der Business Schools ab Mitte des 20. Jahrhunderts markiert einerseits eine konzeptuelle Kontinuität, gleichzeitig aber eben auch die Spur einer diskursiven Konstellation, die auf die Versinnlichung von abstrakten Wissenskonstellationen setzt. Würde man die Quintessenz dieser Wissenskonstellationen auf einen Nenner bringen wollen, so wäre es wohl sinnvoll, in der Gesamtschau des Diskurses nicht mehr länger nur von militärischem oder strategischem Wissen zu sprechen, sondern übergreifender von der Adaption der spielenden Subjekte an eine spezifische Kultur der Entscheidungen. So wie das Hellwigsche Spiel seinen Spieler an eine spezifische Rationalität der Vorausplanung, Steuerung und einen (raumpolitischen) Vorentwurf von Handlungswissen heranführt, so sind auch die Unternehmensplanspiele in ihrer Rationalität weitaus übergreifender, als ihre eigentliche Funktion und Thematisierung als Lehr-Lern-Umfeld vermuten lässt. Der Durchgang durch ein Unternehmensplanspiel, so könnte man vermuten, internalisiert weniger konkretes, betriebswirtschaftliches oder makroökonomisches Wissen als vielmehr einen abstrakten, diskursiven Wissensbestand – nämlich die grundsätzliche Entscheidbarkeit und Planbarkeit komplexer, systemischer Korrelationen.

Subsumieren wir diese hier nur verkürzt vorgetragene Argumentationslinie, so gewinnen wir in Ansätzen ein Bild davon, wie das Spielen mit den Gegenständen eines militärisch-unterhaltenden Komplexes über das Moment der Versinnlichung die ideologischen und spezifischen Implementierungen ökonomischer und konfligierender Rationalitäten betreibt. Im Sinne von Lenoir und Lowood ist nicht mehr länger zwischen rein militärischen und rein ökonomischen Simulationen zu unterscheiden.[29] Und ganz im Sinne der naturalisierenden Kraft der Diskurse erscheint den spielenden Subjekten die strukturierende Kraft der Spieldiskurse nicht offensichtlich. Sowohl Hellwig wie auch die Unternehmensplanspiele setzen auf die Internalisierung im Spiel. Beide konzipieren ein (im Grunde ähnliches) Spiel, und beide zielen darauf ab, mit diesem Spiel bestimmte Werthaltungen und Handlungsformen versinnlichen zu können. Hellwig setzt auf die Erziehung von jungen Kadetten und Pagen, die Planspiele setzen auf die Adaption an Entscheidungskulturen und rationale Steuerungsprozesse. Beide gehen von einer Wirkungsweise aus, in der das Spiel institutionalisiert werden kann, um intendierte Werthaltungen zu vermitteln. Beide schlagen die Versinnlichung als Methode des Lernens vor. Hellwig wie die »business simulations« entwerfen eine Idee des (symbolischen) Probehandelns, innerhalb dessen der Spielende eine naturalisierte (also unsichtbare) Form ideologischer Werte internalisieren soll. ›Ideologische Werte‹ meint in diesem Zusammenhang zunächst nur, dass im spielerischen Probehandeln eine Symbiose aus Wissen (und dessen Vermittlung) und alltäglicher Handlungsrelevanz stattfindet, dass also ein Wissen über ein bestimmtes Segment der Welt in einer hierarchischen Geste (vom Lehrer zum Schüler) an ein verallgemeinertes Wissen über die Welt geknüpft wird (und dabei die sichtbare Hierarchie der Institutionen latent außer Kraft setzt). Die Effektivität dieser Weitergabe

---

29   Einer von mehreren denkbaren technik- und spielhistorisch dezidierten ›Übergängen‹ vom militärisch-strategisch geprägten und überformten Planspiel hin zu ›unterhaltenden‹ Strategie- und Aufbausimulationen des populären Computerspiels bilden die (meist schon computergestützten) conflict simulations (CoSims). Der eigentliche Kern der CoSims ist aber – ähnlich wie bei allen Kriegsspielen – die Überformung des Kriegs in ein Regelwerk und das damit einhergehende Unterfangen, die inhärente Steuerungslogik vom rein konfligierenden hin zu einem auch ökonomischen Handlungsraum zu überformen.

liegt in der Simulation von Lebenserfahrung durch das Spiel, vor allem durch die Identifikation mit der Handlungsrolle im Spiel im Sinne einer Selbstwirksamkeit. Während wir
spielen, naturalisieren wir die Ideologien neoliberaler und gewaltbasierter Politiken nicht
im Sinne der ›Fremd-‹ sondern der Selbstregierung.[30]

An so verhandelten ›Handlungsmodalitäten‹ lässt sich nicht nur darüber reflektieren, inwieweit Spielen als Handeln oder Probehandeln zu konzeptualisieren wäre (eine
in Bezug auf die Medialität wie Performanz des Spiels nicht unerhebliche Frage), es lässt
sich auch zeigen, dass bestimmte Wissensdiskurse sich zwar permanent umcodieren, dennoch aber als durchgängige Mäander zu verstehen sind, die sich durch die historische
Dimension wie auch durch die Genealogie von Computerspielen ziehen. Gerade am Beispiel des Strategischen lässt sich eine erste exemplarische Wirkung von Computerspielen nachzeichnen. Das konstante und konsequente Monitoring bestimmter Spiele, also
die konsequent evozierte Selbst-Beobachtung, wird in der Betonung des Strategischen
als Technik einer auf das Subjekt bezogenen Selbststeuerung erkennbar, die – und dies
scheint zentral – eben nicht aus einem passiv zu veranschlagenden Kontrollmoment von
spieltechnischem Apparat, sondern eben aus dem Moment der Handlungsnotwenigkeit
erwächst. Das Handeln im Spiel selbst setzt das Spiel erst in Gang, schmiegt sich aber
ebenso in die Notwendigkeiten und Vorgaben der diskursiven Vorgaben ein. Die Praxis
des Spiels ist ebenso ausgerichtet an Steuerungsformationen wie die diskursive Bedeu-
tungsentfaltung.[31]

An dieser Stelle aber nun ist es entscheidend, auf die oben gemachte Zweiteilung
des Versinnlichungsbegriffs hinzuweisen. Denn die Effektivität der Versinnlichung ist an
dieser Stelle nicht nur eine Operation der Naturalisierung von Diskursen, sondern auch
ein Effekt der Medialität. Begreifen wir die Konfliktsimulationen und Planspiele als symbolische Operationen, die durch ein spezifisches technologisches System effektiv werden,
so macht es durchaus Sinn, Spiele in diesem Zugriff als Medien zu begreifen. Und wie
eben jedes (technische Massen-) Medium dazu tendiert, seine technischen Bedingungen
transparent werden zu lassen, um seine eigentliche Funktionalität zu sichern, so machen
eben auch die Spielkonzepte der hier vorgestellten Diskurslinie keinen Unterschied.
Gerade durch die Einbindung der Spiele in eine Mediengeschichte des Spiels und ihre
Verkopplung mit dem Handlungskonzept des Spielerischen sichern sie ihre naturhafte
Wirkung. Grob verkürzt wird hier argumentiert, dass es den Spielenden innerhalb solcher
Spielkonzepte nur schwer möglich ist, den Rahmen des Spiels als Probehandlung zu ver-
lassen – eben weil ein Spiel per se ein Spiel ist.[32] Dies scheint auf den ersten Blick gerade
angesichts der in den hier erwähnten Beispielen verhandelten Narrative befremdlich. Wie

30   Vgl. dazu ausführlich: Nohr, Rolf F.: »Du bist jetzt ein heldenhafter Stratege«. Die Anrufung des stra-
     tegischen Subjekts, in: Böhme, Stefan/ders./Wiemer, Serjoscha (Hg.): *Diskurse des strategischen Spiels:
     Medialität, Gouvernementalität, Topografie*, Münster 2014, S. 19–68.
31   Zum Begriff des Monitoring vgl. ausführlich: Nohr, Rolf F.: Krieg auf dem Fußboden, am grünen Tisch
     und in den Städten. Vom Diskurs des Strategischen im Spiel, in: Nohr/Wiemer (wie Anm. 19), S. 29–68.
32   Ich beziehe mich mit dem Begriff der Rahmung hier auf das Konzept Gregory Batesons zur Ambi-
     valenz des Spiels zwischen (konsequenzenlosem) Probehandeln und performantem Wirken. Vgl. dazu
     auch Nohr, Rolf F.: The Naturalization of Knowledge. Games between Common Sense and Specialized
     Knowledge, in: Günzel, Stephan/Mersch, Dieter/Liebe, Michael (Hg.): *Logic and Structure of the Com-
     puter Game*, Potsdam 2010, S. 130–145, http://opus.kobv.de/ubp/volltexte/2010/4274/pdf/digarec04_
     S130_145.pdf [15.05.2015].

kann sich der Page des Hellwigschen Kriegsspiels und wie der angehende Jungmanager im Rahmen seiner Weiterbildung an einer Unternehmenssimulation darauf zurückziehen, ›nur‹ ein Spiel zu spielen?

Die Antwort hierauf liegt bei näherer Betrachtung (unter anderem) im speziellen Moment des Spiels begründet. Gerade durch die Markierung als Spiel, als ein Handeln im Reich der Zeichen, gewinnt das Spiel seine Wahrnehmung als per se konsequenzlos. Spielen stellt eine so mächtige und unhinterfragbare gesellschaftliche Konstellation dar, dass ein Wechseln des Rahmens, der Perspektive auf das Spiel hier nur mit großer Mühe vollzogen werden kann. Die Markierung des rein zeichenhaften Handelns, gepaart mit der Materialität des Spielzeugs schafft einen hinreichend stabilen Raum eines vorgeblichen Handelns im Unwirklichen. Gesteigert wird eine solche Konstellation nur noch durch den Einsatz von technologischen bzw. medialen Konstellationen: So ist die Effektivität der Unternehmensplanspiele womöglich nicht zuletzt dadurch noch effizienter und stabiler, als sie sich (im Gegensatz zur Notationslogik des Hellwigschen Spiels) zudem auf den jungen Computern und Großrechenanlagen entfalten – und ihre historische Fortsetzung nur konsequent in den Arbeitsgeräten und Medientechniken des Alltags finden: den Homecomputern, Notebooks und Spielkonsolen unserer Tage.

QUELLENVERZEICHNIS

Clausewitz, Carl von: *Vom Kriege*, Buch 1, Berlin 1832.

Greenlaw, Paul S./Herron, Lowell W./Rawdon, Richard H.: *Business Simulation in Industrial and University Education*, London 1962.

Hellwig, Johann Christian Ludwig: *Versuch eines aufs Schachspiel gebaueten taktischen Spiels von zwey und mehreren Personen zu spielen*, Leipzig 1780, http://reader.digitale-sammlungen.de/de/fs1/object/display/bsb10431597_00001.html [15.05.2015].

Hellwig, Johann Christian Ludwig: *Das Kriegsspiel. Ein Versuch die Wahrheit verschiedener Regeln der Kriegskunst in einem unterhaltsamen Spiel anschaulich zu machen*, Braunschweig 1803, http://www.digibib.tu-bs.de/start.php?suffix=jpg&maxpage=240&derivate_id=2063 [15.05.2015].

Historische Commission bei der Königl. Akademie der Wissenschaften (Hg.): *Allgemeine deutsche Biografie*, Leipzig 1881, Bd. 13/2, S. 498–499.

Horn, Eva: Den Krieg als Spiel denken: Boyscouts and Wargames, in: Holtorf, Christian/Pias, Claus (Hg.): *Escape! Computerspiele als Kulturtechnik*, Köln 2007, S. 215–224.

Koller, Horst: *Simulation und Planspieltechnik. Berechnungsexperimente in der Betriebswirtschaft*, Wiesbaden 1964.

Lowood, Henry E./Lenoir, Tim: Kriegstheater: Der Militär-Unterhaltungs-Komplex, in: Schramm, Helmar/Schwarte, Ludger/Lazardzig, Jan (Hg.): *Kunstkammer, Laboratorium, Bühne: Schauplätze des Wissens im 17. Jahrhundert*, Berlin 2003, S. 432–464.

Neitzel, Britta/Nohr, Rolf F.: Das Spiel mit dem Medium. Partizipation – Immersion – Interaktion, in: dies. (Hg.): *Das Spiel mit dem Medium. Partizipation – Immersion – Interaktion. Zur Teilhabe an den Medien von Kunst bis Computerspiel*, Marburg 2006, S. 9–17.

Nohr, Rolf F./Wiemer, Serjoscha: Strategie Spielen. Zur Kontur eines Forschungsprojekts, in: dies. (Hg.): *Strategie spielen. Medialität, Geschichte und Politik des Strategiespiels*, Berlin 2008, S. 8–27.

Nohr, Rolf F.: Krieg auf dem Fußboden, am grünen Tisch und in den Städten. Vom Diskurs des Strategischen im Spiel, in: ders./Wiemer, Serjoscha (Hg.): *Strategie spielen. Medialität, Geschichte und Politik des Strategiespiels*, Berlin 2008, S. 29–68.

Nohr, Rolf F./Böhme, Stefan: ›*Die Auftritte des Krieges sinnlich machen‹. Johann C. L. Hellwig und das Braunschweiger Kriegsspiel*, Braunschweig 2009.

Nohr, Rolf F.: The Naturalization of Knowledge. Games between Common Sense and Specialized Knowledge, in: Günzel, Stephan/Mersch, Dieter/Liebe, Michael (Hg.): *Logic and Structure of the Computer Game*, Potsdam 2010, S. 130–145, http://opus.kobv.de/ubp/volltexte/2010/4274/pdf/digarec04_S130_145.pdf [15.05.2015].

Nohr, Rolf F.: »Du bist jetzt ein heldenhafter Stratege«. Die Anrufung des strategischen Subjekts, in: Böhme, Stefan/ders./Wiemer, Serjoscha (Hg.): *Diskurse des strategischen Spiels: Medialität, Gouvernementalität, Topografie*, Münster 2014, S. 19–68.

Pias, Claus: *Computer Spiel Welten*, München 2002.

Rehm, Max: *Das Planspiel als Bildungsmittel in Verwaltung und Wirtschaft, in Politik und Wehrwesen, in Erziehung und Unterricht*, Heidelberg 1964.

Rohn, Walter: *Führungsentscheidungen im Unternehmensplanspiel*, Essen 1964.

Sandkühler, Gunnar: Die philanthropische Versinnlichung Hellwigs Kriegsspiel als pädagogisches und immersives Erziehungsmodell, in: Nohr, Rolf F./Wiemer, Serjoscha (Hg.): *Strategie spielen. Medialität, Geschichte und Politik des Strategiespiels*, Berlin 2008, S. 69–86.

Winkler, Hartmut: Mediendefinition, in: *Medienwissenschaft: Rezensionen – Reviews 1*, 2004, S. 9–27.

ABBILDUNGSVERZEICHNIS

Abbildung 1: Im Besitz des Verfassers (o. J.).

Abbildung 2: Niedersächsische Staats-und Universitätsbibliothek Göttingen (Sign. 8 u. 2 ARS MIL 1120/5).

Abbildung 3: Hellwig, Johann Christian Ludwig: *Versuch eines aufs Schachspiel gebaueten taktischen Spiels von zwey und mehreren Personen zu spielen*, Leipzig 1780, hier: §1, http://reader.digitale-sammlungen.de/de/fs1/object/display/bsb10431597_00001.html.

Abbildung 4: Hellwig 1780, Tafel im Besitz von W. Angerstein.

Abbildung 5: Teilnehmer des Management Planspiels der Farbwerke Hoechst, in: *Der Spiegel* 30, 1962, S. 37.

Abbildung 6: Rohn, Walter: *Führungsentscheidungen im Unternehmensplanspiel*, Essen 1964, S. 25.

KRIEG SPIEL RAUM

STEPHAN GÜNZEL

Nicht zuletzt durch den Cyberwar, die kybernetische Kriegsführung, wie sie insbesondere durch den vermehrten Einsatz ferngelenkter Drohnen zur vermeintlich präzisen
Bekämpfung und Tötung feindlicher Kombattanten ins öffentliche Bewusstsein gerückt
ist, erscheinen Computerspiele in einem anderen Licht: Waren sie bislang entweder als
Killerspiele, die zumeist männliche Jugendliche in amoklaufende Killermaschinen verwandeln, diffamiert worden oder wurde deren Nutzung ohnehin nur als – mit Friedrich
Kittlers enigmatischer Formel aus dem Ersten Weltkrieg gesprochen – »Mißbrauch von
Heeresgerät«[1] betrachtet, so wird nun deutlich, dass Computerspiele selbst nicht Kinder
des Krieges, sondern, wenn nicht deren Väter, so doch wohl deren technische Geschwis-
ter sind. Dies lässt sich deutlich an einem Computerspiel aus den 1980er Jahren zeigen,
welches ein Meilenstein der Computerspielgeschichte ist, insofern damit auf bislang un-
gesehene Weise ein tiefenräumlicher Perspektiveindruck in (nichtstereoskopischem) 3-D
vorlag, dessen interaktives Bewegtbild in Echtzeit generiert und damit manipuliert werden konnte. Dies ist in dem betreffenden Spiel allerdings nur um den Preis einer reinen
Vektordarstellung ohne jegliche Texturen zu haben.

Die Rede ist von dem Spiel »Battlezone«, welches Atari 1980 als vertikales Kabinett
in die Arcades brachte. In dem Spiel herrscht – wie in den Spielhallen selbst – ewige
Nacht (denn auch der schwarze Hintergrund ergab sich aus der technischen Limitation).
Besonders bemerkenswert war aber der auf die Phosophorbeschichtung früher Röhren-
monitore verweisende Grünton. Die eigentliche Darstellung bestand aus weißen Linien,
die durch eine über dem Monitor angebrachte Folie mit grüner Einfärbung im Hauptbe-
reich und einer roten im oberen Abschnitt modifiziert wurde, wo ergänzend zur Perspek-
tivansicht des 3-D-Raums eine als Radargerät kaschierte Miniaturkarte mittig angebracht
war. Die Immersion in die virtuelle Realität dieser Panzersimulation wurde technisch
dadurch vollendet, dass die Spieler durch eine zum Periskop stilisierte Blickvorrichtung
schauen mussten, während sie solcherart eingetaucht mit zwei Steuerhebeln blind die
Perspektive auf den Raum verändern konnten – sprich den Panzer durch das Kriegsgebiet
fahren, in dem andere Panzer, aber auch UFOs abzuschießen waren, bevor diese das von
den Spielern gesteuerte Vehikel zerstören konnten. Auch wenn die Bewegung von heute

---

1 Kittler, Friedrich A.: *Grammophon, Film, Typewriter*, Berlin 1986, S. 149.

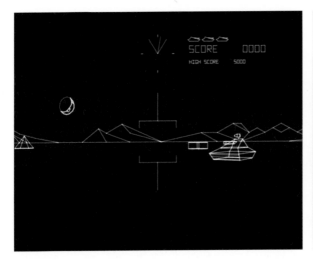

Abbildung 1/2: »Battlezone« (1980).

aus gesehen langsam war, und deren Freiheitsgrade auf die Flächenbewegung entlang der Z-Achse und eine Drehung um die X-Achse beschränkt war (weder war also die vertikale Variation der X-Achse noch eine Seitwärtsbewegung entlang der X-Achse möglich), kam diese Simulation der tatsächlichen Steuerung eines Panzers doch recht nahe. So ist es denn kaum verwunderlich, dass die US-Armee bei Atari eine Variante des Spiels als Trainingsgerät für Panzerfahrer in Auftrag gab. Der nach dem Fahrzeugtyp »Bradley-Trainer« genannte Automat war jedoch eine gegenüber der Vorlage reichlich abgespeckte Variante, insofern hier allein eine Drehung um die Y-Achse möglich war. Gerade deshalb aber zeigt der Fall, dass nicht die Unterhaltungsindustrie sich Militärgerät anverwandelte, sondern umgekehrt, das Militär sich bei jener bediente.

 »Battlezone« ist damit auch ein Meilenstein in der Geschichte der Gamification, also der Ausweitung der Spielzone, hinein in die ›ernsthafte Welt‹. Zugleich ist »Battlezone« der erste echte und für die Öffentlichkeit zugängliche First Person-Shooter – also ein Spiel, das in der Perspektive der ersten Person gespielt wird. Die im Deutschen sogenannten Ego-Shooter können als formaler Nullpunkt der vielfältigen Geschichte digitaler Spiele betrachtet werden, weil bei ihnen die ureigenste Leistung der ehedem Videospiel genannten Artefakte zu Tage tritt: Es sind Spiele, deren Prinzip auf dem Selbstsehen (lat. *video* = ich sehe) beruht. Für das Thema der medialen Konstitution von Raum in Krieg und Kriegsszenarien sind Ego-Shooter darüber hinaus aber auch relevant, weil in ihnen das Schießen unmittelbar an die Raumnavigation gebunden ist.

1. DIGITALE NAVIGATION

Jede Bewegungseingabe seitens der Nutzer hat im Computerspiel eine Bildveränderung zur Folge, die wiederum die Grundlage für eine erneute Eingabe, das Beibehalten oder Abändern einer eingeschlagenen Richtung ist. Auch die Navigationsmöglichkeiten in

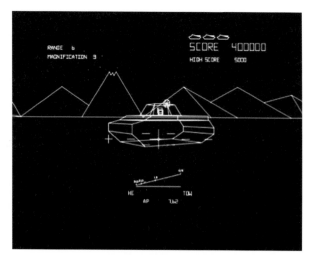

Abbildung 3: »Bradley-Trainer«
(ca. 1980).

einem Ego-Shooter sind zwar im Programm des Spiels angelegt, für die Spieler erfahrbar sind sie jedoch erst im Spielvollzug, das heißt, dem interaktiven Bildgebrauch. Das Programm kann Möglichkeiten der Raumnutzung vorgeben und sie in Teilen auch determinieren, diese Determination kann jedoch nie vollständig sein – sonst wäre das Computerspiel kein interaktives Bild, sondern ein Bewegungsbild oder eine abgeschlossene Erzählung. Frühe Theorien des Computerspiels haben daher im Blick auf eine neue Mediengattung von interaktiver oder kybernetischer Literatur gesprochen, deren Verlauf nur insoweit festgelegt ist, als bestimmte Optionen und Wahlmöglichkeiten vorgegeben werden. Anders aber als bei der Interaktion mit einem Bild, ist die Interaktion mit einem Text im strengsten Sinne digital, insofern sie diskret ist. Digitalität nicht nur auf die nichtwahrnehmbaren Medienvorgänge auf der Unterfläche zu betrachten, wie Frieder Nake diesen Bereich treffend nennt,[2] sondern auch auf oder an der Oberfläche, wurde zwar erstmals von Nelson Goodman in Betracht gezogen, jedoch von diesem wie auch anderen allenfalls sporadisch angewandt.[3] Im letzteren Fall liegt dies insbesondere daran, dass im Zuge der Debatte um Neue Medien das Neue vor allem in der Digitalität gesucht wurde, und die Differenz zwischen analog und digital folglich immer an die Computerhardware gebunden blieb. Von hier aus wurde denn auch Goodmans Unterscheidung als medienblind verworfen.[4] (Was sich mit Alan Turing, dem Vordenker diskreter Zustände, sogleich zurückgeben ließe, da er ganz im Gegenteil die Idee diskreter Informationseinheiten als eine Abstraktion des Menschen ansieht, da auf Ebene der Maschine kontinu-

2   Vgl. Nake, Frieder: Zeigen, Zeichnen und Zeichen. Der verschwundene Lichtgriffel, in: Hellig, Hans Dieter (Hg.): *Mensch-Computer-Interface. Zur Geschichte und Zukunft der Computerbedienung*, Bielefeld 2008, S. 121–154.

3   Vgl. Goodman, Nelson: *Sprachen der Kunst. Entwurf einer allgemeinen Symboltheorie*, Frankfurt am Main [2]1998, (engl. Originalausgabe: *Languages of Art. An Approach to a Theory of Symbols*, Indianapolis 1968), S. 154 ff.

4   Vgl. etwa Hölscher, Thomas: Nelson Goodmans Philosophie des Analogen und des Digitalen, in: Warnke, Martin/Coy, Wolfgang und Tholen, Georg Christoph (Hg.): *HyperKult II. Zur Ortsbestimmung analoger und digitaler Medien*, Bielefeld 2005, S. 111–122.

ierlich Strom fließt.[5]) Im Zuge der Normalisierung im Umgang mit dem Computer kann nun jedoch für eine Differenzierung eingetreten werden: Analogizität und Digitalität gibt es sowohl auf der Seite des Mediums in Hard- und Software als auch auf Seiten des medialen Ausdrucks, wobei beide jeweils nicht durch die andere Seite bedingt sein müssen. Mit anderen Worten: Ebenso wie sich mit einem Digitalrechner analoge – kontinuierliche oder dichte – Erscheinungen produzieren lassen, kann ein analoges Medium digitale – diskrete oder differenzierte – Erscheinungen hervorbringen. Keineswegs muss im Fall von Digitalbildern daher behauptet werden, dem Bildträger oder den Bildobjekten käme kein Sein (als Bild) zu.[6] Allenfalls sind Bilder immer ein »Nichts«[7], wie Husserl schreibt, da sie sich im doppelten Widerstreit zwischen Materialität und Referenzialität befinden, aber wenn sie dies sind, dann auch schon im Fall von handgezeichneten Bildern. Walter Seitter hat daher vorgeschlagen, das Wort digital entsprechend seiner Etymologie im medientheoretischen Kontext mit »fingerig«[8] zu übersetzen und weist darauf hin, dass digitale Bildträger, die analoge Erscheinungen hervorbringen, bereits in der Antike anzutreffen sind, nämlich als Mosaike.

Bei Simulationsbildern liegt jedoch die besondere Situation vor, dass sie als digital erzeugte Bilder auch digital rezipiert werden können. Dies erfolgt jedoch nicht in einem Ego-Shooter, der als kontinuierliche Perspektivdarstellung selbstredend analog rezipiert wird, sondern bei Textadventuren. Hierbei lässt sich die Digitalität der Interaktion gar an der Ebene der Interaktion festmachen, die dies nur im übertragenen Sinne ist: die Interpretation. Die Interaktion ist eine der Innerlichkeit, nicht der Äußerlichkeit wie im Fall von Simulationsbildern. So schreibt der Cybertexttheoretiker und Game Studies-Pionier Espen Aarseth, dass

> »[d]ie Leistung von ›Lesern‹ eines herkömmlichen Textes ›gänzlich im Kopf‹ statt[findet], während der User eines Cybertextes auch in einem *extranoematischen* Sinne etwas *tut*.«[9]

Analogizität im Fall der (inneren) Interpretation bestünde demnach in der Uneindeutigkeit der Textbedeutung, was geradezu ein Markenzeichen von Literatur sein kann, die dem Leser eine entsprechende Interpretationsarbeit abverlangt, die als hermeneutischer Zirkel nie zum Ende kommen kann, sondern allenfalls abgebrochen wird. Jedoch gibt es auch Texte, bei denen die Möglichkeit besteht, die Eineindeutigkeit auch auf der Ebene der Textbedeutung zu haben, wodurch diese digital im Sinne der Interpretation sind: Ein solcher Fall liegt mit textbasierten Computerspielen vor, bei denen die Interpretation in Form einer Texteingabe (wiederum in Reaktion auf Textausgaben) seitens der Spieler erfolgt.

---

5   »Streng genommen gibt es solche [diskreten] Maschinen nicht. In Wirklichkeit verläuft alles stetig.« Turing, Alan M.: Computermaschinerie und Intelligenz (1950), in: Bruns, Karin/Reichert, Ramón (Hg.): *Reader Neue Medien. Texte zur digitalen Kultur und Kommunikation*, Bielefeld 2008, S. 37–64, hier S. 43.

6   Vgl. Pias, Claus: Das digitale Bild gibt es nicht. Über das (Nicht-)Wissen der Bilder und die informatische Illusion, in: *zeitenblicke* 2/1, 2003, http://www.zeitenblicke.de/2003/01/pias/pias.pdf [08.06.2015].

7   Husserl, Edmund: Phantasie und Bildbewusstsein (1904/05), Hamburg 2006, S. 48.

8   Vgl. Seitter, Walter: *Malerei war schon immer digital*, 2006, http://www.lacan.at/seiten_LA/seitter.html [08. 06.2015].

9   Aarseth, Espen J.: *Cybertext. Perspectives on Ergodic Literature*, Baltimore/London 1997, S. 203.

Freilich kann auch der lesbare Text eines derartigen Spiels anderweitig interpretiert werden, aber eine solche Interpretation wird der medialen Differenz zwischen interaktiven und passiven Texten nicht gerecht: Ein Textadventure wird erst dann als Computerspiel gebraucht, wenn Spieler tatsächlich eine Eingabe tätigen; und diese Eingabe kann anders als bei herkömmlichen Texten eindeutig wahr oder eindeutig falsch sein – das heißt, zum Ziel (Ende des Spiels) führen oder nicht. So gibt auch Claus Pias in seiner einschlägigen Studie »Computer Spiel Welten« von 2002 zur Genealogie der maßgeblichen Computerspielgenres, wie insbesondere auch dem Adventure, zu bedenken, dass diese vermeintliche Form der Literatur weniger mit Fiktion gemein hat, als vielmehr mit der Auswahl vorgegebener Entscheidungsmöglichkeiten:

> »Wenn Adventurespiele bis heute unter eine Literatur namens ›Interactive Fiction‹ subsumiert werden, dann unterschlägt diese Definition einen unsichtbar gewordenen Text namens Programmcode, der die Möglichkeitsbedingung des ›literarischen‹ Weltentwurfes ist.«[10]

Zwar unterschlägt Pias in seiner Charakterisierung seinerseits, dass nicht die Unsichtbarkeit des Programmcodes allein für die spezifische Handhabung von textbasierten Adventurespielen verantwortlich ist, sondern auch die spezifische Interaktionsform, die dadurch ermöglicht wird (Eingabe per Tatstatur); aber er weist zu Recht darauf hin, dass in diesem Fall Digitalität sowohl auf der Ebene der Prozesse hinter dem Bildschirm als auch auf der Ebene der Eingabe gegeben ist, und zwar in Form deren Eindeutigkeit – mit anderen Worten: als diskrete Interpretation. Eine solche Eindeutigkeit liegt bei der Bildinteraktion mit dem primären Spielbild von Ego-Shootern allenfalls beim Bestätigen der Identifikation mittels Mausklick oder Tastendruck vor; ansonsten ist die Rezeptionsform als Interaktion (wie damit auch als Interpretation – da ein Ego-Shooter-Bild zu interpretieren heißt, Bildobjekte zu zentrieren) unter Gesichtspunkten der Medialität des Computerspiels wesensmäßig analog.

Das erste aller kommerziellen Computerspiele, die textbasiert waren und entsprechend eine digitale Spielraumnavigation bedingten, ist »Advent« von 1976, das einem ganzen Genre seinen Namen gab. Der Titel ist ein Kürzel für ›Adventure‹, was seinerseits eine Abkürzung von ›Colossal Cave Adventure‹ ist (in Anlehnung an das im Spiel adaptierte Wegenetz des weltgrößten Höhlensystems im US-Bundesstaat Kentucky). »Advent« basierte auf einem sogenannten Parser, einem semantischen Analyseprogramm für Texteingaben und Textausgaben, durch welche der selbst nicht visualisierte Gang durch das Höhlensystem – oder genauer: durch dessen reine Wegestruktur – aufgrund von alltagssprachlichen Befehlen bzw. Beschreibungen möglich war. Auch wenn auf narrativer Ebene dem Wegesystem Außenraumanteile zugesprochen werden (beschrieben wird die Landschaft mit Wald und Fluss vor der Höhle), so findet die Navigation durchgehend im Dunkeln statt, das heißt allein auf Grundlage der Textinteraktion: Zu sehen gibt es lediglich helle Schrift auf dunklem Grund. Der Spielbildraum ist gänzlich imaginär oder, mit Mark Wolf gesprochen, ist er im »off-screen«[11] – gleichwohl ist er navigierbar. Text

---

10 Pias, Claus: *Computer Spiel Welten*, München 2002, S. 125. – »›Interactive Fiction‹ muss also gerade umgekehrt gelesen werden: als Fiktion der Interaktivität […].« Ebd.

11 Wolf, Mark J.P.: Inventing Space. Toward a Taxonomy of On- and Off-Screen Space in Video Games, in: *Film Quarterly* 51, 1997, S. 11–23, hier S. 13.

```
PAUSE   INIT DONE statement executed
To resume execution, type go.  Other input will terminate the job.
go
Execution resumes after PAUSE.
 WELCOME TO ADVENTURE!!  WOULD YOU LIKE INSTRUCTIONS?


y
 SOMEWHERE NEARBY IS COLOSSAL CAVE, WHERE OTHERS HAVE FOUND
 FORTUNES IN TREASURE AND GOLD, THOUGH IT IS RUMORED
 THAT SOME WHO ENTER ARE NEVER SEEN AGAIN. MAGIC IS SAID
 TO WORK IN THE CAVE.  I WILL BE YOUR EYES AND HANDS. DIRECT
 ME WITH COMMANDS OF 1 OR 2 WORDS.
 (ERRORS, SUGGESTIONS, COMPLAINTS TO CROWTHER)
 (IF STUCK TYPE HELP FOR SOME HINTS)


 YOU ARE STANDING AT THE END OF A ROAD BEFORE A SMALL BRICK
 BUILDING . AROUND YOU IS A FOREST. A SMALL
 STREAM FLOWS OUT OF THE BUILDING AND DOWN A GULLY.
```

Abbildung 4: Emulation von »Advent« (1976) für PC

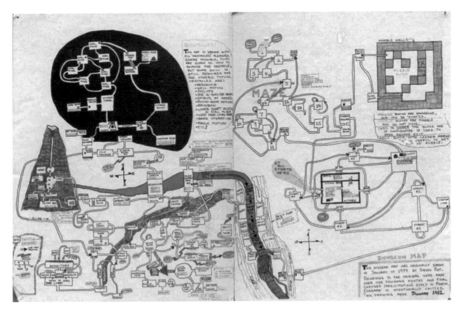

Abbildung 5: Anonym: Karte zu »Zork« (1980).

adventures sind solcherart nicht nur ein Grenzfall des Computerspiels als Interaktionsbild, sondern mit ihnen tritt ein Teil des Raumbildes in Reinform hervor: das Navigationsschema als Urbild der räumlichen Bewegungsmöglichkeiten. Bei allen anderen Spieletypen
tritt das Spektrum möglicher Bewegungen stets in Verbindung mit der Visualisierung der

Reaktionsvorgaben und Aktionseingaben zusammen auf; nur im Textadventure erfolgt eine Navigation ohne jegliche Visualisierung eines Raums. Entsprechend beginnt »Advent« mit einer Standortbeschreibung, durch die vor allem Bezüge und Relationen zwischen Aktionspunkt und Umwelt geschildert werden und auf Grundlage derer eine erste Entscheidung seitens der Spieler getroffen werden muss: »You are standing at the end of a road before a small brick building. Around you is a forest. A small stream flows out of the building and down a gully.« – Dem Spieler wird mitgeteilt, was gesehen werden könnte, und dieser kann sich darüber eine Vorstellung von der Situation machen. Barry Atkins zufolge, der zwischen »showing« und »telling« im Computerspiel unterscheidet, erfolgt im Textadventure also ein Sagen onscreen und ein Präsentieren offscreen.[12] Gleichwohl muss auch dieser Spieltyp auf das digitale Muster der Ortsrelationen hin durchschaut werden: also hinsichtlich der einzelnen Knotenpunkte oder Verbindungsstellen des Labyrinths erkannt werden, da nur diese sich in der Navigation erspielen lassen. Eine Aufforderung, die beinhaltet, zum Gebäude zu gehen, würde nicht verstanden werden, nur die Aufforderung, sich in Richtung einer bestimmten Gegend zu bewegen, wie etwa »go north«.

Nicht jede Eingabe, die das Programm verarbeiten kann, ist jedoch ein solcher Raumimperativ: Die möglichen Interaktionen im Textadventure lassen sich vielmehr in zwei Gruppen trennen, von denen nur eine konstitutiv ist für das Raumbild: die Navigationseingaben, welche auch in Kurzform eingegeben werden können (wie »n« für »go north«). Diese unterscheiden sich von objektbezogenen Tätigkeitsaufforderungen (wie »drink water« oder »take x«), welche die zweite Gruppe von Imperativen bilden. Während diese Eingaben den Zustand oder Status der Spielfigur verändern und ein Besitzverhältnis oder Eigenschaften ausdrücken können (»Wasser zu trinken« bedeutet nur auf narrativer Ebene nicht mehr durstig zu sein, auf ludischer hingegen, weiterspielen zu können), betreffen erstere eine Bewegung zwischen Punkten im unansichtigen, aber gleichwohl navigierbaren Spielraum. Jedoch ist dieser trotz der analogen Vermittlung in Metaphern des Sehens streng digital gegliedert: Der navigierbare Raum eines Textadventures besteht gänzlich aus diskreten Orten. Eine Visualisierung derselben, wie sie in einem sogenannten Grafikadventure erfolgt, würde die Verbindungen zwischen den Orten des Labyrinths notwendig analog erscheinen lassen und die Struktur des zugrundeliegenden Wegenetzes kaschieren. Im Textadventure tritt daher der digitale Grundzug des Navigationsraums aufgrund der Abwesenheit einer Bildansicht deutlich hervor: Die Ausdehnung des navigierbaren Raums und die metrisch beschreibbaren Distanzen zwischen den Knotenpunkten haben keine Relevanz für das Spiel, oder allenfalls in negativer Hinsicht, insofern sie die Verdeckung leisten, die ansonsten durch die analoge Visualisierung gegeben wäre. Eingabebefehle im Textadventure können wie erwähnt daher zwar falsch sein, nie aber sind sie uneindeutig.[13]

---

12   Vgl. Atkins, Barry: *More Than a Game. The Computer Game as Fictional Form*, Manchester/New York 2003, S. 72 ff.

13   So schreibt auch Nick Montfort in seiner Studie über interaktive Erzählung: »The parser is that part of the program that accepts natural language input from the interactor and analyzes it. [...] In the case of Adventure's ›two-word‹ parser, which only accepts input in the form ›verb‹ or ›verb noun‹, determining the grammatical structure is trivial. [...] Since the input text only needs to be interpreted in relation to the simulated world and the range of actions possible within that world, this analysis is tractable. Outside interactive fiction, even ›go west‹ might mean any of several things (it could be, e.g., a suggestion that a young person explore new options, a cheer for an all-star team, or a euphemism for death), but in the specific domain of interactive fiction such input can be understood reliably and unambiguously.« Montfort, Nick: *Twisty Little Passages. An Approach to Interactive Fiction*, Cambridge/London 2003, S. IX.

Das Navigationsschema von »Advent« oder auch des nachfolgenden »Zork« von 1980, mit dem Textadventures letztlich ihren kommerziellen Durchbruch erlebten, besteht aus zwölf Eingabemöglichkeiten, die sich ebenfalls in zwei Gruppen einteilen lassen: Eingaben, die auf ein übergeordnetes Bezugssystem rekurrieren, und solche, die vom Orientierungsnullpunkt ausgehen. Erste besteht aus den vier Himmelsrichtungen – Nord (»go north« oder »n«), Süd (»s«), West (»w«) und Ost (»e«) – und den Zwischenrichtungen der ersten Unterebene – Nordwest (»nw«), Nordost (»ne«), Südwest (»sw«) und Südost (»se«). Diese zehn Eingaben adressieren allesamt geographische Gegenden des Raums als Flächennavigation. Dagegen besteht die zweite Gruppe aus vier Bewegungsimperativen, von welchen zwei in Rücksicht auf die räumliche Lage der in sprachtheoretischer Hinsicht sogenannten Origo als Ausgangspunkt der Handlung (oder Standort des Sprechens) erfolgen – nach oben (»up«) und nach unten (»down«) – und zwei weitere eine transitorische Bewegung der Origo bezeichnen – hinein (»in«) und hinaus (»out«). Wie Ernst Cassirer in seiner »Philosophie der symbolischen Formen« festhält, bilden beide Gruppen zusammen das Orientierungsschema der mythischen Weltauffassung:[14] Deren Grundzug ist wesentlich topologischer Art, weshalb auch die der digitalen Navigation zugrundeliegende Kardinalität eines Textadventures diesen Charakter aufzeigt: Räumlich messbare Distanzen bleiben unberücksichtigt, gegeben werden allein relationale Angaben, die eine Positionsveränderung im Graphen bedeuten.

2. ANALOGE NAVIGATION

Im Gegensatz zum topologischen Navigationsschema eines Textadventures ist das Navigationsschema eines Ego-Shooters analoger oder, typologisch gesprochen, geometrischer Art,[15] gleichwohl es in Variationen auftreten kann und besonders in seinen frühen Formen auch noch relationale Züge besitzt. Die Emanzipation des Bildes von diskreten Richtungsimperativen erfolgte, wie bereits mehrfach betont, Mitte der 1990er Jahre, wobei auch eine Komplexierung der Steuerung – also der nichtgrafischen Mensch-Maschine-Schnittstelle – begann. Die anfängliche Form des Navigationsschemas von »Wolfenstein 3D« oder »Doom« beruhte noch auf den diskreten Unterscheidungen, welche die Cursorsteuerung erlaubte. Wie im topologischen Navigationsschema waren vier Richtungsbefehle möglich, die den Tasten [↑], [↓], [←] und [→] entsprechen und auch durch die vier Hauptrichtungen eines anderen Peripheriegerätes (wie vor allem durch einen Joystick) angesteuert werden können.

---

14   »In der Sprache hat sich gezeigt, dass die Ausdrücke der räumlichen ›Orientierung‹, die Worte für das ›Vorn‹ und ›Hinten‹, das ›Oben‹ und ›Unten‹ der Anschauung des eigenen Körpers entnommen zu werden pflegen: der Leib des Menschen und seine Gliedmaßen ist das Bezugssystem, auf welches mittelbar alle übrigen räumlichen Unterscheidungen übertragen werden. Der Mythos geht hier denselben Weg, indem auch er, wo immer er ein organisch-gegliedertes Ganzes erfassen und mit seinem Denken ›begreifen‹ will, dieses Ganze im Bilde des menschlichen Körpers und seiner Organisation anzuschauen pflegt.« (Cassirer, Ernst: *Das mythische Denken* (= *Philosophie der symbolischen Formen*, Zweiter Teil, 1925), Darmstadt 1994, S. 112).

15   Vgl. Aarseth, Espen/Smedstad, Solveig Marie/Sunnanå, Lise: A Multi-Dimensional Typology of Games, in: Copier, Marinka/Raessens, Joost (Hg.): *Level Up. Digital Game Research Conference*, Utrecht 2003, S. 48–53, hier S. 59–60.

Abbildung 6: Cursortasten am PC.

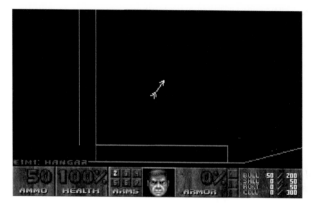

*Abbildung 7: »Doom« (1993),
Zoom im Kartenmodus.*

Gemeinsam war den Richtungseingaben, dass das Resultat eine kontinuierliche Variation des visuellen Anteils des Spielbildes war, auch wenn die Eingaben sich voneinander ein-eindeutig unterschieden. Das heißt, [↑] und [↓] negieren sich in der Bildnavigation, die Bewegung ›vorwärts‹ kann durch die Bewegung ›zurück‹ aufgehoben werden, ganz wie im Textadventure »s« die Negation von »n« ist. Die Aufhebung der Raumbewegung wird von den Spielern jedoch als kontinuierliche Variation des Bildes erfahren und nicht als striktes Entweder-Oder. Anders als im Textadventure gibt es in Actionspielen also Zustände zwischen Orten, die spielrelevant sind. Dabei wird die Hierarchie der Orientierungsebenen umgekehrt: Während in einem Textadventure die objektiven geographischen Bewegungs-imperative (auf eine Gegend zu) gegenüber denjenigen dominieren, die vom Subjekt aus-gehen, ist dieser Navigationsaspekt – die Bewegungssteuerung im Ausgang von der Origo – in einem Ego-Shooter vorherrschend: Das subjektive Bewegungsschema ist Grundlage der Orientierung in der primären Bildansicht. Gleichwohl ist die in »Advent« oder »Zork« vorherrschende Flächennavigation noch präsent: Sie ist jedoch in die Kartenansicht als gesonderter Darstellungsmodus verlagert, wo sie zugleich eine Umwertung erfährt.

Einschlägig ist die bereits schon in ihrer paradoxalen Form herausgestellte Raumre-präsentation von »Doom«: In der Automap bedeuten die Tasten [↑] und [↓] ganz wie in der Primäransicht »vorwärts« bzw. »zurück« und nicht etwa »nach Norden« bzw. »nach

Süden«. [↑] und [↓] bewirken also auch hier eine Bewegung im Ausgang von der Origo, ohne Rücksicht auf die Raumgegend. Aufgrund der festgelegten Ausrichtung der Karten bezüglich des Bildrahmens stellt dies eine erhebliche Herausforderung im Bildgebrauch dar, insofern die Eingabe [↑] sich in der Karte als Verlagerung der Origo nach geographisch »Ost«, »Süd« etc. auswirken kann. Anders als in den nachfolgenden Kartendarstellungen, die den Standort des Egos meist nur als Punkt visualisieren, wurde die Egorepräsentation daher mit einem Pfeil versehen, der die Blick- und Laufrichtung anzeigte oder vielmehr die Navigationsrichtung »vorwärts« anzeigt. Das Ego ist in der Kartenansicht daher eine wandernde Kompassnadel, die sich am subjektiven Dort ausrichtet oder, mit Karl Bühler gesprochen, ist der Pfeil eine Deixis (ein deiktisches Bildelement), mit der auf die Ausrichtung der Origo aus dieser heraus verwiesen wird.[16]

Doch nicht nur hinsichtlich der Orientierungsbewegung unterscheiden sich Textadventure und Ego-Shooter: Sind in jenem die Achsen zueinander gleichwertig, so gibt es in diesem eine eindeutige Präferenz für die Tiefenachse. Dies macht die Belegung der beiden übrigen Cursortasten deutlich: [←] und [→] sind nicht etwa Eingabemöglichkeiten, um sich senkrecht zur Tiefenachse in der Horizontalen zu bewegen, sondern bewirken eine in der Bildbenutzung wahrnehmbare Drehbewegung, das heißt die Rotation des Egos gegen bzw. im Uhrzeigersinn. In der Bildausgabe folgt daraus eine bogenförmige Bewegung des (bezüglich der Origo konvexen) Bildraums nach rechts bzw. links – also gegenläufig zur Nomenklatur der Cursortasten. Mit anderen Worten: Wenn die Bildbenutzer [→] drücken, wird die Ansicht im Rahmen nach links verschoben, und im Bildgebrauch kann sich der Eindruck einer Drehung nach rechts um die Achse der Origo herum einstellen. Eine dezidierte Bewegung nach links oder rechts wie sie im Textadventure den Bewegungen auf der Ost-West-Achse entspricht, wird dagegen separat durch die Tasten [,] beziehungsweise [.] herbeigeführt und hat einen strikten Bildlauf nach rechts bzw. links zur Folge, das heißt eine wahrnehmbare seitliche Verlagerung der Handlungsorigo im Bildraum nach links beziehungsweise rechts. Anders als bei der Navigation im Wegenetz eines Adventurespiels, bei dem das Auffinden des richtigen (oder auch kürzesten) Pfades zur Lösung des Spiels führen kann oder bereits das Spielziel ist, dient die Navigation in einem Ego-Shooter vor allem der Bewältigung von Hindernissen oder der Überwindung von Gegnern, denen gegenüber die Origo des Shooteregos positioniert werden muss. Entgegen dem Textadventure, in dem die Objektinteraktion ohne räumliche Beschreibungen oder Imperative auskommt, ist Raum in einem Ego-Shooter daher ein wesentlicher Bestandteil der Objektinteraktion. Es geht hier nicht mehr um die Zustandsänderung der gesteuerten Spielfigur, sondern selbst um den Bezug zum Objekt. Im Unterschied zu passiven Bildobjekten, wie sie in Tafelbildern vorliegen oder auch in der Umwelt von Spiellandschaften und -interieurs anzutreffen sind, werden die interaktiven Objekte in Ego-Shooter-Spielen durch das Programm ihrerseits in Position gebracht und können solcherart auf das Ego Bezug nehmen, oder narrativ: auf es schießen.

Die vorrangige Bewegungsrichtung in einem Ego-Shooter ist das Vorn oder die Front. Der Ich-Punkt wird daher zumeist entlang der Tiefenachse in den Bildraum hinein geschoben (oder vielmehr flieht die Bildraumansicht auf die Betrachter zu). Die dominierende Navigationsleistung besteht im kurzfristigen Ausweichen vor gegnerischen

---

16 Vgl. Bühler, Karl: *Sprachtheorie. Die Darstellungsfunktion der Sprache (1934)*, Berlin/Frankfurt am Main/ Wien 1978, S. 102 ff.

Angriffen, welche die ungebrochene, geradlinige Bewegung be- oder auch verhindern. Nicht der Weg ist hier das Ziel, sondern das Ziel ist der Weg: Denn während Adventurespiele die Struktur eines Irrgartens aufweisen, sind Ego-Shooter echte Labyrinthe in ihrer antiken und mittelalterlichen Form. Es handelt sich in fast allen Fällen um eingefaltete Strecken, die zumeist keine Abzweigung haben. Irrwege im Sinne neuzeitlicher Labyrinthe gibt es allenfalls auf der Ebene der Visualität, nicht aber auf der Ebene der Interaktion; oder wie Espen Aarseth es in einem Vortrag von 2005 über die »Perception of Doors« formuliert,[17] sind sie allein »fiktional« gegeben und nicht »simuliert«. Dies ist nicht in technischer Hinsicht gemeint, da freilich auch die fiktive Tür simuliert ist, sondern ludisch oder bildpraktisch: Man kann die Tür oder einen alternativen Weg zwar sehen, nicht aber benutzen (was diegetisch zumeist dadurch plausibilisiert wird, dass die Tür verstellt oder beschädigt ist).

Freilich gibt es Kombinationen aus Shooter- und Adventurespielen oder Rätselanteile in Shootern, wie zumeist Schlüssel oder Dinge mit Schließfunktion, die zur Öffnung von Türen und Durchlässen gefunden werden müssen, aber die Wegführung als solche ist keine Herausforderung im Ego-Shooter. – Es geht letztlich immer geradeaus. Ebenso wie der Ariadnefaden im Labyrinth des Minotaurus keinen anderen Zweck hat als denjenigen, den Helden an das Draußen zu erinnern und, wie André Gide in seiner »Theseus«-Erzählung von 1946 vermutet, zur Rückkehr zu motivieren.[18] Jeder Ego-Shooter wiederholt so gesehen den kretischen Raummythos.

Die Fahrt durch das Labyrinth eines Ego-Shooters könnte also in fester Bahn oder spurgebunden erfolgen, wenn es keine Hindernisse gäbe, die einen solchen Gebrauch des Raumbildes verhindern, und die es geradezu in ein Filmbild verwandeln würde. Stattdessen müssen Ausweichbewegungen vollzogen werden: Dies kann durch die direkte seitliche Bewegung erfolgen – die (entsprechend dem Beschuss durch Feinde) »strafe« genannt wird – oder in neueren Ego-Shootern auch durch Ducken oder gar Hinlegen erfolgt, wobei das Raumniveau der Bildansicht abgesenkt wird. Das sogenannte Strafing konnte durch Maussteuerung bereits in »Wolfenstein 3D« durch [←] und [→] in Kombination mit der rechten Maustaste erfolgen; in »Doom« kamen die Belegung von [,] und [.] hinzu, die dies ohne Maussteuerung erlaubten. In jedem Fall wird eine Richtungsänderung gegenüber der Vorwärtsbewegung erst durch Gegnereinwirkungen relevant. Anders als im Textadventure, bei dem eine Abzweigung verpasst worden sein kann, und der Weg deshalb zurückgegangen werden muss, kehrt ein Ego-Shooter streng genommen nie um: Er weicht allenfalls zurück, ohne den Blick zu wenden. Es gilt daher zu spezifizieren, dass [↓] somit keine reine Negation von [↑] ist (wie »n« zu »s« im digitalen Spielraum), sondern eine Bewegung eigener Qualität: keine Umkehr, sondern ein Zurückweichen.

Das Zurückweichen im Ego-Shooter, das kurzfristig dem Schutz dient, kann mittelfristig zu einem strategischen Vorteil führen, da es in der Vorwärtsbewegung zu einer sukzessiven Verdeckung des generierten Bildraums kommt, welcher der zurückgelegten Strecke zugehört und nun virtuell im Rücken des Egos liegt. Diese »Bewegung zurück« gilt als bekannt und ist gesichert, es sei denn, das Programm sieht ein nachträgliches Auftauchen

---

17 So der ursprüngliche Vortragstitel auf der sechsten *Digital Arts and Culture Conference* 2005 in Kopenhagen. (Vgl. Aarseth, Espen: Doors and Perception. Fiction vs. Simulation in Games, in: *Intermédialités* 9, 2007, S. 35–44.)

18 Vgl. Jaskolski, Helmut: *Das Labyrinth. Symbol für Angst, Wiedergeburt und Befreiung*, Stuttgart 1994, S. 35.

von Gegnern vor, was in frühen Ego-Shootern kaum der Fall ist, vermehrt aber als Maßnahme zur weiteren Paranoisierung des Bildes eingesetzt wird, wodurch die Sicherheit zu einer trügerischen wird. Grundsätzlich gilt jedoch, dass auf einer bereits abgelaufenen Strecke der rückwärtige Bereich nicht wieder zu Zwecken der Objekterkenntnis in den Blick genommen werden muss, sondern eine dezidierte Rückzugsmöglichkeit ist, aus der heraus ein neuer Schusswinkel gesucht – das heißt, eine andere Perspektive auf die auftauchenden Objekte eingenommen – werden kann. Anders verhält es sich hingegen beim Betreten von neuen, noch un(ge)sicher(t)en Räumen. Hier zeigt sich auch, warum es sinnvoll ist, dass den seitlich weisenden Cursortasten eine Drehbewegung zugeordnet ist und keine direkte Seitwärtsbewegung: Ein Bereich kann damit in den Blick genommen werden, ohne dass dazu die Origo im Raum verlagert werden muss und sich dann ein noch ungesehener Bereich hinter dem Ego befindet. Zuletzt bieten Ego-Shooter die Möglichkeit einer Intensivierung der Origobewegung, die für Außenstehende wie das Vorspulen eines Videobandes oder der Zeitraffer einer DVD-Aufnahme erscheinen kann. Zwar werden hierbei die anderen Aktionen nicht schneller, die Tiefenbewegung in den Raum hinein ist jedoch deutlich beschleunigt (insofern kein Zuschalten einer Karte über die Tabulatortaste erfolgt, wird diese zumeist mit dem Beschleunigungsbefehl versehen).

Die vier maßgeblichen Bewegungen im Ego-Shooter, welche der Navigation im Spielraum zugrunde liegen, sind damit Vorwärtsgehen, Zurückweichen sowie Linksdrehen und Rechtsdrehen, wobei die letzten drei allein zur Unterstützung der Vorwärtsbewegung dienen, die ihrerseits in der Geschwindigkeit variiert werden kann. Anders als im digitalen Navigationsraum des Textadventures werden diese vier dabei stets in Kombination eingesetzt und etwa die Bewegung nach vorn mit einer leichten seitlichen Drehung verbunden. Die daraus resultierende Visualisierung überlagert in ihrer Analogizität letztlich die distinkten Richtungseingaben, die für sich genommen gleichwohl ein digitaler Schematismus sind.

3. TOPOLOGISCHE BEGRENZUNG UND SPATIALE BEFREIUNG

Trotz der kontinuierlichen Bewegungserfahrung oder Navigationsmöglichkeiten ist auch das frühe Ego-Shooter-Bild topologisch limitiert, insofern die vier kardinalen Bewegungsrichtungen allesamt auf die Bewegungen in der Ebene bezogen sind. Das heißt, obwohl der visuelle Teil des Raumbildes mittels Zentralprojektion einen tiefenräumlichen Eindruck vermittelt, ist keine Navigation in der Vertikalen möglich. Anders als in den Textadventures, welche die imaginäre Blickwendung nach oben oder unten besaßen, kann in einem frühen Ego-Shooter die Bildperspektive nicht im Verhältnis zur Decke oder zum Boden verändert werden. Nicht nur ist hier kein Ducken möglich, sondern es gibt auch keine Blickvarianz nach oben oder unten. Das heißt, ein Hereinziehen von Bereichen, die über- oder unterhalb des Rahmens im Off der Bilderscheinung liegen, ist nur durch ein zurückweichen möglich, keinesfalls aber kann ein Punkt ober- oder unterhalb der Horizontlinie bzw. des Fluchtpunkts anvisiert werden, sondern nur rechts und links davon, also auf dieser Linie. Die Bewohner von »Wolfenstein 3D« oder »Doom« sind Flächenwesen, die nur zwei Raumdimensionen bewohnen. Hätten sie ein Leben außerhalb des Bildes, müssten sie sich daher fühlen wie der 1884 von Edwin Abbott

Abbildung 8/9/10: »Doom« (1993), Schuss in die Höhe; »Doom« (1993), Treppenaufgang; »Quake III Arena« (1999).

beschriebene Bewohner aus dem gleichnamigen Roman »Flatland«, der eines Tages nach Raumland kommt und keine Erfahrungsbegriffe für das hat, was er sieht. – Ebenso weisen frühe Ego-Shooter keine Eingreifmöglichkeit in die dennoch sichtbare Vertikale auf.[19] In »Doom« tritt daher an speziellen Stellen ein von Ian Bogost sogenannter »simulation gap«[20] auf, insofern die Objekte, die sich oberhalb des Horizonts befinden, getroffen werden können, wodurch die Lücke im Simulationsbild – mit Aarseth gesprochen – rein fiktional überbrückt wird: Die Waffe zielt zwar nicht nach oben, und entsprechend kann auch das Bildobjekt nur horizontal in die Bildmitte gerückt werden, jedoch nicht vertikal, so dass das Objekt oberhalb der Horizontlinie mit dem Fluchtpunkt bleibt. Dennoch wird ein Treffer registriert, wenn der Schuss bei Übereinstimmung der X-Koordinaten erfolgte.

Daneben gibt es in »Doom« noch eine weitere Annäherung an die dritte Dimension der Bildinteraktion: die Möglichkeit des Auf- und Abstiegs. Dazu muss keine Eingabe »nach oben« oder »nach unten« erfolgen, sondern die Spieler steuern in der Vorwärtsbewegung eine Treppe an, die zu einer darüber oder darunter liegenden Ebene führt. Ohne eine weitere Eingabe ändert sich in der Folge das Raumniveau (ohne dass davon jedoch die Raumlage oder die Ausrichtung des Horizonts im Bild betroffen wäre).

In keinem der beiden Fälle kann der Blick als Kopplung von Auge und Waffe jedoch im Bildrahmen nach oben oder unten variiert werden, das heißt eine entsprechende, gegenläufige Verschiebung des Bildausschnitts stattfinden. Diese war erst in Spielen möglich, die Mitte der 1990er Jahre veröffentlicht wurden; so (zwar nicht erstmals, aber) prominent mit »Quake«, in dem die freie Blicklenkung um die Origo herum möglich ist. Fernández-Vara, José Pablo Zagal und Michael Mateas unterscheiden aus diesem Grund nicht nur Visualität und Kardinalität des Computerspielbildes, sondern auch die Kardinalität der Gameworld (die dem »Point of View« anhängt) von derjenigen des Gameplay (die dem »Point of Action« anhängt):[21] Während in »Doom« also die dritte Raumdimension der Gameworld durch Treppenbenutzung durchaus bespielbar ist, bleibt sie dem Gameplay verschlossen, die Simulationslücke zur dritten Dimension kann nur durch die Visualisierung einer nach oben laufenden Schussrichtung überbückt werden. – Anders

19 Mit Vilém Flusser gesprochen, befindet sich der Ego-Shooter zumeist in der Situation eines Wurms, der die Tiefendimension – wie eine sich im Raum vorwärtsschiebende Röhre – in sich hineinfrisst. (Vgl. Flusser, Vilém: Die Informationsgesellschaft als Regenwurm, in: Kaiser, Gert/Matejovski, Dirk/Fedrowitz, Jutta (Hg.): *Kultur und Technik im 21. Jahrhundert*, Frankfurt am Main/New York 1993, S. 69–78.) – Für Flusser ist der Wurm zugleich das Modell der Datenverarbeitung; auf den Ego-Shooter gewendet: Des Erkennens und Scheidens von Raum.

20 Bogost, Ian: *Unit Operations. An Approach to Videogame Criticism*, Cambridge/London 2006, S. 129–136.

21 Vgl. Fernández-Vara, Clara/Zagal, José Pablo/Mateas, Michael: Evolution of Spatial Configurations in Videogames, in: *Proceedings of DiGRA 2005 Conference. Changing Views – Worlds in Play*, 2005 http:// www.digra.org/dl/db/06278.04249.pdf [08.06.2015], S. 2–3.

in »Quake«: Hier wird die Vertikale als Orientierungsachse des Egos, nicht nur indirekt als Aufhängung der Drehbewegung relevant, sondern kann entweder in Form eines veränderbaren Neigungswinkels bezüglich des eingenommenen Raumniveaus oder einer kurzfristigen Anhebung und Absenkung desselben bespielt werden (wobei die sichtbaren Auswirkungen gegenläufig sind zur narrativen Beschreibung oder Interpretation der Diegese: das Absenken des Raumniveaus erfolgt durch Springen, das Anheben durch Ducken oder Hinlegen).

Doch ist das Gameplay entlang der Y-Achse auch in »Quake« nicht gänzlich frei: Denn von der Bildinteraktion ausgehend, ist das Heben und Senken des Blicks eine Rotation um die X-Achse. Anders als die Rotation um die Y-Achse (der seitlichen Drehung im oder gegen den Uhrzeigersinn), die ungehindert und durchgängig erfolgen kann, fungiert diese Achse als Begrenzung für die Rotation um die X-Achse. Anders gesagt, das Ego kann sich nicht nach oben oder unten überschlagen. »Quake« ist jedoch nicht allein aufgrund der gesteigerten Manipulierbarkeit des Raumbildes ein bildtheoretisch nicht zu unterschätzender Schritt der Entwicklung des Computerspiels, sondern auch aufgrund der Entkopplung von Waffenauge und Vehikelleib, die damit erstmals gesondert hervortreten und in der Bildbenutzung erfahrbar werden. Mit kartesischen Termini gesprochen, liegt die Bewegung des Geistes oder der »res cogitans« in der rechten, die des Raums oder der »res extensa« in der linken Hand. Beide unterliegen jeweils anderen Navigationsbedingungen, wobei die Trennung jedoch keine vollständige (oder nur eine analytische) ist, sondern es zu Interferenzen kommt, vergleichbar denjenigen einer Bewegung auf der Z-Achse mit gleichzeitiger Drehung im frühen Ego-Shooter.

Das digitale Navigationsschema, welches dort an die Cursortasten gekoppelt war, ist nun in seinem Körperanteil auf die Tasten W, A, S und D verlegt. Das heißt der maßgebliche Teil der Flächenbewegung wird fortan durch die linke Hand der Spieler beeinflusst.[22] Die Verlegung betrifft jedoch nur den Teil der Cursorsteuerung, welcher für die Tiefenbewegung zuständig war, also die Z-Achsen-Navigation. Das heißt, zwar sind [W] und [S] gleichbedeutend mit [↑] bzw. [↓], aber [A] und [D] ersetzen nicht [←] und [→], sondern [,] und [.], so dass mit der Steuerung durch die linke Hand der Spieler allein keine Drehung um die vertikale Achse mehr möglich ist, sondern nur das Strafing. In Zuge dieser Belegung kommen vier neue, untergeordnete Bewegungsmöglichkeiten hinzu: die Neigung nach links [Q] und rechts [E] sowie das bereits erwähnte Ducken [C] (in nachfolgenden Spielen auch durch Doppeleingabe ein Hinlegen, [X] sodann für Aufstehen) und Springen [Leertaste]. Das damit hinsichtlich der Interaktion freigesetzte Waffenauge wird auf Seiten der Spieler fortan mit der rechten Hand gesteuert, was zumeist durch eine Computermaus erfolgt, aber auch mit einem Joystick möglich wäre.

Selbst wenn diese Eingabegeräte wiederum nur vier distinkte Bewegungsbefehle registrieren, die an den Rechner weitergeleitet werden, so erfolgt die Eingabe aufgrund der spezifischen Zurichtung des Geräts mit einer Kugel an der Unterseite (beziehungsweise beim Joystick durch die Rotationsmöglichkeit des Stocks) unweigerlich nuanciert. Es ist nahezu unmöglich, nur eine der vier Richtung allein anzusteuern, so dass die Navigation aufgrund der Interfaceeigenschaften verunreinigt ist. Anders gesagt: Sind bei der Leibsteuerung durch die linke Hand nach wie vor distinkte Richtungseingaben möglich, so

---

22   Die Beschreibung geht von der konventionellen Belegung für einen Rechtshänder aus. Die Tasten können freilich auch umgewidmet werden.

Abbildung 11: Linke Hand in WASD-Stellung.

Abbildung 12: Computermaus.

wird das Blickfeld des Waffenauges nur in Abweichung von den Kardinalrichtungen variiert. Es besteht damit eine Tendenz zu Zwischenrichtungen, die anteilig gemessen und auf die vier Eingabemöglichkeiten verteilt werden. An die Stelle der Tastenbenutzung von [←] und [→] und ihrer Wirkung auf die Bildausgabe tritt die Bewegung der Maus nach links und rechts, so dass mit der seitlichen Bewegung der rechten Hand eine kontinuierliche Blicklenkung nach links (gegen den Uhrzeigersinn) oder nach rechts (im Uhrzeigersinn) mit der entsprechenden gegenläufigen Bewegung des Raumhintergrunds und der Bildobjekte im Bildrahmen (unter Ausnahme des Fadenkreuzes und der Waffenhand) verursacht wird. Neu hinzu kommt die Eingabemöglichkeit mittels Mausbewegung nach oben und unten: Durch das Vorwärtsschieben oder Zurückziehen der Maus auf der Unterlage wird die Illusion einer Blickhebung bzw. -senkung bewirkt, vom Bild her gesprochen erfolgt eine Verschiebung der Raumansicht nach unten bzw. oben. Anders als bei der Eingabe mittels Tastatur durchmischen sich die mit der Maus eingegebenen Bewegungsbefehle jedoch unfreiwillig im Spektrum der beiden Achsen: Das Nachobenblicken (Schieben der Maus nach vorn, Verlagerung des Bildraums nach unten) weicht daher geringfügig nach rechts oder links ab.

Doch nicht nur innerhalb der rechtshändigen Bewegungseingabe (also der Seite, mit der das Waffenauge gesteuert wird) gibt es Abweichungen und neue Interaktionsmöglichkeiten, sondern es ergeben sich auch Interferenzen aus der Verbindung von Flächensteuerung (mit der Abtast- und Orientierungsbewegung der vertikalen Sichtfläche, über welche das Fadenkreuz verschoben wird) und der Raumdarstellung, die unter dem Fluchtpunkt hinweggezogen wird: So führt die Betätigung von [W] in Verbindung mit einem Mauszug nach rechts zu einer räumlichen Bewegung der Origo nach vorn schräg rechts. (Bezogen auf das Ziffernblatt einer Uhr liegt die Tendenz je nach Intensität der Mausbewegung damit zwischen 12 und 3 Uhr, das heißt, zwischen »subjektiv Nord« oder geradeaus und »subjektiv Ost« oder rechts.) Die Abweichung, welche sich aus Steuerungsüberlagerungen dieser Art ergibt, verbindet solcherart Ortsveränderung und Raumbewegung fakultativ mit der Objekterkennung, die bei frühen Ego-Shootern noch identisch waren.

4. KOMPLEXE RAUMSTEUERUNG

Gleichwohl das Navigationsschema von »Quake« bis heute der Standard von Ego-Shootern ist, sind weitere Komplexierungen in der Steuerung nicht nur denkbar, sondern wurden bereits realisiert: Die eine betrifft das weitergehende Auseinanderlegen der Steuerung im

Abbildung 13: »Descent« (1995).

Abbildung 14: Steuerungseinheiten für »Ace Combat 6: Fires of Liberation« (2007).

Hinblick auf die Bildeingabe, die andere eine Emanzipation von der Flächennavigation. Letzteres geschah bereits ein Jahr vor der Veröffentlichung von »Quake« mit dem Spiel »Descent« von 1995: Auf Ebene des Bildsujets ist der Blick aus einem Raumschiff visualisiert, das sich in einem Labyrinth befindet. Es handelt sich also um einen Flugsimulator, der in das Setting eines Shooterspiels eingebracht ist. So abwegig diese Narration erscheint, so extravagant mutet auch die zugehörige Steuerung an; denn diese beruhte auf dem Navigieren in einem Raum ohne designierte Gegenden: Während die Fläche in einem Ego-Shooter trotz des variablen Raumniveaus die Invarianz der Vertikalen sichert, und oben und unten sowie in der Folge auch die Richtungen in der Ebene bezüglich der Origo stabil bleiben, war in »Descent« eine ungehinderte Rotation nicht nur um die Vertikale (Y-Achse) herum möglich, sondern zudem um die Horizontale (X-Achse) sowie auch um die Tiefenlinie (Z-Achse). Somit war das Ego in seiner räumlichen Navigation gänzlich frei. Auch wenn Decke, Boden und Wände noch zu sehen waren, so konnte deren räumlicher Sinn in der Bildinteraktion beliebig vertauscht werden.

Abbildung 15: »Gunship 2000« (1991).

Abbildung 16: »Ace Combat« (1995).

Mit der Maus oder den Cursortasten erfolgte zunächst wie in anderen Ego-Shootern vor »Quake« die Drehung um die vertikale Achse im Uhrzeigersinn [→] oder dagegen [←]. Die Steuerung für ehemals vorwärts und [↑] und rückwärts [↓] führten nun aber zu einer Drehung um die horizontale Achse, allerdings entgegen der nominellen Belegung: In Anlehnung an die Steuerung, wie sie in Flugsimulatoren üblich ist, führte die Mausbewegung nach vorn oder das Drücken von [↑] zu einem Kippen nach unten (oder bogenförmigen Anheben des Bildraums), und die Mausbewegung zurück bzw. das Drücken von [↓] bewirkte das Anheben der Schnauze des virtuellen Vehikels (oder ein bogenförmiges Absenken des Bildraums). In beide Richtungen war die Bewegung unbegrenzt, so dass eine Rotation um die horizontale Achse möglich wurde. Die Bewegung entlang der Tiefenachse wird dagegen durch [A] bzw. [Y] reguliert, ein Rollen um die Tiefenachse herum nach rechts durch [E] und nach links durch [Q]. Somit ergeben sich Oben und Unten sowie Vorn und Hinten im Raum erst aus der jeweiligen Lage des Leibvehikels.

Zwei weitere Besonderheiten von »Descent« sind ferner die Kartenansicht sowie die Möglichkeit, in die Rückansicht umzuschalten: Der Fond-Blick ist durch die Umschaltmöglichkeit [R] auf die rückwärtige Ansicht gegeben, so dass auch Gegner, die im Rücken liegen, ohne Drehung des Vehikels gesehen werden können. Das Umschalten in die Kartenansicht dagegen erfolgt wie in »Doom« mittels Tabulator. Zwar kann die Origo in der Automap von »Descent« nicht mehr aktiv verlagert werden, jedoch wird sie als dreidimensionales Gitternetz angezeigt. Mittels der Steuerung der Primäransicht kann die plastische Karte nun ebenso um alle drei Achsen herum gedreht und in sie hinein oder aus ihr heraus gezoomt werden. (Die Rotationssteuerung erfolgt dabei in der gleichen Tastenbelegung wie die primäre Bildsteuerung mittels der Cursortasten sowie [Q] und [E]; die Steuerungsbefehle für die Z-Achse bewirken die Vergrößerung und Verkleinerung.) Die Steuerung von »Descent« weicht damit an entscheidenden Stellen von denjenigen anderer Flugsimulatoren ab, auch von solchen, die bereits mit der Schussfunktion kombiniert waren, wobei es zwei Gruppen von Flugshootern zu unterscheiden gilt: Helikopter- von Jagdfliegersimulationen. Zur ersten Gruppe gehören Spiele wie »Gunship 2000« oder »Comanche: Maximum Overkill«, deren Veröffentlichungsjahr 1991 beziehungsweise 1992 kurz vor den ersten Shooterspielen von id-Software datiert. Zur zweiten Gruppe zählen etwa die Spiele der seit 1995 erscheinenden Reihe »Ace Combat«.

Die Spiele beider Gruppen unterscheiden sich von Ego-Shootern darin, dass nicht mehr nur der Zielpunkt des Bildes (oder der Raum bezüglich des Fluchtpunktes) kontinuierlich verändert werden kann, sondern auch das Raumniveau. Dies ist denn auch die einzige Bewegungsart, die bei »Descent« nicht direkt ausgeführt werden konnte. Während die Änderung des Raumniveaus dort nur mittelfristig durch eine Kombination wie Absenken–Geradeaus–Aufrichten bewirkt wird und in »Doom« nur langfristig durch Benutzung einer Treppe oder in »Quake« nur kurzfristig durch Springen verändert werden kann, so ist das Auf- und Absinken in Flugshootern eine gleichberechtigte Raumbewegung neben anderen und tritt an die Stelle der dominanten Bewegung in Ego-Shootern entlang der Tiefenachse. Diese ist in einem Flugshooter zumeist gar fixiert und wird allenfalls in Form der Beschleunigung oder einem Abbremsen beeinflusst. Das heißt, ebenso wie in einem Ego-Shooter abrupt nach vorn oder zurück gegangen werden kann, so kann das Raumniveau in der Gruppe der Helikopterspiele direkt angehoben oder abgesenkt werden (erhalten bleibt lediglich das seitliche Kippen).

In der Gruppe der Jagdflugspiele baut die Änderung des Raumniveaus dagegen auf derjenigen einer simulativen Treppenbenutzung auf: Steigen oder Sinken ist nur in der Vorwärtsbewegung möglich. Nur muss umgekehrt zu »Doom«, wo sich die Vertikalbewegung von selbst ergibt und nur die Tiefenbewegung induziert wird, das Auf und Ab hier reguliert werden, während die Tiefenbewegung konstant bleibt. »Descent« ist damit sowohl als Ego-Shooter wie auch als Flugsimulator hybrid; und dies nicht nur dadurch, dass keine selbstläufige Tiefenbewegung erfolgt, sondern auch dadurch, dass das einmal eingenommene Raumniveau – und insbesondere die Relation zum Boden – erhalten bleibt. Denn gleich welcher Art die Bewegung ist, oder wie das Raumniveau angehoben und abgesenkt wird, Oben und Unten werden bei herkömmlichen Flugshootern zumeist durch das Programm reguliert. Dies gilt insbesondere für Helikoptersimulationen, bei denen zwar in Schräglage geflogen werden kann, aber das Raumniveau am Horizont ausgerichtet bleibt. Lediglich bei Jagdflugsimulationen wie »Ace Combat 6« ist die Horizontalausrichtung optional: Nur wenn im Modus »Anfänger« gespielt wird, können zwar auch Loopings geflogen werden, und in der damit einhergehenden Veränderung des Raumniveaus kann zwar eine kurzfristige Umkehrung von Oben und Unten erfolgen, aber sobald die Spieler keinen Einfluss mehr auf das Bild nehmen, richtet sich das Vehikel in jedem Raumniveau wieder in der Horizontalen (parallel zum visualisierten Erdboden) aus, so dass Oben und Unten als absolute Gegenden der Bildwahrnehmung erhalten bleiben. Wenn das Bild hingegen im Modus »Normal« verwendet wird, kann das Vehikel um die eigene Achse rollen und in Schräglage vorwärts fliegen. Eben das ist eine grundsätzliche Steuerungsmöglichkeit, wie sie in »Descent« vorliegt: Ohne weitere Eingabe bleibt jede Lage erhalten, die einmal eingenommen wurde. So kann das Leibvehikel auch auf den Rücken gedreht und das Bild kann auch in der Vertauschung Oben und Unten gespielt werden.

Die andere Möglichkeit zur Erweiterung des Raumschematismus trat im Computerspielbereich erst nach »Quake« auf: Seine höchste Ausformung findet sich dabei nicht im Bereich der PC-Spiele, sondern bei Konsolen. Deren Steuerung zeichnet sich meist dadurch aus, dass die Steuerungen von Waffenauge- und Leibvehikel auf der Steuerungseinheit nicht mehr mit einzelnen Fingern der linken Hand (Tastatur) oder mit der rechten Hand (Maus) manipuliert werden, sondern nur mit den beiden Daumen über Miniaturjoysticks. Auf den neueren dieser sogenannten Joy- oder Gamepads, wie sie heute sowohl mit der Playstation von Sony als auch der Xbox von Microsoft ausgeliefert werden, liegen sie asymmetrisch zueinander: Im Fall der Steuereinheit für Xbox und Xbox 360 links oben außen der Joystick für die Ortsveränderung, rechts unten innen derjenige für die Waffenblicklenkung. (Der jeweils andere Daumen kann in erforderlichen Situationen die Eingabe des anderen unterstützen: Mit dem linken unteren Steuerkreuz wird meist die Waffenauswahl getätigt und mit den Aktionstasten oben rechts eine erweiterte

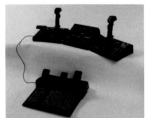

Abbildung 17: Xbox 360-Controller.

Abbildung 18: Steuerungseinheit für
»Steel Battalion« (2002) für Xbox.

Bewegung, wie etwa Springen. Ducken wird dagegen meist durch Hineindrücken des linken Joysticks und Zielen – also Bildausschnittvergrößerung – durch Hineindrücken des rechten Joysticks bewirkt.)

Eine Ausnahme unter den Konsolenspielen hinsichtlich der Steuerung stellt das Spiel »Steel Battalion« dar, das in Japan als »Tekki« veröffentlicht wurde und welches 2002 ausschließlich für die Xbox erschien. Dieses war nur zusammen mit einem Peripheriegerät erhältlich, das auch ausschließlich zur Steuerung dieses einen Spiels (sowie seiner Multiplayerversion »Line of Contact« von 2004) geeignet war. Bemerkenswert ist hinsichtlich des Interaktionsbildes jedoch die weitergehende Ausdifferenzierung der Eingabemöglichkeiten.

Auf der Sujetebene wird ein »Vertikal Tank« gelenkt, ein Panzer, der auf zwei mechanischen Beinen läuft und auf dem eine Drehkabine befestigt ist. Die Erzählung ist also ebenso abwegig wie diejenige von »Descent« und kann ebenfalls als Versuch gewertet werden, das Navigationsschema narrativ zu legitimieren. Bei »Steel Battalion« sind sowohl die Steuerung des Leibvehikels als auch diejenige des Waffenauges nochmals aufgespalten: Das Waffenauge ist hinsichtlich der Bildinteraktion damit erst jetzt und wohl auch einmalig in der Geschichte der Ego-Shooter tatsächlich strikt in Waffe und Auge geschieden. Während also in »Wolfenstein 3D« und »Doom« sowohl Leib als auch Auge und Waffe eine Einheit bilden und mit »Quake« davon zunächst nur die Leibbewegung abgesetzt wird, so werden nun auch Sehbewegung und Ausrichtung der Waffe auseinander gehalten. Hierzu muss die rechte Hand der Spieler einen Joystick bedienen, mit dem das Fadenkreuz ausgerichtet wird, was jedoch keinerlei Einfluss mehr auf die Bildperspektive hat. Diese wird vielmehr durch Bewegungseingaben verändert, welche über die linke Hand erfolgen, die ebenfalls einen Joystick bedient. Doch nicht mit der ganzen Hand wird die Blickrichtung variiert, sondern nur mit dem Daumen der linken Hand, der einen – mit denjenigen der Gamepads vergleichbaren – Miniaturjoystick am oberen Ende des großen Joysticks bedient. Narrativ wird dies als Schwenk- sowie Hebe- und Senkbewegung, der auf dem Vertikal Tank aufsitzenden Kabine vermittelt. Als Sicherung gegen den Orientierungsverlust bringt ein Druck auf den Stick die Bildperspektive wieder mit der Bewegungsrichtung des Fahrgestells in Übereinstimmung. Diese Möglichkeit wurde aus der Gamepadsteuerung von Third Person Shootern übernommen: Der Druck auf den linken Stick bewirkt eine Rejustierung des Blicks, der darüber mit der Ausrichtung des virtuellen Leibes in Deckung gebracht wird und dann wieder subjektiv nach vorn gerichtet ist, das heißt mit der tiefenräumlichen Bewegungsachse der Spielfigur in

Abbildung 19: »Steel Battalion« (2002).

Abbildung 20: »Steel Battalion« (2002), Spielsituation.

Abbildung 21/22: »Far Cry« (2004).

Einklang gebracht ist.[23] Doch nicht nur Auge und Waffe werden in »Steel Battalion« getrennt, auch die Vehikel- oder Leibbewegung ist nun ihrerseits auf zwei, mithin gar drei Eingabemöglichkeiten verteilt: zum einen auf den linken Joystick, mit dem Rechts- und Linksschwenks um die vertikale Achse im und gegen den Uhrzeigersinn (also wie mit [D] und [A] oder den entsprechen Cursortasten in herkömmlichen Ego-Shootern) möglich sind; zum anderen auf die Füße, insofern mit den an der Steuerungseinheit angeschlossenen Pedalen Impulse zum Vorwärtslaufen – in Entsprechung zu [W] – und Abstoppen gegeben werden. Darüber hinaus kann mit einem Wählhebel einer Automatikschaltung die Geschwindigkeit der Vorwärtsbewegung stufenweise gesteigert oder reduziert werden. Daraus resultiert zwar keine Navigation im eigentlichen Sinne, kommt die Bewegung jedoch ins Stocken oder das Vehikel wird gebremst, bedingt sie die Navigation negativ: Bevor eine erneute Bewegung möglich ist, muss zunächst in den niedrigsten Gang geschaltet werden.

Auch wenn »Steel Battalion« ein sicher extremes Beispiel ist, so lässt sich an dessen Steuerungseinheit doch sehr gut aufzeigen, welch eminenten Anteil die Navigation am Raumbild eines Ego-Shooters hat. Gleich wie komplex die Steuerung ist, und egal, ob sie bereits gänzlich analog ausgelegt ist, und das Bild kontinuierlich variiert oder noch Anteile einer digitalen Navigation hat und das Bild durch diskrete Befehle über eine binäre Eingabeeinheit manipuliert, allen Variationen ist gemeinsam, dass sie ein Bestandteil des betreffenden Interaktionsbildes sind. Die Steuerung ist nichts, was dem Bild nachträglich hinzukommt, sondern definiert dessen Eigenschaften von vornherein. Das Navigationsschema, die Kardinalität des Gameplay ist daher das zweite transzendentale Bestimmungsmoment des Bildes neben demjenigen seiner Visualität. Transzendental ist es deshalb zu nennen, weil unabhängig von einer jeweiligen situativen Benutzung alle Möglichkeiten der Bildmanipulation in der Steuerung grundsätzlich vorgezeichnet sind. Für die Navigationssteuerung des Raumbildes gilt daher das Gleiche wie für das Bewe-

---

23 Nur muss in »Tomb Raider« (sofern es nicht in der etwa für die Folge »Legend« optionalen Egoperspektive gespielt wird) keine Ausrichtung der Perspektive auf die Bildobjekte erfolgen. Vielmehr nimmt die Waffe nach Drücken des Miniaturjoysticks das nächste in Reichweite befindliche simulierte Bildobjekt von selbst ins Visier.

gungsschema des Leibes: Auch dessen Möglichkeiten, sich räumlich zu bewegen oder um eine Achse zu drehen, müssen nicht genutzt sein, damit die Möglichkeit als solche existent ist. Ganz zu Recht kann dieses Möglichkeitsspektrum beim Computerspiel also Schema genannt werden, denn es ist wörtlich ein Urbild, die Matrix der Interaktion mit dem Bild.

5. VOM RAILSHOOTER ZUM STANDBILD

Zumeist tritt das Steuerungsschema in der Bildbenutzung immer dann hervor, wenn es aus der Zuhandenheit in die Vorhandenheit tritt, das heißt, wenn also die Handhabung den Spielern Schwierigkeiten bereitet. Diese nehmen vor allem mit der weitergehenden Differenzierung des Schemas zu, so dass bereits die reguläre zweihändige Steuerung nicht für jeden Bildbenutzer ohne weiteres zu bedienen ist. Hinzu kommt hier, dass bereits mit »Quake« das analoge Spektrum der rechtshändigen Steuerung (also des Waffenauges) auch einen Einfluss auf die digitale Steuerung der linken Hand hat. Und auch die Spiel- oder Bewegungsgeschwindigkeit ist nicht unbedeutend: Die Bewegungsgeschwindigkeit in »Steel Battalion«, insbesondere die Zeit, in der die Bewegung entlang der Z-Achse stattfindet, ist im Vergleich zu herkömmlichen Ego-Shootern langsam, in jedem Fall geringer als bei Ego-Shootern, deren Narration einen Fußgänger voraussetzt. In einem gelungenen Spieldesign verhält sich die Bewegungsgeschwindigkeit daher meist proportional zur Komplexität der Steuerung. Eine Geschwindigkeitssteigerung kann daher im Spieldesign auch gezielt eingesetzt werden, um den Schwierigkeitsgrad zu erhöhen und neue Adaptionshürden aufzustellen.

Einige Ego-Shooter, wie etwa »Far Cry«, führen auf der Erzählebene daher die Bewegung mittels eines Automobils in Ergänzung zur Möglichkeit des schnellen Laufens ein: Im Gegensatz zu den Spielen der »Call of Duty«-Serie, wo es ebenfalls Spielabschnitte in Fahrzeugen (wie Jeep, Lastwagen und Panzer oder auch Flugzeug) gibt – und bei denen zwar dies zur Abwechslung in der Spielerzählung beiträgt –, wird nicht nur die Bewegungsgeschwindigkeit erhöht, sondern das Fahrzeug muss von den Spielern selbst gesteuert werden. Dies erfolgt in »Far Cry« mit der Tastenbelegung, die zuvor die Leibbewegung des Egos adressierte, nur dass [A] und [D] nicht mehr eine Rotation um die X-Achse, sondern wie in »Quake« und seinen Nachfolgern eine Nuancierung der Bewegung nach vorn oder zurück bewirken, während die Steuerung des Waffenauges mittels der rechten Hand nun keinerlei Einfluss mehr auf die virtuelle Raumbewegung hat. Das heißt, das Fahrzeug kann nur mit der linken Hand gesteuert werden und bleibt von jeglicher Eingabe mittels Maus unbeeinflusst.

Die vollständige Disjunktion von Leibsteuerung und Blicklenkung kann dazu führen, dass das zuvor adaptierte Navigationsschema für Spieler aus der Zuhandenheit in die Vorhandenheit gerät und darüber thematisch wird, das heißt, zunächst irritiert: Die Bildbenutzer müssen das Interaktionsschema des Raumbildes erneut mit dessen Visualisierung abgleichen. In »Call of Duty« hingegen ist die linke Hand im Fall einer Fahrzeugverwendung suspendiert: Das heißt, während sie in »Far Cry« das Spiel erschwert, wird sie hier erleichtert. Das Ego fährt durch den Spielraum, ohne selbst navigieren zu müssen (oder überhaupt zu können) und die Spieler können sich allein auf das Objekterkennen konzentrieren. Ist die Fahrzeugverwendung auf der Ebene des Bildsujets damit in den beiden

Abbildung 23/24: »House of the Dead« (1996).

letztgenannten Fällen durchaus vergleichbar, so treten sie auf der Ebene des Bildobjektes oder des Bildhandelns auseinander. – Gar ließe sich sagen, dass »Call of Duty« einem sogenannten Railshooter ähnelt: Solche Spiele stellen in zweifacher Hinsicht eine Besonderheit unter Ego-Shootern dar, oder vielmehr sind sie ein Grenzfall dieser Bildform. Zu weiten Teilen erklärt sich die Besonderheit der Railshooter aus der Schnittstelle, die diese in ihrem ursprünglichen Zustand aufwiesen. Es handelt sich in erster Linie um Arcadegames, deren Bild durch eine Lightgun manipuliert wird: Dabei stehen ein oder zwei Spieler vor dem Bildschirm und schießen auf das Bild. Damit sich Spieler allein darauf konzentrieren, wurden zwei Veränderungen am Navigationsschema des Bildes vorgenommen, was die analoge Navigation im Vergleich zu herkömmlichen Ego-Shootern letztlich aussetzt. Die einzige Navigation, welche noch stattfindet, ist das Verschieben des Fadenkreuzes auf der Bildoberfläche. Tatsächlich wird mit der Plastikpistole vor dem Bildschirm das Fadenkreuz im Bild ähnlich einem »Sprite« wie dem Mauszeiger bewegt, nicht aber mehr der Fluchtpunkt der Bildperspektive manipuliert, das heißt: nicht mehr der Bildraum um die Z-Achse herum verschoben, gestaucht oder gestreckt.

In den spurgebundenen Railshootern, deren bekannteste Vertreter die Spiele der Serie »House of the Dead« sind, entsteht der besagte Eindruck, es würde nicht im Bildraum sondern am Bildschirm agiert. Anders als das Auseinanderdividieren von Sehen und Schießen beziehungsweise Blick und Waffe in »Steel Battalion« ist hier die Augenpunktbewegung stillgestellt und das Fadenkreuz zum perspektivunabhängigen Point of Action geworden. Die Bildperspektive ist in einem Railshooter nicht mehr seitens der Spieler manipulierbar.

Doch »Call of Duty« gleicht nicht deshalb einem Railshooter – das Waffenauge ist ja nach wie vor beweglich –, sondern weil im Railshooter eine noch weitergehende Entlastung stattfindet: Wie in der Fahrzeugsequenz von »Call of Duty«, die nur einen kleinen Teil des Spiels ausmacht, wird die Origo in einem Railshooter durchgehend vom Programm und durch den Computer gesteuert. Immer dann, wenn alle Feinde im Umfeld erkannt sind, fährt das Spielbild entlang einer vorgegebenen Route zur nächsten Station weiter, so dass die Raumbewegung in medialer Hinsicht mit derjenigen des nahtlosen

Filmbilds identisch ist. Mit den Bildobjekten können die Spieler einzig noch in der Ebene interagieren, nicht aber mehr im Bildraum, so dass diesem etwas Bühnenhaftes und den Bildobjekten etwas Marionettenhaftes eigen ist.

In »Call of Duty« kann zwar noch der Blick gelenkt und die Bildperspektive (als Gameplay) manipuliert werden, nicht aber mehr die Richtung oder Geschwindigkeit der Raumbewegung (in der Gameworld) variiert bzw. bestimmt werden. Im Bereich der Spielautomaten konnte bei Railshootern damit nicht nur eine Vereinfachung der Steuerung erreicht werden und mithin eine völlige Befreiung von der Orientierung im Spielraum erfolgen, sondern es wurde auch eine höhere Bildauflösung möglich, zu einem Zeitpunkt, als bei PC-Spielen die Rechenleistung zur Ermöglichung weiterer Freiheitsgrade der Bildmanipulation genutzt wurde. Railshooter markieren daher unter Navigationsgesichtspunkten das Ende der Skala, an dem das Raumbild im Begriff ist, wieder zum Bildraum zu werden, das heißt, sich der Form des Bewegungs- oder gar Tafelbildes anzunähern. Bei neueren Railshootern besteht hingegen eine indirekte Möglichkeit eine Raumbildbewegung zu ermöglichen: So können die Spieler in »Silent Scope 2« in einzelnen Spielabschnitten Pfeiltasten mittels der Steuerungseinheit betätigen, die nach rechts oder links deuten, wodurch eine entsprechende Bildbewegung induziert wird.

Doch auch in »House of the Dead« gab es die indirekte Möglichkeit, einen alternativen Weg durch eine bestimmte Aktion zu wählen (meist handelte es sich auf der Sujetebene darum, einen Menschen vor der Attacke eines Zombies zu retten, indem die Bildbenutzer diesen töten). Dies war jedoch nur die sekundäre Folge einer Objekterkenntnis und wird selbst nicht als Navigationsbewegung ausgeführt. – Was sich jedoch bei allen Arten von Shooterspielen durchhält, und was noch »House of the Dead« sowohl mit »Doom« als auch »Steel Battalion« verbindet, ist die Dominanz einer bestimmten Bewegungsrichtung, und sei es als unbeeinflussbarer Bildlauf: derjenigen in den Bildraum hinein. Gar ließe sich sagen, dass mit einem Railshooter der Ego-Shooter seinerseits auf die Essenz der spezifischen Raumbildbewegung reduziert wurde. Der Bewegungsimperativ im Ego-Shooter lautet demnach »vorwärts«, oder vielmehr [W].[24]

Insofern die einzige echte Navigation in einem Railshooter das Anklicken einer Bilderweiterung ist, werden sie mit derjenigen vergleichbar, die in dem Spiel »Myst« vorlag, welches im gleichen Jahr veröffentlicht wurde wie »Doom«. Lev Manovich hat in einem einschlägigen Vortragstext über navigierbaren Raum, der als ein zentrales Kapitel auch in seine Monographie »The Language of New Media« von 2001 einging, darauf hingewiesen, dass sich an diesen beiden Spielen die beiden konträren Möglichkeiten einer virtuellen Raumbewegung festmachen ließen: »Myst« steht in der Tradition der Adventurespiele, jedoch ist es nicht textbasiert, sondern ein sogenanntes Grafikadventure: Während herkömmliche Grafikadventures jedoch weiterhin einen Teil des Bildschirms für die Interaktion mittels Parser reservieren oder die Kommunikation via Sprachzeichen durch die mittels Icons ersetzen – weshalb sie auch Point-and-Click-Adventures genannt werden –, ist »Myst« frei von extradiegetischem Text oder Displayanzeigen. Manovich beschreibt das Spiel wie folgt:

---

24   Eine Reminiszenz an den Railshooter bieten manche Ego-Shooter in Form von einzelnen Bahnfahrten. Diese können in der Eröffnungssequenz von »Half-Life 2« rein visueller Natur sein und sich mit dem Briefing vermengen, oder sie können als Zwischenlevel auftauchen – so etwa im »Doom 3« oder »Dead Space«, wo es verschiedentliche selbstläufige Fahrten auf Vehikeln gibt, bei denen die linke Steuerungshand des Spielers pausiert.

»In der Doom-Welt [...] läuft der Spieler in geraden Linien und dreht sich plötzlich um 90 Grad nach rechts oder links, um in einen neuen Korridor zu gelangen. In Myst ist die Orientierungspraxis viel freier. Der Spieler, oder vielmehr der Besucher, erkundet langsam die Umgebung: Er schaut sich vielleicht eine Weile um, wandert eventuell im Kreis herum, immer wieder auf denselben Punkt zurückkehrend, als vollführe er einen aufwendigen Tanz.«[25]

Vom Bildhandeln aus beurteilt ist Manovichs' Beschreibung jedoch gänzlich unzutreffend und macht allenfalls im Bezug auf das Sujet Sinn; dann jedoch läge ein Kategorienfehler vor, da in »Doom« ja eindeutig über die Navigationsmöglichkeiten gesprochen wird. Der maßgebliche Unterschied zwischen »Doom« und »Myst« bleibt dabei unberücksichtigt, da trotz der Raumvisualisierung in »Myst« gerade keine Raumbewegung zu sehen ist, sondern der Navigationsraum trotz der Bebilderung offscreen bleibt und sich hinsichtlich der Navigation nicht nur kaum von »Advent« oder »Zork« unterscheidet, sondern gar hinter diese zurückfällt. Die von Manovich zitierte erste Version von »Myst« besteht aus Standbildern, in denen Hyperlinks eingelassen sind, die durch Zeigerberührung aufgefunden werden müssen und mit deren Anklicken entweder ein neues Bild aufgerufen wird oder die Animation einzelner Bildobjekte gestartet wird. Solcherart ist die Navigation monodirektional, und »Myst« erfüllt damit nicht die Mindestanforderungen an die Minimalkardinalität von Computerspielen. Allenfalls kann »Myst«, wie Jay Bolter und Richard Grusin in »Understanding New Media« schreiben, ein »interactive film«[26], wenngleich dies eben nur durch die Linearität der Bildfolge, nicht aber durch das etwaige Vorhandensein eines Bewegtbildes begründet ist.

Der Raum von »Myst« ist damit alles andere als frei, und die Spieler können keineswegs, wie Manovich im Blick auf Baudelaire nahelegt, darin flanieren. Wie Dieter Mersch treffend formuliert, gibt es in Computerspielen schlichtweg »keinen Außenraum«[27] – alle Räume sind vielmehr Innenräume, deren Grenze durch das Bild bestimmt ist. Nur ist der Rahmen eines Simulationsbildes nicht allein durch die Monitorbegrenzung gegeben, sondern auch durch das jeweilige Steuerungsschema. Die von Manovich behauptete Freiheit von »Myst« ist allenfalls eine der (inneren) Interpretation. – Daran ändert auch die bis dahin bei Computerspielen unerreichte Bildauflösung nichts: »Myst« ist vielmehr eine Diashow, in der einzelne, computergenerierte Standbilder ineinander überblendet werden. Allein wenn man in einer sehr hohen Geschwindigkeit auf die Links klickt und sich also an einem Speed Run versuchen würde, könnte sich in einigen Bildfolgen der Eindruck einer Bildraumbewegung einstellen. Es ist dann schließlich auch erst das Remake für PC, »realMyst: Interactive 3D Edition« von 2000, welches das Interaktionsbild eines Ego-Shooters adaptiert und dieses Manko ausgleicht, respektive »Myst« überhaupt erst

---

25 Manovich, Lev: Navigable Space. Raumbewegung als kulturelle Form, in: Beller, Hans/Emele, Martin/ Schuster, Michael (Hg.): Onscreen/Offscreen. Grenzen, Übergänge und Wandel des filmischen Raumes, Ostfildern bei Stuttgart 2000, S. 185–207, hier S. 186.

26 Bolter, Jay David/Grusin, Richard: Remediation. Understanding New Media, Cambridge/London 1999, S. 94.

27 Mersch, Dieter: Logik und Medialität des Computerspiels. Eine medientheoretische Analyse, in: Distelmeyer, Jan/Hanke, Christine/ders. (Hg.): Game over!? Perspektiven des Computerspiels, Bielefeld 2008, S. 19–41, hier S. 23.

Abbildung 25: »Myst« (1993).

zum Computerspiel werden lässt.[28] Dass Manovich diese Version vor Augen hatte, kann jedoch ausgeschlossen werden, da sein Text bereits 1999 fertiggestellt und online veröffentlicht war. Schließlich gibt es auch einen weiteren Kategorienfehler, bei dem Manovich nun nicht mehr die Navigationsmöglichkeiten des einen mit dem Bildsujet des anderen Spiels vergleicht, sondern auch eine Gleichsetzung von Bilderscheinung und Leveldesign: Mit Blick auf Erwin Panofskys Kritik der Perspektive als »symbolische Form« spricht er davon, dass die vermeintlichen 3-D-Räume eines Computerspiels nur diskrete Aggregaträume seien, die keineswegs kontinuierlich seien:

> »[D]ie Welt eines Computerspiels [ist] kein kontinuierlicher Raum, sondern eine Reihe einzelner Ebenen. Dazu kommt, dass jede Ebene aus einzelnen Elementen besteht, sie ist eine Ansammlung von Räumen, Korridoren und Arenen, die die Designer zusammengestellt haben. Statt also den Raum als Ganzes aufzufassen, erleben wir ihn hier als lauter verschiedene Orte.«[29]

Tatsächlich operiert das Medium digital, die Erscheinung muss deshalb aber nicht diskret sein. Sie kann es in »Doom« und anderen Ego-Shootern zwar dann werden, wenn ein Bildgenerierungsfehler vorliegt, doch im Normalfall ist das Spielbild kontinuierlich – und eben dieses scheint Manovich ja abzusprechen, wenn er von einer »Welt« mit »Räumen, Korridoren und Arenen« schreibt.

---

28   Die Sequels wie »Myst III: Exile« von 2001 kehren dann wieder zur ursprünglichen Bildform des Grafikadventures zurück und ersetzen die Standbilder durch schwenkbare Panoramen. Das heißt, ein jeweiliges Standbild kann dann horizontal verschoben werden, jedoch gibt es abermals keine echte Navigationsbewegung wie etwa entlang der Z-Achse in das Bild hinein, sondern nur die Rotationsbewegung um die X-Achse.

29   Manovich (wie Anm. 24), S. 194.

QUELLENVERZEICHNIS

Aarseth, Espen J.: *Cybertext. Perspectives on Ergodic Literature*, Baltimore/London 1997.

Aarseth, Espen/Smedstad, Solveig Marie/Sunnanå, Lise: A Multi-Dimensional Typology of Games, in: Copier, Marinka/Raessens, Joost (Hg.): *Level Up. Digital Game Research Conference*, Utrecht 2003, S. 48–53.

Aarseth, Espen: Doors and Perception. Fiction vs. Simulation in Games, in: *Intermédialités* 9, 2007, S. 35–44.

Atkins, Barry: *More Than a Game. The Computer Game as Fictional Form*, Manchester/New York 2003.

Bogost, Ian: *Unit Operations. An Approach to Videogame Criticism*, Cambridge/London 2006.

Bolter, Jay David/Grusin, Richard: *Remediation. Understanding New Media*, Cambridge/London 1999.

Bühler, Karl: *Sprachtheorie. Die Darstellungsfunktion der Sprache (1934)*, Berlin/Frankfurt am Main/Wien 1978.

Cassirer, Ernst: *Das mythische Denken (= Philosophie der symbolischen Formen*, Zweiter Teil, 1925), Darmstadt 1994.

Fernández-Vara, Clara/Zagal, José Pablo/Mateas, Michael: Evolution of Spatial Configurations in Videogames, in: *Proceedings of DiGRA 2005 Conference. Changing Views – Worlds in Play*, 2005 http://www.digra.org/dl/db/06278.04249.pdf [08.06.2015].

Flusser, Vilém: Die Informationsgesellschaft als Regenwurm, in: Kaiser, Gert/Matejovski, Dirk/Fedrowitz, Jutta (Hg.): *Kultur und Technik im 21. Jahrhundert*, Frankfurt am Main/New York 1993, S. 69–78.

Goodman, Nelson: *Sprachen der Kunst. Entwurf einer allgemeinen Symboltheorie*, Frankfurt am Main ²1998, (engl. Originalausgabe: *Languages of Art. An Approach to a Theory of Symbols*, Indianapolis 1968).

Hölscher, Thomas: Nelson Goodmans Philosophie des Analogen und des Digitalen, in: Warnke, Martin/Coy, Wolfgang/Tholen, Georg Christoph (Hg.): *HyperKult II. Zur Ortsbestimmung analoger und digitaler Medien*, Bielefeld 2005, S. 111–122.

Husserl, Edmund: *Phantasie und Bildbewusstsein* (1904/05), Hamburg 2006.

Jaskolski, Helmut: *Das Labyrinth. Symbol für Angst, Wiedergeburt und Befreiung*, Stuttgart 1994.

Kittler, Friedrich A.: *Grammophon, Film, Typewriter*, Berlin 1986.

Manovich, Lev: Navigable Space. Raumbewegung als kulturelle Form, in: Beller, Hans/Emele, Martin/Schuster, Michael (Hg.): *Onscreen/Offscreen. Grenzen, Übergänge und Wandel des filmischen Raumes*, Ostfildern bei Stuttgart 2000, S. 185–207.

Mersch, Dieter: Logik und Medialität des Computerspiels. Eine medientheoretische Analyse, in: Distelmeyer, Jan/Hanke, Christine/ders. (Hg.): *Game over!? Perspektiven des Computerspiels*, Bielefeld 2008, S. 19–41.

Montfort, Nick: *Twisty Little Passages. An Approach to Interactive Fiction*, Cambridge/London 2003.

Nake, Frieder: Zeigen, Zeichnen und Zeichen. Der verschwundene Lichtgriffel, in: Hellig, Hans Dieter (Hg.): *Mensch-Computer-Interface. Zur Geschichte und Zukunft der Computerbedienung*, Bielefeld 2008, S. 121–154.

Pias, Claus: *Computer Spiel Welten*, München 2002.

Pias, Claus: Das digitale Bild gibt es nicht. Über das (Nicht-)Wissen der Bilder und die informatische Illusion, *zeitenblicke* 2/1, 2003, http://www.zeitenblicke. de/2003/01/pias/pias.pdf [08.062015].

Seitter, Walter: *Malerei war schon immer digital*, 2006, http://www.lacan.at/seiten_LA/ seitter.html [08.062015].

Turing, Alan M.: Computermaschinerie und Intelligenz (1950), in: Bruns, Karin/Reichert, Ramón (Hg.): *Reader Neue Medien. Texte zur digitalen Kultur und Kommunikation*, Bielefeld 2008, S. 37–64.

Wolf, Mark J.P.: Inventing Space. Toward a Taxonomy of On- and Off-Screen Space in Video Games, in: *Film Quarterly* 51, 1997, S. 11–23.

ABBILDUNGSVERZEICHNIS

INSZENIERUNG UND WIDERSTAND

Friedrich Weltzien – Marcel René Marburger – Hans-Jörg Kapp – Colin Walker

GESTALTTHEORIE IM CYBERWAR
Fashiondesign als Waffe

FRIEDRICH WELTZIEN

Kriege werden heute oft nicht mehr auf Schlachtfeldern geführt, die sich irgendwo im geografischen Gebiet unserer Erde befinden, sondern immer häufiger im virtuellen Raum des Internets. Es kann effizienter sein, den militärischen Gegner zu hacken, als ihn zu beschießen. So wird beim Gegenüber unter Umständen mehr Schaden angerichtet und werden in jedem Fall auf der eigenen Seite weniger Verluste riskiert als bei konventionellen militärischen Einsätzen.

Nicht erst seit den spektakulären Enthüllungen des sogenannten Whistleblowers Edward Snowden und den nicht abreißenden Geheimdienstskandalen ist klar, dass an der Schnittstelle von Militär und Geheimdienst die Überwachungstechnologie zu den herausgehobenen Interessensbereichen zählt. Für die Feindaufklärung wie auch zur Verhinderung terroristischer Angriffe werden fest installierte oder fliegende Kameras genutzt, von Fahrzeugen oder Laptops aufgenommene Filme gesammelt, auf Sicherheitssysteme, Fernsehbilder, soziale Netzwerke, Spielkonsolen und andere visuelle Daten zugegriffen. Die Bearbeitung dieser ständig wachsenden Datenberge allerdings überfordert jede Personalplanung, denn man müsste Heerscharen von Analysten rund um die Uhr mit der Sichtung beschäftigen. In jedem Augenblick entstehen mehr Bilder, als in Wochen verglichen und ausgewertet werden könnten.

Eine Möglichkeit, dieses Big-Data-Problem zu lösen, bietet die automatische Gesichtserkennung. Auf der Basis von definierten biometrischen Parametern können Softwareprogramme individuelle Gesichter wiedererkennen, auch wenn die Aufnahmen dieser Personen aus unterschiedlichen Perspektiven oder bei differierenden Lichtverhältnissen entstanden sind. Selbst die klassischen Agentenaccessoires Sonnenbrille und Schlapphut bringen die Software nicht ins Schleudern.

So durchsuchen die Rechner eigenständig die eingehenden Bilddaten nach den Signaturen jener Menschen, die vorher als militärische Feinde (oder aus welchen Gründen auch immer als suchenswert) definiert worden sind. Entdeckt das Programm ein solches Gesicht, kann es Alarm schlagen. Auf diese Weise ist zumindest potentiell jeder Mensch jederzeit identifizierbar, lokalisierbar und damit im Extremfall auch einem militärischen Zugriff ausgesetzt. Durch die Möglichkeit, per Satellit oder Drohne jeglichen Winkel der Erde sichtbar zu machen, endet mit dieser Technologie die Option, anonym zu bleiben.

Design ist in dieser neuen Form der militärischen Auseinandersetzung, die gelegentlich als Cyberwar bezeichnet wird, in vielfältiger Weise angesprochen.[1] Im Folgenden soll es aber nicht darum gehen, wie Designer an der Ausgestaltung dieser Technologie befasst sind (so haben beispielsweise Facebook oder Google je eigene Gesichtserkennungssoftware entwickelt), sondern wie Designer mit dieser Situation umgehen. Seit ein paar Jahren existiert ein interessanter Ansatz, Design als Waffe in diese Form der Kriegsführung einzubringen. »Anti-Detection«, »Stealth Wear« oder »Computer Vision Dazzle« heißen Entwürfe von Designern wie Adam Harvey oder Künstlerinnen wie Bronwyn Lewis, die Hairstyling, Make-up und Kleidung dazu nutzen, Gesichtserkennungssoftware zu überlisten und sich somit für die Überwachungstechnologie unsichtbar zu machen. Es geht darum, wie unter diesen Bedingungen Design genutzt werden kann, um Anonymität oder Privatheit zu erhalten oder zu erzeugen.

These ist, dass als Grundlage sowohl der Gesichtserkennung als auch der designbasierten Defensivbewaffnung die Gestalttheorie dient, die insbesondere von Max Wertheimer ab 1910 wahrnehmungspsychologisch ausformuliert wurde.[2] Nach diesen Hypothesen zur Ordnungs- und Mustererkennung wurden im Ersten Weltkrieg auch Tarnanstriche, beispielsweise für Kriegsschiffe, entwickelt. Seit dem Zweiten Weltkrieg gibt es vermutlich keine militärische Kampfausrüstung mehr, die auf Camouflage verzichtet. Anhand der historischen Herleitung dieses Beispiels möchte ich zeigen, dass Design als kulturelle Praxis immer auch militärisch nutzbar ist, ja sogar bestimmte Formen der Kriegsführung erst ermöglicht. Ich will deutlich machen, dass insofern auch Designtheorie nicht unschuldig ist und sich zudem beide – Praxis und Theorie – immer eng bedingen.

ASYMMETRIE, PRIVATHEIT UND DEMOKRATISCHE GRUNDORDNUNG

Gesichtserkennung ist gewiss nur eine Waffe im Arsenal der Cyber-Krieger. Das Abfangen und Einfrieren von Geldbewegungen und Konten, das Abhören und Ausspionieren, die Erstellung von Bewegungsprofilen und Gewohnheitsprotokollen, das Hacken von Daten, Einschleusen von Viren und Trojanern, das Blockieren oder Manipulieren von Websites und Kommunikationskanälen, bis hin zur Lenkung unbemannter Drohnen, die Aufklärung betreiben können oder auch Menschen gezielt töten, sind weitere Instrumente. Der Cyberwar, der mit Hilfe der massenweisen Datensammlung geführt wird, bekam insbesondere durch den von den Vereinigten Staaten von Amerika nach den Anschlägen vom 11. September 2001 ausgerufenen »War on Terror« erheblichen Nachdruck.

---

1 Aus der steigenden Zahl von Publikationen zum Thema seien diese exemplarisch herausgegriffen: Singer, Peter: *Cybersecurity and Cyberwar. What everyone needs to know*, Oxford 2014; Gaycken, Sandro: *Cyberwar. Das Internet als Kriegsschauplatz*, München 2011.
2 Vgl. hierzu Wertheimer, Max: *Drei Abhandlungen zur Gestalttheorie*, Darmstadt 1967. Weiterführend auch: Metz-Göckel, Hellmuth (Hg.): *Gestalttheorie aktuell. Handbuch zur Gestalttheorie*, Bd. 1, Wien 2008.

Dabei wurde ein Merkmal deutlich: Die Mittel, mit denen die beteiligten Parteien der Auseinandersetzung arbeiten, unterscheiden sich erheblich. In dieser asymmetrischen Kriegsführung steht auf der einen Seite eine technisch hochgerüstete Macht mit erheblichen finanziellen und organisatorischen Ressourcen, auf der anderen Seite eine Formierung uneinheitlicher Gruppen. Es bekämpfen sich nicht mehr zwei (oder mehrere) Streitkräfte, deren Soldaten durch Uniformen und Hoheitszeichen eindeutig markiert sind. Vielmehr ist jetzt eine Partei eher im Sinne einer Guerilla- oder Partisanenarmee aufgestellt, ohne Uniformen, ohne klare Markierungen, ohne von außen erkennbare Struktur.[3] Um eine solche Bedrohung abzuwehren, müssen die Geheimdienste nun notgedrungen alle Menschen überwachen, denn wenn die Angehörigen einer als feindlich eingestuften Kampfeinheit sich nicht zu erkennen geben, könnte potentiell jeder Mensch ein gegnerischer Kämpfer sein.

Naturgemäß hat dann der bei Weitem überwiegende Anteil dieser Daten nicht das Geringste mit einer wie auch immer gearteten Bedrohung durch Terroristen oder andere Feinde zu tun. Viele Menschen sehen folglich Überwachungstechnologien wie die automatische Gesichtserkennung ganz zu Recht als einen erheblichen (und schwerlich legalen) Eingriff in ihre Persönlichkeitsrechte. Die Frage nach Datenschutz und Schutz der Privatsphäre ist ein Problem, mit dem sich demokratische Gesellschaftsordnungen seit jeher auseinandersetzen müssen. Die Definition von Innen und Außen, persönlichem und öffentlichem Raum und an welcher Stelle genau die Grenzen dazwischen verlaufen, gehört seit der Antike zu den integralen Aufgaben der Demokratie. Denn wenn das Volk selbst als Souverän auftritt, darf diese Grenzziehung keine autoritäre Setzung sein, sondern ist vielmehr eine stete Aktivität, die nie zu Ende kommt und immer wieder neu ausgehandelt werden muss.[4]

Über die verbreitete Nutzung von Webcams und Smartphones, über das freiwillige Öffnen der Privatsphäre in sozialen Netzwerken, Spielkonsolen, Verkaufsportalen oder Suchmaschinen scheint sich diese Absteckung aber soweit aufzulösen, dass manche Kritiker befürchten, es könnten tatsächlich bald keine unbeobachteten Rückzugsorte mehr existieren. Mit der vollkommenen Transparenz aber hätte auch die politische Struktur, die auf dem Gegensatz von Öffentlichem und Privatem, Allgemeinem und Eigenem basiert, die Demokratie, ausgedient.[5] Und mit ihr, so ließe sich das weiterdenken, letztlich auch die sozialen Konzepte von Individualität, auf denen alle Vorstellungen von Design als kultureller Praxis aufruhen. Der Umgang mit den Medien spielt so gesehen der Überwachungsstrategie des Big Data in die Karten: Wir selbst tragen dazu bei, dass die Grundlagen für Design im Sinne des Ausdrucks einer freien Gestaltung erodieren.

---

3   Vgl. Knesebeck, Philipp von dem: *Soldaten, Guerilleros, Terroristen. Die Lehre des gerechten Krieges im Zeitalter asymmetrischer Konflikte*, Wiesbaden 2014. Allerdings ist nicht notwendigerweise jeder Cyberwar ein asymmetrischer Krieg: Auch hochgerüstete Nationen hacken sich gegenseitig gewissermaßen auf Augenhöhe.
4   Vgl. Schmale, Wolfgang/Tinnefeld, Marie-Theres: *Privatheit im digitalen Zeitalter*, Wien/Köln/Weimar 2014.
5   Der wohl prominenteste jener Kritiker ist derzeit Jaron Lanier; vgl. Lanier, Jaron: *Who owns the future?*, New York 2013.

DESIGNAKTIVISMUS

Man könnte also sagen, dass Designentwürfe oder Konzepte, die sich für den Schutz von Privatheit (oder anders formuliert: für das Recht auf Anonymität) einsetzen, damit für die demokratische Grundordnung die Basis von Gestaltung als Ausdruck von Individualität stark machen. Menschen, die für den Schutz von Persönlichkeitsrechten gegen willkürliche Verletzung durch Einzelne oder Institutionen einstehen, stellen Überlegungen an, wie man sich gegen die Überwachung und die Sammlung von privaten Daten zur Wehr setzen kann. Eine simple Defensivwaffe besteht darin, die im Laptop integrierte Webcam abzukleben oder den Akku aus dem Handy zu nehmen. Wie man sich aber gegen die Überwachung im öffentlichen Raum wehren kann, wie man die automatische Identifizierung durch Gesichtserkennungssoftware überlisten und ausschalten kann, das ist eine verzwicktere Herausforderung.

Gleichwohl haben sich Gestalter daran gemacht, Ideen für ein solches Ausklinken aus dem Überwachungssystem zu entwickeln, und diese Lösungen besetzen eine interessante Schnittmenge aus Design und Aktivismus. So hat im Jahr 2012 eine Forschergruppe aus Japan ein Instrument vorgelegt, mit dem sich die Face Recognition ausschalten lässt: Die Informatiker Isao Echizen und Seiichi Gohshi haben eine Brille mit integrierten Leuchtdioden gebaut, die – sobald sie eingeschaltet wird – die Erkennung des Gesichtes verhindert.[6] Die Wellenlänge des Lichtes ist dabei so ausgelegt, dass Digitalkameras geblendet werden, menschliche Augen aber nicht. Allerdings ist das Tragen der Brille durch die Stromversorgung etwas unpraktisch und ästhetisch durchaus optimierbar. Derweil ist man offenbar damit befasst, eine markttaugliche Version des »privacy visor« zu entwerfen, die dann sehr günstig (für etwa einen Dollar) zu erwerben sein soll.

Eleganter ist das Konzept von Leo Selvaggio. Der in Chicago lebende Multimedia-Künstler hat eine Maske seines eigenen Gesichtes angefertigt, die im 3-D-Drucker geplottet wird. Wer immer diese Maske aufsetzt, wird zwar von der automatischen Gesichtserkennung erfasst, diese identifiziert die betreffende Person aber als Leo Selvaggio. Damit wird die Face Recognition Software unnütz, denn sie liefert nun sinnlose Daten. Immerhin widerspricht es den formallogischen Prämissen, auf denen jede Computerfunktion basiert, dass die identische Person an mehreren Orten zugleich anwesend ist. Unter dem Namen »URME Surveillance Identity Prosthetic« bietet dieses Produkt eine Identitätsprothese, deren Konzept von der Abkürzung URME (you are me – du bist ich, oder auch: Du Armee) ausgedrückt wird. Der Designer stellt sich selbst als Deckidentität zur Verfügung, hinter der Maske bleibt der Träger anonym.[7] Da der Tragekomfort jedoch zu wünschen übrig lässt, und die Herstellung einen teuren 3D-Drucker erfordert, hat Selvaggio auch eine einfachere Variante aus Papier auf den Markt gebracht, die offenbar ebenfalls befriedigend funktioniert.

Die bislang verkauften Masken aus Kunstharz oder Papier dürften allerdings noch nicht hinreichen, um die Big-Data-Strategie und die sie verfolgenden Geheimdienste ernsthaft aus dem Konzept zu bringen. Die Idee selbst lässt sich aber leicht vervielfältigen – die

6   Vgl. National Institute of Informatics, Tokyo: *Privacy Protection Techniques Using Differences in Human and Device Sensitivity. Protecting Photographed Subjects against Invasion of Privacy Caused by Unintentional Capture in Camera Images*, Press Release vom 12.12.2012, http://www.nii.ac.jp/userimg/press_20121212e.pdf [01.04.2015].

7   Vgl. dazu die Website von Leo Selvaggio, http://leosurvaggio.com/urmesurveillance/ [01.04.2015].

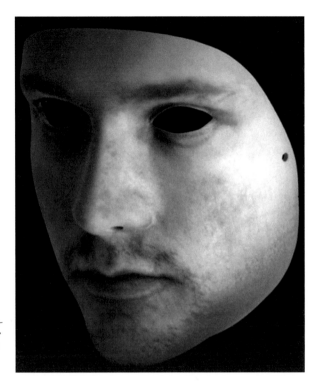

*Abbildung 1: Mit dieser »Identitäts-
Prothese« wird jeder Mensch für die
automatische Gesichtserkennung zu
Leo Selvaggio: URME Mask aus
dem Jahr 2014.*

Verwandtschaft zu der im Umfeld der Occupy-Bewegung und den Netzaktivisten der Gruppe »Anonymous« beobachtbaren Praxis, sich auf Demonstrationen mit Guy-Fawkes-Masken zu tarnen, macht das deutlich. Zumindest lässt sich auf diese Weise ein politisches Statement formulieren.

Ein vergleichbares Konzept, das nicht auf Unsichtbarkeit, sondern auf Verwirrung setzt, stammt von der Modedesignerin und Aktivistin Simone C. Niquille. Mit ihrem Entwurf »Realface Glamouflage« erzeugt sie gewissermaßen eine optische Geräusch-kulisse um die Person.[8] Dazu werden fotorealistische Gesichter als Muster auf Stoffe ge-druckt, die dann zu Kleidung verarbeitet werden. Die Face Recognition Software erkennt dann nicht nur ein Gesicht pro Person, sondern sehr viele, die darüber hinaus auch noch prominent sind, wie etwa Michael Jackson oder Barack Obama. Niquille nennt das »Face Piracy for Privacy«[9]: Man kapert sozusagen fremde Gesichter, um in diesem Schwarm wieder Anonymität zu finden. Bei dieser Strategie besteht in den Maschinenaugen der Überwachungskameras eine Person aus vielen Gesichtern, sie kommt in einer Wolke aus Identifizierungen daher, in der sie selbst nicht mehr erkannt wird. Die Verbindung von Glamour und Camouflage betont dabei das gestalterische Moment: Im Gegensatz zum japanischen Ingenieursprodukt und Selvaggios politischem Statement herrscht hier tat-sächlich ein Anspruch von Fashion Design.

---

8   Vgl. ihre Website, http://www.technofle.sh/ [01.04.2015].
9   Ebd.

COMPUTER VISION DAZZLE

Den größten Bekanntheitsgrad unter den Gesichtserkennungspiraten hat wohl der New Yorker Designer Adam Harvey erlangt. Er hat an der New York University einen Master in »Interactive Telecommunication« erworben und im Jahr 2011 seine Abschlussarbeit unter dem Titel »Computer Vision Dazzle« oder kurz »CV Dazzle« vorgelegt.

Wie Niquille nutzt er Techniken des Fashion Design. Allerdings entwirft er für diese Arbeit keine Kleidung, sondern verwendet Schminke und Frisuren, die Wert legen auf scharfe Farbkontraste und Asymmetrien in Kontur und Binnengestaltung.[10] Mit dieser medientechnisch vergleichsweise einfachen Methode gelingt es tatsächlich, die gängigen Softwareprodukte, wie man sie etwa in vielen Digitalkameras oder auf Facebook und Google findet, auszutricksen. Der Computer erkennt in so geschminkten und frisierten Gestalten keine menschliche Figur mehr, die Gesichter werden von der Software nicht erfasst.

Dabei macht Harvey klar, dass es ihm nicht nur darum zu tun ist, schlauer zu sein als die Gesichtserkennung. Ihm ist es wichtig, aus der gegebenen Ausgangssituation heraus eine gestalterische Handschrift zu generieren, einen eigenen, individuellen Ausdruckswillen zu zeigen. Dieser Aspekt ist wohl nicht hoch genug einzuschätzen: Souveränität entsteht nicht aus einer defensiven Position, sondern muss zu einer aktiven und positiven Haltung finden. Auf der Basis seiner Abschlussarbeit entwickelt Harvey seither dieses Konzept für ein Fashion Design der Counter Surveillance weiter – man könnte sagen, Antispionage als ästhetisches Konzept und Geschäftsmodell.

Im Portfolio seines »Privacy Gift Shop« bietet er auch die so genannte »Off Pocket« an, eine Tasche, die elektromagnetische Strahlung abschirmt, und so beispielsweise ein dort untergebrachtes Handy nicht mehr zu orten ist. Zwar kann man auch nicht angerufen werden, solange sich das Telefon in dieser Tasche befindet, aber immerhin ist man selbst in der Lage zu entscheiden, ob man in einem gegebenen Augenblick im Cyberspace sichtbar sein möchte, oder ob man sich lieber aus der virtuellen Öffentlichkeit in die Privatheit, ins Off, zurückzieht.

Im Jahr 2013 erweiterte eine weitere Kollektion Adam Harveys Produktpalette der »New Designs for Countersurveillance«: Das »Stealth Wear«.[11] Das englische Wort »stealth« bedeutet so viel wie Heimlichkeit oder Verstohlenheit und eröffnet ein Assoziationsfeld, das mit Privatheit und Anonymität verbunden ist. Stealth technology, zu Deutsch auch Tarnkappentechnologie, bezeichnet einen Forschungsbereich, die Reflektion eines möglichst breiten Spektrums elektromagnetischer Strahlung zu verhindern. Bei Infrarot- oder Radarstrahlung funktioniert dies offenbar besser als in den Bereichen sichtbaren Lichts.

Seit jeher ist es das Ziel jeglicher Tarnung, unsichtbar zu werden. Das ist in militärischen Auseinandersetzungen von naheliegendem Vorteil. Kulturgeschichtlich ist der Versuch, aus dem Blickfeld der Anderen zu verschwinden, stets eng mit Kleidung verbunden. In der griechischen Mythologie besaß Hades, der Gott der Unterwelt, eine Kopfbedeckung aus Hundefell, die das Augenlicht des Gegenübers verschlucken konnte: den Helm der Dunkelheit. In der Ilias des Homer taucht dieser Helm verschiedene Male im Kampf um Troja auf. Auch die nordische Sagenwelt berichtet etwa im Nibelungenlied von einem Kleidungsstück mit solcher Wirkung. Siegfrieds »tarni« war vermutlich eine

---

10   Vgl. Harvey, Adam: Website, http://ahprojects.com/ [01.04.2015].
11   Vgl. ebd., http://ahprojects.com/projects/stealth-wear/#summary [01.04.2015].

Abbildung 2: Adam Harvey untersucht Frisuren und Make-up, unter dem die automatische Gesichtserkennung keinen Menschen mehr sieht: Hier der »Look No. 5« aus der Serie »CV Dazzle«, 2010, siehe Farbtafeln.

Abbildung 3: Adam Harveys »Anti-Drone Burqa« aus der Kollektion »Stealth Wear« von 2013: Macht die Trägerin unsichtbar für Infrarotkameras.

»cappa«, also ein Umhang, keine Mütze oder Helm.[12] Zumindest in der Nibelungensage ist dieses Kleidungstück immer wieder in betrügerische Aktionen eingebunden: Tarnung ist insofern zumindest im transalpinen Kulturraum im Laufe der vergangenen tausend Jahre stets auch mit Rechtsfreiheit und der Umgehung von Gesetzen konnotiert. Wer im »tarni« steckt, ist eben auch juridisch nicht zu belangen.

Wie auch immer: Adam Harvey nutzt diese Terminologie der Verstohlenheit, um Kleidungsstücke zu entwickeln, die nicht die Gesichtserkennung ausschalten, sondern vor der Überwachung durch Drohnen schützen sollen. Für diesen Zweck setzt er beschichtete Stoffe ein, die nicht nur wenig Licht reflektieren, sondern vor allem auch die Wärmestrahlung des Körpers blockieren. Auf diesem Wege soll die nächtliche Überwachung durch Infrarot-Kameras, die Wärmebilder erstellen, erschwert werden.[13] Die Entwürfe nennt er etwa »Anti-Drone Burqa« oder »Anti-Drone Hijab«.[14]

Damit greift er Bezeichnungen für Schleier auf, die in muslimischen Kulturkreisen von Frauen getragen werden, und somit nicht nur als genderspezifische Marker fungieren, sondern auch auf ein Weltbild verweisen, das dem US-amerikanischen entgegensteht. In Bezug auf die Golfkriege oder den Afghanistanfeldzug kann man sagen, dass Harvey mit seinen Entwürfen eine Solidarisierung mit Amerikas militärischen Gegnern vollzieht. Seine Kleidungsstücke könnten jedenfalls in einer asymmetrischen Kriegsführung als Defensivwaffe benutzt werden. Unter diesen Tarnmänteln werden nicht nur Frauen für die Nachtsichtgeräte der Drohnen unsichtbar und verschaffen sich so einen gewissen privaten Raum. Unter diesen Mantelschleiern können sich auch Männer als Frauen tarnen und somit eine persönliche Freiheit behaupten. Wie Siegfried, der in seiner Tarnung Brünhild besiegt und sie daraufhin an Stelle Gunthers zum Vollzug der Hochzeitsnacht zwingt, sind auch Harveys Entwürfe geeignet, Grenzen von staatlicher Gesetzesmacht wie auch moralischer Zuschreibung, die das Geschlecht betreffen, zu überschreiten. Sie erschaffen einen rechtsfreien Raum und bieten damit eine starke Position für ihre Trägerin oder ihren Träger.

MODE UND GESELLSCHAFTSKRITIK

Die Idee von »CV-Dazzle« als einem Entwurf, der eine computertechnologische Funktion mit einem modischen Statement verbindet, hat die Performancekünstlerin Bronwyn Lewis aus Seattle aufgegriffen. Mit Referenz auf Harveys Arbeiten bot sie beispielsweise 2013 unter der Überschrift »Face Recognition Defence« in der Henry Art Gallery in Seattle Workshops an, in deren Verlauf Beauty- und Make-Up-Tutorials erarbeitet wur-

---

12 Vielleicht hat später Harry Potter dieses modische Accessoire von Siegfried geerbt.
13 Verschiedene Armeen nutzen derartige Stoffe für moderne Kampfausrüstungen. Gerüchteweise sollen etwa russische Fallschirmjäger, die im Konflikt mit der Ukraine auf der Krim gelandet sind, mit ähnlicher Tarnkleidung ausgerüstet gewesen sein, die sie für Wärmekameras unsichtbar machen sollten. Es handelt sich also durchaus um einen interessanten Markt, auch wenn bezweifelt werden kann, dass Russland auf der Krim die Rechte des Individuums verteidigen will.
14 Vgl. Harvey, Adam: Website, http://ahprojects.com/projects/stealth-wear/ [01.04.2015].

den, um die Gesichtserkennung von Facebook blind zu machen.[15] Der Bezug, den sie dabei eröffnet, ist größer, als der ihres Vorbildes Harvey. Sie nennt beispielsweise die Subkultur des Drag – also von Männern, die sich als Frauen verkleiden – als Expertise, nicht nur in den Augen der Mitmenschen eine Identität abzulegen und unter einer künstlichen Haut aus Schminke, Kleidung und Frisuren zum Verschwinden zu bringen, sondern nun auch im Angesicht von programmierten Suchmaschinen.

Damit entwickelt sie den Aspekt der modischen Herausforderung weiter und bindet ihr Konzept an zusätzliche Quellen der Inspiration an, die soziales Engagement mit Design zu verquicken wussten. Diese Ressourcen des ästhetischen Untergrunds finden sich auch in der counter-culture aus den jugendbewegten Zeiten nach der 1968er-Revolte. Im breiten Überschneidungsgebiet von Popkultur und Mode, zwischen Protestbewegungen und künstlerischen Experimenten bieten Fashion-Konzepte der 1970er Jahre Formen, die sich im Hinblick auf eine Face Recognition Defense als erstaunlich aktuell erweisen. Insbesondere in David Bowies Kunstfigur Aladdin Sane aus dem Jahr 1973 (ein humanoider Verwandter von Bowies Doppelgängern Major Tom und Ziggy Stardust) findet Bronwyn Lewis den Glamour, von dem bereits Niquille Gebrauch gemacht hat.[16] Aladdin Sane hat einen großen, roten Blitz mit blauer Kontur über die rechte Gesichtshälfte geschminkt, der vom Haaransatz über das rechte Auge verläuft, und dessen Spitze sich bis zum Kieferknochen hinunterzieht.

Die großflächige Verwendung von unmodulierter Farbe, die dominante Chromatik und die scharfen Kontraste, vor allem aber das Ignorieren von Gesichtskonturen und biometrisch relevanten Punkten (etwa Augen- und Mundwinkel, Nasenrücken, Brauen und Wangenknochen u. a.) sowie die Asymmetrie sind Merkmale, die Bronwyn Lewis vom Alter Ego des britischen Sängers übernimmt.

Bowie hat wie wenige andere immer wieder neue Identitäten für sich erfunden, um auf diese Weise eine Freiheit der Individualität zum Ausdruck zu bringen, die sich jeder Kategorisierung entzieht. Damit fungiert er nicht nur als Idealbild eines selbstbestimmten Lebens, sondern passenderweise erzeugt seine unkonventionelle und innovative Schminke zudem die jetzt gewünschte algorithmische Anonymität – wenngleich in den 1970er Jahren die heutigen Möglichkeiten automatisierter Überwachung lediglich Gegenstand dystopischer Zukunftsszenarien im Sinne von George Orwells Roman »1984« oder »Brave New World« des britischen Schriftstellers Aldous Huxley gewesen sein mögen. Das Schreckgespenst eines faschistoiden Totalitarismus, der das Leben eines jeden Menschen so weit durchdringt, dass er Privatheit nahezu vollkommen auslöscht, dient dort wie hier als Horrorvision, die es zu verhindern gilt.

Zur gleichen Zeit existierte noch ein anderes Modell radikaler Individualisierung, das während der 1970er Jahre gerade in Bowies Heimatstadt London zu einer Blüte fand: das Phänomen Punk. Zwischen Bowie und Punk besteht eine enge Beziehung, auch wenn beide durchaus klar zu unterscheiden sind. So lässt sich – obwohl Lewis Punk nicht ausdrücklich erwähnt – in einem Vergleich zu Gesichtsbemalungen der Punks die ästhetische Nähe zum Face Recognition Defence feststellen. Jordan, eine Punkerin aus dem Umfeld

15 Vgl. Lewis, Bronwyn: *Facial Recognition Defense Workshop. A Make-Up Tutorial, Henry Art Gallery_Blog*, 09.04.2013, http://blog.henryart.org/2013/04/09/facial-recognition-defense-workshop-a-make-up-tutorial/ [01.04.2015].

16 Vgl. Jonjak, Marti: Worn Out. Bronwyn Lewis's Razzle-Dazzle Camouflage, in: *The Stranger*, 10.04.2013, http://www.thestranger.com/seattle/worn-out/Content?oid=16458864 [01.04.2015].

*Abbildung 4: David Bowies Platten-
cover für Aladdin Sane von 1973:
Schminktipps für Individualisten.*

*Abbildung 5: Jordan 1978: Punk
als Vorläufer der Face Recognition
Defence. Die ästhetische Rebellion
der 1970er Jahre funktioniert heute
als Versteck vor den Maschinen.*

von Vivien Westwood, zeigt auf einer Fotografie aus dem Jahr 1978 ebenfalls großflächig und asymmetrisch aufgetragene Schminke, die durch scharfkantige Formen und spitze Winkel auffällt, deren Konturen zudem mit kontrastierendem Schwarz betont sind.[17]

Punk stand für eine Attitüde des zivilen Ungehorsams, für eine Idee von freier Lebensführung, einer Emanzipation von Konventionen und Standards bürgerlicher Normierung, die (so lautet die unausgesprochene Unterstellung) von allen anderen Leuten unhinterfragt gelebt wurde. Auch Punk feierte die Freiheit des Individuums vor den Pflichten der Masse. Allerdings war die Intention der Punkästhetik keineswegs darauf ausgelegt, sich selbst unsichtbar zu machen, sondern ganz im Gegenteil: Sie wollte so viel Sichtbarkeit wie möglich erzeugen. Die Botschaft von Kleidung, Haartrachten und Make-Up lautete: Auffallen, Ausbrechen aus Routinen, den Rahmen sprengen. Zu diesem Zweck dienten im Übrigen auch militärisch besetzte Formen, Materialien und Erkennungszeichen bei Kleidung oder auch bei Körperschmuck wie Tätowierungen oder Piercings.

UNSICHTBAR WERDEN DURCH AUFFÄLLIG SEIN

Dieser doppelte Boden verleiht Adam Harveys Konzept einen besonderen Reiz. Das Unsichtbarwerden im Fokus der virtuellen Überwachungstechnologie erzeugt gleichzeitig und just aufgrund der Mittel von »CV Dazzle« ein herausgehobenes Sichtbarwerden in der physischen Welt der Körper. Daraus lässt sich schließen, dass es nicht nur um eine Bewaffnung mit Defensivausrüstung geht (zu den klassischen Defensivwaffen gehören seit jeher etwa der Schutzschild, der Helm oder auch die Gesichtsmaske) – es geht um Schmuck, um Mode, um den ästhetischen Ausdruck eines kreativen Subjektes. Der Wille zur Tarnung und der Wille zum Selbstausdruck halten sich gewissermaßen die Waage.

Diesen Aspekt der Überkreuzung von Defensivbewaffnung und Beauty stellt auch der kalifornische Designer und Medienkünstler Zach Blas ins Zentrum seiner »Facial Weaponizing Suite« – einer Gesichtsbewaffnung. Zach Blas hat 2008 an der University of California in Los Angeles einen Master in »Design and Media Arts« gemacht. 2011 erstellte er eine Arbeit, für die er die biometrischen Daten mehrerer Menschen miteinander verrechnete und manipulierte, so dass sie nicht mehr als Gesicht lesbar sind. Als Ergebnis kommt er zu weitgehend amorphen Formen, aus denen er dann Masken erstellt.

Die unterschiedlichen Masken und die ihnen zugrunde liegenden Daten orientieren sich an spezifischen Anliegen, deren Kategorisierung über biometrische Daten Zach Blas auf diese Weise thematisiert. So weist eine der Masken, die rosafarbene »Fag Face

---

17   Jordan hieß mit bürgerlichem Namen Pamela Rooke. Sie arbeitete in den späten 1970ern für Vivien Westwood als Model und Verkäuferin, spielte in zwei Filmen von Derek Jarman mit, managte die Punkband »Adam and the Ants« und war bei Auftritten von den »Sex Pistols« auf der Bühne, kurzum: ein zentrales Gesicht des frühen London Punk. Vgl. hierzu Colegrave, Stephen/Sullivan, Chris: *Punk. A Life Apart*, London 2004. Die Makeup-Ästhetik von Jordan wird hier mit den geometrischen Gemälden des Avantgarde-Künstlers Piet Mondriaan verglichen.

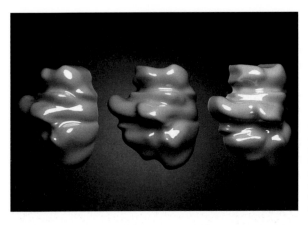

Abbildung 6: Zach Blas: Fag Face Mask von 2011. Die Gesichter von 36 nichtheterosexuellen Männern wurden gescannt, deren Daten kombiniert und manipuliert. Als Ergebnis erscheint eine Form, die biometrisch keinen Sinn mehr ergibt, siehe Farbtafeln.

Mask«, aus den Gesichtern von 36 »queer men« generiert, darauf hin, dass es in den USA Versuche gibt, homosexuelle Männer anhand bestimmter Merkmale automatisch zu identifizieren.[18]

Andere Masken verweisen auf weitere sexistische und rassistische Unterstellungen, die etwa den Umgang mit Immigranten an Grenzübergängen oder Spezifika von Menschen mit Behinderungen betreffen. Die Normierung, die dem Phantasma der universellen Kategorisierung automatischer Gesichtserkennung zugrunde liege, so Blas, könne die individuelle Besonderheit eines Menschen nicht erfassen. Dadurch werden wir in vordefinierte Rollen gezwungen und zum Objekt der Vorurteile von kommerziellen Interessen oder polizeilichen, erkennungsdienstlichen und militärischen Belangen gemacht. Der Widerstand gegen diese normativen Aktivitäten rettet nach Blas nicht nur die demokratischen Werte, sondern auch die Grundlage kreativen Arbeitens und Lebens. Als Vorbild dieser Verknüpfung von Selbstermächtigung und Kreativität verweist Blas auf die russische Punk-Performance-Gruppe Pussy Riot, die ebenfalls Masken als Waffe in ihrem Kampf gegen Sexismus und Machtmissbrauch einsetzen.[19]

Weil aber die Masken zwar als künstlerisches Statement gut funktionieren, im Alltagsgebrauch jedoch hinderlich sind, hat er eine Schmucklinie namens »Face Cage« entworfen. Auch der Face Cage wurde entlang der Biometrisierung von Gesichtern entwickelt, indem Blas die Strukturen, die von der Gesichtserkennung abgetastet werden, aus Edelstahldraht nachmodelliert.

»Digital portraits of dehumanization« nennt er selbst diese Gesichtsraster der Software, die von ihren Programmierern Folterinstrumenten nachgebildet scheinen.[20] Charakteristische Vektoren, die den Augenabstand, die relative Größe der Nase oder die Form der Lippen erkunden, sind durch dieses Schmuckstück aus der Unsichtbarkeit der

---

18   Vgl. Blas, Zach: Website, http://www.zachblas.info/projects/facial-weaponization-suite/ [01.04.2015].

19   Zur Rolle von Zach Blas im antirassistischen Aktivismus vgl. Chávez, Helena/Labastida, Alejandra/Medina, Cuauhtémoc (Hg.): *Teoría del Color – Color Theory*, Ausst.-Kat. Museo Universitario Arte Contemporanea, Mexico City 2014. Zu Pussy Riots Strategien der Selbstermächtigung vgl. Weltzien, Friedrich: Punk und Kunst-Politik. Pussy Riot in der Geschichte feministischer Performancekunst, in: Liebert, Wolf-Andreas/Westphal, Kristin (Hg.): *Performances der Selbstermächtigung*, Oberhausen 2015 (in Vorbereitung).

20   So Blas in einem Statement auf seiner Website, http://rhizome.org/commissions/proposal/3001/ [01.04.2015].

Abbildung 7: Zach Blas: Face Cage von 2013. Das biometrische Raster der Überwachungssoftware wird übersetzt in die materielle Welt zu einem schmerzhaften Zeichen für Gewalt, siehe Farbtafeln.

Datenspeicher zurück auf das Gesicht der Person geholt. Der »Face Cage« soll Public Surveillance nicht nur verunmöglichen, sondern das Überwachen und die Kategorisierung durch diese Technologie selbst sichtbar machen. Jeder, der einen Face Cage trägt, drückt sehr deutlich aus: Wir werden beobachtet, wir werden vermessen, wir werden in Schubladen sortiert, wir werden fremdbestimmt. Dies ist eine Form von Gewalt. Lasst Euch das nicht gefallen!

GESTALTTHEORIE

Die Technologie der Gesichtserkennung basiert – das wird hier als These verkürzend behauptet – auf einer etwa hundert Jahre alten Idee. Die Theorie der Gestaltpsychologie besagt im Kern, dass die menschliche Wahrnehmung in der Lage ist, sich aus sehr vereinzelten Elementen ein angenommenes Ganzes zu konstruieren. Um einen Menschen zu erkennen, um ein Gesicht identifizieren zu können, müssen wir es nicht komplett vor uns haben. Schon relativ wenige Merkmale, die in einer eindeutigen Beziehung zueinander stehen, reichen aus, um eine Figur – eben eine Gestalt – zu erfassen. Der Rest wird von unserem Gehirn ergänzt. Optische Täuschungen, etwa Vexierbilder, spielen mit diesem Effekt, indem in einer Grafik gleichviele Merkmale für zwei unterschiedliche Interpretationsmuster angeboten werden. Unser Bewusstsein identifiziert dann entweder die eine Interpretation oder die andere, es kann auch zwischen beiden Deutungsoptionen hin und her wechseln, aber nicht beide Lesarten gleichzeitig wahrnehmen. Zu Beginn des vergangenen Jahrhunderts begann die Wahrnehmungspsychologie mit der Gestalttheorie zu erforschen, wie viele und welche Reize unser Bewusstsein benötigt, um eine Form, eine Gestalt, eindeutig erkennen zu können.

Diese Forschung bekam im Ersten Weltkrieg einen wichtigen Anwendungsbezug. Im Krieg ist es ebenso bedeutsam, klare Gestalten identifizieren zu können, wie seine eigene Gestalt zu verbergen. Diesen Weg ging die erste Camouflagetechnik dieser Zeit, die so genannte Dazzle-Camouflage oder das Razzle Dazzle Design der britischen Kriegsmarine, auf das sich Adam Harvey nicht nur in seiner Namensgebung bezieht. Im Unterschied zur Tarnung versucht das Razzle Dazzle nicht, sich so gut wie möglich an den Hintergrund anzupassen. Ganz im Gegenteil wird versucht, durch eigentümliche und meist geometrische, unnatürliche Bemalung jene eindeutigen und klaren Merkmale zu verbergen, die die Identifizierung der Gestalt ermöglichen.[21] Die Gestalttheorie fand Eingang in das Militärwesen unter anderem über den Umweg der Zoologie, die sich mit den Tarnfarben der Tiere beschäftigte. So beriet etwa der Zoologe John Graham Kerr im Ersten Weltkrieg die Admiralität der britischen Kriegsmarine unter Winston Churchill in Sachen Tarnanstriche.[22] Ein zweiter Weg verlief über die Bildende Kunst: Maler wie Norman Wilkinson oder Edward Wadsworth wurden damit beauftragt, Dazzle Designs für Kriegsschiffe zu entwerfen. Insbesondere Wadsworth ist dabei eine kunsthistorische Schlüsselfigur, insofern er gemeinsam mit Wyndham Lewis als maßgeblicher Kopf der vortizistischen Strömung in England Anleihen bei Futuristen und Kubisten machte. Diese avantgardistischen Künstlergruppierungen beschäftigten sich in ihrer Kunst ebenfalls mit der Auflösung oder Verunklärung der Gestalt. Auf diese Weise wollten sie die Wahrnehmung der an sich statischen Bilder dynamisieren, um so beispielsweise Phänomene wie Zeit und Bewegung darstellen zu können.

Die aus dieser Theorie resultierende scharfkantige, in stark kontrastierenden Farben ausgeführte Bemalung machte das Schiff zwar alles andere als unsichtbar. Tauchte jedoch ein einzelnes Fahrzeug oder ein ganzer Verband im Periskop eines deutschen U-Boots oder im Fernglas eines deutschen Kriegsschiffes auf, war es schwer, den Bug vom Heck zu unterscheiden oder festzustellen, wo das eine Schiff aufhörte und das nächste anfing. Da jede Bemalung individuell war, konnte auch nicht leicht erkannt werden, um was für eine Schiffsklasse es sich genau handelte. Zudem sollte so erschwert werden, die Bewegungsrichtung und die Geschwindigkeit zu bestimmen, was es den Bordschützen wiederum unmöglich machte, ihre Waffen exakt auszurichten.

Im Jahr 2014 erhielt der deutsche Künstler Tobias Rehberger von der britischen Regierung den Auftrag, eines der letzten drei noch existierenden Kriegsschiffe der Royal Navy aus dem Ersten Weltkrieg in einer Neuinterpretation von Razzle Dazzle zu

---

21   Vgl. Behrens, Roy R.: *False Colors: Art, design and modern camouflage*, Iowa 2002.

22   Murphy, Hugh/Bellamy, Martin: The Dazzling Zoologist: John Graham Kerr and the Early Development of Ship Camouflage, in: *The Northern Mariner XIX* (2), April 2009, S. 171–192, http://www.cnrs-scrn. org/northern_mariner/vol19/tnm_19_171-192.pdf [01.04.2015].

gestalten. Es ist nicht nur eine Geste der Versöhnung, einem Vertreter des ehemaligen Kriegsgegners einen solchen Auftrag anzubieten, sondern zeigt, dass über dieses Design auch heute noch bedeutsame Inhalte kommunizierbar sind. Es macht zudem den Hinweis möglich, dass die Dazzle-Kampagnen der Jahre 1917 und 1918 zu den vielleicht größten Arbeitsbeschaffungsmaßnahmen für Grafikerinnen überhaupt zu zählen sind, da es vornehmlich weiblichen Angehörigen von Kunst- und Grafikschulen, allen voran der Londoner Royal Academy of Arts, vorbehalten war, die Entwürfe ihrer männlichen Kollegen an tausenden von Bordwänden in die Tat umzusetzen. Neben Malern und Grafikern waren an diesen Entwürfen auch Bildhauer, Set Designer und andere gestaltende Disziplinen beteiligt.

SCHLUSSSTRICH: DESIGN IST ÖL

Unter Militärhistorikern ist der tatsächliche Effekt der Dazzle-Camouflage im Ersten Weltkrieg umstritten. Es lässt sich schwer klären, ob, und falls, wie viele feindliche Treffer durch diese Form der Counter Surveillance verhindert worden sind. Was aber ohne Zweifel feststeht, ist die Tatsache, dass sowohl die Ästhetik als auch die Konzeption von Razzle Dazzle eine Wirkung auf unser aktuelles Design haben. Wertheimers wahrnehmungspsychologische Studien haben als Grundstein für die automatische Gesichtserkennung einerseits zur Entwicklung von Fotoapparaten geführt, die erst auslösen, wenn sie uns lächeln sehen, oder zu personalisierter Werbung, die auf unser Geschlecht, unser Alter und unsere augenblickliche Stimmung reagiert (und demnächst womöglich noch auf unsere sexuelle Orientierung). Gleichzeitig liefern diese Studien aber auch Denkansätze, die einen Rückzug ins Private erlauben, auch wenn der Laptop noch offen ist, die X-Box vor dem Sofa steht, und das Häkeldeckchen nicht wieder über den Smart-TV gelegt wurde.

Gewiss ist es mühsam, sich immer erst aufwändig schminken, frisieren und kleiden zu müssen, bevor diese Privatheit genossen werden kann. Und gewiss liegt im Vergleich zu früher auch eine Umstellung darin – denn früher hat man sich dann herausgeputzt, wenn der Schutzraum des Privaten verlassen wurde und man sich in das Blickfeld der Öffentlichkeit begab. Womöglich besteht in dieser Pervertierung, in dieser »Umwertung der Werte«, wie Friedrich Nietzsche einen solchen Vorgang beschrieben hat, aber auch ein Kennzeichen unseres Zeitalters. Vielleicht verschwindet die Privatsphäre nicht, sie tauscht nur die Plätze mit den öffentlichen Bereichen. Wir sind so connected, dass das heimelige Zuhause weitaus öffentlicher ist als das Flugzeug, wo wir gezwungen sind, das Handy auszuschalten und mit unseren Sitznachbarn allein gelassen werden.

Man muss das nicht im Aktivistenjargon betrauern, und man muss auch nicht Mode als Kampfanzug und Schminke als Kriegsbemalung begreifen. Womöglich ist sogar die Engführung von Internet und Cyberwar ein Fehler, sofern damit suggeriert wird, es gäbe keine Nutzung, die der Emanzipation, der Freiheit und der Selbstermächtigung diene. Die bemerkenswerte Kongruenz jedoch, die zwischen der Asymmetrie der Dazzle-Beauty und der Asymmetrie der postmodernen Kriegsführung festzustellen ist, verleitet zu der Annahme, dass Demokratie, insofern damit das Recht des Einzelnen auf Individualität und Kreativität innerhalb einer sozialen Gemeinschaft gedacht ist, immer asymmetrisch sein muss.

Für das Design unserer Tage kann das bedeuten: Als Gestalter muss man sich nicht zwangsläufig als Abhängiger eines kapitalistischen Systems begreifen, der diesem System dienlich ist, die Gesellschaft zu penetrieren. Als Gestalter kann man sich vielmehr als Träger jener Auseinandersetzung definieren, in der genau diese Freiheit besteht. Wir sind nur frei, weil und solange wir uns streiten können, Position beziehen und Argumente entwickeln für eine Sache. Design kann und soll ein Argument sein für einen Standpunkt. Ein guter Designer wäre deshalb vor allem ein streitlustiger Designer. Design ist tatsächlich ein Öl, aber nicht zwingenderweise das Schmieröl, das die Maschine am Laufen hält, sondern vielmehr das Lampenöl, das wir in die Flammen der Auseinandersetzung gießen sollten. Oder vielleicht noch besser: Beides zugleich.

QUELLENVERZEICHNIS

Barker, Simon: *SIX. Punk's Dead*, London 2012.

Behrens, Roy R.: *False Colors. Art, Design and Modern Camouflage*, Iowa 2002.

Blas, Zach: *Website*, http://www.zachblas.info/projects/facial-weaponization-suite/ [01.04.2015].

Blas, Zach: *Website*, http://rhizome.org/commissions/proposal/3001/ [01.04.2015].

Chávez, Helena/Labastida, Alejandra/Medina, Cuauhtémoc (Hg.): *Teoría del Color – Colour Theory*, Ausst.-Kat. Museo Universitario Arte Contemporanea, Mexico City 2014.

Colegrave, Stephen/Sullivan, Chris: *Punk. A Life Apart*, London 2004.

Gaycken, Sandro: *Cyberwar. Das Internet als Kriegsschauplatz*, München 2011.

Harvey, Adam: *Website*, http://ahprojects.com/ [01.04.2015].

Jonjak, Marti: Worn Out. Bronwyn Lewis's Razzle-Dazzle Camouflage, in: *The Stranger*, 10.04.2013, http://www.thestranger.com/seattle/worn-out/ Content?oid=16458864 [01.04.2015].

Knesebeck, Philipp von dem: *Soldaten, Guerilleros, Terroristen. Die Lehre des gerechten Krieges im Zeitalter asymmetrischer Konflikte*, Wiesbaden 2014.

Lanier, Jaron: *Who owns the future?*, New York 2013.

Lewis, Bronwyn: *Facial Recognition Defense Workshop. A Make-Up Tutorial, Henry Art Gallery_Blog*, 09.04.2013, http://blog.henryart.org/2013/04/09/facial-recognition-defense-workshop-a-make-up-tutorial/ [01.04.2015].

Metz-Göckel, Hellmuth (Hg.): *Gestalttheorie aktuell. Handbuch zur Gestalttheorie*, Bd. 1, Wien 2008.

Murphy, Hugh/Bellamy, Martin: The Dazzling Zoologist: John Graham Kerr and the Early Development of Ship Camouflage, in: *The Northern Mariner XIX* (2), April 2009, S. 171–192, http://www.cnrs-scrn.org/northern_mariner/vol19/tnm_19_171-192.pdf [01.04.2015].

National Institute of Informatics, Tokyo (Hg.): *Privacy Protection Techniques Using Differences in Human and Device Sensitivity. Protecting Photographed Subjects against Invasion of Privacy Caused by Unintentional Capture in Camera Images*, Press Release 12.12.2012, http://www.nii.ac.jp/userimg/press_20121212e.pdf [01.04.2015].

Niquille, Simone C.: *Website*, http://www.technofle.sh/ [01.04.2015].

Schmale, Wolfgang/Tinnefeld, Marie-Theres: *Privatheit im digitalen Zeitalter*, Wien/ Köln/Weimar 2014.

Selvaggio, Leo: *Website*, http://leoselvaggio.com/urmesurveillance/ [01.04.2015].

Singer, Peter: *Cybersecurity and Cyberwar*, Oxford 2014.

Weltzien, Friedrich: Punk und Kunst-Politik. Pussy Riot in der Geschichte feministischer Performancekunst, in: Liebert, Wolf-Andreas/Westphal, Kristin (Hg.): *Performances der Selbstermächtigung*, Oberhausen 2015 (in Vorbereitung).

Wertheimer, Max: *Drei Abhandlungen zur Gestalttheorie*, Darmstadt 1967.

ABBILDUNGSVERZEICHNIS

DIE KUNST DES WIDERSTANDS, ODER: VON DER KOMMUNIKATION ZUR TAT

Marcel René Marburger

Am 25. September 1984 schreibt der in Köln lebende Künstler Norman Junge an den damaligen Bundesminister für Verteidigung Manfred Wörner und bietet ihm seine Dienste als Schlachtenmaler an. In der Geschichte der Armeen habe es, so formuliert Junge, »eine Tradition gegeben, die heutzutage kaum noch gepflegt« werde.[1] Während es früher selbstverständlich gewesen sei, dass »Marinemaler oder Schlachtenmaler das Schlachtgeschehen künstlerisch dokumentierten«, sei diese »aus dem Miterleben empfundene Darstellung von der bloßen Fotografie verdrängt worden«.[2] Wie ihm klar sei, würde »unsere Bundeswehr« zwar keine Schlachten mehr schlagen, sondern sei ja im Gegenteil »dazu da, solche zu verhindern«.[3] Deshalb sei es sein Wunsch, an den nächsten »Manövern als malender Beobachter teilnehmen zu dürfen«.[4] Zu seiner eigenen Überraschung wird er im folgenden Jahr tatsächlich eingeladen, an einem größeren NATO-Manöver teilzunehmen, das zwischen dem 18. und dem 25. September 1985 unter dem Titel »Cold Fire« in der Umgebung von Veitshöchheim stattfindet.

Ausgerüstet mit den klassischen Utensilien Pinsel, Farben und Staffelei, malt Junge rollende Panzer und durch das Unterholz robbende Soldaten. Nicht nur in der historischen Distanz ist offensichtlich, dass der Maler das Genre der Schlachtenmalerei ebenso konterkariert, wie er – wir befinden uns noch inmitten des Kalten Krieges – die vorgebliche Ernsthaftigkeit der an der NATO-Übung Beteiligten ironisch spiegelt. Laut seiner eigenen Darstellung unterhöhlt er das dort gelebte Pathos und offenbart die Sinnlosigkeit und das Groteske einer solchen Veranstaltung: Wo kriegerische Handlungen lediglich simuliert werden, sind soldatische Tugenden wie Mut oder Ehre obsolet – in der Simulation bleibt das Heldentum auf der Strecke und bedarf eigentlich keiner malerischen Dokumentation mehr.

---

1   Junge, Norman: *Brief an Manfred Wörner vom 25. September 1985*, (Privatbesitz Norman Junge), S. 1.
2   Ebd.
3   Ebd.
4   Ebd; vgl. auch die Website des Künstlers: http://www.kunstserviceg.de/junge/ [20.05.2015].

Abbildung 1: Filmstill aus Cold Fire – ein Malermanöver.

Abbildung 2: Filmstill aus Cold Fire – ein Malermanöver.

Interessanterweise verbindet Junge in seiner Aktion zwei kunsthistorische Phänomene miteinander: nämlich das Genre der Schlachtenmalerei mit dem der Ironie, also der humoristischen Geste, die eine gern gewählte, weil oftmals einzige Waffe war, die Künstlerinnen und Künstlern zur Verfügung stand. Während die Schlachtenmalerei zu allen Zeiten ein ernsthaftes Medium der Kommunikation darstellte und dabei in der Regel konstitutiv war, also Machtverhältnisse nicht infrage stellte, sondern festigte, diente das zeichnerische Mittel der Karikatur dazu, die Obrigkeit zu kritisieren, indem sie den Mächtigen den ironischen Zerrspiegel vorhielt.

Einer der bekanntesten Vertreter dieses Metiers ist der französische Zeichner Honoré Daumier, der 1832 für seine Darstellung des Königs Louis Philippe zu einer sechsmonatigen Gefängnisstrafe verurteilt wurde.[5] Als einer der ersten revolutionären Maler gilt jedoch der Franzose Jacques-Louis David. Indem er den ermordeten Revolutions-

---

5   Vgl. Woeller, Marcus: »Daumier ist ungeheuer«, in: *kunst+film*, 22.03.2013, http://kunstundfilm.de/2013/03/daumier-ist-ungeheuer/[13.05.2015].

führer Jean-Paul Marat malerisch brillant im Moment seines Todes festhielt, erlangte er als künstlerischer Chronist und Agitator der Französischen Revolution schnell Berühmtheit. Dazu war er als Mitglied des Nationalkonvents auch unmittelbar politisch aktiv. Ebenso wie er sich in den 1790er Jahren als Verfechter revolutionärer Ideale präsentierte, opponierte er aber auch mit den jeweils Mächtigen seiner Zeit. So verewigte er in verschiedensten Ausführungen den Heerführer und späteren Kaiser Napoleon Bonaparte, der die demokratischen Vorstellungen von Freiheit, Gleichheit und Brüderlichkeit mit seinen Machtbestrebungen ebenso erfolgreich aushöhlte, wie er andere, monarchisch regierte Länder das Fürchten lehrte. Insofern ist der französische Maler David eine tragische Figur: Indem er als erster revolutionärer Künstler gehandelt wird, muss er auch als erster revolutionärer Künstler gelten, der sukzessive von seinen Idealen abrückte. Als Grundregel, wenn es um das Verhältnis von Kunst und Politik geht, kann dementsprechend formuliert werden, dass die politische Unabhängigkeit das vorrangige Ziel der künstlerischen Agitation sein muss – eine Umarmung der Mächtigen, egal welcher politischer Couleur, ist tunlichst zu vermeiden.

Prägend für unser heutiges Verständnis von künstlerischem Widerstand waren jedoch nicht Jacques-Louis David oder Honoré Daumier, sondern die Berliner Dadaisten, allen voran George Grosz und John Heartfield. Als Mitglieder der 1918 gegründeten Kommunistischen Partei Deutschlands waren auch sie nicht politisch neutral. Indem die KPD zwar eine relativ große Anhängerschaft, aber kaum politischen Einfluss hatte, kann ihr künstlerisches Engagement für die Partei jedoch nicht als machtkonstituierend bezeichnet werden. Stattdessen richteten sich die Werke und künstlerischen Aktionen der Dadaisten einerseits gegen eine kriegsbefürwortende Bürgerlichkeit und andererseits vor allem gegen den aufkommenden Nationalsozialismus. Hierbei sind besonders die Fotomontagen von Heartfield zu nennen, die überwiegend in der »Arbeiter Illustrierten Zeitung« veröffentlicht wurden und damit deutschlandweit hunderttausendfach rezipiert worden sind. Auch Heartfield greift mit seinen Text-Bildkollagen auf das Mittel der Ironie zurück. Erst durch die sich ergänzende Gegenüberstellung der verschiedenen Medien Text und Bild entsteht die kritische und oftmals ironische Botschaft seiner Montagen.

Die Vorstellung, dass Kunst nicht nur politisch sein kann, sondern politisch sein muss, stammt aus dieser Zeit und ist sicherlich auf die besonderen Umstände der Weimarer Republik zurückzuführen. Dass Heartfield zudem – zeitgleich mit Hannah Höch – mit der Fotomontage ein neues künstlerisches Medium erfand,[6] ist nicht nur für die Kunstgeschichtsschreibung relevant. Denn die kommunikative Breitenwirkung von Heartfields Bildern ist dieser neuen Technik geschuldet – fotografische und damit realistischer anmutende Bilder wirken unmittelbarer und aktueller als beispielsweise eine zeichnerische Darstellung. Trotz alledem war der Erfolg von Heartfields künstlerischem Widerstand bescheiden. Während die NSDAP im Januar 1933 die Macht ergriff, wurden Grosz und Heartfield ins Exil gezwungen. Das millionenfache Morden und die Zerstörung Europas konnten die Berliner Dadaisten mit ihrem künstlerischen Engagement nicht verhindern.

In ähnlicher Weise kann auch die Wirkungslosigkeit der Situationistischen Internationale festgestellt werden, die als zweite große künstlerisch-politische Initiative der westeuropäischen Moderne gehandelt wird. Im Unterschied zu Honoré Daumier oder

---

6   Vgl. Evans, David: *John Heartfield. AIZ*, New York/NY 1992.

den Dadaisten richteten die Situationsten um Guy Debord ihre Kritik nicht vorrangig gegen bestimmte Herrschende oder eine bestimmte politische Richtung, sondern gegen das »System« an sich – genauer also: gegen Machtstrukturen, die sich nicht mehr einzelnen Personen zuordnen lassen, sondern die systemisch sind, in gewissem Sinne demnach alle betreffen. An dieser Stelle ließe sich mit dem Begriff des Dispositivs von Michel Foucault arbeiten,[7] mit dessen Werk zumindest die französischen Situationisten ja vertraut waren. Den Situationisten war bewusst, dass sie sich zunächst selbst ändern müssen, um die Gesellschaft verändern zu können. Vor dem umfassenden gesellschaftlichen Umbruch müssen deshalb zunächst die Bedingungen benannt und angegangen werden, die einen jeden wie ein unsichtbares Korsett umgeben. Die situationistischen Übungen – also beispielsweise das »dériver«, das ziellose Umherschweifen – dienten eben diesem Zweck.[8] Indem Alltagsroutinen durchbrochen werden, durchdringt das künstlerische Agieren das ganze Leben – erst das eigene und dann utopischerweise das der gesamten Gesellschaft.[9] Auch hier deckt sich wie bei Grosz und Heartfield die widerständige Kommunikation mit der gelebten Haltung, und ebenso werden dazu neuartige künstlerische und kommunikative Mittel ausprobiert.

Im Unterschied zu früheren künstlerischen Widerstandsformen wird das, wogegen die Situationisten opponieren, aber immer nebulöser. Auch wenn zum Teil explizit benannt wird, was angegangen wird, ist kein klares Feindbild mehr erkennbar. Selbst wenn – wie etwa in Form von Demonstrationen oder der sogenannten Erregung öffentlichen Ärgernisses – zur Tat geschritten wird, soll das Umdenken der Massen vor allem mit kommunikativen Mitteln erreicht werden. Die künstlerische Aktion verweist auf eine Haltung, die erst durch und mit dem Verweis auf diese konstituiert wird. Die künstlerisch-politische Aktion verbleibt somit auf der Bedeutungsebene und wird dabei immer abstrakter, also immer schwerer verständlich. Im Sinne der Ausführungen von Foucault zum Dispositiv ist es zwar sinnvoll, auf die Diskurse einzuwirken – effektiv ist diese Vorgehensweise aber nicht, da sie von weiten Teilen der Gesellschaft, um deren Umdenken es ja geht, nicht mehr nachvollzogen werden kann. Diese Tendenz der zunehmenden Abstraktion der widerständigen Kunst bei gleichzeitig zunehmender Unverständlichkeit hat sich bis heute gehalten oder sogar noch verstärkt, was sich zum Beispiel auch bei der 7. Berlin Biennale von 2012 offenbart hat:[10] Selbst Kunstausstellungen, die ja eine vermittelnde Aufgabe haben, scheitern an ihrer Konzept- und Diskurslastigkeit – ein Phänomen, das mit Hilfe des Begriffes Postmoderne zwar gerne, aber nur unzureichend gerechtfertigt wird.

Eine gegenläufige Ausrichtung zu dieser Entwicklung lässt sich bei der kalifornischen Künstlergruppe Survival Research Laboratories, SRL, erkennen.[11] 1979 von Mark Pauline in San Francisco gegründet, baut die Formation in wechselnden Besetzungen

7   Vgl. Deleuze, Gilles: Was ist ein Dispositiv?, in: Ewald, François/Waldenfels, Bernhard (Hg.): *Spiele der Wahrheit. Michel Foucaults Denken*, Frankfurt am Main 1991, S. 153–162; Foucault, Michel: *Dispositive der Macht. Über Sexualität, Wissen und Wahrheit*, Berlin 1978.

8   Vgl. Debord, Guy: Theorie des Umherschweifens (1958), in: *Der Beginn einer Epoche. Texte der Situationisten*, aus dem Französischen übersetzt von Pierre Gallisaires, Hanna Mittelstädt und Roberto Ohrt, Hamburg 1995, S. 64–67.

9   Vgl. zum Beispiel Debord, Guy: *Rapport über die Konstruktion von Situationen und die Organisations- und Aktionsbedingungen der internationalen situationistischen Tendenz (1957)*, in: ders., S. 28–44.

10   Dieser Anspruch wird beispielsweise hier deutlich gemacht: *P/Act for Art: Berlin Biennale Zeitung*, 2012, www.berlinbiennale.de/blog/publikationen/pact-for-art-berlin-biennale-zeitung-15709 [20.05.2015].

11   Vgl. dazu http://www.srl.org [20.05.2015].

Roboter, Maschinen und Waffen und führt Performances auf, bei denen die Maschinen sich ebenso zerstören wie die Kulisse, in der sie destruktiv agieren. Zwar verwenden auch Survival Research Laboratories kommunikative Mittel, um ihr Werk zu verbreiten – etwa Video oder das Internet – wie auch die Performances, bei denen oft mehrere hundert Zuschauer anwesend sind, selbst ein Mittel der Kommunikation darstellen. Ein wichtiger Aspekt ihrer Shows besteht aber darin, ein Miterleben der Rezipienten zu gewährleisten, also eine Art Katharsis herbeizuführen, die vor allem durch sensorische Überlastung erreicht wird. Gleichzeitig demonstrieren sie eindrucksvoll, dass es auch unter vergleichsweise einfachen Bedingungen möglich ist, sich Produktionsmittel und Know-how anzueignen, um komplexe Technologien herzustellen. Mit der technischen Realisierung und der auf Rezipientenseite greifbaren Erfahrbarkeit dieser apparativen Manifestationen findet somit ein Konkretisieren statt und nicht ein weiteres Abstrahieren. Im Ergebnis zeigt die kalifornische Künstlergruppe, dass es möglich ist, einer zunehmend durch Technik und Spezialwissen dominierten Welt etwas entgegenzusetzen. Möglich ist dies durch die Zusammenführung verschiedenster Kompetenzen: Neben Künstlerinnen und Künstlern kollaboriert Mark Pauline ebenso mit Ingenieuren, Programmierern, Elektrotechnikern oder wie beispielsweise 1997 bei der Show in Austin, Texas mit Sprengstoffexperten.

SRL erfüllt damit ebenso eine Forderung von Gustav Metzger, einem Wegbereiter der Destruktionskunst, wie sie etwa in der Tradition der in den späten 1950er Jahren agierenden Formation EAT, Experiments in Art and Technology, stehen.[12] Und ebenso folgen sie Marshall McLuhans bekannten Diktum, dass das Medium die Botschaft sei;[13] dass also sozusagen nicht derjenige die Welt verändert, der das Medium Eisenbahn benutzt, sondern derjenige, der die Eisenbahn baut und besitzt. In diesem Sinne reicht es eben auch nicht, lediglich zu kommunizieren, sondern es gilt, sich neuartige Kommunikationsmedien anzueignen und weiterzuentwickeln. So wurde zum Beispiel bei der Show in Austin erstmals versucht, Maschinen über das Internet zu steuern, was dann zwar noch nicht, aber wenige Monate später bei einer Ausstellung von Survival Research Laboratories im ZKM in Karlsruhe funktionierte.

In diesem Zusammenhang sei darauf verwiesen, dass gern und häufig verwendete Begriffe wie »Digitale Revolution« oder »postindustrielle Informationsgesellschaft« in die Irre führen. Diese Schlagworte suggerieren eine Beteiligung der Millionen User, die die neuartigen Medien verwenden. Doch während jene (die User, nicht die Schlagworte) auch selbst davon überzeugt sind, mit ihrem Posten und Twittern die Welt zu verändern, werden wesentliche Entscheidungen nach wie vor an anderen Stellen getroffen und mit wirtschaftlicher Macht oder im Zweifelsfalle tragischerweise auch mit Waffengewalt durchgesetzt. Anzunehmen, dass man mit sozialen Netzwerken aktueller Prägung Revolution machen könne, ist ebenso naiv, wie zu glauben, man könne mit Brieftauben Kriege gewinnen. In einer durch technische Apparaturen dominierten Welt ist es existentiell, sich diese Technologien anzueignen – und dies tut man eben nicht, indem man sie bloß bedient. Der Faktizität des Technischen lässt sich nicht mit guten Worten begegnen. Wie Vilém Flusser in seiner »Philosophie der Fotografie« darlegte,[14] genügt es nicht, lediglich Funktionär des Apparats zu sein. Stattdessen muss man den Apparat erst durchdringen

---

12   Vgl. Hoffmann, Justin: *Destruktionskunst. Der Mythos der Zerstörung in der Kunst der frühen 60er Jahre*, München 1995.

13   McLuhan, Marshall: *Das Medium ist die Botschaft*, Dresden 2001.

14   Flusser, Vilém: *Für eine Philosophie der Fotografie*, Göttingen 1983.

und dann umstülpen – und Flusser dachte dabei nicht nur an den Fotoapparat, sondern ebenso an komplexere Strukturen, wie Konzerne, politische Instanzen oder etwa ganz allgemein den Gesellschaftsapparat.

Hiermit läßt sich die Frage beantworten, welche gestalterischen Entwicklungen, Konzepte und Realisierungen heutzutage notwendig sind, um effizienten Widerstand zu leisten: Es genügt nicht, allein auf der Bedeutungsebene zu agieren und auf diese zu rekurrieren. Stattdessen müssen technische Mittel entwickelt und genutzt werden, die auf struktureller Ebene eingreifen. Die technischen Bedingungen, die unser aktuelles In-der-Welt-Sein bestimmen, müssen infiltriert und attackiert werden. Und dies funktioniert weit besser, wenn man ihnen ebenfalls mit technischen Mitteln begegnet – und nicht nur mit kommunikativen.

Wenn ich beispielsweise der Meinung bin, dass eine Turmuhr nicht die richtige Uhrzeit anzeigt, ist es kaum zielführend, wenn ich mich über die falsche Zeitangabe beschwere oder andere Leute davon überzeuge, dass die eigentliche Zeit eine andere ist. Weit effektiver ist es, zu dem Uhrwerk hochzusteigen und den Zeigerstand mechanisch zu ändern. Dieses Beispiel verdeutlicht, woran es nach meinem Dafürhalten im Umgang mit der sogenannten Informationsrevolution mangelt: Während an der erfahrbaren Oberfläche immer mehr Informationen ausgetauscht werden, mit dem Resultat, dass wirkungsloses Gerede dabei herauskommt, das sich gegenseitig aufhebt, finden die wesentlichen Abläufe im Verborgenen statt – etwa in Form algorithmisch basierter Überwachung. Ein effektiver Eingriff kann also nicht an der Oberfläche stattfinden, sondern muss in tiefer liegende, in strukturelle Sphären vordringen.

Zeitgemäßer künstlerischer Widerstand kann – so die These, die ich hiermit zur Diskussion stelle – nicht mehr lediglich auf kommunikativer Ebene stattfinden. Dazu zwei Beispiele künstlerischen Schaffens aus den letzten Jahren: 2001 demontiert der österreichische Künstler Herwig Weiser in seiner Heimatstadt Innsbruck die olympischen Ringe von der dortigen, weltbekannten Skiflugschanze – und eignet sich damit eines der medienträchtigsten Symbole Österreichs an. Auch wenn Weiser die nächtliche Aktion filmisch festhält und den daraus generierten Kunstfilm »Olympia« seit 2014 – also nach Ablauf der für dieses Delikt angesetzten Verjährungsfrist – nun auch öffentlich zeigt, besteht das eigentliche Kunstwerk in der illegalen Aneignung der Ringe und nicht in der Dokumentation desselben.[15] 1994 wiederum wird er nach einer Vernissage der Ausstellung »Pinocchio Pipenose Household Dilemma« versehentlich in der Kölner Galerie Esther Schipper eingesperrt. Kurz entschlossen entwendet er eine der dort ausgestellten Pinocchio-Masken des amerikanischen Künstlers Paul McCarthy und hangelt sich über eine Regenrinne ab. Bei einer darauffolgenden Autofahrt über die Kölner Zoobrücke mit unzulässiger Geschwindigkeit trägt Weiser die Maske verbunden mit der Absicht, sich von einer Radarfalle blitzen zu lassen – was leider nicht funktioniert, weil das Radargerät defekt ist. Aber selbst wenn ein visuell erfahrbares Endprodukt, also ein Foto, dabei entstanden wäre, besteht das eigentliche Werk nicht in dem fotografischen Abbild, sondern in dem Diebstahl der Maske.

---

15   Vgl. auch die Website des Künstlers: http://www.herwigweiser.net [20.05.2015].

Abbildung 3: Filmstill aus Olympia.

Abbildung 4: Filmstill aus Have you ever stolen a real McCarthy.

Indem in beiden Fällen eine Aneignung von ikonisch aufgeladenen Medien stattfand, können beide Werke in das Genre der Appropriation Art eingeordnet werden – worüber sich noch einiges sagen ließe.[16] Bei den gewählten Beispielen ging es mir aber darum, zu zeigen, dass das Kunstwerk nur zu geringen Teilen von der Kommunikation lebt, sondern überwiegend durch den Akt bestimmt wird, also durch die Tat, die es eher zu verschleiern als zu kommunizieren gilt; dass sich also das Verhältnis von künstlerischer Tätigkeit und Kommunikation in Richtung der Tätigkeit verschiebt.

Dies gilt bereits für die Schlachtenmalerei Norman Junges als auch für das nächste Werk, das ich kurz vorstellen möchte, den »Image Fulgurator«,[17] also Bild-Blitzer, des Berliner Künstlers Julius von Bismarck. Das 2007 von ihm entwickelte Gerät ist ein umgebauter Fotoapparat, der keine Bilder aufnimmt, sondern Bilder projiziert und zwar im

16   Dies wird zum Beispiel hier getan: Evans, David: *Appropriation (Documents of Contemporary Art)*, London 2009; Mensger, Ariane (Hg.): *Déjà-vu? Die Kunst der Wiederholung von Dürer bis YouTube*, Karlsruhe 2012.
17   Vgl. Bismarck, Julius von: *Image Fulgurator. Aparat zur minimal-invasiven Manipulation von Fotographien*, 2007/08, http://juliusvonbismarck.com/bank/index.php?/projects/fulgurator-idee/ [13.05.2015].

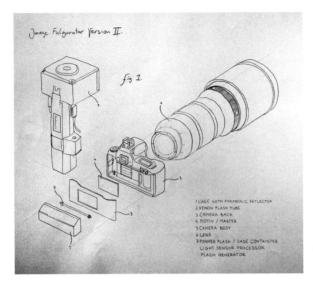

Abbildung 5: Julius von Bismarck, Entwurfszeichnung Image Fulgurator.

gleichen Moment, in dem ein Fotoapparat in seiner Umgebung ein Bild aufnimmt. Die in Lichtgeschwindigkeit hergestellte Simultaneität wird erreicht, indem ein Lichtmesser die durch das Blitzlicht des fotografierenden Apparates erhöhte Lichtintensität misst. Der Clou ist nun, dass das von dem »Image Fulgurator« projizierte Bild auf der von dem anderen Apparat aufgenommenen Fotografie erscheint. Auch bei diesem Werk steht nicht das fotografische Endprodukt im Vordergrund – und ich betone das deshalb, weil dieser Punkt oft missverstanden wird. Welche Bilder Julius von Bismarck projiziert und anderen fotografischen Bildern unterschiebt, ist nicht entscheidend. Wesentlich an dem Werk des Berliner Künstlers ist, dass er auf struktureller Ebene in den Apparat eingedrungen ist und nun darauf Einfluss nimmt, wie Bilder generiert werden.

Wichtig ist mir hierbei der grenzüberschreitende und überraschende Aspekt der genannten Arbeiten: Denn das ist, was künstlerisches Handeln ebenso ausmacht wie der ästhetische Gehalt. Und dies ist ein Punkt, der trotz der Werke von Marcel Duchamp oder generell der Konzeptkunst der 1960er Jahre in unserer durch das Visuelle dominierten Wirklichkeit immer noch schwer vermittelbar ist. So wird auch gerne die These vertreten, dass selbst politische Kunst immer auch ästhetisch überzeugen muss. Das mag vielleicht insofern stimmen, als die Werke ansonsten nicht ausgestellt oder gekauft werden. Der künstlerische Wert eines Werkes kann aber durchaus auch auf Ebenen konstatiert werden, die nicht sichtbar sind – die also nur eine geringe oder eben auch gar keine ästhetische Qualität aufweisen. Und vielleicht sind sie sogar um so höher zu schätzen, je weniger ihnen an ihrer Erscheinung liegt: Denn wenn beabsichtigt ist, von der Oberfläche wegzukommen und in strukturelle Tiefen vorzudringen, dann kann widerständige Kunst nicht auf der ästhetischen Ebene verbleiben. In guter Tradition des durch die Postmoderne verworfenen Begriffes der Avantgarde, scheint es wieder – oder erstmalig – sinnvoll zu sein, nicht nur in unbekannte Bereiche vorzudringen, sondern dabei auch unerkannt zu bleiben.

Aus verschiedenen Gründen gilt dies besonders für das letzte Werk, das ich heute vorstelle, dessen Erschaffer ich aus Gründen der Tarnung jedoch nicht nennen möchte. Es handelt sich dabei um eine Konstruktion, mit der elektrische Spannung aus Gewitterblitzen generiert werden kann. Sozusagen als Nebeneffekt zerstört die elektrische Spannung in einem Radius von potentiell mehreren hundert Metern alle digitalen Rechenmaschinen. Als subversive Waffe eingesetzt, können mit dieser recht simplen Vorrichtung ganze Server-Anlagen außer Betrieb gesetzt und damit beispielsweise Teile der Internetkommunikation lahmgelegt werden. Unabhängig davon, wie sinnvoll es ist, diese Möglichkeit real zur Anwendung zu bringen, zeigt dieses letzte Beispiel, dass es möglich ist, mit einfachsten Mitteln eine weitreichende Wirkung zu erzielen – also tatsächlich Einfluss zu nehmen. Bedingung dafür ist aber einerseits, den hermetischen und selbstreferentiellen Kunstzirkel zu verlassen, und andererseits zu besonderen und unerwarteten gestalterischen Lösungen zu kommen. Es ist also Kreativität gefragt – und eben dies ist ja gerade die Qualität, die von Gestalterinnen und Gestaltern erwartet wird.

Ganz gewiss ist dies eine Qualität, die immer wichtiger wird in einer Zeit, in der Programme, also vorab festgelegte Handlungsanweisungen, unser Denken und Gestalten zunehmend bestimmen. Das »dériver« der Situationisten, das Abweichen von bestehenden Strukturen, kann hierbei als mentale Vorlage dienen. Und ebenso kann die Künstlergruppe Survival Research Laboratories richtungsweisend sein, indem sie komplexen, technischen Aufgaben in Form von buntgemischten Gruppenkonstellationen mit einer Bündelung verschiedener Wissensspektren und Kompetenzen begegnet. In diesem Sinne scheint es zielführend, dass Designerinnen und Designer mit Künstlerinnen und Künstlern kooperieren und ihre verschiedenen fachlichen Ausrichtungen und Talente in ergänzender Weise zusammenfügen: Indem das Realisierungspotential und die technischen Fähigkeiten von Gestalterinnen und Gestaltern mit künstlerischer Experimentierfreudigkeit gebündelt werden, könnte eine – um es im militärischen Jargon auszudrücken – äußerst schlagkräftige Truppe entstehen.

QUELLENVERZEICHNIS

Bismarck, Julius von: *Image Fulgurator. Aparat zur minimal-invasiven Manipulation von Fotographien*, 2007/08, http://juliusvonbismarck.com/bank/index.php?/projects/fulgurator-idee/ [13.05.2015].

Debord, Guy: Theorie des Umherschweifens (1958), in: *Der Beginn einer Epoche. Texte der Situationisten*, aus dem Französischen übersetzt von Pierre Gallisaires, Hanna Mittelstädt und Roberto Ohrt, Hamburg 1995.

Deleuze, Gilles: Was ist ein Dispositiv?, in: Ewald, François/Waldenfels, Bernhard (Hg.): *Spiele der Wahrheit. Michel Foucaults Denken*, Frankfurt am Main 1991.

Evans, David: *John Heartfield. AIZ*, New York/NY 1992.

Evans, David: *Appropriation (Documents of Contemporary Art)*, London 2009.

Flusser, Vilém: *Für eine Philosophie der Fotografie*, Göttingen 1983.

Foucault, Michel: *Dispositive der Macht. Über Sexualität, Wissen und Wahrheit*, Berlin 1978.

Hoffmann, Justin: *Destruktionskunst. Der Mythos der Zerstörung in der Kunst der frühen 60er Jahre*, München 1995.

Junge, Norman: *Brief an Manfred Wörner vom 25. September 1985*, (Privatbesitz Norman Junge).

McLuhan, Marshall: *Das Medium ist die Botschaft*, Dresden 2001.

Mensger, Ariane (Hg.): *Déjà-vu? Die Kunst der Wiederholung von Dürer bis YouTube*, Karlsruhe 2012.

P/Act for Art: Berlin Biennale Zeitung, 2012, www.berlinbiennale.de/blog/publikationen/pact-for-art-berlin-biennale-zeitung-15709 [20.05.2015].

Woeller, Marcus: »Daumier ist ungeheuer«, in: *kunst+film*, 22.03.2013, http://kunstundfilm.de/2013/03/daumier-ist-ungeheuer/[13.05.2015].

ABBILDUNGSVERZEICHNIS

Abbildung 1: Filmstill aus Cold Fire – ein Malermanöver, Regie: Christian Maiwurm, Köln 1987.

Abbildung 2: Filmstill aus Cold Fire – ein Malermanöver, Regie: Christian Maiwurm, Köln 1987.

Abbildung 3: Filmstill aus Olympia, Regie: Herwig Weiser, Innsbruck 2001, Privatbesitz des Künstlers.

Abbildung 4: Filmstill aus Have you ever stolen a real McCarthy, Regie: Gabriel Lester und Herwig Weiser, Köln/Amsterdam 1996.

Abbildung 5: Julius von Bismarck, Entwurfszeichnung Image Fulgurator, Privatbesitz des Künstlers.

»ES GIBT DIE ZEIT NICHT MEHR«

Augenblicksdramaturgien im Musiktheater um die Zeit des Ersten Weltkriegs

Hans-Jörg Kapp

Dr. Berndt Doeckel zugeeignet

ZUR UNGLEICHZEITIGKEIT VON KRIEGSSOUNDS UND ORCHESTRALEN MATERIALSCHLACHTEN

Was können die Szenografie, das Kostümdesign oder die Dramaturgie zum Thema »Design und Krieg« beitragen? Sind Kriege und Schlachten nicht auch als Rauminszenierungen zu betrachten? Was für eine Form der Theatralität ist den Kriegsuniformen des Ersten Weltkriegs eigen? Lassen sich Kriegsverläufe nicht auch im Jargon dramaturgischer Abläufe darstellen; mit Expositionen (Kriegserklärungen), dramatischen Wendungen (unerwartet verlorenen bzw. gewonnenen Schlachten oder Allianzen) und einer kathartischen Klimax (dem finalen Waffenstillstand)?

Theaterhistorisch betrachtet sind Krieg und Theater von Anfang an miteinander verwoben: am Beginn der tradierten Theater-Geschichtsschreibung steht mit Aischylos' 472 v. Chr. aufgeführten griechischen Tragödie »Die Perser« ein Stück, das den politisch riskanten Versuch unternimmt, dem Feind – den in der Schlacht von Salamis unterlegenen Persern – Respekt und Empathie entgegenzubringen. Bis zu jüngsten Inszenierungen und Verfilmungen – zuletzt etwa angesichts von Kathrin Bigelows kinematographischer Nachstellung der Bin-Laden-Liquidation durch das US-Militär in dem 2012 in die Kinos gekommenen Spielfilm »Zero Dark Thirty« – fordern inszenierte Kriegsbegebenheiten sowohl Künstler als auch die Öffentlichkeit immer wieder heraus. Kontroverse Dispute über Legalität, Moralität oder auch über die schiere Berechtigung des Nachstellens kriegerischer Begebenheiten an sich begleiten die darstellenden Künste seit ehedem.

Die Vorüberlegung zu dem vorliegenden Text entstammt einer Beobachtung im Umfeld der massenmedial aufwendigen Erinnerungskultur zum Ersten Weltkrieg in den letzten Jahren in Form einer Ungleichzeitigkeit von »Kriegssoundtrack«[1] und Kriegsdarstellung. Denn die Sounds zu den Bildern des Ersten Weltkriegs entstammen, sofern es sich nicht um historische Militärmusik handelt, zumeist aus Kompositionen von Igor Strawinsky, Gustav Mahler[2] oder Arnold Schönberg. Die entsprechenden Kompositionen sind zumeist viele Monate bzw. Jahre vor dem Krieg entstanden. Bei genauerer Recherche ergab sich gar, dass viele jener Komponisten, deren Kompositionen heute mit Kriegsmusik konnotiert werden, in den Kriegsjahren selbst wenig bis gar nichts komponiert hatten.

Auch für die Vermutung, dass doch die Materialschlachten auf den Schlachtfeldern wohl eine Korrespondenz im Schlachtgetöse groß dimensionierter Orchesterbesetzungen finden müssten, finden sich keine Belege: Zwar benötigt Arnold Schönberg für seine 1913 in Wien uraufgeführten Gurre-Lieder mit acht Flöten, sechs Hörnern und sechs Trompeten ein spektakulär groß dimensioniertes Orchester, doch komponiert Schönberg de facto zur Uraufführungszeit bereits für wesentlich kleinere Besetzungen. Handelt es sich also bei dieser Ungleichzeitigkeit von Kriegsmusik und Kriegserfahrung nur um einen willkürlichen Akt einer späteren retroaktiven Aufladung?

Dieser Text unternimmt den Versuch, am Beispiel des Musiktheaters das Verhältnis von Augenblickserfahrung, Verdichtung und Kriegserfahrung zueinander in Beziehung zu setzen. Zu zeigen wäre, dass die traumatischen Erfahrungen auf den Schlachtfeldern des Kriegs eine musiktheatrale Erzählweise zunehmender Verdichtung keinesfalls befördern. Die These lautet vielmehr, dass die Epoche kompositorisch verdichteter Subjekt- und Augenblickserfahrung mit Arnold Schönbergs Monodram »Erwartung« bereits 1909 zu Ende geht und nicht über den Krieg gerettet werden kann, da die dafür erforderlichen bürgerlichen Aufführungsstätten gesellschaftlich nicht mehr funktionieren.

AUGENBLICKSDRAMATURGIEN IN OPER UND MODERNER LYRIK

Die Entwicklungsgeschichte der Oper ist geprägt von einer zunehmenden Verflechtung von szenischen Handlungen und musikalischen Verläufen. Nicht lange nach 1600 gelingt es den Komponisten der venezianischen Oper, markante Wendepunkte einer dramatischen Handlung mit Stimm- und Orchesterklängen musikdramatisch auszudeuten. Und bereits um 1630 etabliert sich mit der dreiaktigen Barockoper ein eigener Schematismus der Operndramaturgie, mit der sich die Oper komplett vom Sprechtheater zu emanzipieren vermag. Der Barockoper gelingt es, sich ganz in den Dienst des affektbesetzten Augenblicks zu stellen: die Dialogpartner treten auf, erörtern im Rezitativ möglichst knapp ihre Konfliktlage, die Spannung verdichtet sich auf eine affektbesetzte Floskel; darauf

---

1   Zur aktuellen Bedeutung des Verhältnisses von Musik und Propaganda vgl. etwa die Arbeiten von Chaker, Sarah: This means war. Krieg: zentrales Inhaltsmoment im Black und Death Metal, in: Firme, Annemarie/Hocker, Ramona (Hg.): *Von Schlachthymnen und Protestsongs. Zur Kulturgeschichte des Verhältnisses von Musik und Krieg*, Bielefeld 2006, S. 229–240.

2   Vgl. Hanheide, Stefan: Vorahnung der Katastrophen des Jahrhunderts, in: *Österreichische Musikzeitschrift*, Bd. 69 / I, 2014, S. 12–13.

setzt das Orchestervorspiel ein, transformiert die Affektlage in Musik, und der Gesang transportiert die Wut, die Trauer, die Leidenschaft oder die Vorfreude auf die bevorstehende Rache der Figur.

Diesem ungeheuer robusten, dramatischen Erzählmodell aus aristokratischen Zeiten kann das Bürgertum lange nichts Substanzielles entgegensetzen. Erst 1813 verfällt Ludwig van Beethoven auf die Idee, den Augenblick selbst zum Thema seiner Oper »Fidelio« zu machen. Zentrales Ereignis der Oper ist das Trompetensignal, das die Ankunft des rettenden Ministers ankündigt: »Oh Gott! Welch ein Augenblick!« Der geglückte Augenblick als komponierte Momentform wird im neunzehnten Jahrhundert zum utopischen Fluchtpunkt des Genres Oper als einem emanzipatorischen Gesellschaftsprojekt – wie etwa in den Opern Giuseppe Verdis. Insbesondere die umfänglichen Musikdramen Richard Wagners mit ihrer Leitmotivtechnik prägen die sechziger und siebziger Jahre des 19. Jahrhunderts maßgeblich, und in ihrer großen Wirkungsmacht stecken sie weit über die Oper hinaus auch andere Kunstformen an.

Doch ab Mitte des Jahrhunderts formieren sich vor allem in Frankreich die Akteure einer avantgardistischen Moderne im Zeichen einer anderen, urbaneren und moderneren Welterfahrung. In den Gedichten Charles Baudelaires wird moderne Großstadterfahrung zum Sujet; bei Stéphane Mallarmé wird das Gedicht dunkel und verknappt.

Augenblicks- und Momenterfahrungen werden in der modernen Lyrik zum Gegenstand des Dichtens: so beschreibt Charles Baudelaire im Gedicht »A une passante«[3] die flüchtige Begegnung mit einer Schönen auf den Straßen von Paris als grelle Augenblickserfahrung im Bild eines Blitzes: »Un éclair ... puis la nuit! – Fugitive beauté«[4]. Der Augenblick wird in der Moderne zum zentralen Gegenstand künstlerischer Gestaltung.[5]

»GRAVITY« 1909 – AUGENBLICKSDRAMATURGIEN IM EINAKTER

Im modernen Drama finden Augenblicksdramaturgien ab den 1890er Jahren ihren Wiederhall. So prophezeit der schwedische Dramatiker August Strindberg in einem Essay aus dem Jahr 1899 dem Einakter eine große Zukunft: »[...] es ist vielleicht die Formel des kommenden Dramas.«[6] Er selbst schreibt zwischen 1888 und 1889 elf Einakter, zu denen auch sein berühmtes Frühwerk »Fräulein Julie« gehört. In Wien verhilft Arthur Schnitzler dem Einakter durch seinen Fin-de-Siècle-Zyklus »Anatol« (1893) zu großer Aufmerksamkeit, und in Belgien verfasst Maurice Materlinck 1890/91 eine Einakter-Trilogie.

Charakteristische Merkmale für den Einakter bestehen darin, dass sie weder um eine zentrale Hauptfigur kreisen noch über keine Entwicklungsdramaturgie verfügen, sondern vielmehr wenige unverbundenen Augenblicke erhellen und Alltagsmomente weitgehend ausblenden. Durch die Minimierung der äußeren Handlung wird die Charakterisierung der Figur im Einakter stark eingeschränkt. Die Versprachlichung mentaler Vorgänge in

---

3   Deutsch: »An eine, die vorüberging«.
4   Deutsch: »Ein Blitz ... dann Nacht! – Du Schöne, mir verloren, [...]« in: Baudelaire, Charles: *Les Fleurs du Mal / Die Blumen des Bösen*, übers. von Monika Fahrenbach-Wachendorff, Stuttgart 1980, S. 193.
5   Zum Verhältnis von Augenblicks-Erfahrung und Moderne vgl. auch: Benjamin, Walter: Das Paris des Second Empire bei Baudelaire, in: Ders.: *Charles Baudelaire*, Frankfurt 1980, S. 42 ff.
6   Strindberg, August, zit. nach Haas, Adriana: Einakter, in: Brauneck, Manfred/Schneilin, Gérard: *Theaterlexikon*, Hamburg 1992, S. 304.

Monologform tritt an die Stelle von Dialog und Aktion. Die physische Präsenz des Darstellers tritt dabei in den Hintergrund. Mit besonderer Konsequenz gestaltet dies in den 1890er Jahren der Wiener Dichter Hugo von Hofmannsthal in seinen einaktigen Versdramen. In »Der Tod des Tizian« (1892 und 1901) sowie »Der Tor und der Tod« (1893) scheint die Grenze zwischen Dichtung und Drama aufgehoben. Als szenischer Vorgang wird nunmehr die verdichtete Augenblickserfahrung im Moment des Sterbens umkreist.

Auch im Musiktheater hinterlassen diese verdichteten Dramaturgien nachhaltig ihre Spuren. So erlebt Richard Strauss' Oper »Salomé« nach Hofmannsthals gleichnamiger Tragödie 1909 eine triumphale Uraufführung, was dazu führt, dass sich eine ganze Komponistengeneration am Genre des musikdramatischen Einakters abarbeitet.

Im Bereich der Szenografie ist der britische Bühnen-Visionär Edward Gordon Craig von dieser Wendung des Dramas weg vom Dialog und hin zur Darstellung innerer Vorgänge stark geprägt. In seinen Entwürfen wird die Kontur des Schauspielers zunehmend aufgelöst. An die Stelle der physischen Präsenz des Schauspielers setzt Craig eine neue Form der Rauminszenierung, in der Farbe, Rhythmus und Wort sowie mechanische Bewegungsabläufe nebeneinander treten können. So entwirft er 1907 Radierungen zu »Scene«, einen szenischen Ablauf zu Musik (vermutlich jener von J. S. Bach), der in unserem Sinn als visuelle Manifestation einer entgrenzten Augenblickserfahrung betrachtet werden kann.

Eine interessante mediengeschichtliche Pointe ist in diesem Kontext der Umstand, dass es einhundert Jahre nach dem Aufstieg des Einakters ausgerechnet einem Oscar-prämierten Hollywoodfilm gelingt, einen späten Beitrag zum Genre des Einakters zu leisten: der Spielfilm »Gravity« von Alfonso Cuaron exponiert zwar zu Beginn ein genreübliches Weltraum-Katastrophenszenario. Doch nachdem die Protagonistin des Films, die Ärztin Dr. Stone (Sandra Bullock) ihren Arbeitspartner, den erfahrenen Astronauten Matt Kowalski (George Clooney) verloren hat, verlangsamt sich das Erzähltempo. Der Erzählfokus verlagert sich von der äußeren Handlung zur inneren Erfahrungsdimension der Protagonistin mit ihren Ängsten und Todesahnungen. In diesem Sinn kann »Gravity« durchaus als kinematographischer Einakter im Gewand eines Science-Fiction-Films betrachtet werden.

ARNOLD SCHÖNBERGS MONODRAM »ERWARTUNG« ALS ERNSTFALL EINER AUGENBLICKSDRAMATURGIE.

»Hat´s schon angefangen?« fragt der verspätete Konzertbesucher seinen Nachbarn. »Nein, ist schon vorbei!« lautet dessen Antwort. Diese Pointe unter Musikern charakterisiert die Kompositionstechnik der »Freien Atonalität« von Arnold Schönberg und seinen Schülern Alban Berg und Anton von Webern in den Zehner Jahren des 20. Jahrhunderts treffend. Schönberg, Berg und von Webern verdichten ihre Kompositionen immer drastischer, und ihre Werke werden immer kürzer. In jener Phase spielt das Genre des Lieds eine herausragende Rolle. Die Auseinandersetzung mit zeitgenössischer Dichtung von Richard Dehmel oder Peter Altenberg wirkt wie ein Katalysator bei dieser Form des Komponierens.

Abbildung 1: Edward Gordon Craig: »Scene«.

Im Kontext des Musiktheaters hat insbesondere ein Werk der »Freien Atonalität« einen besonderen Stellenwert – Arnold Schönbergs 1909 komponiertes und 1924 uraufgeführtes Monodram »Erwartung«. Schönberg komponiert seinen Einakter nach einer Lebenskrise; seine Frau Mathilde hat eine Liaison mit dem Maler Richard Gerstl, der sich im Nachklang der Affäre 1908 das Leben nimmt. Das Libretto zu »Erwartung« lässt sich Schönberg von seiner Cousine, der Autorin und Ärztin Marie Pappenheim schreiben. Der Plot des Werks ist aufs Äußerste reduziert: eine Frau sucht nachts im Wald ihren Geliebten – Generalpause – sie findet ihn ermordet. Pappenheims Libretto, das auf genaue Anweisungen Schönbergs entstand, ist ein innerer Monolog der als »die Frau« benannten namenlosen, weiblichen Protagonistin, wobei ihre jeweiligen Gefühlszustände minutiös in den Regieanweisungen festgehalten sind.

Sind die musikalischen Motive in den Kompositionen der »Freien Atonalität« generell auf »Augenblicksformen« verdichtet, so markiert »Erwartung« dabei einen Extrempunkt. Der Komponist und Musikwissenschaftler José M. García Laborda hat in einer detaillierten Analyse zu Schönbergs »Erwartung« herausgearbeitet, dass sich in diesem Werk mit seinen gerade einmal 20 Minuten Spieldauer 54 Momentformen abwechseln.

Mit Schönbergs »Erwartung« wird meines Erachtens das Genre des Einakters – und damit auch die moderne Oper als Ganzes – an einen Extrempunkt gebracht. Schönberg setzt in seinem Werk einen einzigen verdichteten, traumatischen Augenblick in Musik um, und er tut das in einer Form, die den Zuhörer in eine para-traumatische Rezeptionssituation transportiert: Da die Motive in »Erwartung« so extrem dicht und flüchtig

DISPOSITION DER MOMENTFORMEN MIT WIEDERHOLUNGSSTRUKTUREN

Nr.	BLOCK	PLAZIERUNG	WIEDERHOLUNGSSTRUKTUREN	BETEILIGTE INSTR.
	(9)		02a(8x)	Hrf.,Br.,Fg.
4	15-22		01e(1x)04b(7x),RW.02b(5x)	Fg.,Cel.klar.
5	24-28		01e(1x)02g(7x)03b(4x)	Fl.,Fg.,Hr.,
			03c(4x)04c'(1x)	Hrf.,Krtbss.
6	30-37	Verwand.	04c(2x)04c'(1x)RW.	Kl.,Br.,Hrf.,KFg.
11	81-89	Verwand.	04a(6x)04a(7x)04c(5x)	Fl.,Fg.,Pos.Br.Hr
12	90-95		02a(30x)02d(28x)	Hrf.,
			02f(28x),RW.	
14	105-111		02a(2x)02b(5x)04b(3x)	Kl.,Xyl.,Fg.,
			04e(9x)	Gge.,Vcll.
15	113-123	Verwand.	02a(65x)02b(29x)	Str.,Fg.
			04c(9x)	Fl.
17	132-140		04b(7x)04c(7x)	Str.,Cel.
19	150-157	General-pause	02c(8x)03d(6x)04d(4x)	Kl.,Ob.,E.H.,
			04d(5x),RW.	Str.
20	159-163		02a,02g(19x)04c'(1x)	Fl.,Gge.,Kl.+Fg.
(21)	(164-171)		02b(3x)02b(2x)	Kl.,Pos.
22	173-176		(01f),04c(32x)	(Fl.,Krtbss.)Hfr.
28	225-230		01c(15x)02a(8x)02a(4x)	Kl.,Hrf.,Cel.,Fl.
			04a(9x)04a(6x)RW	Fg.,Ktr.Fg.,Ob.E.
34	258-260		04c(10x)04e(4x)04e(5x)	Cel.,Fl. Hrf.
38	290-295		02a,04e(3x)	Str.,Kl.
41	306-310		(01f),02a	(Gge.) Br.,Vcll.
43	318-323		(01f),02a	(Ktrbss.)Kl.,Fg.
	(357)		02b(7x)02f(9x)	Hrf.,Fl.
49	372-374		02a(2x)02g(4x)03a(3x)	E.H.,Fl.,Hr.,
			03c(4x)03d(2x)04e(3x)	E.H.,Kl.Trp.,Hrf.
51	385-388		01c(12x)02a(3x)	Hrf.,Xyl.,
			02c(12x)02e(2x)03a2x)	Fl.,Hrf.,Br.
			03c(5x)04b(9x)	Trp.,Cel.
54	410-417	Zitat	01d(4g.)02e(2x)02e,	Cel.,Fl.,Fg.,
			03b(6x)03c(3x)04c(8x)	Fg.,Hr.,Hrf.
			04e(2x) RW,SW.	Br.
55	418-426		01e(1x)02f,02a(..)	Str.,Cel.
			04c(9x)04e(18x)	Holzbläser,Hrf.
			SW.	Ob.

Abbildung 2: José María García Laborda: 54 Momentformen.

sind, kann man sich nicht klar an sie erinnern. Auch lassen sich die musikalischen Affekte der Hauptfigur nicht durch musikalisches Formverstehen rationalisieren. Das Ohr findet sprichwörtlich keinen Halt. Fünf Jahre vor Ausbruch des ersten Weltkriegs korrespondieren in Arnold Schönbergs Monodram »Erwartung« das Trauma der Protagonistin und die traumatische Erfahrungsdimension des Rezipienten. Das Werk »Erwartung« als solches kann als traumatischer Augenblick in der Geschichtsschreibung der modernen Oper betrachtet werden.

MUSIKTHEATER-KRIEGSWIRTSCHAFT

Ein Seitenblick auf den Theateralltag in den Kriegsjahren 1914–18 verdeutlicht, warum die Materialschlacht in der Kriegszeit nicht auf der Theaterbühne stattfand: Die Neue Oper in Hamburg kann in der Spielzeit 1914/15 nicht mehr spielen, weil die Männer einberufen werden.[7] Um ihren Kundenstamm zu erhalten, müssen die Theater ihre Eintrittspreise senken. In Preußen erlässt die Militärverwaltung eine strenge Zensur, und das Theater wird zum Schauplatz propagandistischer Aktivitäten: soll man etwa Repertoirestücke von Feindesmächten spielen? Viele Theater verfahren so, dass sie zwar französische Repertoirestücke spielen, aber keine Werke lebender Komponisten.[8] Pucchinis Opern halten sich noch bis 1915 auf dem Spielplan, die entstehenden Lücken im Repertoire werden dennoch lieber mit italienischen als mit deutschen Komponisten gefüllt. Deutschtümelnde Passagen in Richard Wagners Opern »Lohengrin« oder »Die Meistersinger« werden vom Publikum klar als aktuelle patriotische Aussagen rezipiert und bejubelt.

Da Opernwerke eher langsam entstehen, erlebt das Genre Operette als Vehikel patriotischer Inhalte in den Kriegsjahren eine neue Renaissance: »Immer feste druff« heißt das patriotische Machwerk des Komponisten Walter Kollo, das ab 1914 am Theater am Nollendorfplatz gespielt wird. In diesem »vaterländischen Volksstück in vier Bildern« wird der Krieg von 1870/71 zur Hintergrundfolie eines deutsch-französischen Konflikts, der mit einem verklärten deutschen Soldatentod endet. Das Werk wird bis August 1915 339 Mal gespielt.

Doch wie ist es um die emanzipatorischen Werke des Operngenres in jenen Jahren bestellt? Um die großen Komponisten jener Zeit ist es im Bezug auf das Musiktheater erstaunlich still. Arnold Schönberg vollendet sein Beziehungsdrama »Die glückliche Hand«, und Bela Bartok komponiert eine groß besetzte Marionettenoper. Ansonsten gibt es kein Werk, das in Kriegszeiten die Einakter-Tradition fortsetzt. Möglicherweise ist der Einakter am Ende doch stärker auf die Intimität des bürgerlichen Konzertsaals angewiesen gewesen, als es den Komponisten in jener Zeit bewusst war?

Nur ein Komponist in der neutralen Schweiz traut sich, bereits in den Kriegsjahren die Parameter für das Medium Oper neu zu definieren – Igor Strawinsky mit seiner »Histoire du Soldat«. Doch dieses Werk situiert sich in seiner Präsentationsform klar abseits des bürgerlichen Opern- oder Konzertsaals.

DESINTEGRATION DER ZEIT IN IGOR STRAWINSKYS »HISTOIRE DU SOLDAT«

1917 erhält der sich in materiell schwieriger Lage befindende Komponist Igor Strawinsky durch Vermittlung des Dirigenten Ernest Ansermet einen Kompositionsauftrag für das Theater in Lausanne. Strawinsky schwebte vor, ein Schauspiel nach Märchen des russischen Märchensammlers Alexander N. Afanassjew zu komponieren. Das Libretto lässt sich Strawinsky von dem Schweizer Dichter Charles-Ferdinand Ramuz schreiben. Strawinsky konzipiert seine »Histoire du Soldat« als mittelalterlich anmutendes Laienspiel mit siebenköpfiger Instrumentalbesetzung in der Art einer Moritatenerzählung: ein Sprecher rezitiert die Märchenhandlung, die Musik fungiert im Sinne einzelner Nummern eines Stationendramas, und der Dialog ist äußerst verknappt.

7   Vgl. Hebestreit, Oliver: Die deutsche bürgerliche Musikkultur im Deutschen Reich während des Ersten Weltkrieges, in: Firme, Annemarie/Hocker, Ramona (wie Anm. 1), S. 113–138, hier, S. 121–122.
8   Vgl. ebd., S. 124.

Zur Handlung der »Histoire du Soldat«: Der Soldat Josef wandert während seines Urlaubs nach Hause. Bei einer Rast holt er seine Geige hervor und beginnt zu spielen. Vom Spiel angelockt, bittet ihn der Teufel, seine Geige gegen ein Zauberbuch zu tauschen, in dem die Börseninformationen der Zukunft stehen. Der Soldat willigt ein. Das Geigentraining, das der Soldat dem Teufel angedeihen lässt, dauert anstelle von drei Tagen drei Jahre. Bei der Rückkehr in sein Dorf wird der Soldat als Deserteur gebrandmarkt, und seine Freunde und seine Geliebte meiden ihn. Durch das Buch wird der Soldat reich, und es gelingt ihm gar, den Teufel zu überlisten und seine Geige zurückzutauschen. Mit seinem Spiel heilt er die Prinzessin und die beiden werden ein Paar. Doch der Teufel scheint nicht besiegt zu sein, sondern nimmt den Soldaten mit in die Hölle.

Es ist weniger die Fabel, weshalb Strawinskys »Histoire du Soldat« im Kontext der Oper für lange Zeit Maßstäbe setzt, sondern die theatrale Darstellungsform des Werks. Strawinskys Stück zielt auf eine musikalische und szenische Einfachheit. An die Stelle der Verkörperung der Handlung durch den Darsteller tritt der Gestus des Rezitierens: Der Erzähler ist die wichtigste Person im Stück. Der Orchesterklang wird durch perkussive Instrumente und Bläser anstelle von romantisch konnotierten Streichern geprägt. Stilistisch ist die rhythmische Dimension der Musik, die mit Anklängen an Militärmusik und den Ragtime arbeitet, viel wichtiger als die harmonische. Das Schlagzeug ist beständig als Impulsgeber gefordert. Eine ganz entscheidende Abkehr von der traditionellen Oper vollzieht Strawinsky dadurch, dass es in seinem Werk keinen Gesang gibt – ist doch die Gesangsstimme in der Oper das eigentliche Zentrum der affektiven Aufladung dieses Mediums. Was die einzelnen musikalischen Nummern angeht, so arbeitet Strawinsky mit einer Struktur von Ritornellen, die zumeist identisch wiederholt werden. Dadurch entsteht eine robuste, baukastenartige[9] Dramaturgie, die sowohl an traditionelle Volksmusik als auch an vorklassische Musikformen erinnert.

Was die szenische Umsetzung angeht, so sind von der Uraufführung der »Histoire du Soldat« 1917 in Lausanne leider keine Fotografien und nur wenige Skizzen des Bühnen- und Kostümbildners René Auberjonois erhalten. In einer genauen Rekonstruktion hat der Musikwissenschaftler Matthias Theodor Vogt im Rahmen seiner 1988 erschienenen Dissertation[10] die erhaltenen Dokumente gesammelt und bewertet. Seit dieser Studie wissen wir von der räumlichen Anlage des Szenenbilds, dass Strawinsky und sein Team in der theatralen Anordnung Erzähler, szenisches Spiel und Instrumentalisten auf ein und derselben Spielebene nebeneinander anordnen. Dabei wird die zentral gelegene, kleine Bühne links von der Position der Musiker und rechts durch die Position des Erzählers eingerahmt und von diesen nur durch schmale Holzpfeiler abgetrennt. Das Orchester und der Erzähler sind dadurch der Szene neben- und nicht untergeordnet. Das romantische Phantasma vom unsichtbaren Orchester ist durch eine derartige szenische Anordnung seiner Funktion beraubt.

---

9   Mit dem Begriff der »Baukastenmethode« beschreibt die deutsche Musikjournalistin Grete Wehmeyer das Kompositionsverfahren des französischen Komponisten Erik Satie (1866–1925), dessen wegweisende Klavier- und Orchesterwerke in den 1910er und 20er Jahren einen nachhaltigen Einfluss auf die Kompositionsweise Strawinskys ausübten: vgl. Wehmeyer, Grete: *Erik Satie*, Regensburg 1974, S. 46 ff.

10   Vgl. Vogt, Matthias Theodor: *Die Genese der »Histoire du soldat« von Charles-Ferdinand Ramuz, Igor Strawinsky und René Auberjonois*, Diss., Berlin 1989.

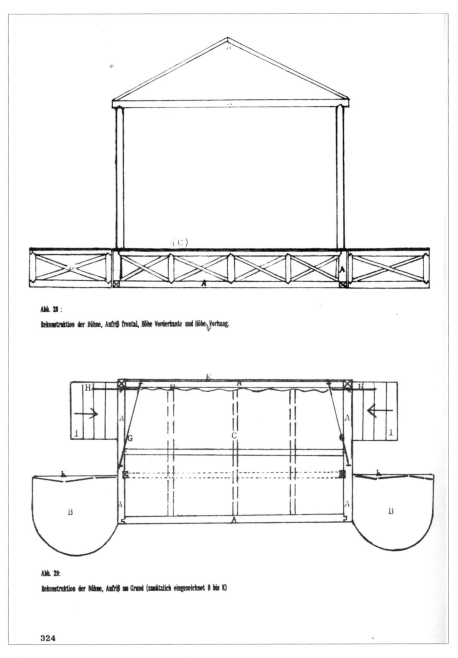

Abbildung 3: Matthias Theodor Vogt: Strawinsky Bühnenskizze 1, S. 324.

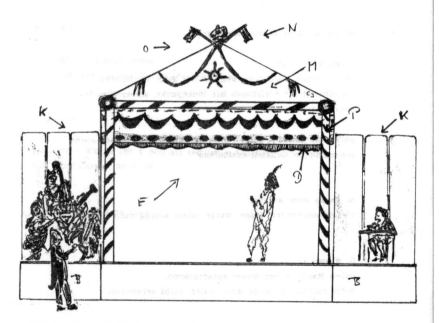

P. Drapierung der Frontsäulen und des Architraves

mit rotem Band, Dicke ca. 5 cm, Abstand ca 30 cm; gemalt [?]

Abb. 30: Wie die Aufführung auf der Petite Scène ausgesehen haben könnte.

328

Abbildung 4: Matthias Theodor Vogt Strawinsky Bühnenskizze 2, S. 328.

Aus diesen musikalischen und theatralen Befunden kann man folgendes schließen: Strawinskys musikdramatische Anlage folgt nicht mehr dem Ideal einer zentrierten und hierarchisierten Musikdramaturgie, wie sie die traditionelle Oper prägt. Stattdessen gibt es in der »Histoire du Soldat« ein gleichberechtigtes Neben- und Nacheinander von Musik, Erzählung und gestischem Spiel. In dem Werk geht es nicht mehr darum, die Figur bzw. das Subjekt qua Verdichtung zu retten. Vielmehr gilt hier: »Es gibt die Zeit nicht mehr«[11] – wie es an einer zentralen Stelle in Ramuz' Libretto heißt, als nämlich Teufel und Soldat gemeinsam in das Heimatdorf des Soldaten reisen. Die neue Form eines auf das Phantasma der Ganzheit verzichtenden, additiven und fragmentierten Musiktheaters ist damit auf den Weg gebracht.

Ist diese Interpretation nicht zu weit gegriffen? Vielleicht reagiert Strawinsky mit seinem Kompositionsstil ja nur auf die materiellen Einschränkungen der Kriegsjahre? Es liegt auf der Hand, dass Strawinskys Armut der Mittel in der »Histoire du Soldat« auch auf Ökonomie rekurriert, und sein Laien-Moritatentheater auch die Lebenswirklichkeit in Zeiten des Kriegs reflektiert. Doch greift dieses Argument als Erklärung für die musikdramatische Anlage des Werks entscheidend zu kurz: Warum schließt denn Strawinsky den Gesang aus seinem Werk so systematisch aus? Schließlich ist doch die Gesangsstimme das arme und volkstümliche Instrument schlechthin. Und warum ordnet er die Elemente der Darstellung parataktisch und nicht hierarchisch an? Dies lässt sich meines Erachtens nur damit erklären, dass in Strawinskys musikdramatischem Komponieren um 1917 das fragmentierte Nebeneinander der theatralen Elemente oberste Priorität hat. Der traditionelle Operngesang gefährdet diese Balance jedoch ganz entschieden. Der klassische Gesang ist traditionsgemäß deutlich gebunden an die Räume bürgerlicher Aufführungspraxis. Die »Histoire du Soldat« weist jedoch weit über den bürgerlichen Opern- oder Konzertsaal hinaus. Und die dreigeteilte Jahrmarkts-Bretterbude[12], die es zulässt, dass die Elemente der Darstellung auf derselben Höhe nebeneinander angeordnet werden, ist die semantische Chiffre dieser Neudefinition.

MUSIKTHEATER-DARSTELLUNGEN NACH DER SUSPENDIERUNG DES AUGENBLICKS

Strawinskys »Histoire du Soldat« findet bald weltweit große Aufmerksamkeit und wird zum Wegbereiter des Neoklassizismus in der Musik. Arnold Schönberg richtet seinen Kompositionsstil mit der Erfindung der Zwölftontechnik nach dem Ende des Ersten Weltkriegs neu aus und ist nicht unglücklich darüber, nun wieder längere Werke komponieren zu können. Der Einakter bleibt auch in den Zwanziger Jahren ein wesentliches Genre des Musiktheaters, allerdings stehen die Sujets und Kompositionsweisen

---

11 »il n'y a plus de temps [...]« aus dem Libretto von C. F. Ramuz in der »freien Nachdichtung« von Hans Reinhart, in: Ramuz, Charles-Ferdinand/Strawinskij, Igor: *L'histoire du Soldat / Die Geschichte vom Soldaten – mit Dokumenten zur Entstehung*, St. Gallen 1961, S. 15.
12 Der in Hannover geborene Autor Frank Wedekind hat sich bereits ab 1895 im Rahmen seiner Lulu-Stücke »Erdgeist« und »Die Büchse der Pandora« an dem antibürgerlichen Setting des Zirkuses abgearbeitet.

im Zeichen der Neuen Sachlichkeit[13]. Schönbergs Schüler Alban Berg komponiert mit »Wozzeck« und »Lulu« zwei maßgebliche Opernwerke der 1920er und 30er Jahre, doch gelingen Berg jeweils Synthesen aus expressiver Gestik und tradierter Opernform.

Edward Gordon Craigs großes Projekt der 1910er Jahre, die Begründung einer eigenen Theaterschule in Bologna, wird durch den Kriegsausbruch gestoppt. Craig ist zwar mit allen damaligen Größen des Theaters im Austausch, kann aber nie mehr wirklich im Theaterleben Fuß fassen.

1927 entwirft Walter Gropius unter dem Einfluss des Regisseurs Erwin Piscator noch einmal ein »Totaltheater« in Form einer hyper-technisierten Guckkastenbühne für Masseninszenierungen, doch gebaut wird dieses Theater nicht mehr. Stattdessen geben Bertolt Brechts arme Theatermittel im Berlin der späten 1920er Jahre den Ton an.

Das Thematisieren von Zeitlichkeit im Sinne einer Augenblicksform findet nach Schönbergs »Erwartung« nie mehr den Fokus der Komponisten zurück. Erst sehr viel später, in den 1960er Jahren, wird Zeitlichkeit in der Musik und im Musiktheater überhaupt erst wieder zum wesentlichen Parameter kompositorischer Auseinandersetzung: in der seriellen Musik eines Karlheinz Stockhausen, in den Kompositionen John Cages oder ab Mitte der 1960er Jahre in der Minimal Music eines Philip Glass oder Steve Reich. Doch geht es in jener Thematisierung von Zeitlichkeit nicht mehr um Verdichtung, sondern im Gegenteil um Erfahrungsformen von Zeitlichkeit als ungestalteter (John Cage) oder extremer Dauer (Morton Feldman). Es geht um Wahrnehmungsmodi des Geschehenlassens, um Erleben des Flows oder um Bewusstseinserweiterungen durch exzessive Dauer oder Wiederholung. Mit Formen bürgerlichen Musiktheaters haben diese Kompositionen nichts mehr zu schaffen. Zu unschön war dafür die Nähe von Dichtung, Verdichtung und Vernichtung[14] in Europas Kriegshistorie im 20. Jahrhundert.

QUELLENVERZEICHNIS

Baudelaire, Charles: *Les Fleurs du Mal / Die Blumen des Bösen*, übers. von Monika Fahrenbach-Wachendorff, Stuttgart 1980.

Benjamin, Walter: Das Paris des Second Empire bei Baudelaire, in: Ders.: *Charles Baudelaire*, Frankfurt 1980.

Chaker, Sarah: This means war. Krieg: zentrales Inhaltsmoment im Black und Death Metal, in: Firme, Annermarie/Hocker, Ramona (Hg.): *Von Schlachthymnen und Protestsongs. Zur Kulturgeschichte des Verhältnisses von Musik und Krieg*, Bielefeld 2006, S. 229–240.

Haas, Adriana: Einakter, in: Brauneck, Manfred/Schneilin, Gérard: *Theaterlexikon*, Hamburg 1992.

---

13 Vgl. etwa Ernst Tochs Einakter »Egon und Emilie« (1928) op. 46 sowie Arnold Schönbergs Einakter »Von heute auf morgen« (1928/29) op. 32.

14 Vgl. hierzu Robert Bramkamps Formulierung »Dichte, Dichtung, Verdichtung, Vernichtung, Vermischung, Entbindung. Es wird kein Reim draus« in seinem konzeptuellen Dokumentarfilm »Prüfstand 7« (Deutschland 2001) und die darin unternommene produktive Rezeption von Thomas Pynchons Roman »Gravitys Rainbow« (deutsch »Die Enden der Parabel«); vgl. http://www.pruefstand7.de [07.04.2015].

Hanheide, Stefan: Vorahnung der Katastrophen des Jahrhunderts, in: *Österreichische Musikzeitschrift*, 69 / I, 2014.

Hebestreit, Oliver: Die deutsche bürgerliche Musikkultur im Deutschen Reich während des Ersten Weltkrieges, in: Firme, Annemarie/Hocker, Ramona (Hg.): *Von Schlachthymnen und Protestsongs. Zur Kulturgeschichte des Verhältnisses von Musik und Krieg*, Bielefeld 2006, S. 113–138.

Laborda, Garcia M.: *Studien zu Schönbergs Monodram »Erwartung« op. 17*, Laaber 1981.

Ramuz, Charles-Ferdinand/Strawinskij, Igor: *L'histoire du Soldat / Die Geschichte vom Soldaten – mit Dokumenten zur Entstehung*, St. Gallen 1961.

Vogt, Matthias Theodor: *Die Genese der »Histoire du soldat« von Charles-Ferdinand Ramuz, Igor Strawinsky und René Auberjonois*, Diss., Berlin 1989.

Wehmeyer, Grete: *Erik Satie*, Regensburg 1974.

ABBILDUNGSVERZEICHNIS

ENERGIEN DER LEIDENSCHAFT

Ein Gespräch über das Verhältnis von Theater und Krieg

COLIN WALKER UND FRIEDRICH WELTZIEN

Aufbauend auf dem Vortrag zu martialischen Inszenierungsstrategien auf der Tagung »Materialschlacht. Design und Krieg« am 16. Oktober 2014 haben Colin Walker, Bühnenbildner und Professor für Szenografie an der Hochschule Hannover, und Friedrich Weltzien, Kunsthistoriker und Kulturwissenschaftler ebenda, diesen Dialog geführt. In der Form eines E-Mail-Gesprächs sind die Aussagen aufgezeichnet worden.

Friedrich Weltzien: Krieg und Theater haben allerhand gemeinsam. Was hältst du für die herausstechenden Merkmale, die beiden kulturellen Praktiken zu eigen sind?

Colin Walker: Die Unmittelbarkeit und Direktheit. Anders gesagt, der Live-Charakter. Über die Bilder in Zeitschriften oder auf der Leinwand eines nackten blutüberströmten Menschen, der gerade erschossen wurde, regt sich längst niemand mehr auf. Aber wenn jemand im Theater nackt und blutüberströmt auf der Bühne liegt, ist das plötzlich sehr direkt, und jeder Zuschauer empfindet etwas.

Friedrich Weltzien: Krieg und Theater verbindet also eine körperliche Unmittelbarkeit. Ist das eine Direktheit in der Kommunikation, die uns so berührt, eine Eindeutigkeit, die wir angesichts von physisch anwesenden Menschen empfinden?

Colin Walker: Es entsteht eine beklemmende Situation. Der Darsteller ist oft menschlicher und intensiver als die Rolle, die er spielt.

Friedrich Weltzien: Worin liegt der entscheidende Unterschied zwischen Krieg und Theater?

Colin Walker: Im Theater kann in sozial akzeptierter Weise die Neugier und Faszination für den Tod ihren Platz finden – im Unterschied zum realen Krieg. Man hat die Möglichkeit, über die eigene Sterblichkeit nachzudenken, ohne direkt betroffen zu sein. Unmittelbare eigene Erfahrungen des Kriegs fehlen uns ja meist.

Krieg zerstört. Theater zerstört nicht, geht aber unter die Haut. Krieg ist ein unter Einsatz erheblicher Mittel mit Waffen und Gewalt ausgetragener brutaler Konflikt. Theater kämpft künstlich, künstlerisch und intellektuell, durch eine szenische Darstellung zwischen Bühne/Akteuren und Publikum. Auch um ethische Kategorien wird gekämpft und Theater versucht, die Werte von sozialen Ordnungen zu verteidigen.

Friedrich Weltzien: Theater kann Konflikte sichtbar machen. Aber kann es auch Konflikte lösen? Ist es denkbar, dass Theater Krieg, Gewalt, Streit ersetzen, verhindern, kanalisieren, überflüssig machen kann?

Colin Walker: Versuche, Krieg auf dem Theater desillusionistisch einzufangen, so dass sie Konflikte lösen, kenne ich nicht. Das Wirken der Katharsis, als Reaktion des Zuschauers auf das, was er auf der Szene beobachtet, kann sich nach dem Ende einer Vorstellung vermutlich nicht so richtig einstellen. Aber Theater kann berühren, aufrütteln und wach machen.

Friedrich Weltzien: Ist es nicht vielleicht doch möglich, dass Theater uns vor Augen führt, wie viel Leid durch Krieg erzeugt wird und aus diesem Grund gewaltsame Aktionen verhindert? Schiller hatte sich vom Theater als moralischer Anstalt ja so etwas erhofft. Kann ein theatraler Schrecken nicht doch heilsam sein?

Colin Walker: Zumindest gelingt dem Theater immer wieder mal die Verführung zur Identifikation mit Leidens- und Lebensgeschichten. Und es kann auch mal sein, dass der Zuschauer in seiner Beobachterposition stark verunsichert wird. Aber man weiß als Zuschauer ja immer auch, dass es sich um Theater handelt.

Friedrich Weltzien: Sollte ein guter Theatermacher mal eine Schlacht miterlebt haben und Generäle öfter ins Theater gehen. Was kann das eine vom anderen lernen?

Colin Walker: Du meinst wie im Märchen »Von einem, der auszog das Fürchten zu lernen«? Der Theatermacher verbringt seine Nächte unter einem Galgen, um das Schaudern zu erfahren und den General sollte es, weil ihm die menschliche Dimension fehlt, bei seinen Theatergängen in Gruselschlösser verschlagen, wo er die Einsicht gewinnt, es sei psychisch notwendig, einmal Angst direkt zu erfahren?

Friedrich Weltzien: Ja genau. Muss ich als Theatermacher das echte Grauen kennen, um einen fantastischen Grusel erzeugen zu können? Oder kann der Kriegsherr Inszenierungsstrategien der Bühne übernehmen, um den Feind das Fürchten zu lehren?

Colin Walker: Der Theatermacher findet seinen eigenen Weg, sich vorzubereiten. Vielleicht braucht er einfach nur ein Glas Wein. Der Kriegsherr könnte dem Theater entnehmen, wozu Menschen fähig sind. Ein gutes Beispiel ist für mich Shakespeares »Richard III«. Wir sehen da einen Menschen, der Formate und Dimensionen seines Handelns ins Unermessliche und Unsagbare vergrößert. Wenn Stücke wie dieses heute gespielt werden, können sie zeigen, wozu, jenseits der Kategorien von Gut und Böse, Menschen befähigt sind. Über welche Kräfte der Zerstörung, aber auch über welche Energien der Leidenschaft und welchen Willen der Wahrheit sie verfügen.

Friedrich Weltzien: Gibt es bestimmte Motive und dergleichen, die das Theater vom Krieg übernommen hat?

Colin Walker: Weniger übernommen, aber ähnliche Motive sind: Die Unberechenbarkeit, in Abgründe zu schauen, das Spiel mit Kulissen, Uniformen, mit der Sprache, der Gestik, den Körpern, den Stimmen, den Atmosphären wie Lichtstimmungen. Der Einsatz von Technik auf modernstem Niveau, um Wirkung zu erzielen.

Friedrich Weltzien: Und umgekehrt? Gibt es Strategien, Mittel, Techniken, die der Krieg vom Theater übernommen hat?

Colin Walker: Es gibt Umdeutungen von Theatermitteln zugunsten der Kriegsmaschinerie. Manche Agitatoren bedienen sich inszenatorischer, bühnenwirksamer Zeichen. Sie inszenieren ihr öffentliches Selbstbild und die dazu gehörenden Kulissen ihres Machtapparates mit theatralischen und filmischen Mitteln. Das sieht mitunter zum Lachen aus, aber mit gewissen Herrschaften ist einfach nicht zu spaßen. Ein aktuelles Beispiel unter vielen anderen (und das ja durch die Presse ging) ist Putin mit nacktem, durchtrainiertem Oberkörper und Gebirgsjäger-Sonnenbrille auf hohem Ross, an einer großartigen Gebirgslandschaft vorbeireitend. Vor dem Hintergrund vertrauensgestörter politischer Zusammenhänge weiß Putin sich mit schauspielerischen und inszenatorischen Bühnenmitteln bestens in Szene zu setzen.

Friedrich Weltzien: Ist überhaupt eine kriegerische Handlung ohne Inszenierung denkbar, ohne Propaganda? Ich denke an den alten Spontispruch (der nicht von Brecht stammt): Stell dir vor, es ist Krieg und keiner geht hin – ein Krieg, den keiner sieht, findet nicht statt.

Colin Walker: Ohne Propaganda geht das nicht. Für mich ist jede kriegerische Handlung inszeniert und die verschiedenen Akte vor dem Ausbruch der Kriegshandlung unterliegen einer starken Dramaturgie, damit der kriegerische Akt überhaupt eine Rechtfertigung bekommt.

Friedrich Weltzien: Welche Strategien haben verschiedene Theatermacher gefunden, um Krieg auf der Bühne zu inszenieren? Hast du ein Beispiel?

Colin Walker: Zum Beispiel die Inszenierung »Nelken« von Pina Bausch, im Bühnenbild und mit Kostümen von Peter Papst, in den frühen 1980er Jahren. Der Abend erzählt von Macht, Ausgeliefertsein und Auflehnung, assoziiert auf eigene Art und Weise Krieg. Zu »Nelken« wurde ein extrem poetischer Bühnenraum gestaltet. Tausende von blühenden Nelken stehen unbefleckt im großen Bühnenraum der Wuppertaler Bühnen. In meiner Erinnerung bevölkern Tänzer und Tänzerinnen den Raum und spielen wie Kinder. Dann passiert Folgendes: Rund um die Nelkenbühne stehen plötzlich Wachtposten mit deutschen Schäferhunden. Der Befehl eines Mannes im dunklen Anzug unterbricht die

Abbildung 1: »Die letzten Tage der Menschheit«.

Kinderspiele und das Tanzen. Ein Tänzer soll seinen Pass zeigen. Kurz darauf muss er auf allen Vieren laufen und bellen. Es gibt nur wenige Worte. Sie sind kurze Aperçus in dieser getanzten Performance. Auf poetische Art wird die Ambivalenz, das Verhältnis zwischen Angst, Terror und Tod spürbar übertragen.

Friedrich Weltzien: Der Ort, der Raum ist sicherlich ein ganz wesentlicher Faktor. Was passiert, wenn die Inszenierung den Theaterbau verlässt? Und sich vielleicht an reale Schauplätze begibt? Was gewinnt die Darstellung dadurch, was geht womöglich verloren, was verändert sich für die Künstler und Kreativen, was für das Publikum?

Colin Walker: Die Verschiebung des Theaterspiels nach außen kann auch eine Verschiebung tiefer ins Innere, in die Psychologie des Publikums bedeuten. Die Zuschauer an einen anderen Ort versetzt, ohne Passepartout, ohne Gegenüber, ist eine vollkommen andere Art der Wahrnehmung, als es die Guckkastenbühne bietet. Die sichere Beobachterposition ist stärker aufgehoben.

Friedrich Weltzien: Gibt es dazu ein Beispiel? An welche Inszenierung denkst du etwa?

Colin Walker: Ich denke an eine Inszenierung von Johann Kresnik, »Die letzten Tage der Menschheit« von Karl Kraus in Bremen vor circa zwölf Jahren inszeniert und an Klaus-Michael Grübers »Winterreise« in Berlin in den 1970er Jahren. Sie sind sich von der Setzung des Settings in gewisser Weise ähnlich. Kresnik inszenierte in einem U-Boot-Bunker, der sich im Umkreis von Bremen befindet. Der Autor Karl Kraus zeigt darin seinen Zorn und Ekel über die Kriegsmaschinerie und kritisiert den Journalismus als Instrument der Kriegspropaganda. Die Theaterbesucher wurden per Schiff von der

Abbildung 2–6: »Die letzten Tage der Menschheit«, siehe Farbtafeln.

Bremer Innenstadt über die Weser zum 20 Kilometer entfernten Spielort, dem U-Boot-Bunker gefahren. Für die Zuschauer vermittelte der Bunker eine sakrale und unheimliche Atmosphäre. Für den Bau des festungsartigen Klotzes ließen zwischen 1943 und 1945 tausende von Zwangsarbeitern ihr Leben. Sie wurden gequält, erschlagen oder starben an Erschöpfung. Einige versanken im Beton. Der Bunker als Spielort spiegelte das ganze Thema inhaltlich und emotional wieder. Ein Raum bietet Schutz und suggeriert gleichzeitig Angst und Schrecken. Der Zuschauer lebt und erlebt die Zerrissenheit der Situation.

Friedrich Weltzien: Welchen Ort bespielte die andere Inszenierung, die du genannt hast?

Colin Walker: Die »Winterreise«. Die Inszenierung ist über dreißig Jahre her. Für die »Winterreise« haben Klaus-Michael Grüber und sein Bühnenbildner Antonio Recalcati das Olympiastadion von Berlin als emotionalen Background für eine Art Installation mit Interaktion mit dem Publikum gewählt. Der Name »Winterreise« stand für die Theatralisierung des »Hyperion« von Hölderlin und gleichzeitig für einen Operationsnamen, der für die erste große landesweite SS-Aktion im Zweiten Weltkrieg gewählt worden war. Da gab es Scheinwerferlicht, die Silhouette vom Anhalterbahnhof, ein paar vermummte Gestalten mit Eishauch vor dem Mund und etliche Zelte. Eine reale, unheimliche Atmosphäre! An der elektronischen Anzeigetafel, wo sonst Mannschaftsaufstellungen und Spieler standen, leuchteten sonderbare Verse auf: »Irrsal oder vom Austernleben« und »Kein Volk verdammter sei als die Deutschen«. Passend erklang dazu die melancholische Musik der »Winterreise« von Franz Schubert. Hölderlins Texte sind mit dem Allereinfachsten kontrastiert: den Pennern, den Trinkern, den Träumern an einer Wurst- und Schnapsbude am Anhalterbahnhof. Auch hier sind zwei Welten miteinander im Spiel: Freud und Leid! Das ist übrigens auch das olympische Setting. Der eine gewinnt, der andere verliert, zur selben Zeit.

Friedrich Weltzien: Hat eine solche Aktivierung der Aura eines tatsächlichen Schauplatzes auch etwas mit Reenactment zu tun, dem theatralen Nachstellen von historischen Schlachten?

Colin Walker: Es gibt solche Orte des Schreckens, die zu Stätten der Unterhaltung werden: dort, wo Kriegsschauplätze waren, auf denen Schlachten stattfanden. In Gettysburg, Verdun oder der Normandie treffen sich Touristen aus aller Welt. Dort wo einstmals Menschen gewaltsam ihr Leben gelassen haben, spielt plötzlich auch Spaß und Lebensfreude eine wichtige Rolle – fast wie eine Flucht nach vorn aus einem komplexen Alltag: Spaß, Konsum, Kommerz. Die Begegnung mit dem Schrecken wirkt sich auf das Leben aus und rüttelt vielleicht auf. Ein wenig wenigstens?

Friedrich Weltzien: Vielleicht gäbe es ja auch gar kein Theater, wenn es nicht diese Lust am Schrecken, das Sublime, gäbe, oder? Diese Bereitschaft, Geld zu bezahlen, um einen wohligen Schauder zu spüren, ohne aber selbst gefoltert oder getötet werden zu können, braucht es vielleicht für jede Form der Show?

Colin Walker: Mit Sicherheit steckt in Jedem in gewisser Weise dieses Potential. Wir Theaterleute nutzen es ja auch stark aus und spielen damit, unter Anführungszeichen, um unser Leben.

Abbildung 7: »Hate Radio«.

Abbildung 8: »Die letzten Tage der Ceausescus«.

Friedrich Weltzien: Hältst du selbst eine bestimmte Inszenierung für besonders stark, besonders gelungen und was wäre der Grund für diese besondere Kraft?

Colin Walker: Sehr eindrücklich sind die Inszenierungen des Schweizer Regisseurs Milo Rau. Er hat mit seinen Stücken »Hate Radio« und »Die letzten Tage der Ceausescus« einen dokumentarischen Umgang erprobt. Es sind Nachstellungen von realen Situationen, auch in den Bühnenbildern. Der Regisseur und sein Bühnenbildner Anton Lukas enthüllen mit ihrer Theaterarbeit reale Katastrophen, um die Brutalisierung von Gesellschaften greifbar und nachvollziehbar zu machen.

Der geschichtliche Hintergrund zu »Hate Radio« ist: In den 1990er Jahren fand auf den Straßen von Ruanda der größte Genozid seit dem Zweiten Weltkrieg statt. Rund 800.000 Tutsi wurden von Hutu-Milizen abgeschlachtet. Angestachelt wurden die jungen Männer (unter anderem) durch das Programm von RTLM, einem Radiosender. Die Radiostation war an diesem Tag auf Sendung gegangen. Hinter ihr standen kalte Ideologen und extremistische Aktionäre.

In »Hate Radio« sah man auf der Bühne den realistischen Nachbau des tatsächlichen Radiosenders. Darin befanden sich die Schauspieler als junge Moderatoren. Sie waren Stars, cool, frech. Zwischen Quiz, Wetterbericht und cooler Popmusik wurde dann in flottem Geschwätz der Völkermord in Ruanda anmoderiert: Wie damals. Wenn die Stimmen aus den Lautsprechern der Autos und der Bars kamen, hörten die jungen Menschen draußen auf den Straßen von Ruanda, wenn ihre Stars als Moderatoren live über den Sender frisches Bier und Marihuana bestellten. Die jungen, politisch noch wenig bewussten Männer wurden auf diese Weise animiert, den Genozid auszuführen und wir als Publikum erleben es nun fast nachweisbar mit – hier in Europa.

Friedrich Weltzien: Ist der Realismus die Quelle dieser besonderen Kraft der Inszenierung?

Colin Walker: Die besondere Kraft ist die Verschiebung der Grenze zwischen Theater und Realität, Kunst und Wirklichkeit, zwischen Figur und Schauspieler. Diese Grenze selbst bleibt zwar bestimmend, weil der Unterschied zwischen Kunst und Wirklichkeit nicht aufhebbar ist, aber sie schiebt sich in immer neue Bereiche vor und holt immer mehr Realität in den Bühnenbereich.

Auch auf Realismus aufbauend, aber viel stärker personenbezogen, war Milo Raus Inszenierung »Die letzten Tage der Ceausescus«. Ceausescu war zehn Jahre lang bis 1989 im sozialistischen kommunistischen Rumänien Diktator, bis er gestürzt wurde und zusammen mit seiner Frau von einem eilig zusammengestellten Militärgericht im Schnellverfahren zum Tode verurteilt und erschossen wurde. Für dieses Stück wurde der Ort der Gerichtsverhandlung rekonstruiert. Der Schauprozess gegen das Diktatorenehepaar wurde nachgestellt. Das Publikum war bei der haarsträubenden Auslegung des gerade eingesetzten Rechts dabei, nämlich einer improvisierten Farce, die mit der Erschießung der Ceausescus endete.

Friedrich Weltzien: Auch hier wird also vorgeführt, dass die Kulisse, in der die wirkliche Politik spielt, jede Inszenierung auf einer Bühne immer schon bei weitem übertrifft, was das Vorgaukeln, das Blenden und die Maskerade betrifft?

Colin Walker: Ja, aber immerhin, die Verdoppelung der Wirklichkeit durch den dokumentarischen Umgang mit Theater lässt die Realgeschichte – den Massenmord in Ruanda und den Gerichtsprozess – als unabweisbar erfahren.

Friedrich Weltzien: Gibt es einen Aspekt, den du im Hinblick auf den Zusammenhang von Krieg und Design/Inszenierung/Gestaltung für das Theater besonders betonen würdest? Vielleicht existiert sogar ein Alleinstellungsmerkmal gegenüber anderen Kunst- und Designformen (wie Film, Malerei, Fotografie, Architektur, Musik, Performance, Spiele etc.)?

Colin Walker: Das Theater kann das Makabre mit dem Komischen »live« und direkt und sehr schön verbinden: Der Tiefsinn und der Witz, die Mischung mit beidem und alles absolut direkt und immer wieder neu und anders.

Als Beispiel fällt mir dazu die kürzlich in Basel vorgestellte australische Theatergruppe »Back to Back Theatre« ein, zu deren Ensemble auch geistig behinderte Schauspieler gehören. Das Ensemble brachte mit »Ganesh versus the Third Reich« ein seltsames Märchen auf die Bühne, in dem sich der elefantenköpfige Hindu-Gott Ganesha das von den Nazis zweckentfremdete Hakenkreuzsymbol zurückholen soll.

Abbildung 9: »Ganesh versus the Third Reich«, siehe Farbtafeln.

Ganesha steht symbolisch für die Überwindung von Hindernissen. In der Geschichte reist er nach Nazi-Deutschland, um das alte Hindu-Symbol zurückzufordern. Dort angekommen nimmt er Hitler, der eine lächerliche Naziuniform trägt, das Hakenkreuz weg. Dr. Mengele, der bekannt geworden ist durch seine medizinischen Experimente, hauptsächlich an Behinderten und Juden, hat zunächst vor, auch mit Ganesha, wegen dessen besonderer Erscheinung, medizinische Versuche anzustellen und will ihm dabei das Hakenkreuz wieder entwenden. Doch Ganesha verflucht ihn und gewinnt. So kommt es zu einem Happy End – aber nur auf der Ebene des Theaters.

Auf der Bühne wird gleichzeitig noch ein Film gezeigt. Im Film stellen die Darsteller mit Witz und schwarzem Humor fest, dass sie wegen ihrer Behinderung bestimmt Opfer der Rassenhygiene geworden wären. Jetzt dürfen sie aber als Herrenmenschen auftreten. Sie streiten sich um ihre Rollen als Nazigrößen, bis es zum Kampf kommt. Der Regisseur, einziger Nichtbehinderter, mutiert in diesem Konflikt zum Diktator und übernimmt die Ordnung.

Friedrich Weltzien: Das ist ein heikler Balanceakt, der seinen Witz vielleicht gerade daraus bezieht, dass sich die Schauspieler und ihre Persona auf so eigenartige Weise ins Gehege kommen. Das kann womöglich tatsächlich nur das Theater.

Colin Walker: Ähnlich machte es auch George Tabori in seinem Theaterstück »Mein Kampf«. In dem Theaterstück begegnen sich die unmöglichsten Figuren. Der Ort ist ein Männerasyl im kalten Winter. Da passiert folgendes: Der jüdische Buchhändler Schlomo Herzl trifft auf den jungen Adolf Hitler. Weil es nachts so kalt ist, teilen sich die beiden einen einzigen Mantel. Schlomo mag den jungen Hitler gern. Aber seine Zuneigung und vor allem seine bezaubernd komischen Geschichten, die er ihm erzählt, halten diesen gescheiterten Kunststudenten nicht von seiner Weltkarriere als Verbrecher ab.

Friedrich Weltzien: Lieber Colin, ich danke dir sehr für dieses Gespräch.

ABBILDUNGSVERZEICHNIS

Abbildung 1: »Die letzten Tage der Menschheit« von Karl Kraus, Inszenierung: Johann Kresnik, Foto: Jörg Landsberg, http://www.joerg-landsberg.de/theater_bremen. html [25.06.2015].
Abbildung 2: »Die letzten Tage der Menschheit« von Karl Kraus, Inszenierung: Johann Kresnik, Foto: Jörg Landsberg, http://www.joerg-landsberg.de/theater_bremen. html [25.06.2015].
Abbildung 3: »Die letzten Tage der Menschheit« von Karl Kraus, Inszenierung: Johann Kresnik, Foto: Jörg Landsberg.
Abbildung 4: »Die letzten Tage der Menschheit« von Karl Kraus, Inszenierung: Johann Kresnik, Foto: Jörg Landsberg.
Abbildung 5: »Die letzten Tage der Menschheit« von Karl Kraus, Inszenierung: Johann Kresnik, Foto: Jörg Landsberg.
Abbildung 6: »Die letzten Tage der Menschheit« von Karl Kraus, Inszenierung: Johann Kresnik, Foto: Jörg Landsberg.
Abbildung 7: »Hate Radio« von Milo Rau, Foto © IIPM, http://international-institute. de/?page_id=1342 [25.06.2015].
Abbildung 8: »Die letzten Tage der Ceausescus« von Milo Rau, Foto © IIPM, http:// international-institute.de/?page_id=1342 [25.06.2015].
Abbildung 9: »Ganesh versus the Third Reich« von »Back to Back Theatre«, Foto: Jeff Busby, http://backtobacktheatre.com/projects/ganesh/ [25.06.2015].

AUTORINNEN UND AUTOREN

Adlkofer, Michael, Prof., seit September 1998 Professor an der FH Hannover, heute Hochschule Hannover. Berufung mit der Denomination ›Rechnergestütztes Konstruieren und Entwerfen‹ am Fachbereich Architektur; seit September 2009 in der übergreifenden, interdisziplinären Lehre an der HS-Hannover, Fakultät III – Design und Medien: Grundlagen der Gestaltung, Experimentelles Entwerfen, Gestaltung im Boots- und Schiffsbau.

Foraita, Sabine, Prof. Dr. phil., Studium des Industrial Designs an der Hochschule für Bildende Künste Braunschweig; Promotion an der Hochschule für Bildende Künste Braunschweig, Thema »Borderline – das Verhältnis von Kunst und Design aus der Perspektive des Design«; lehrt seit 2004 »Designwissenschaften und Designtheorie« an der Hochschule für angewandte Wissenschaft und Kunst (HAWK) Hildesheim/Holzminden/Göttingen, Fakultät Gestaltung, Hildesheim.

Fromm, Karen, Prof. Dr. phil., studierte Kunstgeschichte, Literaturwissenschaften und Kulturmanagement in Hamburg und Berlin; Promotion an der Humboldt-Universität zum Thema ›Das Bild als Zeuge‹; 1995-1999 Leitung der Galerie Pfefferberg in Berlin; 1999-2007 Leitung des Referats für Ausstellungen, CSR und Corporate Design bei Gruner + Jahr; 2008-2011 Mitglied der Geschäftsleitung der Photo- und Presseagentur FOCUS. Vorsitzende des Freundeskreises des Hauses der Photographie in Hamburg; seit 2011 Professorin für ›Fotojournalismus und Dokumentarfotografie‹ an der Hochschule Hannover.

Glomb, Martina, Prof., 1979 bis 1982 Ausbildung zur Damenschneiderin im Couture-Bereich; 1984 bis 1989 Studium Modedesign, Hochschule für Künste Bremen; seit 1982 freiberufliche Tätigkeit für Firmen, Museen, Messe, Werbung, Theater; 1990 bis 2002 Designerin im Studio Vivienne Westwood London unter anderem für »Anglomania« und »Red Label«; seit 2002 Lehrtätigkeit am Royal College London, Akademie JAK Hamburg, Textilhochschule Boras, China Academy of Art Hangzhou; seit Oktober 2005 Professorin an der Hochschule Hannover, Studiengang Modedesign, Schwerpunkt experimentelle Modedesign-Methoden und interdisziplinäre Modeprojekte.

Günzel, Stephan, Prof. Dr., Professor für Medientheorie und Studiengangleiter Game Design an der Berliner Technischen Kunsthochschule sowie Gastdozent an der Universität Klagenfurt; bis 2011 war er Koordinator des Zentrums für Computerspielforschung (DIGAREC) an der Universität Potsdam und Gastprofessor für Raumwissenschaften an der HU-Berlin sowie der Universität Trier.

Monographien (Auswahl): Theorien des Raums zur Einführung (Hamburg 2015); Push Start. The Art of Video Games (Hamburg 2014); Egoshooter. Das Raumbild des Computerspiels (Frankfurt a.M./New York); Raum/Bild. Zur Logik des Medialen (Berlin 2011); Herausgaben (Auswahl): Bild. Ein interdisziplinäres Handbuch (Stuttgart/Weimar 2014); Lexikon der Raumphilosophie (Darmstadt 2012); KartenWissen. Territoriale Räume zwischen Bild und Diagramm (Wiesbaden 2012); Raum. Ein interdisziplinäres Handbuch (Stuttgart/Weimar 2010); Raumwissenschaften (Frankfurt a. M. 2009).

Hentschel, Linda, Dr. phil., Studium der Kunstgeschichte, Kulturwissenschaften und Romanistik in Marburg, Montpellier und Bremen. Zur Zeit Gastprofessorin für Gender Studies, Kunst- und Kulturwissenschaften an der Humboldt-Universität zu Berlin, 2012-2014 Vertretungsprofessur für Kunstwissenschaft mit Schwerpunkt Kulturwissenschaften an der Hochschule für Bildende Künste Braunschweig, davor Professorin für Kulturwissenschaftliche Gender Studies an der Universität der Künste Berlin.

Arbeitsschwerpunkte: Geschichte der optischen Medien und der visuellen Wahrnehmung, Foto- und Filmtheorie, Medien und Gewalt, Raumwissenschaften, Kulturwissenschaftliche Geschlechterforschung. Aktuelle Buchprojekte: Bilder als Regierungstechnologien. Krieg, Terror und Visualität seit 9/11 (in Vorbereitung, 2015); Weiße Tränen: Lynching und Melodrama in der Visuellen Kultur der USA (in Vorbereitung, 2015).

Höfler, Carolin, Prof. Dr. phil, Professorin für Designtheorie und -forschung an der Köln International School of Design der Fachhochschule Köln. 2003-2013 wiss. Mitarbeiterin am Institut für Mediales Entwerfen der TU Braunschweig (ab 2009 Akademische Rätin). Studium der Kunstgeschichte, Neueren Deutschen Literatur und Theaterwissenschaft (Magister) sowie Studium der Architektur (TU Diplom) in Köln, Wien und Berlin. 2011 Promotion bei Horst Bredekamp an der Humboldt-Universität zu Berlin mit der Arbeit »Form und Zeit. Computerbasiertes Entwerfen in der Architektur«.

Forschungsschwerpunkte: Bildwissenschaft und Architektur, mediale Durchdringung des öffentlichen Raumes, Kulturtechnik des Entwerfens. Zuletzt erschienen: Carolin Höfler: »On-site, On-line. Der Platz als physischer und medialer Raum der neuen Protestbewegungen«, in: Alessandro Nova, Brigitte Soelch (Hg.): Platz-Architekturen. Kontinuität und Wandel öffentlicher Stadträume vom 19. Jahrhundert bis in die Gegenwart, München: Deutscher Kunstverlag 2015.

Kapp, Hans-Jörg, Prof., Professor für Dramaturgie und Regie im Studiengang Szenografie/Kostüm der Hochschule Hannover. Studium Musiktheater-Regie und visuelle Kommunikation in Hamburg. Musiktheater-Uraufführungen u. a. von Karassikov, Killmayer oder von Schweinitz bei der Münchener Biennale, bei Eclat Stuttgart oder in Hamburg auf Kampnagel. Co-Kurator Produktionsplattform »Stimme X« in Hamburg. Lehrtätigkeiten an der Universität Hildesheim und der Theaterakademie Hamburg. Texte zu Musiktheater und Film in »Filmwärts«, »Theater der Zeit«, oder bei »Transcript«.

Klein, Eva, Dr. phil., ist am Institut für Kunstgeschichte an der Karl-Franzens-Universität Graz und am Department für Bildwissenschaften an der Donau-Universität Krems tätig. Weitere Tätigkeiten sind am Institut für Kunstgeschichte an der Ludwig-Maximilians-Universität München und in der Forschungsstelle Kunstgeschichte Steiermark an der Karl-Franzens-Universität zu nennen. Diplom Kunstgeschichte, Diplom Kommunikationsdesign, 2012 Promotion zur Doktorin der Philosophie, Dissertation über das Plakat in der Moderne: 2012 mit dem Kunstgeschichte-Alumni-Preis und 2014 mit dem Kunstgeschichte Leistungspreis ausgezeichnet. Forschungsprojekt zur Wandmalerei in der Moderne: 2013 Theodor-Körner-Preis. 2012 Anerkennungspreis für forschungsbasierte Lehre, 2013 Lehrpreis »Lehre Ausgezeichnet«. Bereiche: Bildwissenschaften, Moderne und Zeitgenössische Kunst, Designgeschichte und -theorie, visuelle Kommunikation, politische Kunst.

Lemke, Harald, Prof. Dr. phil., Studium der Philosophie und Geschichte in Konstanz, Hamburg und der UC Berkeley/Kalifornien; lehrt am Institut für Kulturtheorie, Kulturforschung und Künste im Bereich der Philosophie an der Leuphana Universität Lüneburg sowie am Interdisziplinären Zentrum für Gastrosophie, Universität Salzburg; Direktor und wissenschaftliche Leitung des Internationalen Forums GASTROSOPHIE in Österreich.

Marburger, Marcel René, Dr. phil., studierte Kunstgeschichte, Germanistik und Philosophie an der Universität zu Köln und promovierte über die kunsttheoretische Relevanz der Schriften Vilém Flussers. Zurzeit unterrichtet er Kunst-, Medien- und Gestaltungstheorie an der Fachhochschule Dortmund und der Universität der Künste Berlin. Seit 2005 ist er Mitherausgeber der »International Flusser Lectures«.

Nohr, Rolf F., Prof. Dr. phil., 1991 Studienbeginn an der Ruhr-Universität Bochum in den Fächern Theater-, Film- und Fernsehwissenschaften, Philosophie und Soziologie; 1998 bis 2002 Lehrbeauftragter am Institut für Film- und Fernsehwissenschaften der Ruhr-Universität Bochum; 2000 bis 2002 freier Dozent an der Werbe- und Medienakademie Marquardt in Dortmund (WAM) für Literaturgeschichte und Filmgeschichte; 2001 Abschluss des Promotionsprojekts Karten im Fernsehen: Produktion von Positionierung (gefördert durch die Heinrich-Böll-Stiftung); 2001 bis 2002 Wissenschaftlicher Mitarbeiter im kulturwissenschaftlichen Forschungskolleg (SFB 427) Medien und kulturelle Kommunikation, Projekt: Medialität und Körper. Das Gesicht im Film (Wolfgang Beilenhoff), Universität Köln; 2002 Juniorprofessor für Medienkultur am Institut für Medienforschung an der HBK Braunschweig; 2008 Vertretungsprofessur Medienästhetik/Medienkultur an der HBK Braunschweig; 2009 Professur für Medienästhetik / Medienkultur, HBK Braunschweig.

Scholz, Martin, Prof. Dr. phil., Professor für Kommunikation und Projektmanagement an der Hochschule Hannover; Promotion über Technologische Bilder; Studium des Kommunikationsdesigns in Wuppertal; Fotografenlehre in Düsseldorf; Forschungsschwerpunkte: Die Zukünfte der Kommunikation, Bildwissenschaften.

Schröder, Gerald, Prof. Dr. phil., ist Professor für Design- und Kunstwissenschaft im Fachbereich Gestaltung an der Hochschule Trier. Zuvor war er am Kunstgeschichtlichen Institut an der Ruhr-Universität Bochum tätig, wo er sich auch habilitiert hat mit einer Arbeit über »Schmerzensmänner – Trauma und Therapie in der westdeutschen und österreichischen Kunst der 1960er Jahre«. Publiziert hat er darüber hinaus über moderne und zeitgenössische Kunst sowie zur Kunsttheorie und Skulptur der Frühen Neuzeit.

Söll, Änne, Prof. Dr. phil., ist Professorin für moderne und zeitgenössische Kunst an der Ruhr-Universität Bochum. Forschungsschwerpunkte sind die Kunst des 20. und 21. Jahrhunderts mit dem Fokus auf Geschlechterthemen, Affektforschung, Mode, Zeitschriften, Videokunst und Fotografie. Ihre Dissertation zum Thema Körper in den Arbeiten von Pipilotti Rist ist 2004 erschienen. Ebenso Publikationen zum Thema Künstlerzeitschriften,

Modefotografie, Porträt und Neue Sachlichkeit. Sie hat ihre Habilitation über Männlichkeit in den Porträts von Otto Dix, Christian Schad und Anton Räderscheidt abgeschlossen und plant ein Forschungsprojekt zum »period room«.

Wehner, Jens studierte Neuere und Neueste Geschichte, Mittelalterliche Geschichte, Technikgeschichte und Geographie an der TU Dresden. Er promoviert bei Sönke Neitzel zu dem Thema: »Technik können Sie von Taktik nicht trennen.« – Zur Technikkultur der deutschen Jagdwaffe, 1935-1945 (AT). Von 2006 bis 2011 war er Freier Kurator für die Dauerausstellung im Militärhistorischen Museum der Bundeswehr in Dresden. Seit 2011 ist er dort Sachgebietsleiter Bildgut. 2012/13 war er Leitender Kurator der Sonderausstellung »Stalingrad«.

Weltzien, Friedrich, Prof. Dr. phil., Professor für Kreativität und Wahrnehmungspsychologie an der Hochschule Hannover; Studium der Kunstgeschichte, Klassischen Archäologie und Philosophie in Freiburg, Wien und Köln; 2011 Habilitation über den Fleck als Bild der Selbsttätigkeit; Promotion über E. W. Nay; Forschungsschwerpunkte: Kunst- und Kreativitätstheorie, Vernetzung zwischen Kunst-, Medien- und Wissenschaftsgeschichte.

Walker, Colin, Prof., geboren in London, aufgewachsen in der Schweiz. Studium an der Akademie der Bildenden Künste in Wien. Seit 1984 Bühnen- und Kostümbilder u. a. am Schauspielhaus Zürich, Grand Théâtre Genève, Münchner Kammerspiele, Bayerisches Staatsschauspiel, Bremer Theater, Thalia Theater Hamburg, Oper Leipzig, Oper Bonn, Staatstheater Stuttgart, DT Deutsches Theater Berlin, Wiener Festwochen und Ruhrfestspiele. 1990 Szenenbild für den Film Das letzte Band, Regie Jean-Claude Kuner und Peter Henning. Einladungen zu den Festivals Berlinale/Forum 1990 und The Media Art – Exit Art Gallery/New. 2000 Installationen für die Ausstellung Food for the Mind im Haus der Kunst der Bayerischen Staatsgemäldesammlungen/Pinakothek der Moderne, München. 2015 Performance/Installation EXIT/Zeitverschwenden zusammen mit der Choreografin und Performancekünstlerin Wanda Golonka für das Goethe-Institut New York. 1996 Lehrtätigkeit an der HfG, Hochschule für Gestaltung Offenbach am Main. 2014/15 Gastdozent am HZT, Hochschulübergreifendes Zentrum Tanz, Berlin im Master-Studiengang MA Choreografie. Seit 2002 Professur für Szenografie an der Hochschule Hannover.

FARBTAFELN

Fotografie: Michael Shoemaker, http://www.holloman.af.mil/news/story.asp?id=123321812 [20.03.2015].

Fotografie: Ethan Miller/Getty Images.

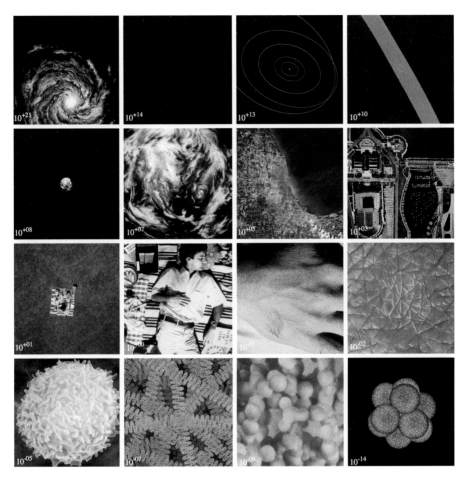

Charles and Ray Eames: Powers of Ten. A Flipbook. Based on the film by Charles und Ray Eames, Basingstoke 1999, o. S.

Pete Souza, Situation Room, 1. Mai 2011, Weißes Haus, http://www.businessinsider.com/photos-obama-april-sche-dule-2011-5?op=1 [28.04.2013].

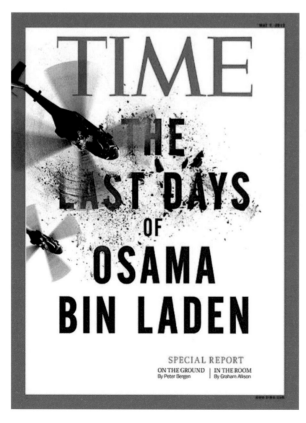

Time Magazine »The Last Days of Osama Bin Laden«, 7. Mai 2012, http://newamerica.net/publications/articles/2012/the_last_days_of_osama_bin_laden_66847 [28.04.2013].

Niedringhaus, Anja: A U.S. Marine of the 1st Division carries a mascot for good luck in his backpack as his unit pushed further into the western part of Fallujah, Iraq 2004, © Anja Niedringhaus.

Delahaye, Luc: Taliban, Afghanistan 2001, © Luc Delahaye & Galerie Nathalie Obadia.

Agtmael, Peter van: Nuristan, Afghanistan 2007, © *Magnum Photos / Agentur Focus.*

Wall, Jeff: Dead Troops Talk (a vision after an ambush of a Red Army Patrol near Moqor, Afghanistan, winter 1986) 1992, Transparency in lightbox 229.0 x 417.0 cm, © *Jeff Wall / Courtesy of the artist.*

Spielberg, Steven (Regie):
Der Soldat James Ryan, USA 1998,
Minute 0.7.30.

Spielberg, Steven (Regie): Der Soldat James Ryan, USA 1998, Minute 0.17.53.

Spielberg, Steven (Regie): Der Soldat James Ryan, USA 1998, Minute 1.21.40.

Malick, Terrence (Regie): Der schmale Grat, USA 1998, Minute 0.46.17.

Malick, Terrence (Regie): Der schmale Grat, USA 1998, Minute 1.42.30.

Malick, Terrence (Regie): Der schmale Grat, USA 1998, Minute 0.29.45.

Plakat »Vaterländische Front«, 1936, Quelle: Steiermärkisches Landesarchiv

*Mendini Alchimie Dal Controde-
sign alle Nuove Utopie, Ausst.-Kat.
Museo delle Arti Catanzaro, Milano
2010, S. 92.*

*Mendini Alchimie Dal Controde-
sign alle Nuove Utopie, Ausst.-Kat.
Museo delle Arti Catanzaro, Milano
2010, S. 91.*

Beatrix Landsbek: Weitertragen, Master-Arbeit, Hochschule Hannover 2012, Foto Jürgen Oertelt

Schaak, Julia: SALE, Bachelor-Arbeit, Hochschule Hannover 2014, Foto Patricia Kühfuss

Schaak, Julia: SALE, Bachelor-Arbeit, Hochschule Hannover 2014, Foto Patricia Kühfuss

Titelblatt, Elegante Welt, Nr. 33, II Kriegsnummer, August 1914, Staatliche Museen zu Berlin, Kunstbibliothek.

Assyrisches Kriegsschiff, 700-692 v. Chr., Steinrelief, British Museum London, http://commons.wikimedia.org/wiki/File:AssyrianWarship.jpg

Wilkinson, Norman: Dazzled Ships at Night, 1918, Öl auf Leinwand, 1025 x 1525 mm, Imperial War Museums, London, http://commons.wikimedia.org/wiki/File:%27Dazzle-painting%27_was_a_form_of_camouflage,_and_was_particularly_effective_in_moonlight._Wilkinson_was_responsible_for_the_introduction_of_the_%27dazzle%27_painted_effect._As_is_evident_in_this_image,_the_paint_des_Art.IWMART4029.jpg

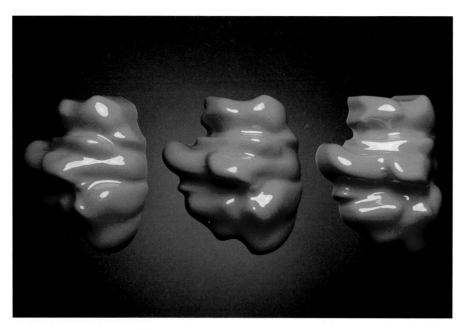

Zach Blas: Fag Face Mask. Teil der Facial Weaponization Suite, 2011-2014, © *Zach Blas, Quelle: http://www. zachblas.info/projects/facial-weaponization-suite/.*

Zach Blas: Face Cage, 2013–2015, © *Zach Blas, Quelle: http://www.zachblas.info/projects/face-cages/*

Adam Harvey for New York Times Op-Art, 2010, © *Adam Harvey. Model: Bre Bitz. Hair: Pia Vivas. Makeup: Giana DeYoung. Assistant Creative Direction: Tiam Taheri. Quelle: http://cvdazzle.com/*

»Die letzten Tage der Menschheit« von Karl Kraus, Inszenzierung: Johann Kresnik, Foto: Jörg Landsberg

»Ganesh versus the Third Reich« von »Back to Back Theatre«, Foto: Jeff Busby, http://backtobacktheatre.com/projects/ganesh/